全国高等院校土建类应用型规划教材
住房和城乡建设领域关键岗位技术人员培训教材

建筑力学

主　　编：李建华　解振坤
副 主 编：孟远远　张媛媛
组编单位：住房和城乡建设部干部学院
　　　　　北京土木建筑学会

中国林业出版社

图书在版编目（CIP）数据

建筑力学 /《住房和城乡建设领域关键岗位技术人员培训教材》编写委员会编. — 北京 ：中国林业出版社，2017.7

住房和城乡建设领域关键岗位技术人员培训教材

ISBN 978-7-5038-9181-6

Ⅰ. ①建… Ⅱ. ①住… Ⅲ. ①建筑力学－技术培训－教材 Ⅳ. ①TU311

中国版本图书馆 CIP 数据核字（2017）第 172066 号

本书编写委员会

主　编：李建华　解振坤

副主编：孟远远　张媛媛

组编单位：住房和城乡建设部干部学院、北京土木建筑学会

国家林业和草原局生态文明教材及林业高校教材建设项目

策　　划：杨长峰　纪　亮

责任编辑：陈　惠　王思源　吴　卉　樊　菲

出版：中国林业出版社

（100009 北京西城区德内大街刘海胡同 7 号）

网站：http：//lycb. forestry. gov. cn/

印刷：固安县京平诚乾印刷有限公司

发行：中国林业出版社发行中心

电话：(010)83143610

版次：2017 年 7 月第 1 版

印次：2018 年 12 月第 1 次

开本：1/16

印张：18

字数：300 千字

定价：78. 00 元

编写指导委员会

前　言

“全国高等院校土建类应用型规划教材”是依据我国现行的规程规范，结合院校学生实际能力和就业特点，根据教学大纲及培养技术应用型人才的总目标来编写。本教材充分总结教学与实践经验，对基本理论的讲授以应用为目的，教学内容以必需、够用为度，突出实训、实例教学，紧跟时代和行业发展步伐，力求体现高职高专、应用型本科教育注重职业能力培养的特点。同时，本套书是结合最新颁布实施的《建筑工程施工质量验收统一标准》（GB50300—2013）对于建筑工程分部分项划分要求，以及国家、行业现行有效的专业技术标准规定，针对各专业应知识、应会和必须掌握的技术知识内容，按照“技术先进、经济适用、结合实际、系统全面、内容简洁、易学易懂”的原则，组织编制而成。

考虑到工程建设技术人员的分散性、流动性以及施工任务繁忙、学习时间少等实际情况，为适应新形势下工程建设领域的技术发展和教育培训的工作特点，一批长期从事建筑专业教育培训的教授、学者和有着丰富的一线施工经验的专业技术人员、专家，根据建筑施工企业最新的技术发展，结合国家及地方对于建筑施工企业和教学需要编制了这套可读性强，技术内容最新，知识系统、全面，适合不同层次、不同岗位技术人员学习，并与其工作需要相结合的教材。

本教材根据国家、行业及地方最新的标准、规范要求，结合了建筑工程技术人员和高校教学的实际，紧扣建筑施工新技术、新材料、新工艺、新产品、新标准的发展步伐，对涉及建筑施工的专业知识，进行了科学、合理的划分，由浅入深，重点突出。

本教材图文并茂，深入浅出，简繁得当，可作为应用型本科院校、高职高专院校土建类建筑工程、工程造价、建设监理、建筑设计技术等专业教材；也可做为面向建筑与市政工程施工现场关键岗位专业技术人员职业技能培训的教材。

目　录

绪　论

建筑工程中的各类建筑物都是由许多构件组合而成的。这些建筑物,在建造之前,都要由设计人员对组成它们的构件一一进行受力分析,对构件的尺寸大小、所用的材料进行结构计算来确定,这样才能保证建筑物的牢固和安全。建筑力学便是为这些建筑结构的受力分析和计算提供理论依据的一门学科。

一、建筑力学的研究对象

建筑物在建造和使用过程中都会受到各种力的作用,工程中习惯于把作用于建筑物上的外力称为荷载。

在建筑物中,承受并传递荷载而起骨架作用的部分称为结构。结构可以是一根梁或一根柱,也可以是由多个结构元件(称为构件)所组成的整体。例如,工业厂房的空间骨架就是由屋架、柱子、屋面板及基础等多个构件组成的整体结构。

结构按其几何特征可分为3类。

(1)杆系结构。长度方向的尺寸远大于横截面上两个方向尺寸的构件称为杆件。由若干杆件通过适当方式相互连接而组成的结构体系称为杆系结构。例如:刚架、桁架等。

(2)板壳结构。也可称为薄壁结构,是指厚度远小于其他两个方向上尺寸的结构。其中表面为平面形状者称为板,表面为曲面形状者称为壳(图0-1)。例如一般的钢筋混凝土楼面均为平板结构;一些特殊形体的建筑,如悉尼歌剧院的屋面及一些穹形屋顶就为壳体结构。

(3)实体结构。也称块体结构,是指长、宽、高三个方向尺寸相仿的结构。如:重力式挡土墙(图0-2)、水坝、建筑物基础等均属于实体结构。

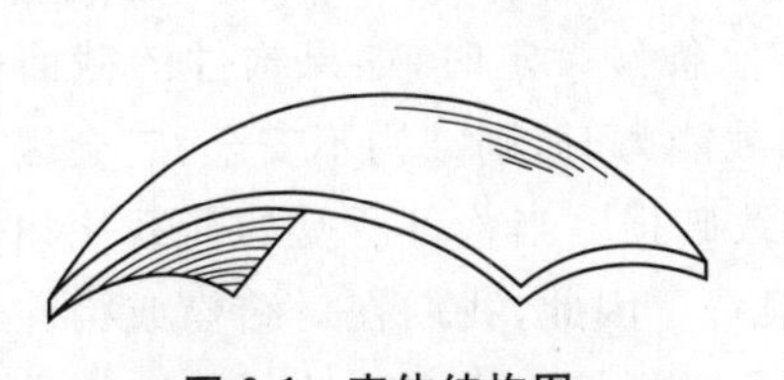

图0-1　壳体结构图

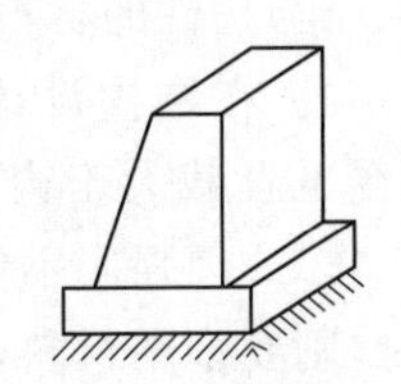

图0-2　实体结构

组成结构的构件大多数可以视为杆件,如图0-3所示的厂房结构中组成屋架的构件以及梁和柱都是一些直的杆件。杆系结构可以分为平面杆系结构和空间杆系结构两类。凡组成结构的所有杆件的轴线都在同一平面内,并且荷载也作用于该平面内的结构,称为平面杆系结构。否则,称为空间结构。对于空间结构,在进行计算时,常可根据其实际受力情况,将其分解为若干平面结构来分析,使计算得以简化。

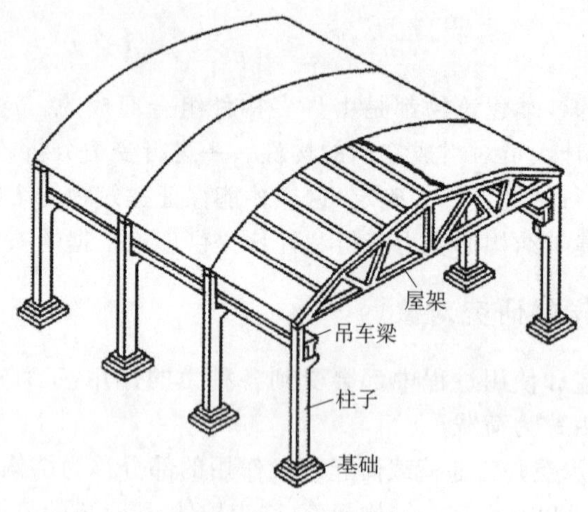

图 0-3 厂房结构

当我们对建筑物进行结构设计时,一般的做法是先对结构进行整体布置,把结构分为一些基本构件,对每一构件进行设计计算,然后再通过构造处理,把各个构件联系起来构成一个整体结构。

建筑力学的主要研究对象就是组成结构的构件和构件体系。

二、建筑力学的主要内容

在荷载作用下,承受荷载和传递荷载的建筑结构和构件,一方面会引起周围物体对它们的反作用;另一方面,构件本身也因受荷载作用而将产生变形,并且存在着发生损坏的可能。所以,结构构件本身应具有一定的抵抗变形、抵抗破坏和保持原有平衡状态的能力,即要有一定的强度、刚度和稳定的承载能力。这种承载能力的大小与构件的材料性质、截面几何形状及尺寸、受力特点、工作条件、构造情况等有关。在结构设计中,其他条件一定时,如果构件的截面设计得过小,当构件所受的荷载大于构件的承载能力时,则结构不安全,它会因变形过大而影响正常工作,或因强度不够而导致破损。当构件所受的荷载比构件的承载能力小得多时,则要多用材料,造成浪费。因此,我们在对结构或构件进行承载能力计算时,应使所设计的构件既安全又经济。上述这些便是建筑力学所研究的主要内容。这些内容将分静力学、材料力学、结构力学 3 个部分来讨论。

静力学主要研究物体在力系作用下的平衡问题,它包括力的基本性质、物体的受力分析、力系的合成与简化、力系的平衡条件及其应用等。

材料力学主要研究结构物中各类构件以及构件的材料在外力作用下其本身的力学性质，即研究它们的内力和变形的计算以及强度、刚度和稳定的校核等问题。

结构力学主要研究结构的简化、结构的几何组成规律、结构内力和位移的计算原理与计算方法。

三、建筑力学的特点

1. 内容的系统性比较强

由于内容的系统性较强，后面的内容总是以前面的知识为基础，因此，在学习过程中要及时掌握所学的概念、原理和方法。

2. 与工程实际的联系比较密切

建筑力学必然会涉及如何将工程实际问题上升到理论上进行研究，在理论分析时又如何考虑实际问题的情况等，需要多多注意观察工程上常遇到的一些结构，尝试用建筑力学方法去分析问题。

3. 概念和公式较多

建筑力学中的基本概念，对于理解内容、分析问题及正确运用基本公式，以至于对今后从事工作时如何分析实际问题，都是很重要的，必须引起足够的重视。

第一章　静力学基础

第一节　力学基本概念

一、刚体

刚体是指在任何外力作用下，大小和形状保持不变的物体。在静力学部分，所研究的物体都是刚体。

实际上，任何物体在力的作用下都将发生变形，但工程中的构件在正常情况下的变形都非常微小，例如建筑物中的梁，它在中央处最大的下垂量一般只有梁长度的1/300～1/250。这些微小的变形，对于讨论物体的平衡问题影响甚小，可以忽略不计，这样可使问题大大简化。

二、力

1. 力的定义

力是物体之间的相互机械作用，这种作用的效果会使物体的运动状态发生变化（外效应），也会使物体发生变形（内效应）。

力不能脱离物体出现，而且有力必定至少存在两个物体，有施力体也有受力体。

2. 力的三要素

力对物体的作用效果取决于三个要素：力的大小、方向、作用点。力的大小反映物体相互间机械作用的强弱程度，它可以通过力的外效应和内效应的大小来度量。力的方向表示物体间的相互机械作用具有方向性，它包括力所顺沿的直线（称为力的作用线）在空间的方位和力沿其作用线的指向。力的作用点表示物体间相互机械作用位置的抽象化。实际上物体相互作用的位置并不是一个点，而是物体的一部分面积或体积，如果这个面积或体积相对于物体很小或由于其他原因使力的作用面积或体积可以不计，则可将它抽象为一个点，此点称为力的作用点。力的三要素中的任何一个如有改变，则力对物体的作用效果也将改变。

3. 力的图示

力是一个具有大小和方向的量，所以力是矢量，可用一条沿力的作用线的有向线段来表示。此有向线段的起点或终点表示力的作用点;此线段的长度按一定的比例表示力的大小;此线段与某定直线的夹角表示力的方位;箭头表示力的指向,所以力是定位矢量。

如图 1-1 所示,线段 AB 表示的是一作用在小车上的力 F,这个力的大小(按图中比例尺)为 20kN,方向与水平线成 45°角,指向右上方,作用点为 A 点。

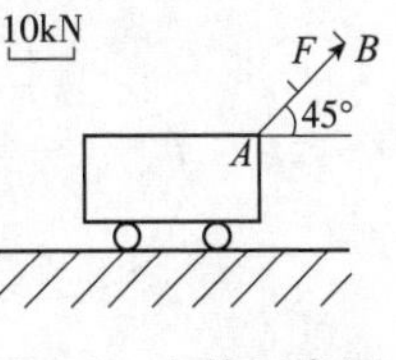

图 1-1 力的示意图

在本书中,用字母符号表示力矢量时,常用黑体字,如 **F**、**P** 等表示。如果该字母既没有用黑体字,也没有在上面加一横线,如 F、P 等,则只表示力的大小。

4. **力的单位**

在国际单位制中,力的单位为 N(牛顿)或 kN(千牛顿),习惯用的工程单位是 kgf,两种单位制的换算关系是:1kgf=9.8N。

5. **力的作用效应**

力对物体的作用同时产生两种效应:运动效应与变形效应。改变物体运动状态的效应称为运动效应(或外效应),使物体变形的效应称为变形效应(内效应)。

三、平衡

物体相对于地球保持静止或做匀速直线运动的状态称为平衡。例如房屋、水坝、桥梁相对于地球是静止的;沿直线匀速起吊的构件相对于地球是做匀速直线运动,这些都是平衡的实例,它们的共同点就是运动状态没有发生变化。

四、力系

作用于物体上的一群力称为力系。使物体保持平衡力系称为平衡力系。物体在力系作用下处于平衡时,力系所应该满足的条件称为力系的平衡条件。在不改变作用效果的前提下,用一个简单力系代替一个复杂力系的过程称为力系的简化或力系的合成。对物体作用效果相同的力系称为等效力系。如果一个力与一个力系等效,则该力称为此力系的合力。而力系中的各个力称为这个合力的分力。

第二节 静力学公理

一、力的平行四边形法则

作用于物体上同一点的两个力可以合成为一个合力,合力也作用于该点。合力的大小和方向由以这两个力为邻边所构成的平行四边形的对角线来表示。

如图 1-2(a)所示 F_1、F_2 为作用于物体上 A 点的两个力，按比例尺以这两个力为邻边作出平行四边形 $ABCD$，则从 A 点作出的对角线表示的矢量 AC，就是 F_1 与 F_2 的合力 R。

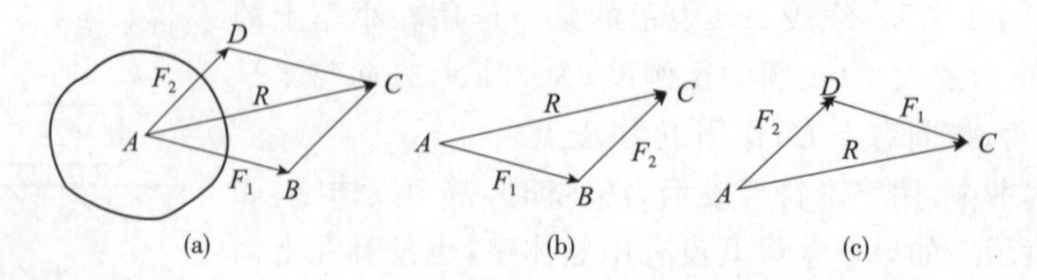

图 1-2　力的平行四边形法则示意图(一)

由图 1-2(b)可见，在求合力 R 时，实际上不必作出整个平行四边形，只要先从 A 点作矢量 AB 等于力矢量 F_1，再从 F_1 的终点 B 作矢量 BC 等于力矢量 F_2（即两力首尾相接），连接 AC，则矢量 AC 就代表合力 R。分力和合力所构成的三角形 ABC 称为力的三角形。这种求合力的方法称为力的三角形法则。如果先画 F_2，后画 F_1[(图 1-2(c)]，也能得到相同的合力矢量 R。可见画分力的先后次序不同并不影响合力 R 的大小和方向。

力的平行四边形法则表明了两个力的合成是遵循矢量加法的，只有当两个力共线时，才能用代数加法。

两个共点力可以合成为一个力，反之也可以把作用在物体上的一个力分解为两个力。但是将一个已知力分解为两个分力可得到无数的解答。因为用同一条对角线可以作出无穷多个不同的平行四边形，如图 1-3(a)所示，力 F 既可以分解为力 F_1 和 F_2，也可以分解为力 F_3 和 F_4 等。如不附加其他条件，一个力分解为相交的两个分力可以有无穷多个解。要得出唯一的解，必须给予限制条件。如给定两个分力的方向求其大小，或给定一个分力的大小和方向求另一分力等。

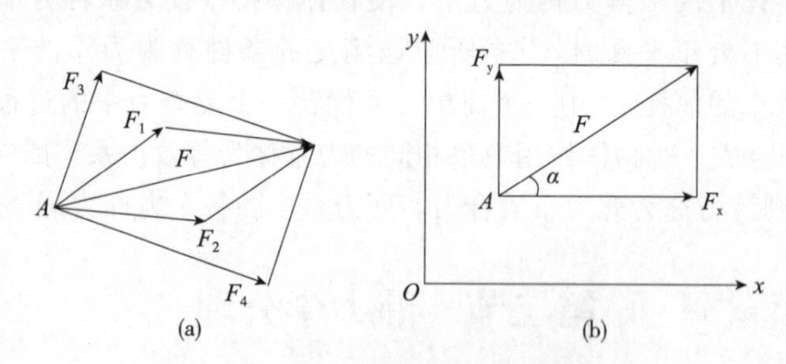

图 1-3　力的平行四边形法则示意图(二)

在工程实际问题中，常把一个力 F 沿直角坐标轴方向分解，可得出两个互相垂直的分力 F_x 和 F_y，如图 1-3(b)所示。F_x 和 F_y 的大小可由三角函数公式求得 $F_x = F\cos\alpha$

$$F_y = F\sin\alpha \quad (1\text{-}1)$$

式中：α——力 F 与 x 轴的夹角。

推论三力平衡汇交定理

一刚体受到共面互不平行的三个力作用而平衡时，这三个力的作用线必汇交于一点。

证明：

(1)设有共面而又互不平行的三个力 F_1、F_2、F_3 分别作用在同一刚体上的 A_1、A_2、A_3 三点成平衡，如图1-4所示。

(2)根据力的可传性原理，将其中任意两个力 F_1、F_2 分别沿其作用线移到它们的作用线的交点 A 上，然后利用力的平行四边形法则求得其合力 R(图1-4)，R 也作用在 A 点。

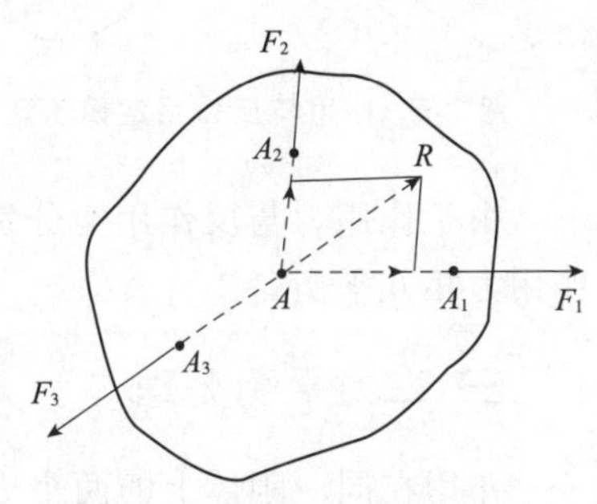

图 1-4　三力平衡汇交定理示意图(一)

(3)因为 F_1、F_2、F_3 三力成平衡状态，所以力 R 应与力 F_3 平衡，由二力平衡公理可知，力 R 和 F_3 一定是大小相等、方向相反、且作用在同一直线上，就是说，力 F_3 的作用线必通过力 F_1 和 F_2 的交点 A，即三个力 F_1、F_2、F_3 的作用线必汇交于一点。于是推论得证。

三力平衡汇交定理也可以从实践中得到验证。例如小球搁置在光滑的斜面上并用绳子拉住，这时小球受到重力 G、绳子的拉力 T 和斜面的支承力 N 的作用。如果这三个力的作用线不汇交于一点(图1-5)，则此小球不会平衡，只有当小球滚动到如图1-6所示的三力汇交于一点的情况下，小球才能处于平衡状态。

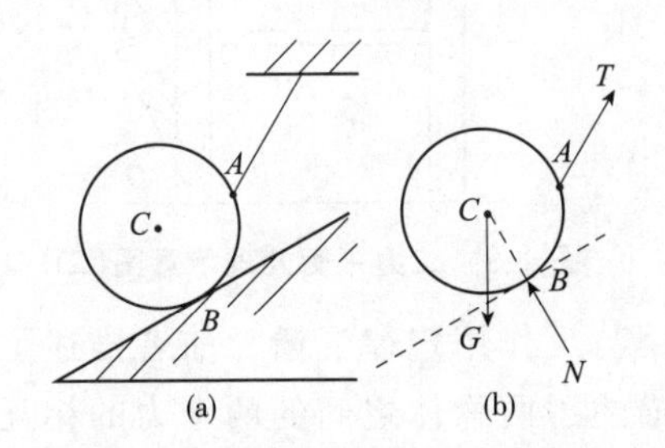

图 1-5　三力平衡汇交定理示意图(二)

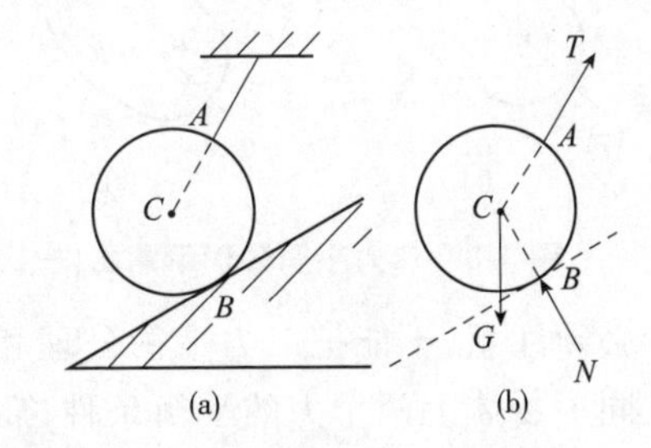

图 1-6　三力平衡汇交定理示意图(三)

当刚体受到共面、互不平行的三个力作用而平衡时，只要已知其中两个力的方向，则第三个力的方向就可以利用三力平衡汇交定理来确定。

二、作用与反作用定律

两个物体之间的作用力和反作用力总是大小相等、方向相反、沿同一直线并分别作用在这两个物体上。

这个定律概括了两个物体间相互作用力的关系，表明了作用力和反作用力总是成对出现的。例如，图 1-7 所示，如物体 A 对物体 B 施加作用力 F，同时物体 A 也受到物体 B 对它的反作用力 F'，且这两个力大小相等、方向相反、沿同一直线作用。作用力和反作用力用同一字母表示，但其中之一要在字母的右上方加“′”。

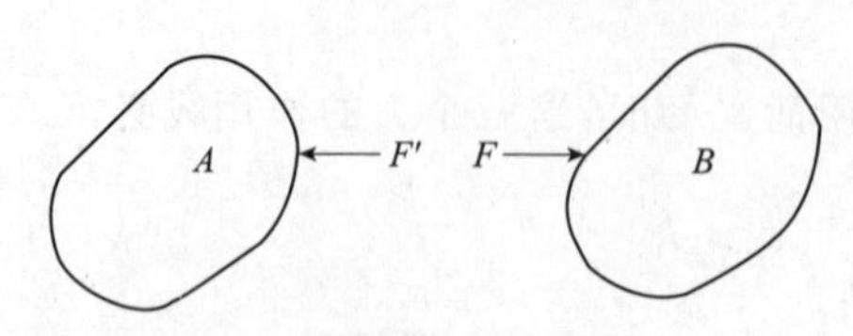

图 1-7 作用与反作用定律示意图

由于作用力与反作用力分别作用在两个物体上，因此不能认为作用力与反作用力相互平衡。

三、二力平衡公理

作用在同一刚体上的两个力使刚体平衡的必要和充分条件是：这两个力大小相等、方向相反且作用在同一直线上（简称这两个力等值、反向、共线），如图 1-8(a)、(b)所示。

二力平衡公理给出了由两个力所组成的最简单的力系的平衡条件。一个物体只受两个力作用而平衡时，这两个力一定要满足二力平衡公理。例如把雨伞挂在桌边（图 1-9），雨伞摆动到其重心和挂点在同一铅垂线上时，雨伞才能平衡。因为这时雨伞的向下重力和桌面的向上支承力在同一直线上。

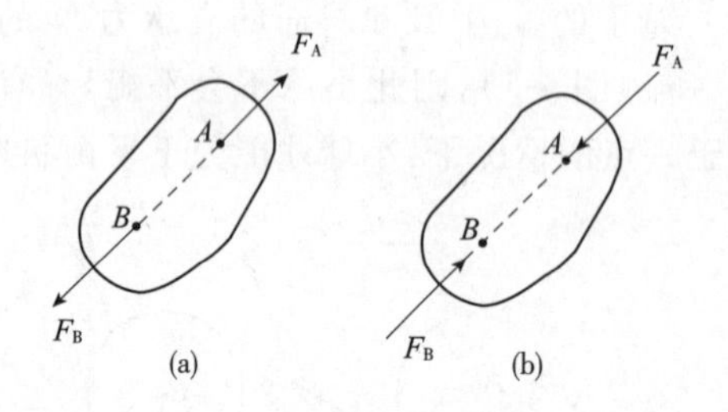

图 1-8 二力平衡公理示意图(一)

图 1-9 二力平衡公理示意图(二)

必须注意，不能把二力平衡公理和作用与反作用定律混淆。前者描述了作用在同一物体上两个力的平衡条件；后者描述了两物体之间的两个力的相互作用关系。虽然它们也是大小相等、方向相反、作用在同一条直线上，但不能认为是二力平衡。

在两个力作用下并处于平衡状态的物体称为二力体。如果该物体是个杆件，也可称二力杆[图 1-10(a)、(b)]。二力体（杆）上的两个力的作用线必为这两个力作用点的连线。例如图 1-11 所示的杆件 AB，在 A、B 两点分别受到力 F_A 和 F_B 的作用而处于平衡，这两个力的作用线必在 A、B 两点的连线上。

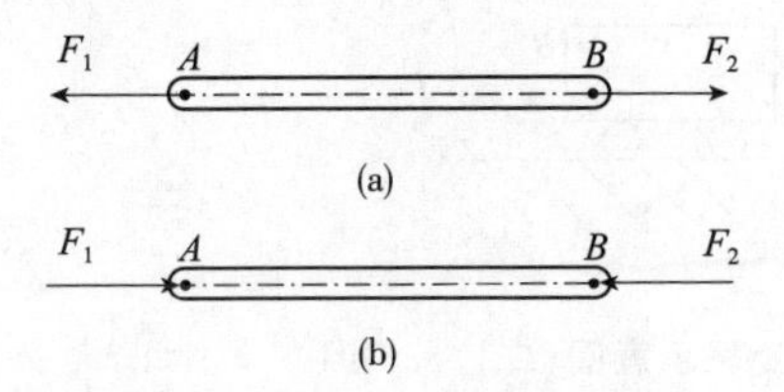

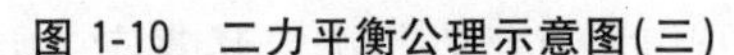

图 1-10　二力平衡公理示意图(三)

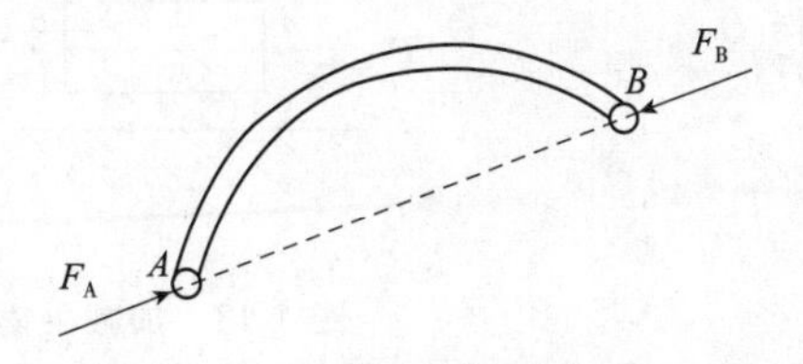

图 1-11　二力平衡公理示意图(四)

四、加减平衡力系公理

在作用于刚体上的任意力系中，加上或去掉任何一个平衡力系，并不会改变原力系对刚体的作用效应。因为平衡力系作用在刚体上，不会改变刚体的运动状态，即平衡力系对物体的运动效果为零。所以，在刚体的原力系上加上或去掉一个平衡力系，并不改变原力系对刚体的作用效应。

推论：力的可传性原理是作用在刚体上的力可沿其作用线移动到刚体内任一点，而不改变该力对刚体的作用效应。

证明：

(1)设力 F 作用在刚体的 A 点[图 1-12(a)]。

(2)根据加减平衡力系公理，可在力 F 的作用线上任取一点 B，并在 B 点加上一个平衡力系 F_1 和 F_2，并使 $F_1=-F_2=F$[图 1-12(b)]。

(3)由于力 F 和 F_2 是一个平衡力系，可以去掉，所以只剩下作用在 B 点的力 F_1[图 1-12(c)]。

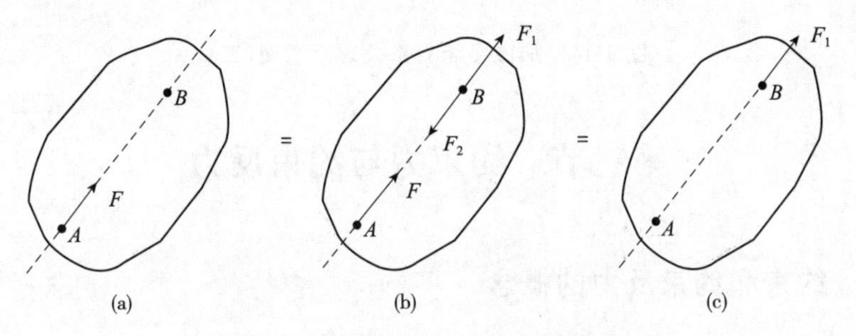

图 1-12　加减平衡力系公理示意图(一)

(4)力 F_1 和原力 F 等效，就相当于把作用在 A 点的力 F 沿其作用线移动到 B 点。

所以，推论得证。

在实践中，经验也告诉我们，在水平道路上用水平力 F 推车[图 1-13(a)]或沿同一直线用水平力 F 拉车[图 1-13(b)]，两者对车(视为刚体)的作用效应是相同的。

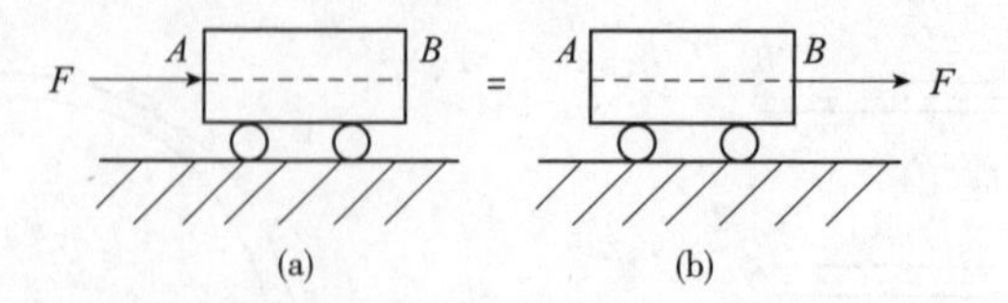

图 1-13　加减平衡力系公理示意图(二)

由力的可传性原理可知,对刚体而言,力的作用点已不是决定其效应的要素之一,而是由作用线取代。因此,作用于刚体上的力的三要素可改为:力的大小、方向和作用线。

必须注意,加减平衡力系公理和力的可传性原理都只适用于刚体,而不适用于变形体。因为在物体上加上或去掉一个平衡力系或将力沿其作用线移动,不改变力对物体的外效应,但要改变力对物体的内效应。例如,直杆 AB 的两端分别受到两个等值、反向、共线的力 F_1、F_2 作用而处于平衡状态[图 1-14(a)];如果将这两个力沿其作用线分别移到杆的另一端[图 1-14(b)],显然,直杆 AB 仍处于平衡状态,但是它的变形就不同了。在图 1-14(a)的情况下,直杆产生拉伸变形,而在图 1-14(b)的情况下,直杆产生压缩变形。可见力对直杆的内效应由于力沿其作用线的移动而发生了性质截然不同的改变。这说明力的可传性原理不适用于变形体。

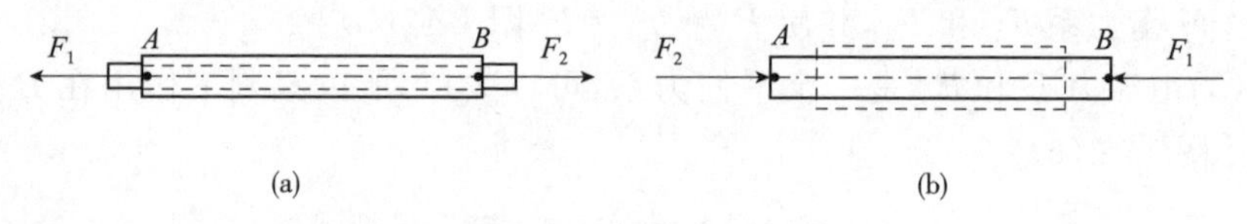

图 1-14　加减平衡力系公理示意图(三)

第三节　约束力与约束反力

一、约束和约束反力的概念

在工程结构中,每一构件都根据工作要求以一定的方式和周围的其他构件相互联系着,因而它的运动受到一定的限制。例如,梁由于柱子的支承而不至于下落,柱子由于基础的限制而被固定,门、窗由于合页的限制只能绕固定轴转动等。

约束是指限制非自由体某些位移的周围物体。而约束对物体的作用力则称为约束反力。对立柱支撑的梁而言,立柱即为约束,而立柱对梁的支持力即为梁受到的约束反力。

约束反力的方向总是与该约束所受阻碍物体的运动方向相反。

物体上受到的力一般可以分为两类：一类是约束反力；另一类是能主动引起物体运动或使物体产生运动趋势的力，称为主动力。例如，重力、风力、水压力、土压力等都是主动力。主动力在工程中也称为荷载。

二、工程中常见的约束类型

1. 柔性软约束

绳索、链条、皮带等软体构成的约束都属于柔性软约束。由于柔性软约束只能限制物体沿绳索方向背离绳索的运动，所以绳索对物体的约束反力的方向必然是沿绳索而背离物体的。因此，绳索只能给物体以拉力的作用。这种约束反力通常用 T 表示，如图 1-15 所示。

2. 光滑接触面约束

当物体与光滑支承面接触时，不论支承面的形状如何，光滑支承面只能限制物体沿着接触面的公法线指向约束内部的运动，而不能限制物体沿着接触面或背离接触面指向约束外部的运动。因此，光滑接触面的约束反力必然通过接触点，方向沿着接触表面的公法线指向受力物体。这种约束反力也称为法向反力，或正压力，通常以 N 表示，如图 1-16 所示。

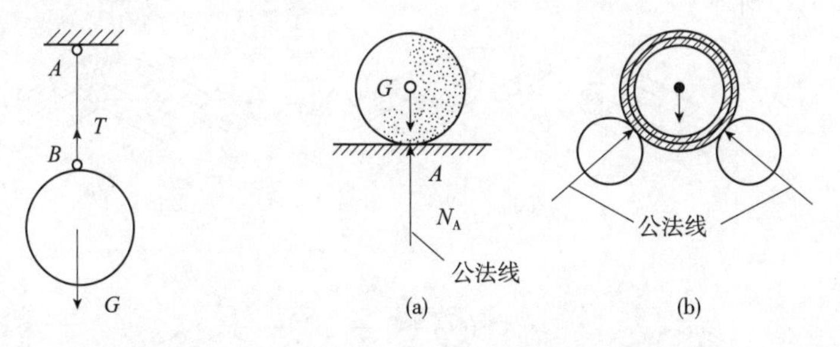

图 1-15　柔性软约束图　　图 1-16　光滑接触面约束(一)

支承桌椅的地面、支持火车轮的钢轨等表面非常光滑，摩擦可以忽略不计，这种情况就属于光滑接触面约束。

一般可将光滑接触面分为三种类型。

(1)面与面接触。

反力方向垂直于公切面，如图 1-17(b)的 N_1。

(2)点与面接触。

反力方向垂直于面，如图 1-17(a)的 N_1 和图 1-17(b)的 N_2。

(3)点与线接触。

反力方向垂直于线，如图 1-17(a)的 N_2。

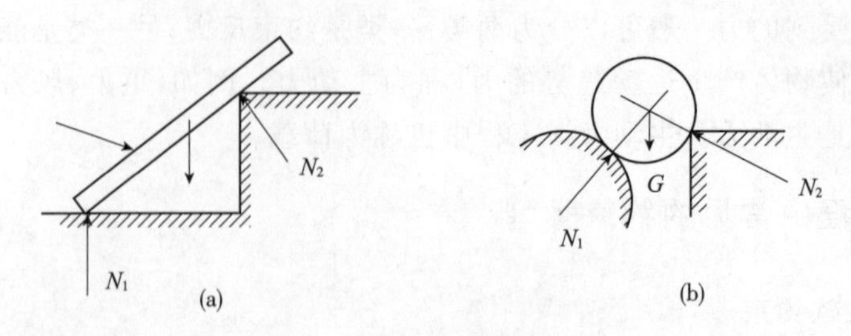

图 1-17　光滑接触面约束(二)

柔性软约束和光滑接触面约束既有相同点，又有不同点，共同点是它们都只能限制一个方向的运动。因此，反力方向都可据此确定，这样的约束称为单向约束。不同点是反力指向不同，柔性软约束反力的方向是背离受力物体，而光滑接触面反力的方向却是指向受力物体。

下面介绍的几种约束只能确定约束反力作用线的位置，而不能确定其指向。

3. 圆柱形铰链约束

圆柱形铰链又称铰链，在工程结构和机械设备中，常用它来连接构件或零部件。理想的圆柱形铰链是由一个圆柱形销钉插入两个物体的圆孔中所构成的，如图 1-18(a)、(b)所示。门窗用的合页、活塞销都是铰链。圆柱形铰链的简图如图 1-18(c)所示。

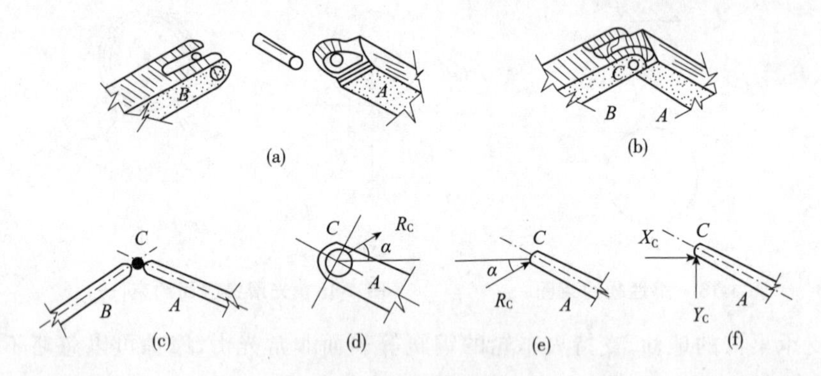

图 1-18　圆柱形铰链约束

如果销钉与圆孔接触是光滑的，这种约束就能够限制被约束物体在垂直于销钉轴线的平面内的任何方向的移动，但是，它却不能限制物体绕销钉的转动和沿销钉轴线方向滑动。因此，无论铰链的约束反力方向如何，其作用线必然垂直于铰链销钉的轴线，并通过接触点和铰链轴心（铰心），如图 1-18(d)所示的反力 R_C。由于这种约束反力的大小和方向均为未知，需根据具体情况，利用平衡条件确定。所以在实际分析中通常用两个相互垂直且通过铰心的分力 X_C 和 Y_C 来代替，如图 1-18(f)所示。两个分力的指向可任意假定，反力 R 的真实方向，可由计算结果确定。通常将 X_C 定为水平方向，Y_C 定为铅直方向，表明分别阻止物体沿水平和铅直两个方向的运动，称为水平反力和铅直反力。

4. 链杆约束

两端用圆柱铰链与其他物体相连且中间不受力(包括自重不计)的直杆构成的约束称为链杆约束，如图 1-19(a)所示。这种约束能阻止物体沿链杆轴线方向运动，但不能阻止沿其他方向的运动。所以，链杆约束的约束反力沿着链杆中心线，其指向待定。图 1-19(b)、(c)分别是链杆的力学简图及其约束反力的表示法。

下面分析图 1-20(a)所示的链杆 BC 的受力情况，链杆 BC 只在两端 B、C 各受一个力作用而处于平衡状态，所以链杆 BC 是二力杆，所受的力必沿着链杆的中心线，或为拉力，或为压力；而链杆 BC 对物体 AB 的反作用力也沿着链杆中心线指向未定，如图 1-20(b)所示。

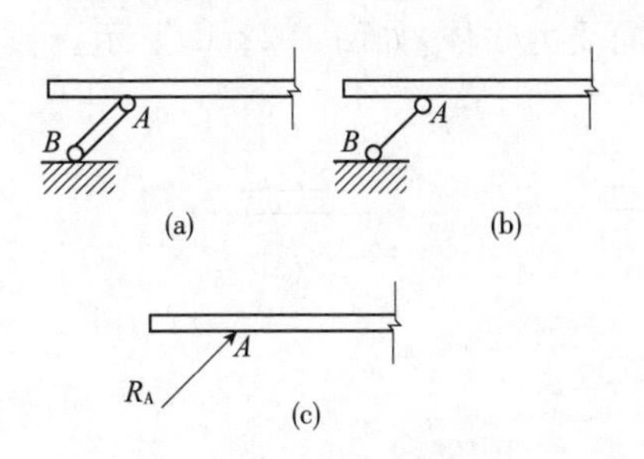

图 1-19　链杆约束示意图

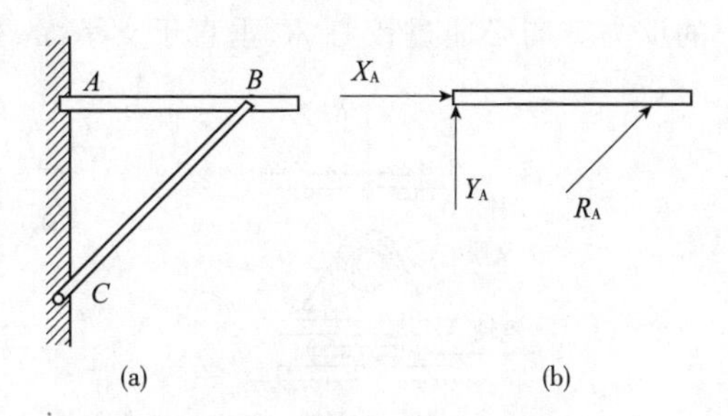

图 1-20　链杆受力分析示意图

三、支座与支座反力

1. 固定铰支座

工程上常用铰链将结构或构件与地基或静止的结构物连接起来，这样就构成了固定铰支座。图 1-21(a)所示为一理想的固定铰支座示意图，它限制了物体沿垂直于销钉轴线的所有方向的移动，即限制了物体水平方向和铅直方向的两个运动，但不能限制物体绕销钉的转动，其简图如图 1-21(b)、(c)所示。因此，与铰链相同，固定铰支座有一个约束反力 R_A，如图 1-21(d)所示，同圆柱形铰链一样，R_A 可以用一个水平反力 X_A 和一个铅直反力 Y_A 代替，如图 1-21(e)所示。

在工程中，钢结构桥梁的固定支座，机器中的轴承等都属于比较理想的固定铰支座。

2. 可动铰支座

对于大跨度的桥梁、屋架，为了保证在温度变化时桥梁或屋架沿跨度或长度方向能够自由地伸缩，常在其一端采用固定铰支座而在另一端采用可动铰支座。

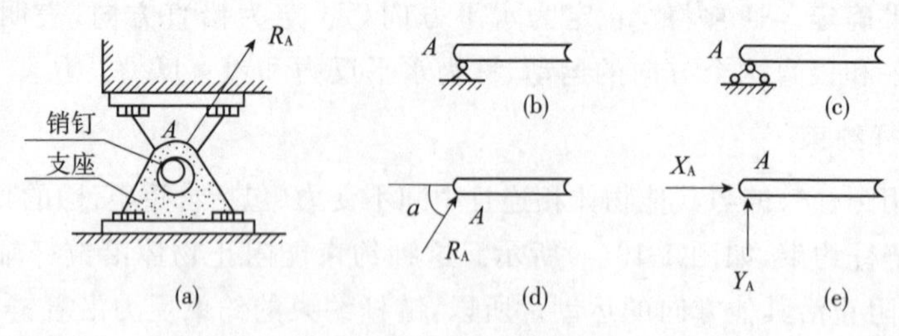

图 1-21　固定铰支座

可动铰支座是用几个辊轴将固定铰支座支承在平面上构成的，如图 1-22(a)所示，图 1-22(b)是可动铰支座的简图。这种支座的约束性质与光滑接触面相同，只能限制物体沿支承面法线方向指向约束内部的运动，不能限制物体沿支承面方向的运动和背离支承面的运动，同时也不能限制物体绕铰心的转动。因此，它的反力方向必通过铰心 A、垂直于支承面、指向受力物体，如图 1-22(d)所示。

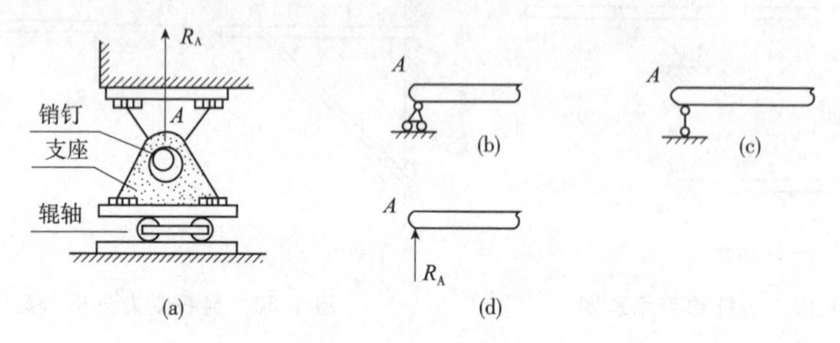

图 1-22　可动铰支座

在建筑结构中，墙体对混凝土大梁、过梁或单向板的约束也可视为可动铰支座约束，这种约束反力的方向可能垂直向上，也可能垂直向下。因此，这种约束的反力方向通过支承点，垂直于支承面，指向未定，其简图如图 1-22(c)所示。

3. 固定端支座

既能限制物体移动又能限制物体转动的约束称为固定端支座。图 1-23(a)所示的梁，其一端插入墙内使梁固定，墙即为梁的固定端支座，图 1-23(b)为其简图。当物体受到荷载作用时这种支座除了产生水平反力 X_A 和铅垂反力 Y_A 外，还将产生一个限制物体转动的反力偶 M_A，如图 1-23(c)所示。

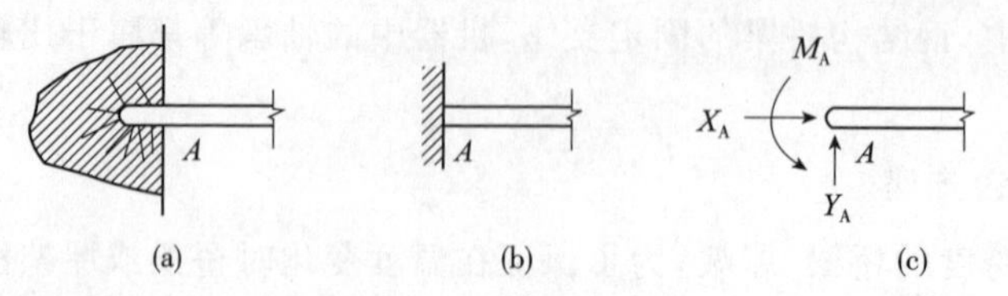

图 1-23　固定端支座

房屋的阳台、雨篷挑梁等悬挑结构的支座都可视为固定端支座。

第四节　受　力　图

在工程中遇到的几乎都是几个物体或几个构件相互联系的情况。例如楼板搁在梁上，梁支承在柱上，柱支承在基础上，基础搁在地基上。因此，我们需要明确要对哪一个物体进行受力分析即要明确研究对象。为了清楚地表示研究对象的受力情况，我们通常把该研究对象从与它相联系的周围物体中分离出来，单独画出它的简图。这种从周围物体中单独分离出来的研究对象，称为分离体。在分离体上画出周围物体对它的全部作用力(包括主动力和约束反力)，这样得到的图形，称为受力图。

正确地画出受力图是解决力学问题的关键。

一、单个物体受力图

画单个物体的受力图，首先要明确研究对象，并解除研究对象所受到的全部约束而单独画出它的简图，即取出分离体，然后在分离体上画出主动力及根据约束类型在解除约束处画出相应的约束反力。

【例 1-1】　重量为 G 的小球置于光滑的斜面上，并用绳索系住，如图 1-24(a)所示，试画出小球的受力图。

解：取小球为研究对象。小球受到光滑接触面和绳索的约束，解除约束单独画出小球，作用在小球上的主动力是已知的重力 G，它作用在球心 C，铅垂向下；光滑接触面对球的约束反力 N_B，通过切点 B，沿着公法线并指向球心；绳索的约束反力 T_A，作用于接触点 A，沿着绳的中心线且背离球心。小球的受力图如图 1-24(b)所示。

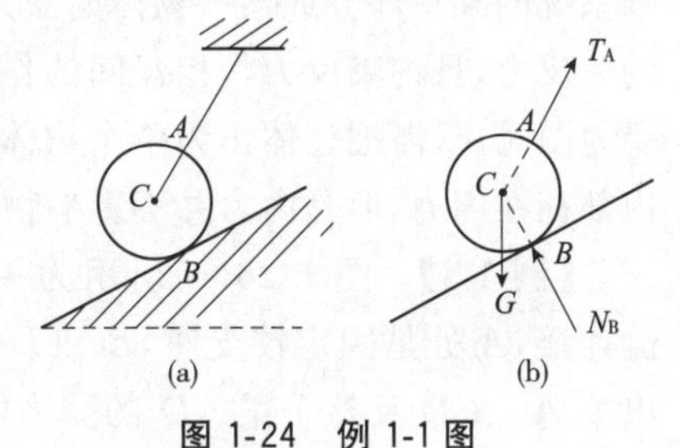

图 1-24　例 1-1 图

【例 1-2】　水平梁 AB 的 A 端为固定铰支座，B 端为可动铰支座，在梁的 C 点受到主动力 P 的作用，如图 1-25(a)所示。梁的自重不计，试画出梁 AB 的受力图。

解：取梁为研究对象，解除约束并将它单独画出。梁受主动力 P 作用。A 处是固定铰支座，它的反力可用两个相互垂直的分力 X_A 和 Y_A 表示，指向是假设的。B 处是可动铰支座，它的反力 R_B 垂直于支承面，指向假设。梁的受力图如图 1-25(b)所示。

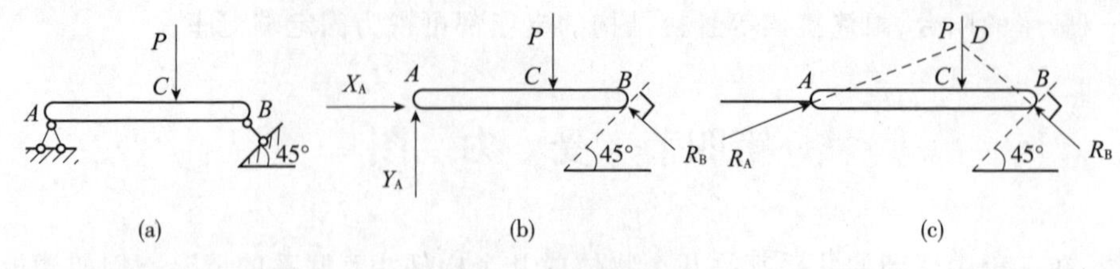

图 1-25　例 1-2 图

需要指出，固定铰支座 A 的约束反力也可以用一个力 R_A 来表示。因为梁 AB 受到共面不平行的三个力作用而平衡，故可应用三力平衡汇交定理来确定反力 R_A 的作用线。若以 D 表示力 P 和 R_B 作用线的交点，反力 R_A 的作用线必通过这个交点，如图 1-25(c)所示。图中 R_A 的指向是假设的。

物体的受力图可能有不同的表示方法，但在实际画图时，只需画出其中一种即可。

二、物体系统的受力图

在工程中常常遇到由几个物体通过一定的约束联系在一起的系统，这种系统称为物体系统，简称为物系。对物体系统进行受力分析时，把作用在物体系统上的力分为外力和内力。所谓外力是指物系以外的物体作用在物系上的力，所谓内力是指物系内各物体之间的相互作用力。

画物体系统的受力图的方法，基本上与画单个物体受力图的方法相同，只是研究对象可能是整个物体系统，也可能是整个物体系统中的某一部分或某一物体。画系统的某一部分或某一物体的受力图时，要注意被拆开的相互联系处，有相应的约束反力，且约束反力是相互间的作用，一定要遵循作用与反作用定律；画整体的受力图时，只需把整体作为单个物体一样对待即可，但这时要注意，虽然物体系统内部存在内力，但是内力并不影响物系的整体平衡，所以可以不必画出。

【例 1-3】　图 1-26(a)所示为一组合梁。梁受主动力 P 的作用。C 处为铰链连接，A 处是固定铰支座，B 和 D 处都是可动铰支座。若不计梁的自重，试画出梁 AC、CD 及整个梁 AD 的受力图。

解：(1)取梁 CD 为研究对象。梁 CD 受主动力 P 的作用。D 处是可动铰支座，它的反力 Y_D 垂直于支承面，指向假设；C 处为铰链约束，它的约束力可用两个相互垂直的分力 X_C 和 Y_C 来表示，指向假设。梁 CD 的受力图如图 1-26(b)所示。

(2)取梁 AC 为研究对象。A 处是固定铰支座，它的反力可用两个相互垂直的分力 X_A 和 Y_A 来表示，指向假设；B 处是可动铰支座，它的反力 Y_B 垂直于支承面，指向假设；C 处是铰链，它的反力 X'_C、Y'_C 和作用在梁 CD 上的 X_C、Y_C 是作用力与反作用力的关系，其指向不能再任意假设。梁 AC 的受力图如图 1-26(c)所示。

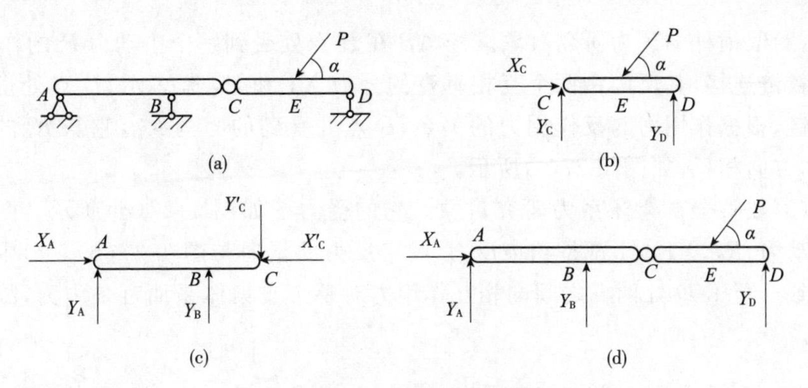

图 1-26　例 1-3 图

(3)取整个梁 AD 为研究对象。它的受力图如图 1-26(d)所示。这时没有解除铰链 C 的约束,故 AC 与 CD 两段梁相互作用的力不必画出。图中 P 是主动力,X_A、Y_A、Y_B、Y_D都是约束反力,约束反力的指向是假设的,并且与图 1-26(b)、(c)所画的一致。

【例 1-4】 由横杆 AB 和斜杆 CD 构成的支架,如图 1-27(a)所示。在横杆上 B 点处有一作用力 P。不计各杆的自重,试画出杆 AB、杆 CD 及整个支架体系的受力图。

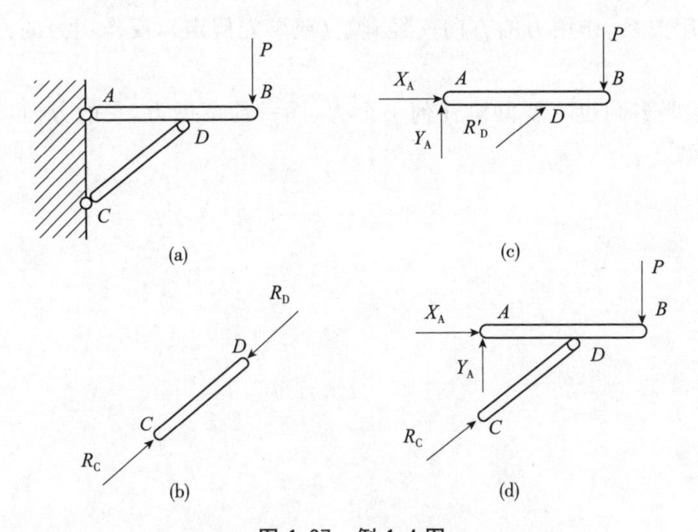

图 1-27　例 1-4 图

解:(1)取斜杆 CD 为研究对象。CD 杆只在两端各受到一个约束反力 R_C、R_D作用而平衡,所以 CD 杆为二力杆,且 R_C 和 R_D必定大小相等,方向相反,作用线沿着 CD 的连线。并且根据主动力 P 的分析,杆 CD 受到的应是压力,所以 R_C 和 R_D的作用力方向应该指向杆 CD,如图 1-27(b)所示。

(2)取横杆 AB 为研究对象。杆 AB 在 B 点处受到一个主动力 P 的作用;A 点为铰链连接,其反力用两个互相垂直的分力 X_A 和 Y_A 来表示;D 点处也是一个铰链,根据作用力与反作用力的关系,D 点处受到的力为 R'_D,它与 R_D的大小相等,方向相反,如图 1-27(c)所示。

(3)取整个支架体系为研究对象。它的受力图如图 1-27(d)所示。图中 P 是主动力,R_C、X_A、Y_A 都是约束反力,约束反力的指向与图 1-27(b)、(c)中所示的一致。至于 D 处两杆之间的相互作用力对整个支架体系而言是内力,故不必画出。

三、画受力图的注点事项

(1)明确研究对象。画受力图时,首先要明确画哪一个物体或物体系统的受力图。研究对象一经确定,就要解除它所受到的全部约束,单独画出该研究对象的简图。

(2)约束反力与约束类型一一对应。每解除一个约束,就有与它相对应的约束反力作用在研究对象上,约束反力的方向必须严格按照约束的类型来画,不能单凭直观或者根据主动力的方向简单推断。

(3)注意作用与反作用关系。在分析两物体之间的相互作用力时,要注意作用与反作用关系,作用力的方向一经确定(或事先假定),反作用力的方向就必须与它相反。

(4)不要多画也不要漏画任何一个力,同一约束反力,它的方向在各受力图中必须一致。

第二章　平面汇交力系与平面力偶系

力系按各力作用线分布情况分为平面力系和空间力系。各力的作用线均在同一平面上的力系叫平面力系，作用线不全在同一平面上的力系称为空间力系。

在平面力系中，最简单的力系是各力的作用线均在同一平面内且汇交于一点的力系，叫平面汇交力系。例如起重机起吊重物时[图 2-1(a)]，作用于吊钩 C 上的三根绳索的拉力 T、T_A、T_B 都在同一平面内且汇交于一点 C，就组成平面汇交力系[图 2-1(b)]。

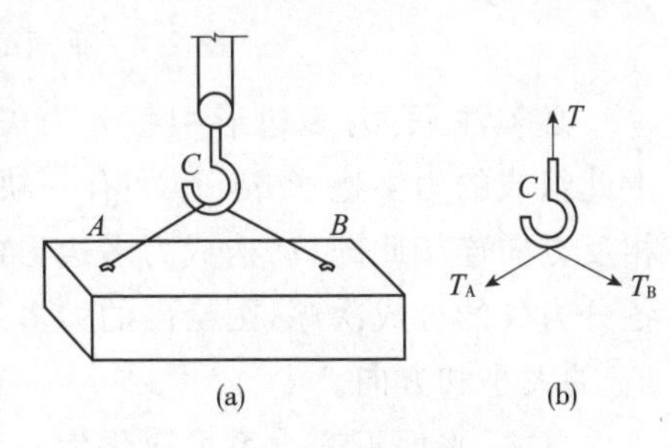

图 2-1　平面汇交力系示意图

平面力偶系是指仅由力偶所组成的平面力系。

平面汇交力系与平面力偶系是两种简单力系，是研究复杂力系的基础。本章将分别用几何法和解析法研究平面汇交力系的合成与平衡问题，介绍平面力偶的基本特性以及平面力偶系合成与平衡问题。

第一节　平面汇交力系合成与平衡

一、平面汇交力系合成与平衡的几何法

几何法是利用几何作图的方法来研究力系的合成与平衡问题。

1. 平面汇交力系合成的几何法

设某一刚体受到平面汇交力系 F_1，F_2，F_3，F_4 的作用，各力作用线汇交于 A 点，如图 2-2(a)所示。根据力的可传性，可将各力沿其作用线滑移至汇交点A，将该力系等效成为平面共点力系，如图 2-2(b)所示。根据力的平行四边形法则，可得到合力 F_R 作用线的位置必通过力系的汇交点 A，为了较方便地求出合力 F_R 的大小与方向，可连续应用力三角形法则。任取一点 a，先作力三角形求出 F_1 与 F_2 的合力矢 F_{R1}，再作力三角形合成 F_{R1} 与 F_3 得 F_{R2}，最后合成 F_{R2} 与 F_4 得 F_R，如图 2-2(c)所示。多边形 $abcde$ 称为此平面汇交力系的力多边形，矢量 ae 称为此力多边形的封闭边。封闭边矢量 ae 即表示此平面汇交力系合力

F_R 的大小与方向(即合力矢)。其简化画法如图 2-2(d)所示,这种求合力矢的几何作图法称为力多边形法则。

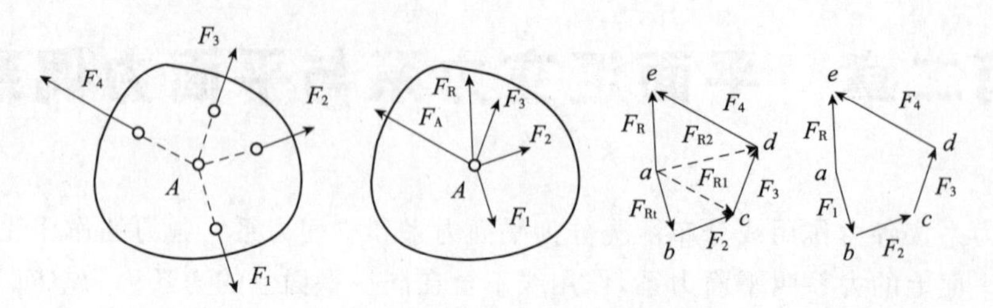

图 2-2　平面汇交力系合成的几何法

必须注意,力多边形中各分力矢量首尾相接沿着同一方向环绕力多边形。由此组成的力多边形 *abcde* 如有一缺口,故为不封闭的力多边形,而合力矢则沿相反方向连接此缺口,构成力多边形的封闭边。根据矢量相加的交换律,若改变各分力矢的合成次序,则绘出的力多边形的形状亦会随之改变,但不会影响合力 F_R 的大小和方向。

总之,平面汇交力系可简化为一合力,其合力的大小与方向等于各分力的矢量和(几何和),合力的作用线通过力系的汇交点。设平面汇交力系含有 n 个力,以 F_R 表示它们的合力矢,则有

$$F_R = F_1 + F_2 + \cdots F_n = \sum_{i=1}^{n} F_i \tag{2-1}$$

式中: $\sum_{i=1}^{n} F_i$ 可简写为 $\sum F$。

2. 平面汇交力系平衡的几何条件

根据平面汇交力系合成的几何法可知,一般情况下,平面汇交力系合成的结果是一个力,即力系的合力,它对刚体的作用与原力系等效。如果力系的合力为零,则表明刚体在该力系的作用下处于平衡状态,即力系是平衡力系。反之,若作用于刚体的力系的合力不为零,则刚体不能处于平衡状态,该力系就不是平衡力系。由此得出结论:平面汇交力系平衡的充分和必要条件是力系的合力矢等于零,或力系中各力矢的矢量和等于零,即

$$\sum F = 0 \tag{2-2}$$

合力矢等于零,反映在力多边形上就是最末一个力矢的终点与第一个力矢的起点相重合,代表合力矢的封闭边成为一个点。此时,力多边形中所有力矢都沿同一方向环绕力多边形,这种情况称为力多边形自行封闭。所以,平面汇交力系平衡的必要和充分的几何条件是:力系的力多边形自行封闭。利用此平衡条件,可以求解力系中的某些未知力。

运用平面汇交力系平衡的几何条件求解问题时，解题的步骤是：

(1)选取研究对象根据题意要求适当选择某个物体作为研究对象，并画出其简图。在所取的研究对象上既要作用有已知的主动力，也要作用有待求的未知量。

(2)画研究对象受力图在研究对象的简图上画出它受到的全部外力(包括主动力和约束反力)。作图要准确，特别是各个力的方向要准确。

(3)作力多边形图选择适当的力比例尺作力系的力多边形。先画已知力，然后应用力多边形自行封闭的条件画未知力。

(4)确定未知量按力比例尺和量角器量出力多边形中未知力的大小及方向。如果力多边形是三角形，也可以用三角公式计算未知力的大小和方向。

【例 2-1】 支架的横梁 AB 与斜杆 DC 彼此以铰链 C 相连接，并各以铰链 A、D 连接于铅直墙上，如图 2-3(a)所示。已知 $AC=CB$；杆 DC 与水平线夹 45°角；荷载 $F_P=10\text{kN}$，作用于 B 处。梁和杆的重力忽略不计，求铰链 A 的约束反力和杆 DC 所受的力。

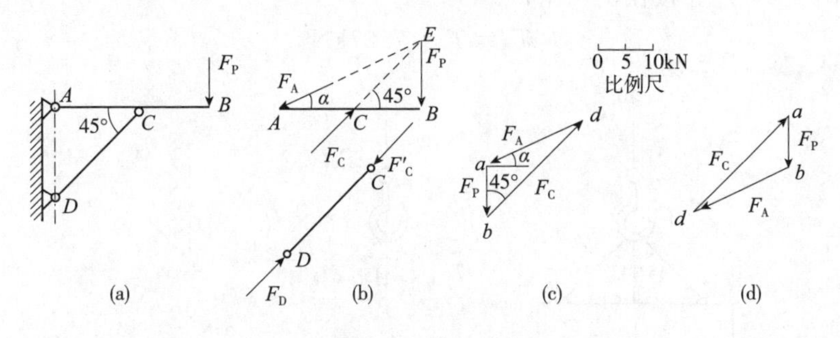

图 2-3　例 2-1 图

解：选取横梁 AB 为研究对象。横梁在 B 处受荷载 F_P 作用。DC 为二力杆，它对横梁 C 处的约束反力 F_C 的作用线必沿两铰链 D、C 中心的连线。铰链 A 的约束反力 F_A 的作用线可根据三力平衡汇交定理确定，即通过另两个力作用线的交点 E，如图 2-3(b)所示。

根据平面汇交力系平衡的几何条件，这三个力应组成一个封闭的力三角形。按照图中力的比例尺，先画出已知力矢 $\overrightarrow{ab}=F_P$，再由点 a 作直线平行于 F_A，由点 b 作直线平行 F_C，这两直线相交于点 d，如图 2-3(c)所示。由力三角形 abd 封闭，可确定 F_C 和 F_A 的指向。

在力三角形中，线段 $\overrightarrow{bd}$ 和 $\overrightarrow{da}$ 分别表示力 F_C 和 F_A 的大小，量出它们的长度，按比例尺换算得

$$F_C=28.3\text{kN} \qquad F_A=22.4\text{kN}$$

根据作用力和反作用力的关系，作用于杆 DC 的 C 端的力 F'_C 与 F_C 的大小

相等，方向相反。由此可知，杆 DC 受压力，如图 2-3(b)所示。

应该指出，封闭力三角形也可以如图 2-3(d)所示，同样可求得力 F_C 和 F_A，且结果相同。

【例 2-2】 如图 2-4(a)所示，起重机起吊一构件。构件自重 $G=10\text{kN}$，两根钢丝绳与铅垂线的夹角都是 45°。求当构件匀速起吊时两根钢丝绳的拉力。

解：取整个起吊系统为研究对象，拉力 T 与构件自重 G 组成平衡力系[图 2-4(a)]，所以 $T=G=10\text{kN}$。

再取吊钩 C 为研究对象，吊钩 C 受三个共面汇交力 T、T_A、T_B 作用而平衡[图 2-4(b)]，且 T_A 和 T_B 的方向已知，但是大小未知，所以总共有两个未知量，可以用平面汇交力系平衡的几何条件求解。

从任一点 a 作 $\overrightarrow{ab}=T$，过 a、b 分别做 T_A 和 T_B 的平行线相交于 c，得到自行闭合的力多边形 abc。矢量 $\overrightarrow{bc}$ 代表 T_B 的大小和方向，矢量 $\overrightarrow{ca}$ 代表 T_A 的大小和方向[图 2-4(c)]。按比例尺量得

$$T_A=T_B=7.07\text{kN}$$

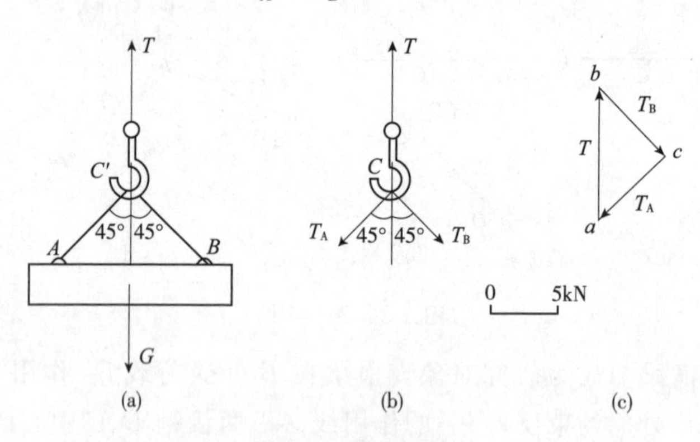

图 2-4 例 2-2 图

二、平面汇交力系合成与平衡的解析法

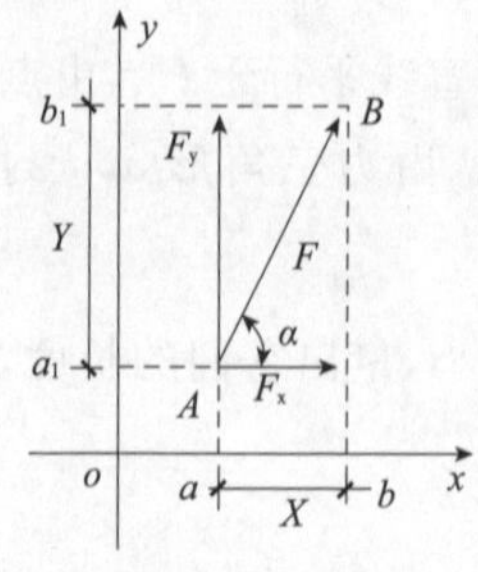

图 2-5 力的投影(一)

1. 力在坐标轴上的投影

设力 F 作用在物体上某点 A 处，用 AB 表示。通过力 F 所在的平面的任意点 O 作直角坐标系 xoy 如图 2-5 所示。从力 P 的起点 A 及终点 B 分别作垂直于 x 轴的垂线，得垂足 a 和 b，并在 x 轴上得线段 ab，线段 ab 的长度加以正负号称为力 F 在 x 轴上的投影，用 X 表示。同样方法也可以确定力 F 在 y 轴上的投影为线段 a_1b_1，用

Y 表示。并且规定:从投影的起点到终点的指向与坐标轴正方向一致时,投影取正号;从投影的起点到终点的指向与坐标轴正方向相反时,投影取负号。

从图 2-5 中的几何关系得出投影的计算公式为

$$\left.\begin{aligned} X&=\pm F\cos\alpha \\ Y&=\pm F\sin\alpha \end{aligned}\right\} \text{或} \left.\begin{aligned} F_x&=\pm F\cos\alpha \\ F_y&=\pm F\sin\alpha \end{aligned}\right\} \tag{2-3}$$

式中:α——力 F 与 x 轴所夹的锐角,X 和 Y 的正负号可按上面提到的规定直观判断得出。

如果力 F 在 x 轴和 y 轴上的投影 X 和 Y 已知,则图 2-5 中的几何关系可用下式确定力 F 的大小和方向

$$\left.\begin{aligned} F&=\sqrt{X^2+Y^2} \\ \tan\alpha&=\frac{|Y|}{|X|} \end{aligned}\right\} \tag{2-4}$$

F 的具体方向可由 X、Y 的正负号确定(表 2-1),式中的 α 角为 F 与 x 轴所夹的锐角。

表 2-1　力的方向与其投影的正负号

力的方向	坐标	投影的正负号		力的方向	坐标	投影的正负号	
		X	Y			X	Y
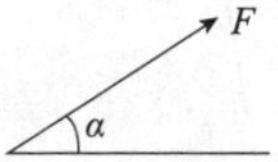	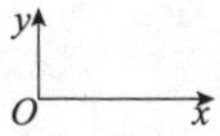	+	+	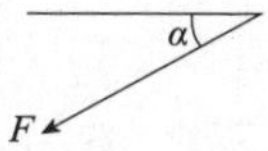	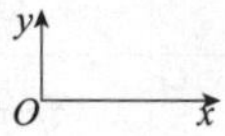	−	−
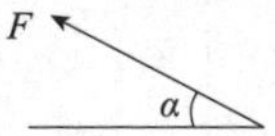	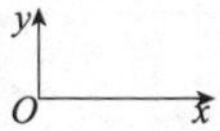	−	+	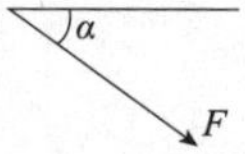	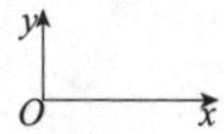	+	−

特别要指出的是,当力 F 与 x 轴(或 y 轴)平行时,F 的投影 Y(或 X)为零;X(或 Y)的值与 F 的绝对值相等,方向按上述规定的符号规则确定。例如在图 2-6 中 $F_3=200\text{N}$,它在两轴上的投影分别为

$$X_3=0$$

$$Y_3=-200\text{N}$$

另外,在图 2-5 中可以看出 F 的分力 Fx 与 Fy 的大小与 F 在对应的坐标轴上的投影的绝对值相等。需要注意分力是矢量,而力在坐标轴上的投影是代数量,所以不能将它们混为一谈。

【例 2-3】　在图 2-5 中,$F=100\text{N}$,$\alpha=60°$。试求出力 F 在 x、y 轴上的投影。

解:按式(2-3)及符号规定,F 在 x、y 轴上的投影值为:

$$X=F\cos\alpha=100\cos60°=50\text{N}$$

$$Y=F\sin\alpha=100\sin60°=86.6\text{N}$$

【例 2-4】 试求图 2-6 中 F_3 以外各力在 x、y 轴上的投影。已知 $F_1=F_2=100\text{N}$；$F_4=200\text{N}$。

解：按(2-3)式及符号规定，F 在 x、y 轴上的投影分别为：

$$X_1=-F_1\cos\alpha=-100\cos30°=-86.6\text{N}$$

$$Y_1=-F_1\sin\alpha=-100\sin30°=-50\text{N}$$

$$X_2=+F_2\cos\alpha=100\cos45°=70.7\text{N}$$

$$Y_2=+F_2\sin\alpha=100\sin45°=70.7\text{N}$$

$$X_4=+F_4\cos\alpha=200\cos30°=173.2\text{N}$$

$$Y_4=-F_4\sin\alpha=-200\sin30°=-100\text{N}$$

2. 合力投影定理

图 2-7 表示作用于物体上某一点 A 的两个力 F_1 和 F_2，用力的平行四边形法则求出它们的合力为 R。在力的作用面内作一直角坐标系 x_{oy}，力 F_1 和 F_2 及合力 R 在坐标轴上的投影分别为

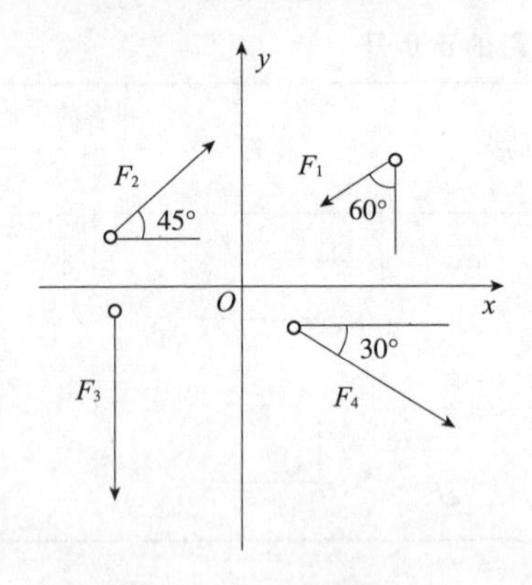

图 2-6 力的投影(二)

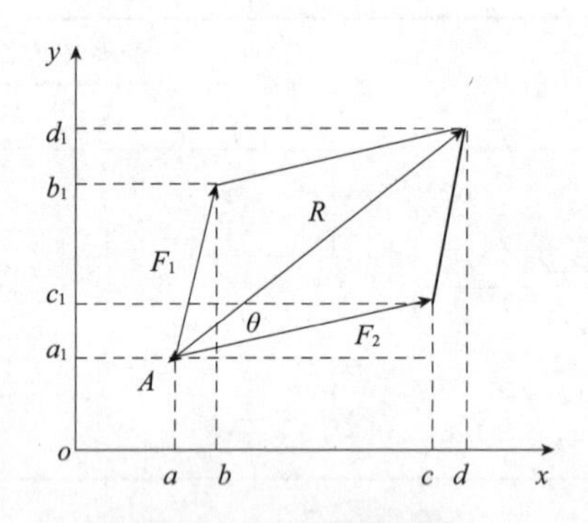

图 2-7 合力投影定理

$$X_1=ab;Y_1=a_1b_1$$

$$X_2=ac;Y_2=a_1c_1$$

$$R_x=ad;R_y=a_1d_1$$

从图中的几何关系可以看出 $ab=cd$，$a_1c_1=b_1d_1$。

$$R_x=ad=ac+cd=X_1+X_2$$

$$R_y=a_1d_1=a_1b_1+b_1d_1=Y_1+Y_2$$

如果某平面汇交力系汇交于一点有 n 个力，可以证明上述关系仍然成立，即

$$\left.\begin{aligned}R_x=X_1+X_2+\cdots X_n=\sum X\\R_y=Y_1+Y_2+\cdots Y_n=\sum Y\end{aligned}\right\}\tag{2-5}$$

由此可见，合力在任一轴上的投影，等于各分力在同一轴上投影的代数和。这

就是合力投影定理。式中“$\sum$”表示求代数和。必须注意式中各投影的正负号。

3. 用解析法求平面汇交力系的合力

用解析法求平面汇交力系的合力，就是根据合力投影定理用数值计算的方法求出合力的大小和方向。

设在物体上作用着平面汇交力系 F_1、F_2…F_n（图 2-8），为求出该力系的合力，首先选取直角坐标系 Oxy，求出力系中各力在 x、y 轴上的投影 X_1、Y_1、X_2、Y_2…X_n、Y_n，再由合力投影定理可求得合力 R 在 x、y 轴上的投影 R_x、R_y 为

$$R_x = X_1 + X_2 + \cdots + X_n = \sum X$$

$$R_y = Y_1 + Y_2 + \cdots + Y_n = \sum X$$

根据式(2-4)，合力 R 的大小和方向即可由下式确定

$$\left.\begin{aligned} R &= \sqrt{R_x^2 + R_y^2} = \sqrt{(\sum X)^2 + (\sum Y)^2} \\ \tan\alpha &= \left|\frac{R_y}{R_x}\right| = \left|\frac{\sum Y}{\sum X}\right| \end{aligned}\right\} \tag{2-6}$$

式中：α——合力 R 与 x 轴所夹的锐角，合力的作用线仍通过力系的汇交点 O，合力的指向可根据其投影 R_x 和 R_y 的正负号来确定（表 2-1）。

【例 2-5】　求图 2-9 所示平面汇交力系的合力，已知 $F_1 = 200\text{kN}$，$F_2 = 300\text{kN}$，$F_3 = 100\text{kN}$，$F_4 = 250\text{kN}$。

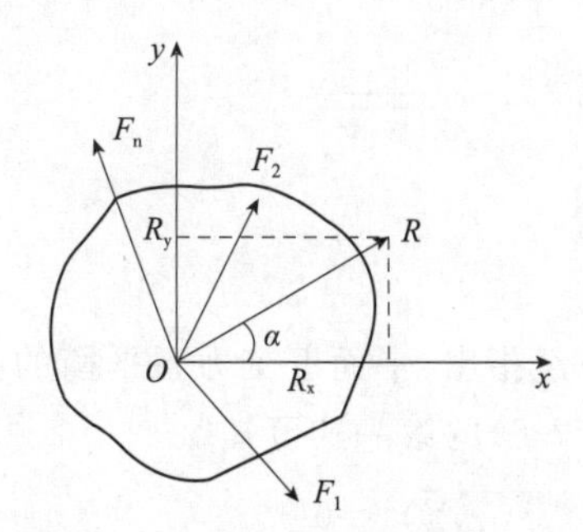

图 2-8　解析法求平面汇交力系的合力

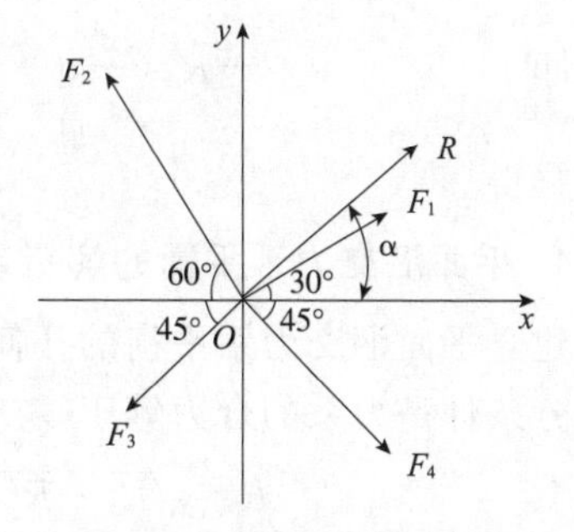

图 2-9　例 2-5 图

解：合力 R 在 x、y 轴上的投影为

$$\begin{aligned} R_x = \sum X &= F_1\cos30° - F_2\cos60° - F_3\cos45° + F_4\cos45° \\ &= 200\cos30° - 300\cos60° - 100\cos45° + 250\cos45° \\ &= 129.3\text{kN} \end{aligned}$$

$$\begin{aligned} R_y = \sum Y &= F_1\cos30° + F_2\cos60° - F_3\cos45° - F_4\cos45° \\ &= 200\cos30° + 300\cos60° - 100\cos45° - 250\cos45° \\ &= 112.3\text{kN} \end{aligned}$$

合力的大小为

$$R=\sqrt{R_x^2+R_y^2}=\sqrt{129.3^2+112.3^2}=717.3\text{kN}$$

方向为

$$\tan\alpha=\left|\frac{R_y}{R_x}\right|=\frac{112.3}{129.3}=0.869 \qquad \alpha=40.99^\circ$$

因为 R_x 为正，R_y 为正，故 α 应在第一象限，合力 R 的作用线通过力系的汇交点。

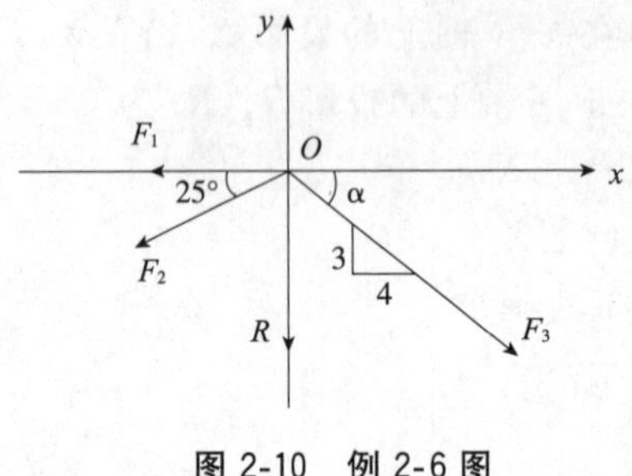

图 2-10　例 2-6 图

【例 2-6】　如图 2-10 所示，已知 $F_1=20\text{kN}$，$F_2=40\text{kN}$，如果三个力 F_1、F_2、F_3 的合力 R 沿铅垂向下，试求力 F_3 和 R 的大小。

解：取直角坐标系 Oxy 如图所示，由式(2-6)知

$$R_x=\sum X=X_1+X_2+X_3$$

即 $0=-F_1-F_2\cos25^\circ+F_3\cos\alpha$

$$=-20-40\times0.906+F_3\times\frac{4}{\sqrt{3^2+4^2}}$$

解得 $$F_3=70.3\text{kN}$$

$$R_y=\sum Y=Y_1+Y_2+Y_3$$

$$-R=0-F_2\sin25^\circ-F_3\sin\alpha$$

即 $$-R=-40\times0.423-70.3\times\frac{4}{\sqrt{3^2+4^2}}$$

解得 $$R=59.1\text{kN}$$

4. 平面汇交力系平衡的解析条件

建立平面汇交力系平衡的几何条件时，曾经指出：平面汇交力系平衡的必要和充分条件是力系的合力等于零。而根据式(2-6)的第一式可知

$$R=\sqrt{R_x^2+R_y^2}=\sqrt{(\sum X)^2+(\sum Y)^2}=0$$

上式中$(\sum X)^2$与$(\sum Y)^2$恒为非负数，欲使上式成立，必须且只需

$$\left.\begin{aligned}\sum X=0\\ \sum Y=0\end{aligned}\right\} \tag{2-7}$$

于是得平面汇交力系平衡的必要和充分的解析条件为：力系中所有各力在两个坐标轴中每一轴上的投影的代数和都等于零。式(2-7)称为平面汇交力系的平衡方程。应用这两个独立的平衡方程，可以求解两个未知量。

【例 2-7】　一根钢管重 $G=5\text{kN}$，放在如图 2-11(a)所示的装置内。假设所有接触面均为光滑，杆 AB 的自重不计，试求杆 AB 和墙面对钢管的约束反力。

解：取钢管为研究对象，作用在它上面的力有：自重 G，杆 AB 对它的约束反

力 N_D，墙面对它的约束反力 N_E。其受力图如图 2-11(b)所示。三力 G、N_D、N_E 组成平面汇交力系。

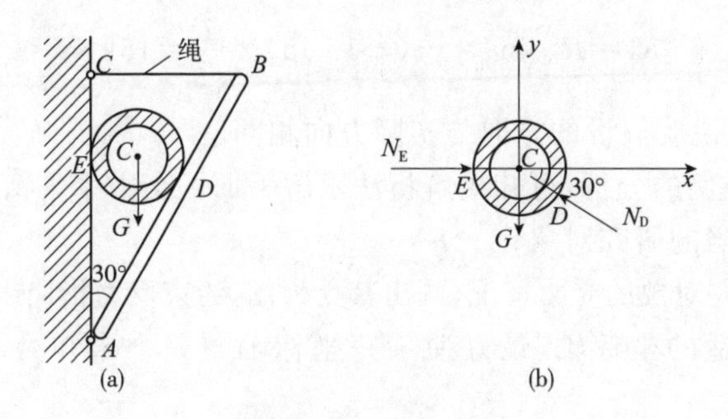

图 2-11　例 2-7 图

选直角坐标系如图，列平衡方程

$$\sum X=0 \qquad N_E-N_D\cos30°=0 \tag{a}$$

$$\sum Y=0 \qquad N_D\sin30°-G=0 \tag{b}$$

由式(b)得，$$N_D=\frac{G}{\sin30°}=\frac{5}{0.5}=10\text{kN}$$

由式(a)得，$$N_E=N_D\cos30°=10\times0.866=8.66\text{kN}$$

【例 2-8】　一平面刚架在 C 点受水平力 F 作用，如图 2-12(a)所示。已知 $F=30$kN，刚架自重不计，求支座 A、B 的反力。

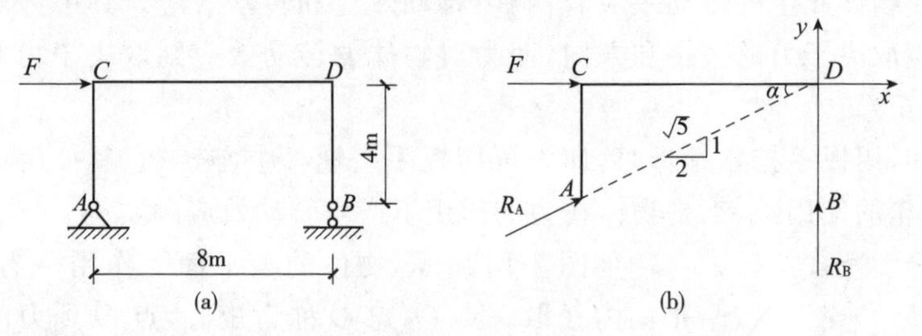

图 2-12　例 2-8 图

解：取刚架为研究对象，作用在它上面的力有 F、R_A、R_B，这三个共面力使刚架平衡，其作用线必汇交于一点，故可画出刚架的受力图，如图 2-12(b)所示，图中的 R_A、R_B 指向是假设的。

建立直角坐标系，列平衡方程

$$\sum X=0, F+R_A\cos\alpha=0$$

解得　$$R_A=-\frac{F}{\cos\alpha}=-30\times\frac{\sqrt{5}}{2}=-33.5\text{kN}(\swarrow)$$

得出的 R_A 是负号，说明它的实际方向与假设的方向相反。再列平衡方程

$$\sum Y=0, R_B+R_A\sin\alpha=0$$

注意，列方程$\sum Y=0$时，R_A仍按原假设的方向，因此，应将上面求得的数值连同负号一起代入，于是得

$$R_B=R_A\sin\alpha=-(-15\sqrt{5})\times\frac{1}{\sqrt{5}}=15\text{kN}$$

R_B得正号，说明假设的方向与实际方向相同。

通过以上各例的分析，可知用解析法求解平面汇交力系平衡问题的步骤为：

(1)选取适当的研究对象；

(2)分析研究对象的受力情况，画出其受力图，约束反力指向未定者应先假设；

(3)选取合适的坐标轴，最好使某一坐标轴与一个未知力垂直，以便简化计算；

(4)列平衡方程求解未知量，列方程时注意各力投影的正负号。当求出未知力是正值时，表示该力的实际指向与受力图上所假设的指向相同；如果是负值，则表示该力的实际指向与受力图上所假设的指向相反。

第二节　力对点的矩、合力矩定理

一、力对点的矩

力使物体产生的运动效应有两种：移动效应和转动效应。其中力对物体的移动效应取决于力的大小和方向，而力对物体的转动效应则取决于力对点的矩(简称力矩)。

例如，用扳手拧紧螺母时，加力可使扳手绕螺母中心转动；其他简单机械如杠杆、滑轮的使用等，都是物体在力的作用下产生转动效应的实例。

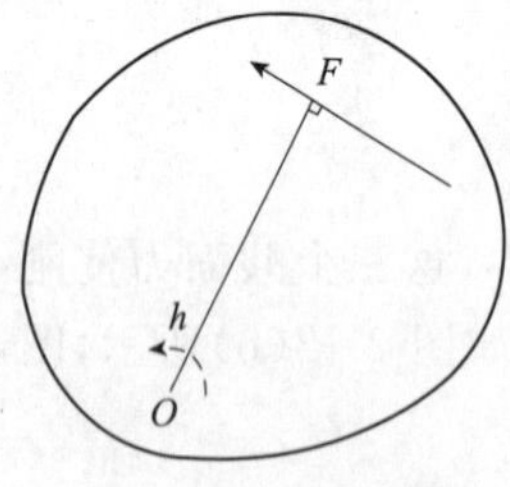

图 2-13　力对点的矩

如图 2-13 所示，物体的某平面上作用一力 F，在同平面内任取一点 O，点 O 称为矩心，点 O 到力的作用线的垂直距离 h 称为力臂。力使物体绕 O 点的转动效应不仅与力 F 的大小成正比，还与力臂 h 成正比。而力使物体绕 O 点的转向不是逆时针转向就是顺时针转向。因而在平面问题中力对点的矩定义如下。

力对点的矩是一个代数量，它的绝对值等于力的大小与力臂的乘积，它的正负号可按下法确定：力使物体绕矩心逆时针转向转动时为正，反之为负。力 F 对于点 D 的矩以记号 $M_0(F)$ 表示，计算公式为

$$M_0(F)=\pm F\cdot h \tag{2-8}$$

力矩的单位常用 N·m 或 kN·m。

根据力矩的定义，可得出如下的力矩性质。

(1)力 F 对点 O 的矩,不仅决定于力的大小,同时与矩心的位置有关。矩心的位置不同,力矩随之而不同。

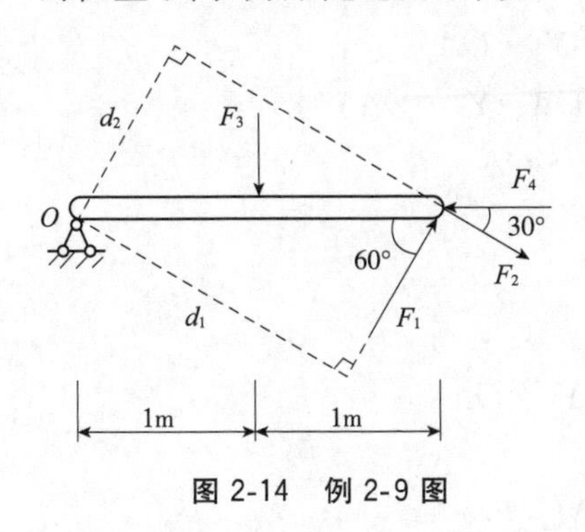

图 2-14　例 2-9 图

(2)力 F 沿其作用线移动,不改变它对点 O 的矩。

(3)力的大小等于零,或力的作用线通过矩心(即力臂 $h=0$),则力矩等于零。

(4)相互平衡的两个力对同一点的矩的代数和等于零。

【例 2-9】 如图 2-14 所示,$F_1=40\text{N}$,$F_2=30\text{N}$,$F_3=50\text{N}$,$F_4=60\text{N}$,试求各力对 O 点的力矩。已知杆长 $OA=2\text{m}$。

解:由式(2-8)得

$$M_O(F_1)=F_1\cdot d_1=40\times2\times\cos30°=69.3\text{N}\cdot\text{m}$$

$$M_O(F_2)=-F_2\cdot d_2=-30\times2\times\sin30°=-30\text{N}\cdot\text{m}$$

$$M_O(F_3)=-F_3\cdot d_3=-50\times1=-50\text{N}\cdot\text{m}$$

因为力 F_4 的作用线通过矩心 O,即有 $d_4=0$,所以

$$M_O(F_4)=F_4\cdot d_4=0$$

二、合力矩定理

在计算力矩时,最重要的是确定矩心和力臂,力臂一般可通过几何关系确定。但是在有些实际问题中,由于几何关系比较复杂力臂不易求出,因而力矩不便于计算(如例题 2-9 当中的力 F_1、F_2 对 O 点的矩)。如果将力作适当分解得其分力,考虑到合力与分力等效,合力的转动效应也应与其分力的转动效应相同,因此可以将合力对某点之矩转化为分力对某点之矩来计算,这样做往往可以使问题得到简化。合力对某一点之矩与其分力对同一点之矩有如下关系。

平面汇交力系的合力对平面内任一点之矩,等于力系中各分力对同一点之矩的代数和。这就是平面汇交力系的合力矩定理。现以两个汇交力的情形为例给以证明。

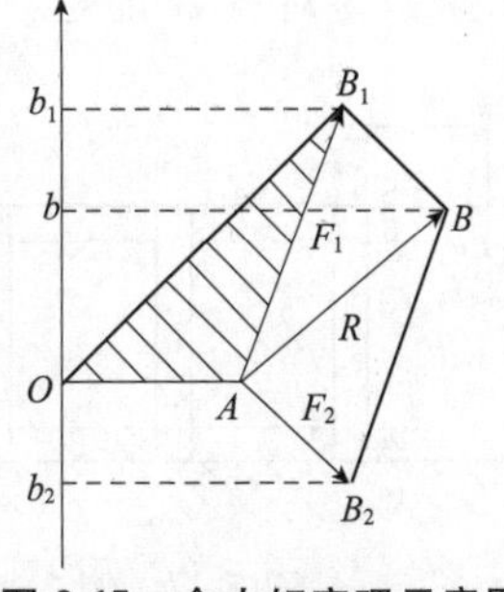

图 2-15　合力矩定理示意图

如图 2-15 所示,设在刚体上的 A 点作用两个平面汇交力 F_1 和 F_2,R 为其合力。任选一点 O 为矩心,通过点 O 并垂直于 OA 作 y 轴。令 Y_1、Y_2 和 R_y 分别表示力 F_1、F_2 和 R 在 y 轴上的投影。由图 2-15 可见

$$Y_1 = Ob_1, Y_2 = Ob_2, R_y = Ob$$

各力对点 O 的矩分别为

$$\left.\begin{aligned} M_O(F_1) &= 2\Delta AOB_1 = Ob_1 \cdot OA = Y_1 \cdot OA \\ M_O(F_2) &= -2\Delta AOB_2 = -Ob_2 \cdot OA = Y_2 \cdot OA \\ M_O(R) &= 2\Delta AOB = Ob \cdot OA = R_y \cdot OA \end{aligned}\right\} \text{(a)}$$

根据合力投影定理有

$$R_y = Y_1 + Y_2$$

上式两边同乘以 OA 得

$$R_y \cdot OA = Y_1 \cdot OA + Y_2 \cdot OA$$

将式(a)代入，就得

$$M_O(R) = M_O(F_1) + M_O(F_2)$$

于是定理得到证明。

以上证明可以推广到任意多个汇交力的情形。用式子可表示为

$$M_O(R) = M_O(F_1) + M_O(F_2) + \cdots + M_O(F_n) = \sum M_O(F) \tag{2-9}$$

【例 2-10】 图 2-16 所示每 1m 长挡土墙所受土压力的合力为 R，它的大小为 $R=150$kN，方向如图 2-16 所示。求土压力 R 使墙倾覆的力矩。

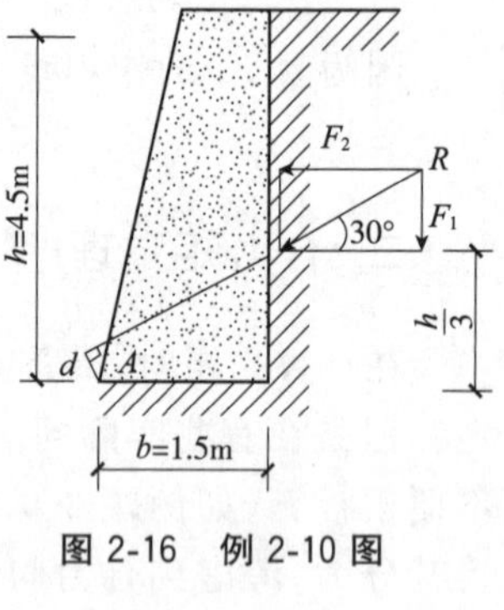

图 2-16 例 2-10 图

解：土压力 R 可使挡土墙绕 A 点倾覆，所以求 R 使墙倾覆的力矩，就是求 R 对 A 点的力矩。由已知尺寸求力臂 d 不方便，但如果将 R 分解为两个力 F_1 和 F_2，则两分力的力臂是已知的，故由式(2-9)可得

$$\begin{aligned} M_A(R) &= M_A(F_1) + M_A(F_2) = F_1 \cdot h/3 - F_2 \cdot b \\ &= 150\cos30° \times 1.5 - 150\sin30° \times 1.5 \\ &= 82.4\text{kN} \cdot \text{m} \end{aligned}$$

【例 2-11】 放在地面上的箱子如图 2-17 所示，受到 $R=120$kN 的力作用。试求该力对点 A 的矩：

(1)根据该力的力臂计算；

(2)根据该力在作用于点 B 处的分力计算。

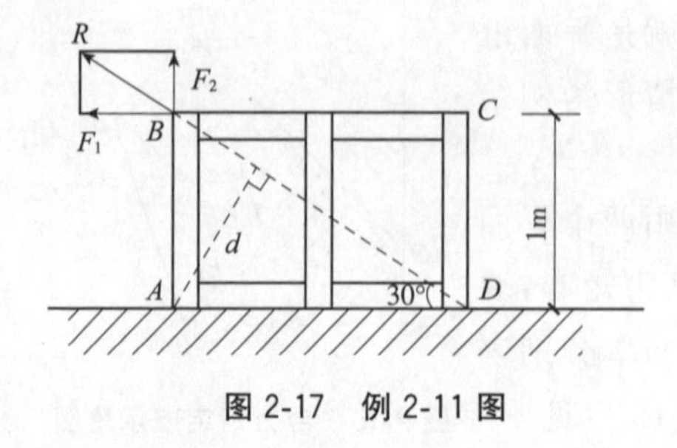

图 2-17 例 2-11 图

解：(1)先求 R 的力臂：由图示几何关系可得

$$d = 1 \times \cos30° = 0.866\text{m}$$

再由式(2-8)可得

$$M_A(R)=R\cdot d=120\times0.866=103.92\text{N}\cdot\text{m}$$

(2)将力 R 在点 A 分解为两个分力 F_1 和 F_2，由式(2-8)可得，

$$M_A(R)=M_A(F_1)+M_A(F_2)=F_1\cdot1+F_2\cdot0$$
$$=R\times\cos30^\circ=120\times0.866=103.92\text{N}\cdot\text{m}$$

由此可见，以上两种方法的计算结果是相同的。而且在求力 R 对 A 点的矩时，应用合力矩定理计算较为简便。

第三节　力偶与力偶矩

一、力偶与力偶矩的概念

在实际中，我们常常见到司机用双手转动方向盘驾驶汽车(图 2-18)，钳工用丝锥攻螺纹(图 2-19)，人们用两个手指拧动水龙头、旋转钥匙等，在方向盘、丝锥、水龙头、钥匙等物体上作用着两个大小相等、方向相反且不共线的平行力。这种由两个大小相等、方向相反且不共线的平行力组成的力系，称为力偶。如图 2-20 所示，记作(F、F')。力偶的两力之间的垂直距离 d 称为力偶臂，力偶所在的平面称为力偶作用面。

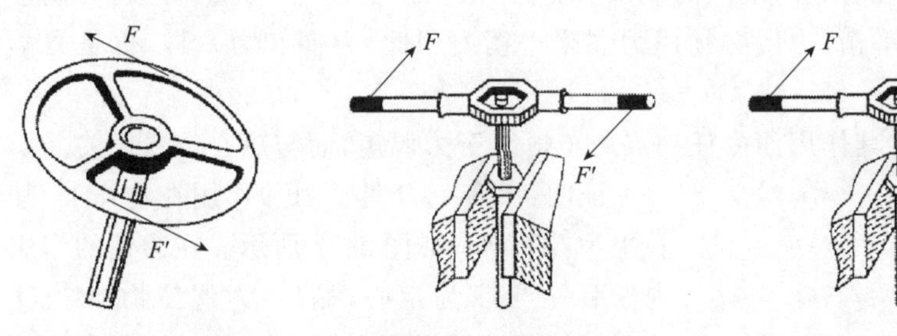

图2-18　转动方向盘　　图 2-19　丝锥攻螺纹　　图 2-20　力偶

由于力偶中的两个力的矢量和等于零，因而力偶不可能使物体产生移动效应，又因为力偶中的两力不共线，所以也不能相互平衡。这样的两个力可以使物体产生纯转动效应。

由经验知，力偶使物体转动的效应，取决于力偶的两个反向平行力和力偶臂的大小以及力偶的转向。在平面力系问题中，力偶在力系作用面内的转向不是逆时针方向就是顺时针方向，因而可以把力偶中的力的大小 F 与力偶臂 d 的乘积加上适当的正负号作为度量力偶对物体转动效应的物理量，称为力偶矩，以符号 $M(F、F')$或 M 表示，即

$$M(F、F')=M=\pm Fd \tag{2-10}$$

式中的正负号表示力偶的转向。通常规定，力偶逆时针旋转时力偶矩为正；

反之为负。有时简明地以一个带箭头的弧线表示力偶矩，标出其值如图 2-21 所示。力偶矩的单位和力矩的单位相同，也是 N·m 或 kN·m。在平面力系问题中，力偶矩是一个代数量。

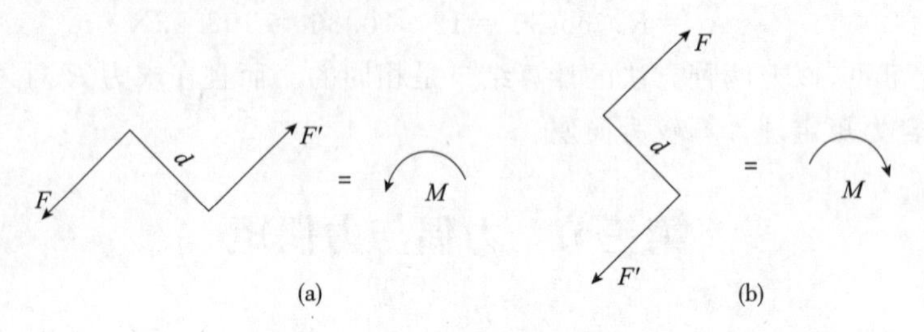

图 2-21　力偶的简明表示

二、力偶的性质

根据前面的讲述，将力偶的基本性质归纳如下。

(1)力偶没有合力，既不能与一个力等效也不能与一个力相平衡。

由于力偶中的两个力等值、反向，它们在任一坐标轴上的投影代数和等于零；另外还可以证明如果将此两力进行合成，则其合力的作用线在无穷远处。这说明力偶不存在合力。既然力偶没有合力，故力偶不能与一个力等效；力偶也不能与一个力相平衡，力偶必须用力偶来平衡。因此，力偶和力一样，也是力学中的基本力学量。

(2)力偶对其作用面内任一点之矩恒等于力偶矩，而与矩心位置无关。

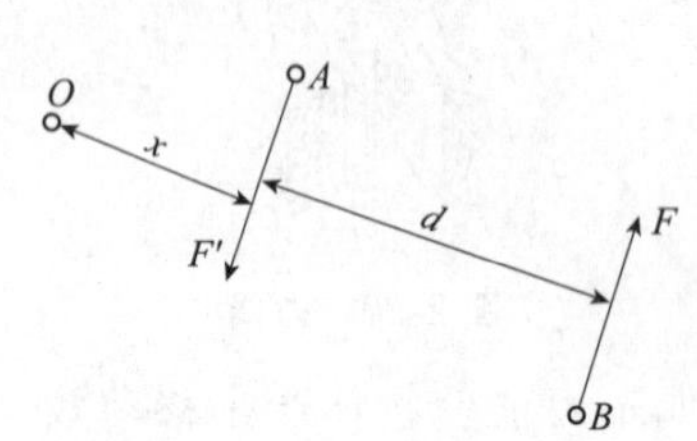

图 2-22　力偶对其作用面内任一点之矩

证明：设有一力偶(F、F′)作用在物体上，其力偶矩为 $M=Fd$，如图 2-22 所示。在力偶的作用面内任取一点 O 为矩心，显然，力偶使物体绕 O 点转动的效应等于组成力偶的两个力对 O 点转动的效应之和，可用这两力对 O 点之矩的代数和来表示。用 x 表示从 O 点到力 F' 的垂直距离，则力偶的两个力对 O 点之矩的代数和为此值即等于力偶矩。

$$M_0(F,F')=F(d+x)-F'x=Fd=M$$

(3)在同一平面内的两个力偶，如果它们的力偶矩大小相等，力偶的转向相同，则这两个力偶是等效的，称为力偶的等效性。

根据力偶的等效性，可得出下面两个推论。

推论 1：力偶可在其作用面内任意移动，而不改变它对刚体的转动效应。即力偶对刚体的转动效应与其在作用面内的具体位置无关。

推论 2:在保持力偶矩大小和转向不变的情况下,可任意改变力偶中力的大小和力偶臂的长短,不会改变它对刚体的转动效应。

第四节　平面力偶系的合成与平衡

平面力偶系是指仅由力偶所组成的平面力系。根据力偶的性质可知,平面力偶系的合成结果仍为一力偶,即合力偶。合力偶矩的大小可由式(2-11)确定,即

$$m=\sum m \tag{2-11}$$

既然平面力偶系合成的结果是一个合力偶,可见,要使力偶系平衡,就必须使合力偶的矩等于零。因此,平面力偶系平衡的充分和必要条件是:力偶系中所有各力偶的矩的代数和等于零,即

$$\sum m=0 \tag{2-12}$$

【例 2-12】 在梁 AB 的两端各作用一力偶,其力偶矩的大小分别为 $m_1=150\text{kN}\cdot\text{m}$,$m_2=275\text{kN}\cdot\text{m}$,力偶转向如图 2-23(a)所示。梁长为 $l=5\text{m}$,梁的重量不计,求支座 A、B 的反力。

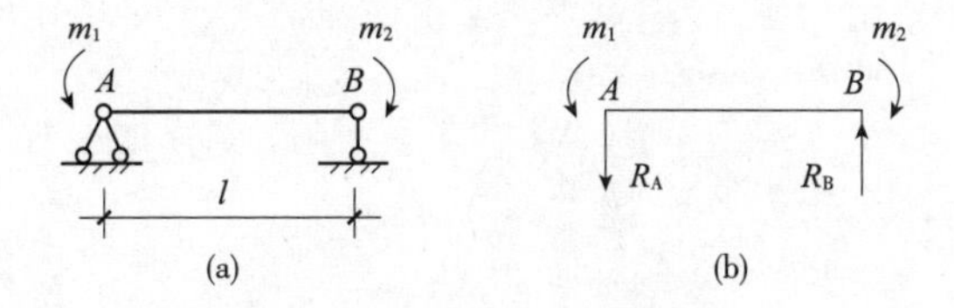

图 2-23　例 2-12 图

解:取梁 AB 为研究对象

作用于梁上的力有两个已知力偶 m_1,m_2 和支座 A、B 的约束反力 R_A、R_B 组成。B 为可动铰支座,R_B 的方向为铅垂方向;A 为固定铰支座,因梁上的荷载只有力偶,由力偶的性质可知,R_A 和 R_B 必组成一力偶,所以 R_A 的方向也应是铅垂的。假定 R_A 与 R_B 的指向如图 2-23(b)所示,则由平面力偶系的平衡条件得

$$\sum m=0 \qquad m_1-m_2+R_A l=0$$

$$R_A=\frac{m_2-m_1}{l}=\frac{275-150}{5}\text{kN}=25\text{kN}$$

$$R_B=R_A=25\text{kN}$$

【例 2-13】 如图 2-24 所示,在物体的某平面内受到三个力偶作用。已知 $P_1=150\text{N}$,$P_2=500\text{N}$,$m=200\text{N}\cdot\text{m}$,求其合成的结果。

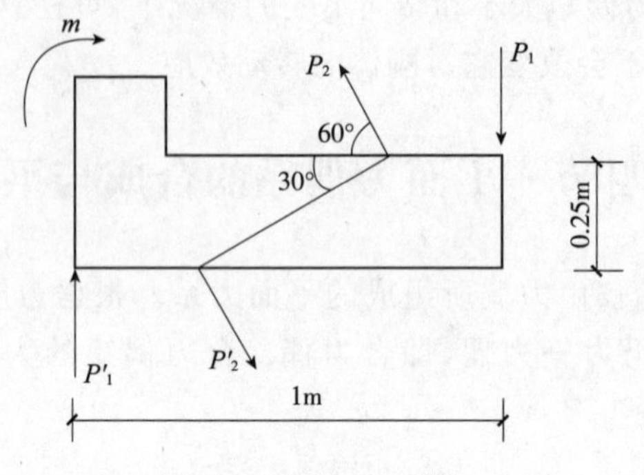

图 2-24　例 2-13 图

解：三个共面力偶合成的结果是一个合力偶。

各分力偶矩为

$$m_1=-P_1d_1=-150\times1=-150\text{N}\cdot\text{m}$$

$$m_2=P_2d_2=500\times0.25\sin30°=250\text{N}\cdot\text{m}$$

$$m_3=-m=-200\text{N}\cdot\text{m}$$

合力偶的力偶矩为

$$M=\sum m=m_1+m_2+m_3=-150+250+(-200)=-100\text{N}\cdot\text{m}$$

第三章　平面一般力系

平面一般力系是各力的作用线在同一平面内但不全部汇交于一点也不全部互相平行的力系。

在实际工程中，有些结构的厚度比其他两个方向的尺寸小得多，这种结构称为平面结构。一般情况下，作用在平面结构上的力也都分布在同一平面内，组成一个平面一般力系。例如图 3-1(a)所示的三角形屋架，就是一个平面结构，它受到屋面传来的竖向荷载 P、风荷载 Q 以及两端支座反力 X_A、Y_A、Y_B 的作用，这些力组成了一个平面一般力系[图 3-1(b)]。此外，有些结构虽然不是受平面力系作用，但如果结构本身(包括支座)及其所承受的荷载都对称于某一个平面，那么作用在结构上的力系就可以简化为在这个对称平面内的平面力系。又如图 3-2(a)所示的挡土墙，对其进行受力分析时，考虑到它沿长度方向的受力情况大致相同，通常取 1m 长的墙身作为研究对象，该段墙身所受到的重力 G、土压力 P 和地基反力 R 也都可以简化到其对称平面内而组成一个平面一般力系，如图 3-2(b)所示。

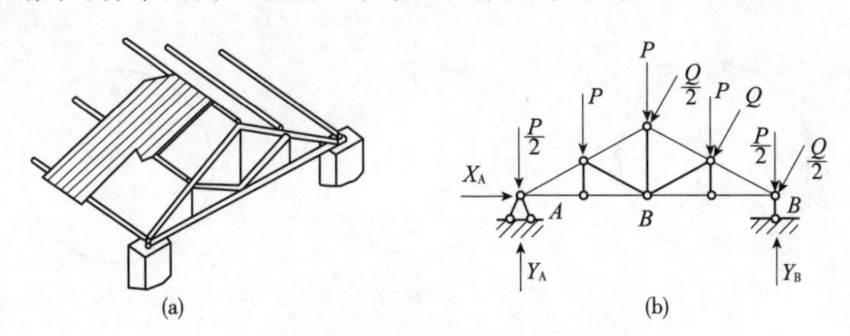

图 3-1　平面一般力系示例(一)

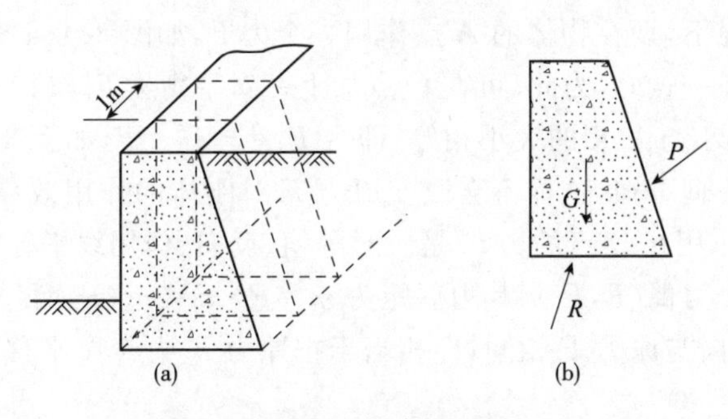

图 3-2　平面一般力系示例(二)

由于平面一般力系在工程实际中极为常见，而分析和解决平面一般力系问题的方法又具有普遍性，因此，本章主要研究平面一般力系的简化和平衡问题。

第一节　平面一般力系的简化

一、力的平移定理

上一章已经研究了平面汇交力系和平面力偶系的合成与平衡问题，平面一般力系可以简化为这两种简单力系，其理论依据是力的平移定理。

由力的可传性原理可知，作用于刚体上的力可沿其作用线平移到刚体上任意一点，而不改变原力对刚体的作用效应。显然，如果力离开其作用线，平行移到该刚体上任意一点，就会改变它对刚体的作用效应。

以图 3-3 为例设一个力 F 作用在轮子边缘上的 A 点[图 3-3(a)]，此力可以使轮子转动，如果将其平移到轮子的中心 O 点[图 3-3(b)的力 F']，则它就不能使轮子转动，可见力的作用线是不能随便平移的。但是当我们将力 F 平行移到 O 点同时，再在轮子上附加一个适当的力偶[图 3-3(c)]，就可以使轮子转动的效应和力 F 没有平移时[图 3-3(a)]一样。可见，要将力平移，就需要附加一个力偶才能和平移前的效果相同。

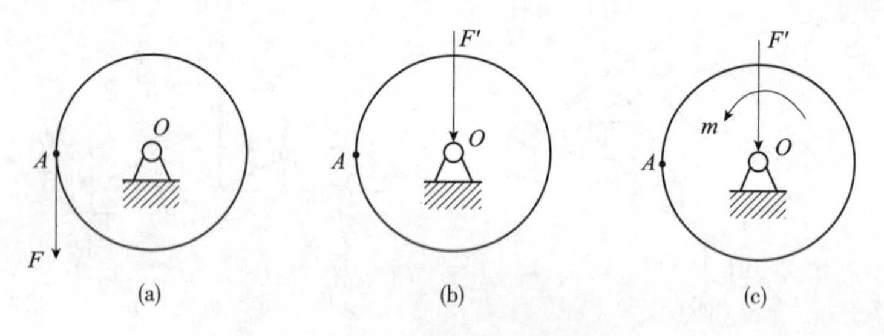

图 3-3　力的平移定理示意图(一)

在一般情况下，设在物体的 A 点作用一个力 F，如图 3-4(a)所示，要将此力平移到物体的任一点 O，为此，可在 O 点加上一对平衡力 F' 和 F''，并使其作用线与力 F 平行、大小与力 F 的大小相等，即令 $F'=-F''=F$，如图 3-4(b)所示。由加减平衡力系公理可知，这样不会改变原力 F 对刚体的作用效应。由于作用在 A 点的力 F 与作用在 O 点的力 F'' 是一对等值、反向、作用线平行而不重合的力，它们组成了一个力偶 (F,F'')，其力偶矩为 $m=F\cdot d=m_o(F)$ 而作用在 O 点的力 F'，其大小和方向与原力 F 相同，即相当于把原力 F 从点 A 平移到了点 O，如图 3-4(c)所示。

由以上分析可得如下结论：作用在刚体上的力 F，可以平移到同一刚体上的

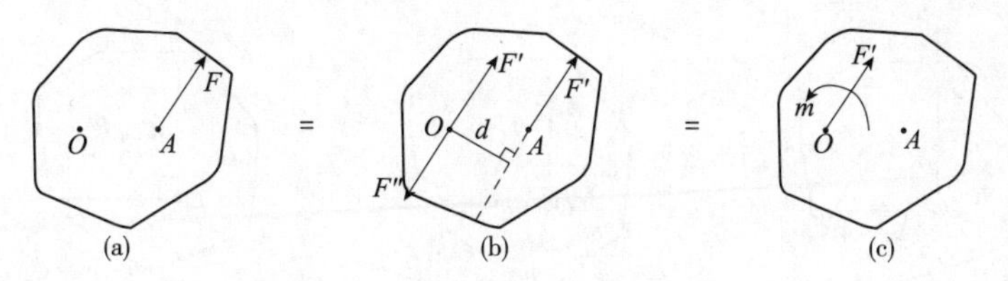

图 3-4　力的平移定理示意图(二)

任一点 O,但必须同时附加一个力偶,其力偶矩等于原力 F 对于新作用点 O 的矩。这就是力的平移定理。

根据力的平移定理,可以将一个力转化为一个力和一个力偶;同样也可以反过来将同平面内的一个力 F' 和一个力偶矩为 m 的力偶合成为一个合力 F,合成的过程就是图 3-4 的逆过程。这个合力 F 与 F' 大小相等、方向相同、作用线平行,且作用线间的垂直距离为

$$d=\frac{|m|}{F'}$$

【例 3-1】　如图 3-5(a)所示,在支承吊车梁的牛腿柱子的 A 点受到吊车梁传来的荷载 $P=100\text{kN}$。它的作用线偏离柱子轴线的距离为 $e=400\text{mm}$(e 称为偏心矩)。因设计时计算的需要,欲将荷载 P 向柱子轴线上的 B 点平移,试求平移的结果。

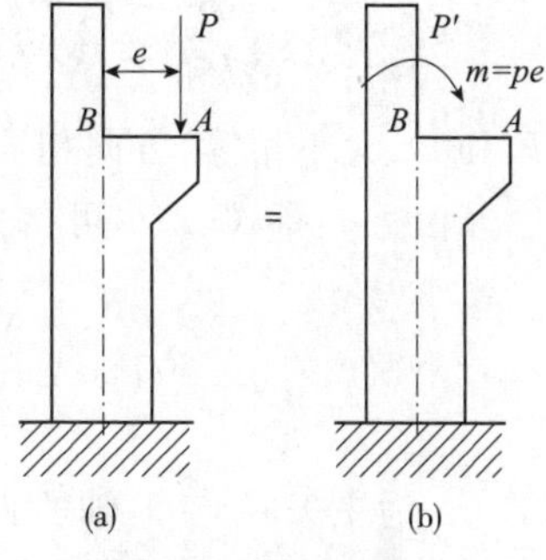

图 3-5　例 3-1 图

解:根据力的平移定理,将作用于 A 点的荷载 P 平移到轴线上的 B 点得力 P',同时还必须附加一个力偶,如图 3-5(b)所示,它的力偶矩 m 等于原力 P 对 B 点的矩,即

$$m=m_B(P)=-p\cdot e=-100\times 0.4=-40\text{kN}\cdot\text{m}$$

负号表示附加力偶的转向是顺时针方向的。力 P 经过平移后,它对柱子的变形效果就可以明显看出,力 P' 使柱子轴向受压,力偶 m 使柱子弯曲。

二、平面一般力系向作用面内任一点的简化

平面一般力系中各力在刚体上的作用点都有所不同,这对于研究刚体的平衡问题非常不方便。因此,我们可以利用力的平移定理将各力的作用点都移到同一个点,这就是平面一般力系向作用面内任一点的简化,下面将举例说明。

设在刚体上作用一平面任意力系 F_1、$F_2\cdots F_n$[图 3-6(a)]。在力系所在的平面内任取一点 O,该点称为简化中心。根据力的平移定理,将力系中的各力都平移到 O 点,于是就得到一个汇交于 O 点的平面汇交力系 F'_1、$F'_2\cdots F'_n$ 和力偶矩分别为 m_1、$m_2\cdots m_n$ 的附加的平面力偶系[图 3-6(b)]。

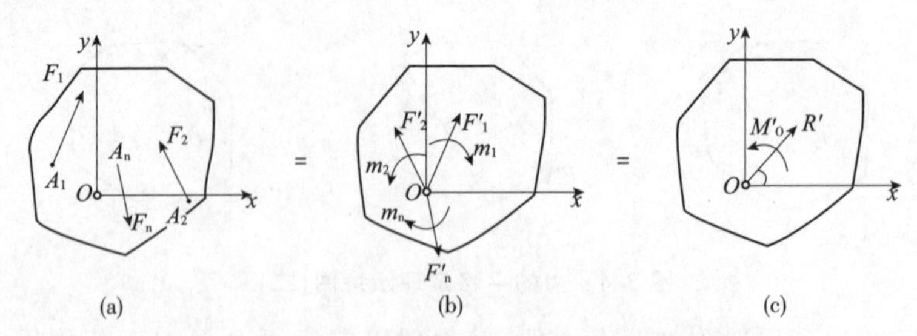

图 3-6　平面一般力系向作用面内任一点的简化

对于平面汇交力系 F_1'、F_2'…F_n'可以合成为作用在 O 点的一个力 R'[图 3-6(c)],这个力 R'称为原平面一般力系的主矢。由平面汇交力系合成的理论可知,主矢 R'等于原力系中各力的矢量和,即

$$R'=F_1+F_2+\cdots+F_n=\sum F \tag{3-1}$$

主矢 R'的大小和方向可以用解析法确定。通过 O 点取直角坐标系 Oxy[图 3-6(c)],主矢 R'在 x 轴和 y 轴上的投影为

$$R_x'=X_1'+X_2'+\cdots+X_1+X_2+\cdots+X_n=\sum X$$

$$R_y'=Y_1'+Y_2'+\cdots+Y_n'=Y_1+Y_2+\cdots+Y_n=\sum Y$$

式中:X_i'、Y_i'和 X_i、Y_i 分别是力 F_i'和 F_i'在坐标轴 x 和 y 上的投影。由于力 F_i'和 F_i 大小相等、方向相同,所以它们在同一轴上的投影相等。

由上一章式(2-7)可得主矢 R'的大小和方向为

$$R'=\sqrt{R_x'^2+R_y'^2}=\sqrt{(\sum X)^2+(\sum Y)^2}$$

$$\tan\alpha=\left|\frac{R_y}{R_x'}\right|=\left|\frac{\sum X}{\sum Y}\right| \tag{3-2}$$

α 为主矢 R'与 x 轴所夹的锐角,R'指向哪个象限由 $\sum X$ 和 $\sum Y$ 的正负号确定。从式(3-2)可知,求主矢的大小和方向时,只要求出原力系中各力在两个坐标轴上的投影就可得出,而不必将力平移后再求投影。

对于所得的附加力偶系可以合成为一个力偶[图 3-6(c)],这个力偶的力偶矩 m_o'称为原平面一般力系对简化中心 O 点的主矩。由平面力偶系合成的理论可知,主矩 M_o'为

$$M_o'=m_1+m_2+\cdots+m_n$$

而

$$m_1=M_o(F_1)$$

$$m_2=M_o(F_2)$$

………

$$m_o=M_o(F_n)$$

所以

$$M_o'=M_o(F_1)+M_o(F_2)+\cdots+m_o(F_n)=\sum m_o(F)=\sum m_o \tag{3-3}$$

即主矩等于原力系中各力对简化中心 O 点之矩的代数和。

综上所述，可得如下结论：平面一般力系向作用面内任一点 O 简化后，可得一个力和一个力偶。这个力作用在简化中心，它的矢量称为原力系的主矢，且等于原力系中各力的矢量和；这个力偶的力偶矩称为原力系对简化中心点的主矩，它等于原力系中各力对简化中心的力矩的代数和。

需要指出的是，由于主矢等于原力系中各力的矢量和，所以它与简化中心的位置无关。而主矩等于原力系中各力对简化中心的力矩的代数和，取不同的点为简化中心，各力的力臂将会改变，则各力对简化中心的矩也会改变，所以在一般情况下，主矩与简化中心的选择有关。因此，凡是提到主矩，就必须指出是力系对于哪一点的主矩。

主矢描述原力系对物体的平移作用，主矩描述原力系对物体绕简化中心的转动作用，二者的作用总和才能代表原力系对物体的作用。因此，单独的主矢 R' 或主矩 m'_o 并不与原力系等效。

【例 3-2】 一折杆受平面任意力系 F_1、F_2、F_3、F_4 的作用，如图 3-7(a)所示。已知 $F_1=50\text{N}$，$F_2=100\text{N}$，$F_3=25\text{N}$，$F_4=150\text{N}$。若将该力系分别向 A 点和 B 点简化，试求其主矢和主矩。

解：(1)以 A 点为简化中心，取直角坐标系如图 3-7(a)所示。先计算主矢 R' 在 x、y 轴上的投影为

$$R'_x=\sum X=X_1+X_2+\cdots+X_n=-F_1+F_4=-50+150=100\text{N}$$

$$R'_y=\sum Y=Y_1+Y_2+\cdots+Y_n=-F_2+F_3=-100+25=-75\text{N}$$

由式(3-2)得，主矢 R' 的大小为

$$R'=\sqrt{R'^2_x+R'^2_y}=\sqrt{(100)^2+(-75)^2}=125\text{kN}$$

主矢 R' 的方向为

$$\tan\alpha=\left|\frac{R'_x}{R'_y}\right|\frac{75}{100}=0.75$$

$$\alpha=36.9°$$

因 R'_x 为正、R'_y 为负，故 R' 指向右下方，如图 3-7(b)所示。

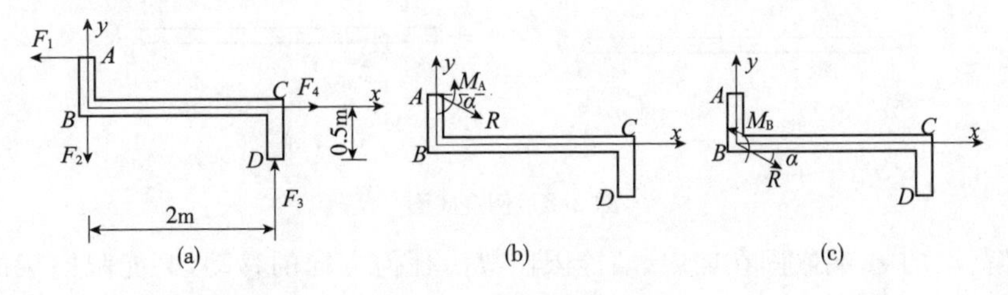

图 3-7　例 3-2 图

再由式(3-3)可求得主矩为

$$M_A=\sum m_A(F)=F_3\times2+F_4\times0.5=25\times2+150\times0.5=125\text{N}\cdot\text{m}$$

因 M'_A 为正，故主矩转向是逆时针的，如图 3-7(b)所示。

(2)以 B 点为简化中心，仍取如图 3-7(a)所示的直角坐标系。

$$R'_x=\sum X=X_1+X_2+\cdots+X_n=-F_1+F_4=-50+150=100\text{N}$$

$$R'_y=\sum Y=Y_1+Y_2+\cdots+Y_n=-F_2+F_3=-100+25=-75\text{N}$$

主矢 R' 的大小为

$$R'=\sqrt{R'^2_x+R'^2_y}=\sqrt{(100)^2+(-75)^2}=125\text{kN}$$

主矢 R' 的方向为

$$\tan\alpha=\left|\frac{R'_x}{R'_y}\right|\frac{75}{100}=0.75$$

$$\alpha=36.9°$$

因 R'_x 为正、R'_y 为负，故 R' 指向右下方，如图 3-7(c)所示。

再由式(3-3)可求得主矩为

$$M'_B=\sum m_B(F)=F_1\times0.5+F_3\times2=50\times0.5+25\times2=75\text{N}\cdot\text{m}$$

因 M'_B 为正，故主矩转向是逆时针的，如图 3-7(c)所示。

由上面的计算可以看出，简化中心的位置改变时，主矢的大小和方向都不变，而主矩的大小改变了。

【例 3-3】 如图 3-8(a)所示，梁 AB 的 A 端是固定端支座，受荷载作用，试用力系向某点简化的方法说明固定端支座的反力情况。

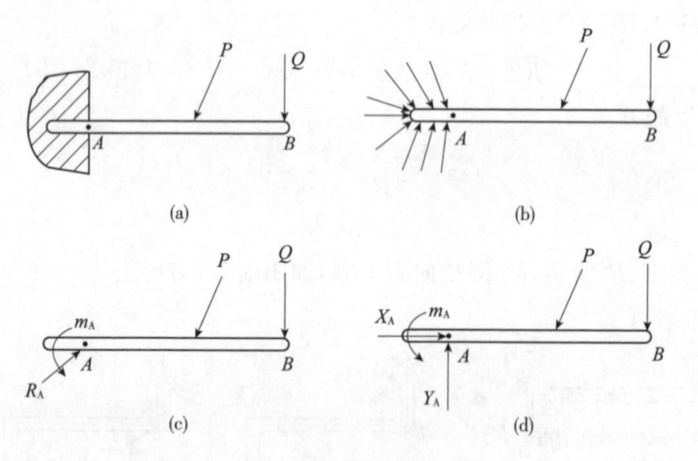

图 3-8 例 3-3 图

解：梁的 A 端嵌固在墙内，墙能限制梁沿任何方向的移动，又能限制梁的转动，墙可视为梁的固定端支座。当梁受荷载作用时，墙对插入墙内的那段梁上作用的约束反力实际上是一个平面一般力系[图 3-8(b)]。将这力系向梁上 A 点简化就得到一个力 R_A 和一个力偶矩为 M_A 力偶[图 3-8(c)]。一般情况下，反力 R_A 的大小和方向都是未知量，可用两个未知分力 X_A、Y_A 来代替。因此，在平面力系情况下，固定端支座的约束反力可简化为两个约束反力 X_A、Y_A 和一个力偶矩为 m_A 的约束反力偶，他们的指向都是假定的[图 3-8(d)]。

三、平面一般力系的简化结果

平面任意力系简化的最后结果只有平衡、合力、合力偶三种情形。

1. 平面任意力系合成为一个力偶的情形

当平面任意力系向任一点简化时，若 $R'=0, M'_o \neq 0$，得一与原力系等效的合力偶，其力偶矩等于原力系对简化中心的主矩，且此时主矩与简化中心的位置无关。

2. 平面任意力系合成为一个合力的情形

当平面力系向点 O 简化时，若 $R' \neq 0, M'_o = 0$，得一与原力系等效的合力 R'，合力的作用线通过简化中心 O。

若 $R' \neq 0, M'_o \neq 0$，如图 3-9(a)所示，将矩为 M_O 的力偶用两个力 R' 和 R'' 表示，且 $R'=R=-R''$，如图 3-9(b)所示。于是可将作用于点 O 的力 R' 和力偶 (R,R'') 合成为一个作用在点 O' 的力 R，如图 3-9(c)所示。这个力 R 就是原力系的合力，合力矢等于主矢，合力的作用线在点 O 的哪一侧，需根据主矢和主矩的方向确定，合力作用线到点 O 的距离 d，可按下式算得

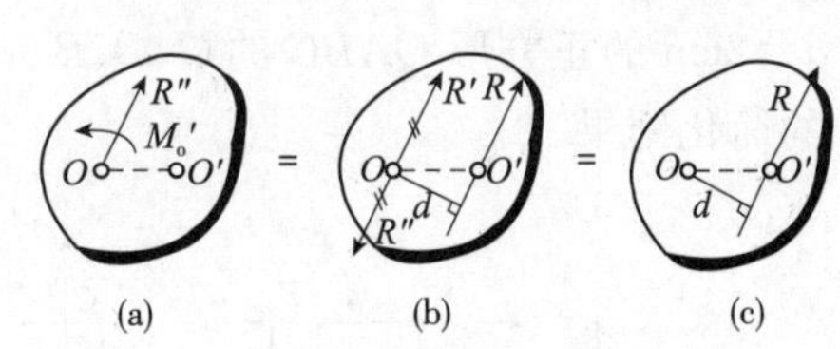

图 3-9 平面任意力系合成示意图

$$d=\frac{|M'_o|}{R'}=\frac{|M'_o|}{R} \tag{3-4}$$

3. 平面任意力系平衡的情形

当平面任意力系向任一点简化时，若 $R'=0, M'_o=0$，此时力系平衡。

【例 3-4】 如图 3-10(a)所示，长方体上受三个大小相等的力，欲使力系简化为合力，求长方体边长 a、b、c 应满足的条件。

解：设 $F_1=F_2=F_3=F$，将力系向 O 点简化，先求主矢 R' 和主矩 M'_o。主矢 R' 在坐标轴上的投影为

$$R'_x=F, R'_y=F, R'_z=F$$

所以
$$R'=R'_x i+R'_y j+R'_z k=Fi+Fj+Fk$$

主矩 M'_o 在坐标轴上的投影为

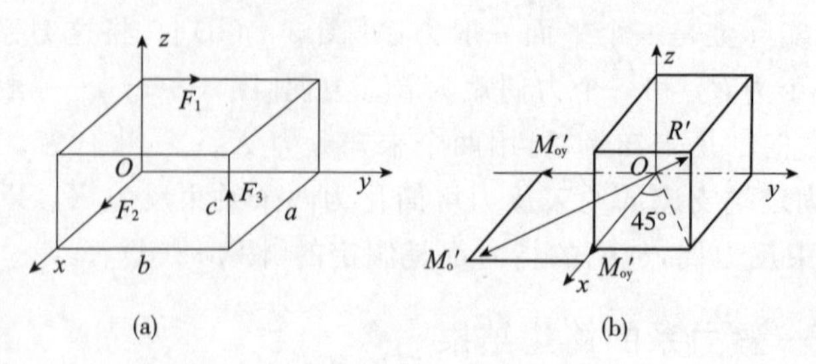

图 3-10　例 3-4 图

$$M'_{ox}=Fb-Fc=F(b-c)$$

$$M'_{oy}=Fa$$

$$M'_{oz}=0$$

所以　　　$M'_o=M'_{ox}i+M'_{oy}j+M'_{oz}k=F(b-c)i-Faj$

R'和M'_o方向如图 3-10(b)所示。欲使原力系简化为合力，则必：$R'\perp M'_o$，即$R'\cdot M'_o=0$，得：

$R'\cdot M'_o=(Fi+Fj+Fk)\cdot[F(b-c)i-Faj]=F^2(b-c)-F^2a=0$ 从而得：$b=a+c$

上式即为长方体边长 a、b、c 应满足的条件。

【例 3-5】　已知 $F_1=2\text{kN}$，$F_2=2\text{kN}$，$F_3=6\sqrt{2}\text{kN}$，三力分别作用在边长为$a=2\text{cm}$ 的正方形 $OABC$ 的 C、O、B 三点上，$\alpha=45°$，如图 3-11(a)所示，求此力系的简化结果。

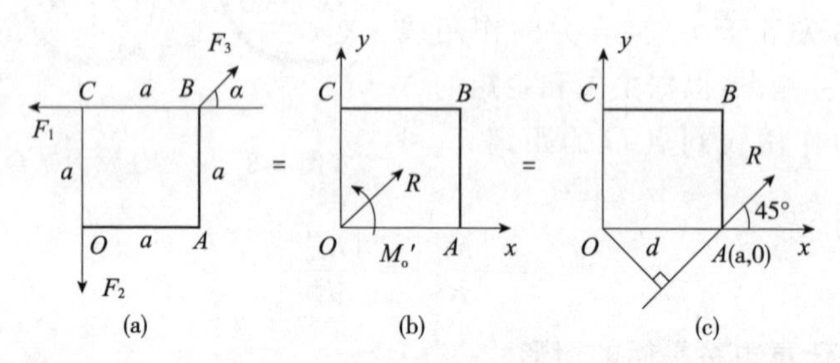

图 3-11　例 3-5 图

解：取 O 点为简化中心，建立图示坐标系 Oxy，力系的主矢

$$\begin{aligned}R'&=(\sum F_{ix})i+(\sum F_{iy})j\\&=(-F_1+F_3\cos\alpha)i+(-F_2+F_3\sin\alpha)j\\&=4i+4j\end{aligned}$$

力系对 O 点的主矩

$$M'_o=\sum M_o(Fi)=F_1\cdot a+F_3\sin\alpha\cdot a-F_3\cos\alpha\cdot a=4\text{kN}\cdot\text{cm}$$

力系向 O 点简化的结果为作用线通过该点的一个力 R'和力偶矩为 M_O 的

一个力偶，如图 3-11(b)所示。

力系还可进一步简化为合力，其大、小方向与 R' 相同，合力作用线离简化中心 O 点的距离

$$d=\frac{|M_{o}'|}{R}=\frac{4}{4\sqrt{2}}=\frac{1}{\sqrt{2}}=0.71\text{cm}$$

力系简化最后结果如图 3-11(c)所示。

四、平面一般力系的合力矩定理

通过以上的研究，可以很方便地将平面汇交力系的合力矩定理推广到平面一般力系。由图 3-11(c)可见，平面一般力系的合力 R 对简化中心 O 点之矩为

$$M_{o}(R)=Rd=|M_{o}'|$$

但 M_{o}' 又等于原力系中各力对 O 点之矩的代数和，即

$$M_{o}'=\sum M_{o}(F)$$

于是得

$$m_{o}(R)=\sum M_{o}(F) \tag{3-5}$$

由于简化中心 O 点是任意选取的，故上式具有普遍意义，因此可得平面力系的合力矩定理：平面一般力系的合力对作用面内任一点之矩，等于力系中各力对同一点之矩的代数和。

利用平面力系的合力矩定理可简化力矩的计算，也可确定平面一般力系的合力的作用线位置。

【例 3-6】 已知挡土墙自重 $G=400\text{kN}$，土压力 $P=320\text{kN}$，水压力 $Q=176\text{kN}$，各力的方向与位置如图 3-12(a)所示。试将这三个力向底面中心 O 点简化，并求简化的最后结果。

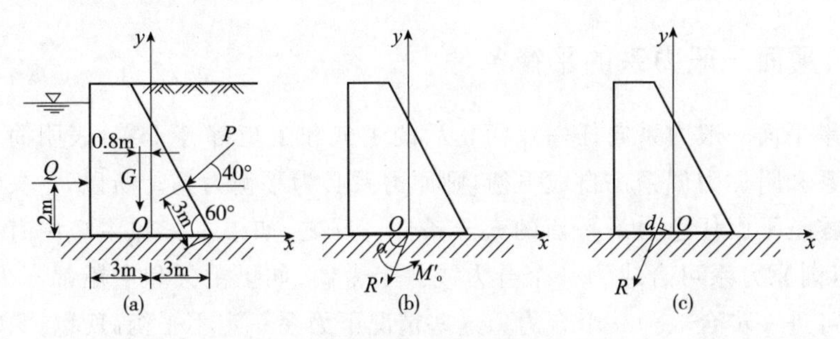

图 3-12　例 3-6 图

解：以底面中心 O 点为简化中心，取坐标系如图 3-12(a)所示。由式(3-2)计算可得主矢 R' 的大小和方向。由于

$$\sum X=Q-P\cos 40^{\circ}=176-320\times 0.766=-69\text{kN}$$

$$\sum Y=-P\sin 40^{\circ}-G=-320\times 0.643-400=-606\text{kN}$$

故主矢 R'的大小为

$$R'=\sqrt{(\sum X)^2+(\sum Y)^2}=\sqrt{(-69)^2+(-606)^2}=610\text{kN}$$

主矢 R'的方向为

$$\tan\alpha=\frac{|\sum X|}{|\sum Y|}=\frac{606}{69}=8.78$$

因为$\sum X$和$\sum Y$都为负值，故 R'指向第三象限与 x 轴的夹角为α，如图 3-12(b)所示。

再由式(3-5)可求得主矩为

$$\begin{aligned}M_o'&=\sum M_o(F)=-Q\times2+P\cos40^\circ\times3\times\sin60^\circ-P\sin40^\circ(3-3\cos60^\circ)+G\times0.8\\&=-176\times2+320\times0.766\times3\times0.866-320\times0.643(3-3\times0.5)+400\times0.8\\&=296\text{kN}\cdot\text{m}\end{aligned}$$

得正值表示 M_o'是逆时针转向。

因为主矢 $R'\neq0$，主矩 $M_o'\neq0$，如图 3-12(b)所示，所以还可以进一步合成为一个合力 R。R 的大小和方向与 R'相同，它的作用线与 O 点的距离为

$$d=\frac{|M_o'|}{R'}=\frac{296}{610}=0.482\text{m}$$

因为 M_o'为正，故 $M_o(R)$也应为正，即合力 R 应在 O 点左侧，如图 3-12(a)所示。

第二节　平面一般力系的平衡条件和平衡方程

一、平面一般力系的平衡条件

如果平面一般力系向任一点简化后的主矢和主矩都等于零，表明简化后的汇交力系和附加力偶系都自成平衡，则原力系必为平衡力系。所以，主矢和主矩都等于零是平面任意力系平衡的充分条件。反之，如果主矢和主矩中有一个量不为零，则原力系可合成为一个合力或一个力偶；如果主矢和主矩都不为零，则原力系可进一步合成为一个合力。这些情况下力系一定不平衡，所以，只有当主矢和主矩都等于零时，力系才能平衡。因此，主矢和主矩都等于零又是力系平衡的必要条件。于是，平面一般力系平衡的必要和充分条件是：力系的主矢和力系对任一点的主矩都等于零。即

$$\left.\begin{aligned}R'&=0\\M_o'&=0\end{aligned}\right\}\qquad(3\text{-}6)$$

二、平面一般力系的平衡方程

1. 基本形式的平衡方程

将平面一般力系的平衡条件式(3-6)用解析式表示,由式(3-5)和式(3-1)可知,当式(3-6)满足时,必有

$$\left.\begin{aligned}\sum F_x=0\\ \sum F_y=0\\ \sum M_o=0\end{aligned}\right\}\qquad(3\text{-}7)$$

式(3-7)称为平面一般力系基本形式的平衡方程。因方程中仅含有一个力矩方程,故又称为一矩式平衡方程。它表明平面一般力系平衡的必要和充分条件为:力系中所有各力在力系作用面内两个坐标轴中每一轴上的投影的代数和等于零;力系中所有各力对于作用面内任一点的力矩的代数和等于零。

2. 其他形式的平衡方程

平面一般力系的平衡方程,除了式(3-7)这种基本形式以外,还有如下两种形式:

(1)二矩式平衡方程

$$\left.\begin{aligned}\sum F_x=0\\ \sum M_A=0\\ \sum M_B=0\end{aligned}\right\}\qquad(3\text{-}8)$$

式中 A、B 两矩心的连线不能垂直于 x 轴。

力系如果满足$\sum M_A=0$,则不可能合成为力偶,只可能是通过 A 点的一个力或者平衡。如果又满足$\sum M_B=0$,同理可以确定,力系只可能合成为通过 A、B 两点的一个力,或者平衡。再满足$\sum Fx=0$,且 x 轴不与 A、B 两点连线垂直,则力系也不能合成为一个力,因为一个力不可能既通过 A、B 两点而又垂直于 x 轴,因此,力系必然平衡。

(2)三矩式平衡方程

$$\left.\begin{aligned}\sum M_A=0\\ \sum M_B=0\\ \sum M_C=0\end{aligned}\right\}\qquad(3\text{-}9)$$

式中 A、B、C 三个矩心不能在同一直线上。

与上面讨论一样,如果$\sum M_A=0$ 和$\sum M_B=0$ 同时成立,则力系不可能合成为一个力偶,力系合成结果只可能是通过 A、B 两点的一个力,或者平衡。如果$\sum M_C=0$ 又成立,且 C 点不在 A、B 两点连线上,则力系就不可能合成为一个力,因为一个力不可能同时通过不在一直线上的三点,因此,力系必然平衡。

平面一般力系的平衡方程虽然有三种形式，但独立的平衡方程只有三个。任何第四个平衡方程都是力系平衡的必然结果而不再代表力系平衡的必要条件，故不是独立方程。因此，当物体在平面一般力系作用下处于平衡时，应用平衡方程，最多只能求解三个未知量。

三、平面平行力系的平衡方程

平面平行力系是平面一般力系的一种特殊情形。如取 y 轴平行于各力，则方程式(3-7)中 $\sum F_x=0$，因而平面平行力系的平衡方程成为

$$\left.\begin{aligned}\sum F_y=0\\ \sum M_o=0\end{aligned}\right\} \tag{3-10}$$

平面平行力系的平衡方程，也可以用二矩式方程的形式，即

$$\left.\begin{aligned}\sum M_A=0\\ \sum M_B=0\end{aligned}\right\} \tag{3-11}$$

其中 A、B 两点的连线不得与各力平行。

【例 3-7】 梁 AB 一端是固定端支座，另一端无约束，这样的梁称为悬臂梁，它承受荷载作用如图 3-13(a)所示。已知 $P=ql$，$\alpha=45°$，梁自重不计，求支座 A 的反力。

解：取梁 AB 为研究对象，画其受力图如图 3-13(b)所示。梁上作用有主动力 P、q 和支座反力 X_A、Y_A 和 m_A，这些力组成了一个平面一般力系。应用平面一般力系的平衡方程可以求解三个未知反力 X_A、Y_A 和 m_A。在列方程时，梁上 AC 段所受的均布荷载可视为一集中力 Q，Q 的方向与均布荷载的方向相同、作用点在均布荷载的中点(图 3-13b 中虚线所示)；大小等于荷载集度与均布荷载分布长度的乘积，即 $Q=q\times AC$。

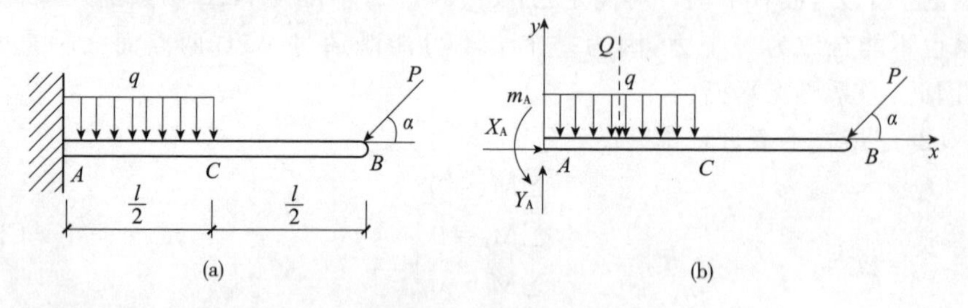

图 3-13 例 3-7 图

取坐标系如图 3-13(b)，由

$$\sum X=0,X_A-P\cos45°=0$$

得
$$X_A=P\cos45°=ql\cos45°=\frac{\sqrt{2}}{2}ql(\rightarrow)$$

由
$$\sum Y=0, Y_A-\frac{ql}{2}-P\sin45°=0$$

得
$$Y_A=\frac{ql}{2}+P\sin45°=\frac{ql}{2}+\frac{\sqrt{2}}{2}ql=\frac{1+\sqrt{2}}{2}ql(\uparrow)$$

由
$$\sum M_A=0, m_A-P\sin45°\times l-\frac{ql}{2}\cdot\frac{l}{4}=0$$

得
$$m_A=\frac{ql^2}{8}+\frac{\sqrt{2}}{2}ql^2=\frac{1+4\sqrt{2}}{8}ql^2$$

力系既然平衡，则力系中各力在任一轴上的投影的代数和必然等于零，力系中各力对任一点矩的代数和也必然等于零。因此，我们可再列出其他的平衡方程，用以校核计算结果有无错误。例如，以B点为矩心，有

$$\sum M_B=\frac{ql}{2}\cdot\frac{3}{4}l+m_A-Y_A\cdot l=\frac{3}{8}ql^2+\frac{1+4\sqrt{2}}{8}ql^2-\frac{1+\sqrt{2}}{2}ql^2=0$$

可见 Y_A 和 m_A 计算无误。如果上式不能满足（计算误差除外），说明解答有错误，这时必须对前面的计算加以仔细检查，以求出正确的答案。

【例 3-8】 图 3-14(a)所示的烟囱高 $h=40\text{m}$，自重 $G=3000\text{kN}$，水平风荷载 $q=1\text{kN/m}$。求其反力。

解：取烟囱为研究对象。

作用在烟囱上的荷载和支座反力形成平面一般力系，受力图如图 3-14(b)所示。风载合力为 P，其大小为 qh，作用在烟囱的一半高度处。

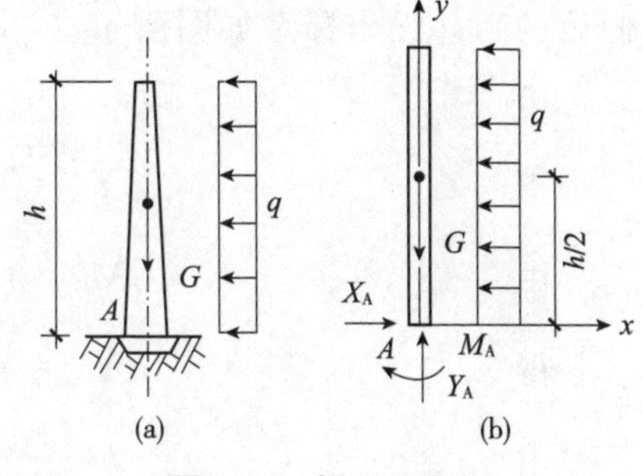

图 3-14　例 3-8 图

列平衡方程

$$\sum F_x=0 \quad X_A-qh=0$$
$$X_A-qh=1\times40=40\text{kN}$$
$$\sum F_y=0 \quad Y_A-G=0$$
$$Y_A=G=3000\text{kN}$$
$$\sum m_A(F)=0 \quad qh\cdot\frac{h}{2}-M_A=0$$
$$M_A=\frac{1}{2}\times1\times40^2$$
$$=800\text{kN}\cdot\text{m}$$

【例 3-9】 梁 AB 的两端支承在墙内，其受荷载情况如图 3-15(a)所示。梁的自重不计，求墙体对 A、B 端的约束反力。

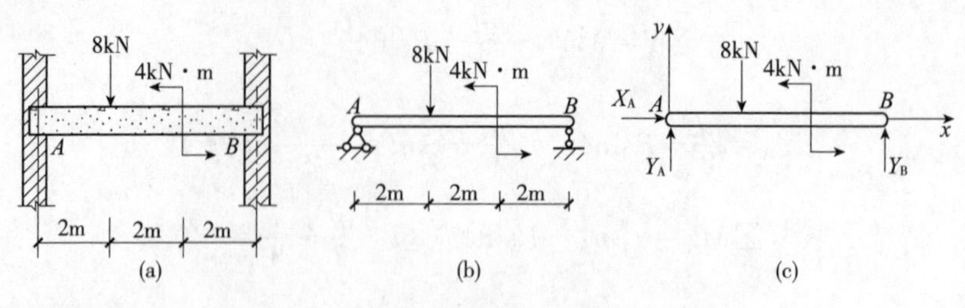

图 3-15　例 3-9 图

解:先考虑墙体对梁的约束应简化为哪种形式的支座。当梁端伸入墙内的长度较短时,墙体可限制梁沿水平和铅直方向的移动,而对梁端转动约束的能力很小,一般就不考虑阻止转动的约束性能,而将它简化为固定铰支座。在工程上,为了方便计算,通常又将两端墙体之一视为可动铰支座。同时,近似地取支承长度的中点作为支座处,这种两端分别支承在固定铰支座和可动铰支座上的梁,称为简支梁,如图 3-15(b)所示。

下面来求支座反力。取梁 AB 为研究对象,画其受力图如图 3-15(c)所示。梁上所受到的荷载和支座反力组成一个平面一般力系(其中支座反力的方向是假设的),并设坐标系如图所示。

由 $$\sum M_A=0,\ -8\times2+4+6Y_B=0$$

得 $$Y_B=\frac{16-4}{6}=2\text{kN}(\uparrow)$$

由 $$\sum M_B=0,\ 8\times4+4-6Y_A=0$$

得 $$Y_A=\frac{32+4}{6}=6\text{kN}(\uparrow)$$

由 $$\sum X=0$$

得 $$X_A=0$$

校核:$\sum Y=Y_A+Y_B-8=6+2-8=0$,可见 Y_A、Y_B 计算无误。

本题采用二力矩形式的平衡方程,所选 x 轴与两矩心 A、B 的连线不垂直,符合平衡方程的限制条件,因而能将所有的未知力求出。

【例 3-10】 求图 3-16(a)所示外伸梁 A、B 处的支座反力。

解:取外伸梁为研究对象,受力如图 3-16(b)所示。由于梁上的集中荷载、分布荷载以及 B 处的约束反力相互平行,故 A 处的约束反力必定与各力平行,才可能使该力系平衡。应用平面平行力系的平衡方程求解两个未知量。

$$\sum M_B=0\quad 3F+1\times\frac{1}{2}\times q\times3-2F_A=0$$

$$F_A=\frac{1}{2}(3F-1.5q)=\frac{1}{2}(3\times2+1.5\times1)\text{kN}=3.75\text{kN}$$

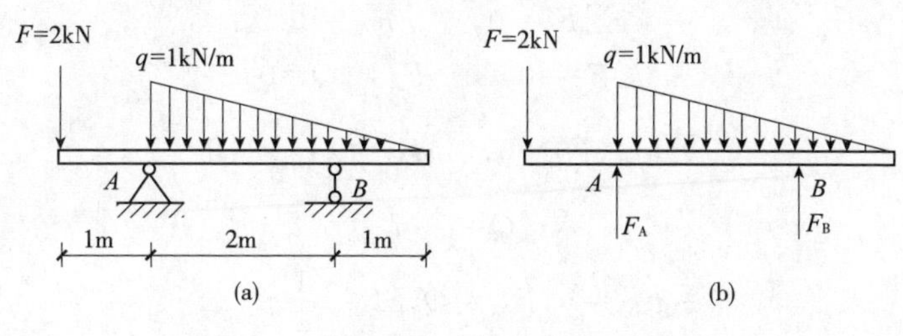

图 3-16　例 3-10 图

$$\sum F_y=0 \quad F_A+F_E-F-\frac{1}{2}\times q\times 3=0$$

$$F_B=F+1.5q-F_A=(2+1.5\times 1-3.75)\text{kN}=-0.25\text{kN}(\downarrow)$$

求出的 F_B 为负值，说明受力图中假设的 F_B 的指向与实际的指向相反，F_B 的指向应铅垂向下。

校核：$\sum M_A=F+2F_B-1\times\frac{1}{2}\times q\times 3=[2+2\times(-0.25)-1.5]\text{kN}\cdot\text{m}=0$，计算正确。

第三节　平面一般力系平衡条件的运用

平面一般力系是工程中最常见的力系，运用平面一般力系的平衡条件可以解决很多结构的受力和稳定性的问题，例如：桁架的内力、梁和刚架的约束反力计算（将在第三篇结构力学的静定结构中详细介绍），以及在结构设计中对倾覆和滑移的验算等。本节重点介绍静力学范畴内的工程实例计算。

一、单个物体的平衡问题

受到约束的物体，在外力的作用下处于平衡，应用力系的平衡方程可以求出约束反力。求解过程按照以下步骤进行。

（1）根据题意选取研究对象，取出分离体。

（2）分析研究对象的受力情况，正确地在分离体上画出受力图。

（3）应用平衡方程求解未知量。应当注意判断所选取的研究对象受到何种力系作用，所列出的方程个数不能多于该种力系的独立平衡方程个数，并注意列方程时力求一个方程中只出现一个未知量，尽量避免解联立方程。

【例 3-11】　悬臂梁 AB 长 l，A 端为固定端，如图 3-17(a)所示，已知均布载荷的集度为 q，不计梁自重，求固定端 A 的约束反力。

解：取 AB 梁为研究对象，其受力图如图 3-17(b)所示，AB 梁受平面任意力系作用，列平衡方程：

$$\sum F_x = 0, \qquad F_{Ax} = 0$$

$$\sum F_y = 0, \qquad F_{Ay} - Q = 0$$

$$\sum M_A(F) = 0, \quad M_A - Q \cdot \frac{1}{2} = 0$$

$$Q = q \cdot l$$

$$F_{Ax} = 0, F_{Ay} = Q, M_A = \frac{1}{2} q l^2$$

平衡方程解得的结果均为正值，说明图 3-17(b)中所设约束反力的方向均与实际方向相同。

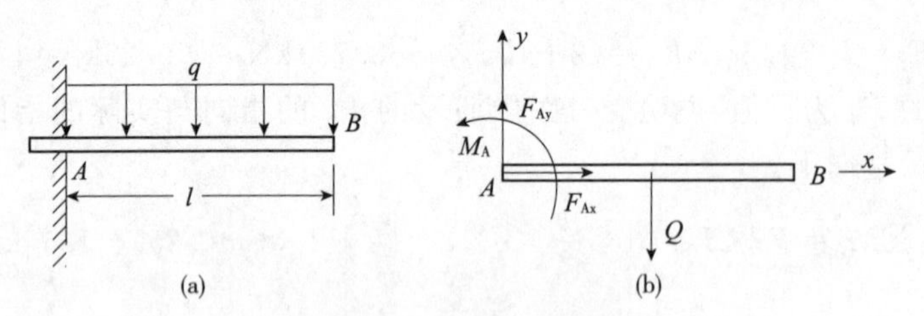

图 3-17　例 3-11 图

二、物体系统的平衡问题

在工程实际中，常常遇到由几个物体通过一定的约束联系在一起的系统，这种系统称为物体系统。例如图 3-18(a)所示的组合梁，就是由梁 AB 和梁 BC 通过圆柱铰链 B 连接，并支承在 A、C 支座上而组成的一个物体系统。物体系统平衡时，系统内的每个组成物体都处于平衡状态。因此，在解决物体系统的平衡问题时，既可选整个系统为研究对象[图 3-18(b)]，也可选其中的某部分或某个物体为研究对象[图 3-18(c)、(d)]，然后列出相应的平衡方程求解所需要的未知量。

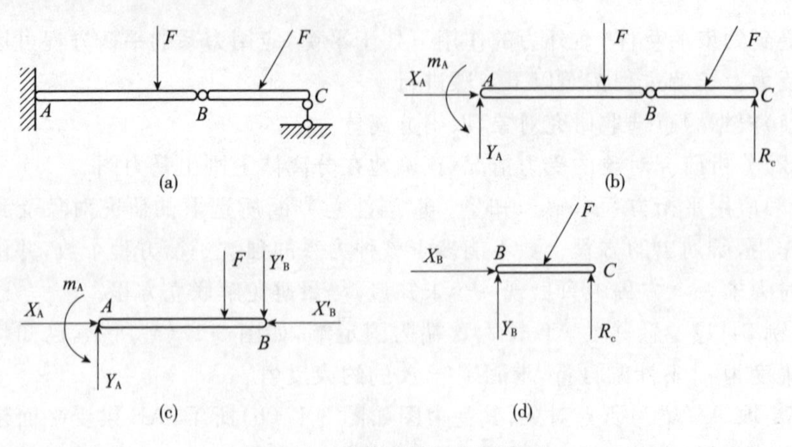

图 3-18　物体系统平衡示意图

研究物体系统的平衡问题，不仅要计算支座的反力而且还需要计算系统内各物体之间的相互作用力。我们把作用在物体系统上的力分为外力和内力。所谓外力，就是系统以外的物体作用在系统上的力；所谓内力，就是在系统内各物体之间相互作用的力。例如图 3-18(b)中组合梁 ABC 所受的荷载与 A、C 支座的约束反力就是外力，而在 B 铰处左右两段梁相互作用的力就是组合梁的内力。要暴露内力必须将物体系统拆开，将各物体在它们相互联系的地方拆开，分析单个物体的受力情况，画出它们的受力图。如将组合梁在 B 铰处拆开为两段梁，分别画出这两段梁的受力图[图 3-18(c)、(d)]。内、外力的概念是相对的，决定于所选取的研究对象，例如图 3-18(a)所示的组合梁在 B 铰处两段梁的相互作用力，对组合梁整体来说是内力，而对左段梁或右段梁来说，就是外力。

不论取整体系统还是系统某一部分作为研究对象，都可根据研究对象所受的力系的类别列出相应的平衡方程求解未知量。若系统由 n 个物体组成，而每个物体又都是受平面一般力系作用，则共可列出 $3n$ 个独立的平衡方程，从而可以求解 $3n$ 个未知量。例如 3-18(a)所示的组合梁是由 AB 和 BC 两个物体组成，受平面一般力系作用，可列出六个独立的平衡方程，求解出六个未知量 X_A、Y_A、m_A、X_B、Y_B、R_C，如果系统中的物体受的是平面汇交力系或平面平行力系作用，则独立的平衡方程的个数将相应减少，而所能求的未知量的个数也相应减少。

【例 3-12】 如图 3-19(a)所示，水平梁由 AC 和 CD 两部分组成，它们在 C 处用铰链相连。梁的 A 端固定在墙上，在 B 处受滚动支座约束。已知：$F_1=10\text{kN}$，$F_2=20\text{kN}$，均布载荷 $p=5\text{kN/m}$，梁的 BD 段受线性分布载荷，在 D 端为零，在 B 处达最大值 $q=6\text{kN/m}$。试求 A 和 B 两处的约束反力。

解：选整体为研究对象，其受力如图 3-19(a)所示。注意到三角形分布载荷的合力作用在离 B 点 $\frac{1}{3}$BD 处，它的大小等于三角形面积，即 $\frac{1}{2}q\times1$，列平衡方程：

$$\sum F_x=0, F_{Ax}=0$$

$$\sum F_y=0, F_{Ay}+F_2-F_1-p\times1-\frac{1}{2}q\times1=0$$

$$\sum M_A(F)=0$$

$$M_A+F_{NB}\times3-F_2\times0.5-F_1\times2.5-p\times1\times1.5-\frac{1}{2}q\times1\times\left(3+\frac{1}{3}\right)=0$$

以上三个方程包含四个未知量，故再选梁 CD 为研究对象，受力图如图 3-19(b)所示。列平衡方程：

$$\sum M_C(F)=0, F_{NB}\times1-\frac{1}{2}q\times1\times\left(1+\frac{1}{3}\right)=0$$

解得 $$F_{NB}=9\text{kN}$$

代入前面三个方程解得

$$m_A=25.5\text{kN}\cdot\text{m}$$

$$F_{Ay}=29\text{kN}$$

$$F_{Ay}=0$$

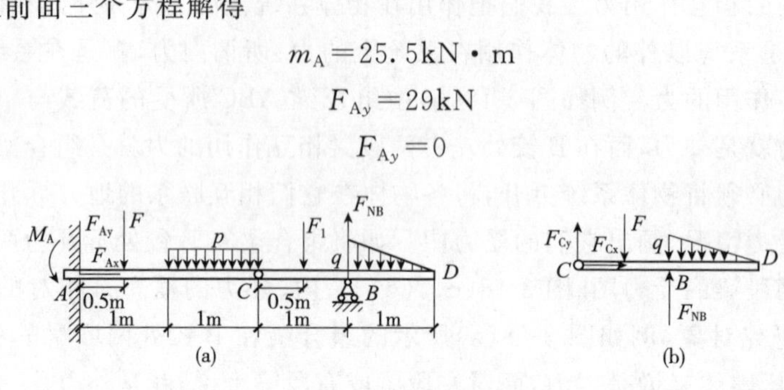

图 3-19 例 3-12 图

【例 3-13】 钢筋混凝土三铰钢架受荷载如图 3-20(a)所示，已知 $P=12\text{kN}$，$q=8\text{kN/m}$，求支座 A、B 及顶铰 C 处的约束反力。

解：三铰拱由左、右两半拱组成。分析整体系统和左、右两半拱的受力，画出它们的受力图，如图 3-20(b)、(c)、(d)所示。由图可见，不论整体系统还是左、右两半拱都各有四个未知力，不过总的未知力个数只有六个。因而分别选取整体和左(或右)半拱为研究对象，列出六个平衡方程，可以求解出这六个未知力；也可以分别选取左、右两半拱为研究对象，求解六个未知力。这种计算方法较繁琐。我们可以看出整体系统虽有四个未知力，但若分别以 A 和 B 为矩心，列出力矩方程，可以方便地求出 Y_A 和 Y_B。然后再考虑一个半拱的平衡，这时，每个半拱都只剩下三个未知力，就方便解了。

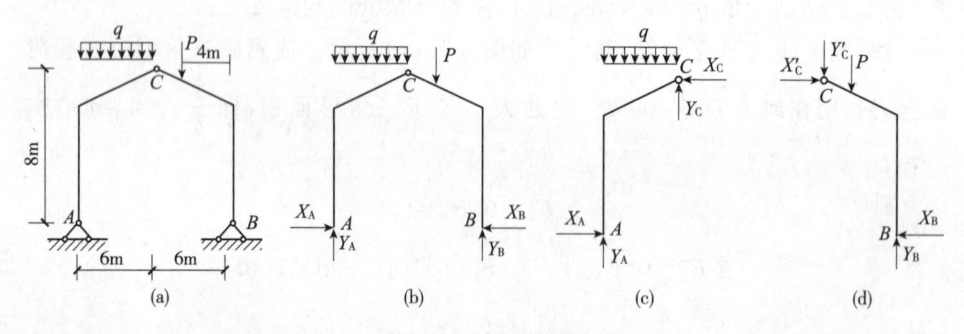

图 3-20 例 3-13 图

根据以上分析，具体计算如下：

(1)取整体系统为研究对象[图 3-20(b)]，由

$$\sum M_A=0,\ -q\times6\times3-P\times8+Y_B\times12=0$$

得 $$Y_B=\frac{18q+8P}{12}=\frac{18\times8+8\times12}{12}=20\text{kN}$$

由 $$\sum M_B=0,q\times6\times9+P\times4-Y_A\times12=0$$

得 $$Y_A=\frac{54q+4P}{12}=40\text{kN}$$

由 $$\sum X=0,X_A-X_B=0$$

得 $$X_A=X_B$$

(2)取左半拱为研究对象[图 3-20(c)],由

$$\sum M_C=0,X_A\times8-Y_A\times6+q\times6\times3=0$$

得 $$X_A=\frac{6Y_A-18q}{8}=\frac{6\times40-18\times8}{8}=12\text{kN}$$

由 $$\sum Y=0,Y_A-Y_C-q\times6=0$$

得 $$Y_C=6q-Y_A=6\times8-40=8\text{kN}$$

将 X_A 的值代入式子 $X_A=X_B$,可得

$$X_B=X_A=12\text{kN}$$

通过以上例题的分析,可见物体系统平衡问题的解题步骤与单个物体的基本相同。具体步骤及解题的特点归纳如下。

(1)适当选取研究对象

先分析整个系统及系统内各物体的受力情况,画出它们的受力图,然后选取研究对象,具体做法是:

若整个系统的外约束反力未知量不超过三个,或者是虽然超过三个但不拆开也能求出一部分未知量时,可选择整个系统为研究对象。

若整个系统的外约束反力未知量超过三个,必须拆开才能求出全部未知量时,通常先选择未知量最少的某一部分为研究对象,且最好这个研究对象所包含的未知量个数不超过该研究对象所能列出的独立平衡方程的数目。特别注意的是,需要将系统拆开时,要在各个物体的连接处拆,不能将物体或杆件切断。

(2)画受力图

画出研究对象所受的全部外力,而研究对象中各物体之间的相互作用内力不画。两物体间的相互作用力要符合作用力与反作用力公理。

(3)逐步列出平衡方程,求解出所有的未知量

第四节　摩擦时物体的平衡

在前面几章里,我们对物体进行受力分析时,都假定物体间的接触面是完全光滑的,但实际上完全光滑的接触面是不存在的,只是在一些问题中,摩擦对所研究的问题影响很小,可以忽略。而对于有些工程问题,摩擦往往是不可忽略的主要因素,甚至是决定性因素,必须加以考虑。例如,重力水坝就是依靠摩擦来

防止坝身滑动的，挡土墙也是靠摩擦来保证自身稳定的，皮带输送机也是靠摩擦来运送物料的。

根据两接触物体之间的相对运动形式，将摩擦分为滑动摩擦和滚动摩擦两种。当两个接触物体沿接触面有相对滑动或有相对滑动的趋势时，在接触处就彼此阻碍滑动，或阻碍滑动的发生，这种现象称为滑动摩擦。当两物体有相对滚动或有相对滚动趋势时，物体间会产生阻碍滚动的现象，称为滚动摩擦。

工程中滑动摩擦的实例较多，故本节只讨论滑动摩擦的相关问题。

一、滑动摩擦

当发生滑动摩擦时，在两物体接触面间产生的阻碍物体相对滑动的力，称为滑动摩擦力，简称摩擦力。滑动摩擦力分为静滑动摩擦力和动滑动摩擦力。

1. 静滑动摩擦力和静滑动摩擦定律

我们做一个实验来了解滑动摩擦力的性质。实验装置如图 3-21(a)所示。在平台的一角，固定一个滑轮，一绳子跨绕在滑轮上，绳子的一端与平台上一个重量为 G 的物体相连，另一端与装有砝码的盘子相连。如略去绳重和滑轮阻力，则绳子对物体的拉力 T 的大小就等于盘子和砝码的重量。

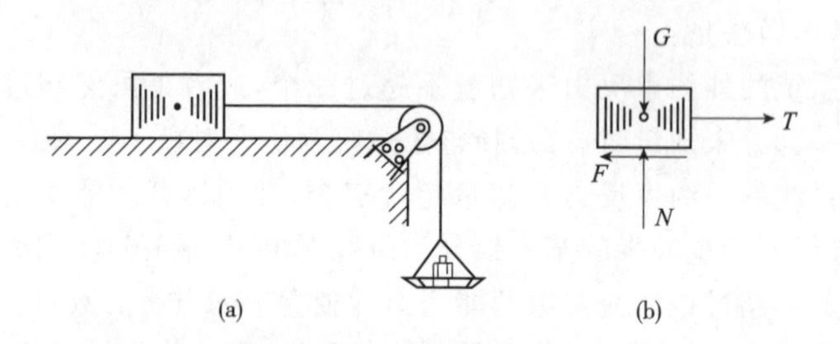

图 3-21　滑动摩擦示意图

当 $T=0$ 时，物体没有沿接触面滑动的趋势。此时，物体在自重 G 与法向反力 N 作用下平衡，滑动摩擦力为零。逐渐增加砝码，当力 T 不大时，物体保持静止不动。分析此时物体的受力情况，画其受力图如图 4-21(b)所示。主动力有重力 G 和绳的拉力 T，拉力 T 有使物体沿水平面滑动的趋势，而物体保持不动，说明固定台面的约束反力除法向反力以外，还有切向的摩擦力 F，此力 F 是在物体尚未滑动时产生的，称为静滑动摩擦力，简称静摩擦力。当拉力 T 增大时，静摩擦力 F 也相应地增大。当拉力 T 达到某一临界值时，物体处于即将开始滑动的临界状态，这时静摩擦力达到最大值，称为最大静摩擦力 F_{max}，如果拉力 T 再有微小的增大，物体就由静止变为滑动。

由此可见，静摩擦力的方向与物体相对滑动的趋向相反；静摩擦力的大小随主动力的变化而变化，变化范围在零与最大静摩擦力之间。即

$$0 \leqslant F \leqslant F_{max} \tag{3-12}$$

关于最大静摩擦力的大小，早在18世纪，法国物理学家库仑曾作过大量的试验，证明了以下的定律：最大静摩擦力 F_{max} 的大小与两物体接触面积的大小无关；而与物体间的正压力 N（或法向反力）成正比，即

$$F_{max} = f\mathrm{N} \tag{3-13}$$

这就是静滑动摩擦定律，又称库仑定律。式中的 f 是比例系数，称为静滑动摩擦系数，简称静摩擦系数。这个系数与两接触物体的构成材料、接触面的粗糙程度、温度和湿度等因素有关，其数值由试验测定。工程中常用材料的 f 值可从工程手册中查到。

由静滑动摩擦定律可知，要增大 F_{max}，可通过增大 f 值来实现，例如，在汽车轮胎上刻制花纹，冰冻季节在行驶的汽车轮子上缠链条，机动车上陡坡时在路面上撒沙子等；也可以增大压力 N 来实现，例如使皮带轮上的皮带张紧。要减小 F_{max}，则可通过减小 f 值来实现，例如，在两物体的接触面上加润滑剂，增加接触面的光洁度等，或通过减小压力 N 来实现。

2. 动滑动摩擦力和动滑动摩擦定律

在图3-21(a)所示的实验中，当拉力 T 的值大于最大静摩擦力 F_{max} 时，物体不再平衡，而产生滑动，滑动时沿接触面所产生的摩擦力 F'，称为动滑动摩擦力，简称动摩擦力。

科学家库仑在大量实验的基础上，总结出了与静滑动摩擦相似的动滑动摩擦定律：动摩擦力的大小与两物体间的正压力（或法向反力）成正比，即

$$F' = f'\mathrm{N} \tag{3-14}$$

式中，f' 称为动滑动摩擦系数，简称为动摩擦系数，它的值除与接触物体的材料及接触面情况有关外，通常还随物体相对滑动速度的增大而略有减小。当速度很小时，可认为 $f' = f$。但在一般情况下，动摩擦系数 f' 略小于静摩擦系数 f 即 $f' < f$。在工程计算中，通常近似地取 f' 与 f 相同。

3. 摩擦角与自锁现象

如图3-22所示，在考虑摩擦力的情况下，物体所受的来自支承面的法向反力 N 和摩擦力 F 都属于支承面对物体的约束反力，它们的合力 R 称为支承面对物体的约束全反力，简称全反力。如垂直于支承面的主动力 G 不变，则在物体开始滑动前，摩擦力 F 以及全反力 R 与支承面法线间的夹角 φ 均随平行于支承面的主动力 P 的增大而增大。当 P 达到临界值，使物体处于平衡的临界状态，这时，静摩擦力 F 达到最大值 F_{max}，角 φ 也增至最大值 φ_m，称角 φ_m 为摩擦角。或者说，摩擦角就是当静摩擦力达到最大值时，约束全反力与支承面法线间的夹角。显然有

$$0 \leqslant \varphi \leqslant \varphi_m \tag{3-15}$$

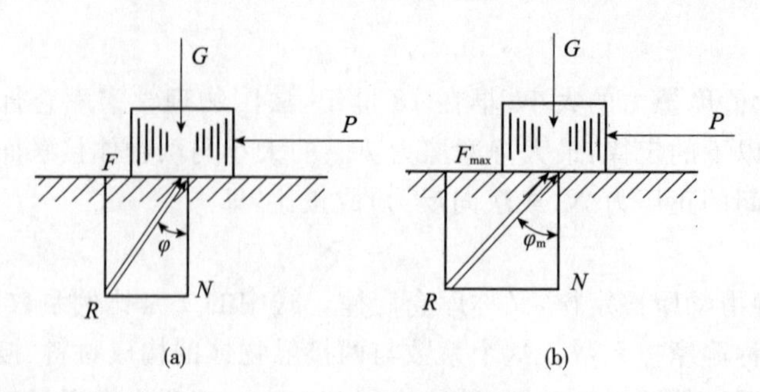

图 3-22 摩擦角示意图

摩擦角 φ_m 的大小与 F_{max} 有关,因而也与静摩擦系数 f 有关,它们之间的关系是

$$\tan\varphi_m = \frac{F_{max}}{N} = \frac{fN}{N} = f$$

或

$$\tan\varphi_m = f \tag{3-16}$$

即:摩擦角的正切值等于静摩擦系数。

由试验测出摩擦角 φ_m 之后即可根据上式计算出静摩擦系数 f 的值。

摩擦角对应于临界平衡状态,它代表了物体由静止变成运动这一进程的转折点,在需要考虑静摩擦力的平衡问题中,它与最大静摩擦力具有同样重要的意义。

前面已经指出,静摩擦力 F 的值不能超过它的最大值 F_{max},所以全反力与支承面法线间的夹角也不可能大于摩擦角。因此,若作用于物体上的主动力的合力 F_R 的作用线与支承面法线间的夹角 θ 大于摩擦角 φ_m(图 3-23(a)),则全反力就不可能与 F_R 共线,从而它们不可能平衡,于是物体将发生滑动。反之,若主动力的合力 F_R 的作用线与支承面法线间的夹角 θ 小于摩擦角 φ_m,即 $\theta<\varphi_m$[图 3-23(b)],则无论主动力 F_R 多大,只要支承面不被压坏,它总能被全反力所平衡,因而物体将静止不动。这种只需主动力的合力作用线在摩擦角的范围内,物体依靠摩擦总能静止而与主动力大小无关的现象称为自锁。显然,若 $\theta=\varphi_m$[图 3-23(c)],则物体处于临界平衡状态。

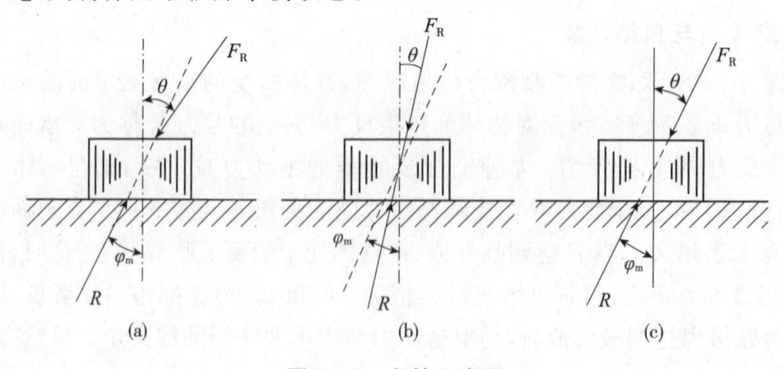

图 3-23 自锁示意图

自锁现象在工程中有重要的应用。例如，用螺旋千斤顶顶起重物时就是借自锁以使重物不致因重力的作用而下落；用传送带输送物料时就是借自锁以阻止物料作相对于传送带滑动等。反之，在工程实际中有时又需避免自锁现象的发生。例如，当机器正常运转时，其运动的零、部件就不应出现自锁而卡住不动。

二、考虑摩擦时物体的平衡问题

考虑摩擦时物体的平衡问题与不计摩擦时的平衡问题一样，它们都应满足力系平衡的条件，这是它们的共同之处。它们也有不同之处，即考虑摩擦时物体的平衡问题，约束反力也应包括摩擦力，而且摩擦力的大小是在一定范围内变化的，其值应由主动力并根据平衡条件确定，且其最大值不大于最大静摩擦力 F_{max} 的值，但当物体处于临界平衡状态时，摩擦力应达其最大值 F_{max}。摩擦力的方向，则永远与相对滑动的趋向相反，不能任意假设。由于摩擦力的大小可在一定范围内变化，所以这类平衡问题的解答，一般来说不是一个确定的数值，而是一个取值范围。在这个范围内，物体总是处于平衡状态，所以称其为平衡范围。

考虑摩擦时物体的平衡问题，大致有如下两种类型：

(1)已知物体所受的主动力，判断物体处于静止还是滑动状态；

(2)要使物体保持静止，求有关未知量的值或所处的范围。

【例 3-14】　如图 3-24(a)所示，用绳拉一个重量 $G=500\text{N}$ 的物体，绳与水平面的夹角 $\alpha=30°$，$\alpha>\varphi_m$。设物体与地面间的静摩擦系数 $f=0.2$，当绳的拉力 $T=100\text{N}$ 时，问物体能否被拉动？并求此时的摩擦力。

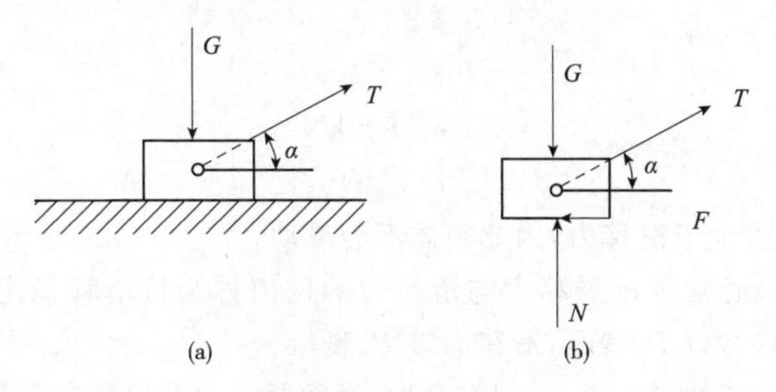

图 3-24　例 3-14 图

解：这是判断物体处于静止还是滑动状态的问题，这类问题可先假设物体处于静止状态，求出此时接触面上所具有的摩擦力的值 F，将它与接触面上可能产生的最大静摩擦力 F_{max}。比较，如果 $F\leqslant F_{max}$，则物体处于静止状态；如果 $F>F_{max}$，则物体处于滑动状态。

画出受力图如图 3-24(b)所示。

由
$$\sum X=0,\ T\cos 30°-F=0$$

得 $F=T\cos30°=100\times0.866=86.6\text{N}$

由 $\sum Y=0, T\sin30°+N-G=0$

得 $N=G-T\sin30°=500-100\times0.5=450\text{N}$

接触面上可能产生的最大静摩擦力为

$$F_{max}=fN=0.2\times450=90\text{N}$$

由于 $F<F_{max}$ 所以物体处于静止状态。这时接触面上产生的静摩擦力 $F=86.6\text{N}$。

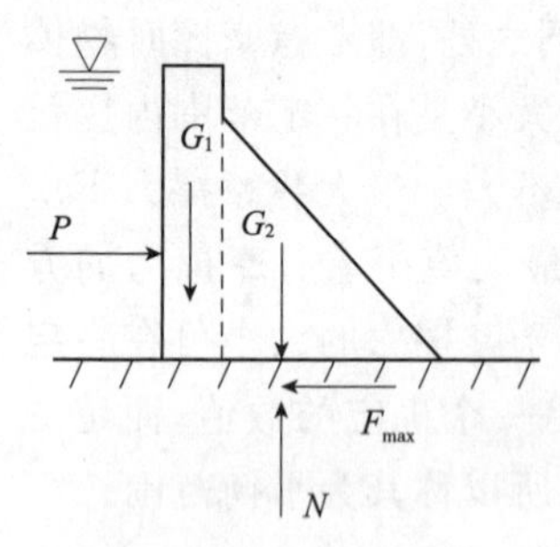

图 3-25 例 3-15 图

【例 3-15】 如图 3-25 所示为建筑在水平岩基上的混凝土重力坝的断面。该坝在单位长度 1m 上，作用水压力 $P=4800\text{kN}$ 和自重为 $G_1=6820\text{kN}$、$G_2=6400\text{kN}$。坝底对岩基的静摩擦系数为 $f=0.6$，试校核此坝是否会沿岩基滑动。

解：由于坝体是在水压力作用下才可能沿岩基发生滑移的。因此，水压力 P 就是滑移力，而坝体与岩基之间的最大静摩擦力 F_{max}，阻止着坝体的滑移，因此静摩擦力 $F_{max}=f\text{N}$ 是抗滑移力。

由 $\sum F_y=0$ 得：

$$N-G_1-G_2=0$$

$$N=G_1+G_2$$

所以有

$$F_{max}=f\cdot\text{N}=f(G_1+G_2)$$

$$=0.6\times(6820+6400)$$

$$=7930\text{kN}$$

$$P=4800\text{kN}$$

$$F_{max}>P$$

即抗滑移力大于滑移力，因此坝体不会滑动。

在工程上，通常将抗滑移力与滑移力的比值称为抗滑移稳定安全系数，以 K_h 表示，抗滑移力以 P_k 表示，滑移力以 P_h 表示。

为了确保建筑物的安全，并留有余地，通常要求抗滑移稳定安全系数 $K_h>1$，一般取值为 1.3～1.5，即

$$K_h=\frac{P_k}{P_h}\geqslant1.3\sim1.5 \tag{3-17}$$

第四章　空间力系

在工程实际中，物体所受的力系都是空间力系。有些情况我们可将实际的空间力系简化为平面力系来处理。但不能简化的力系必须按空间力系来计算，如图 4-1(a)所示的三脚架，图 4-1(e)所示的起重吊架等。

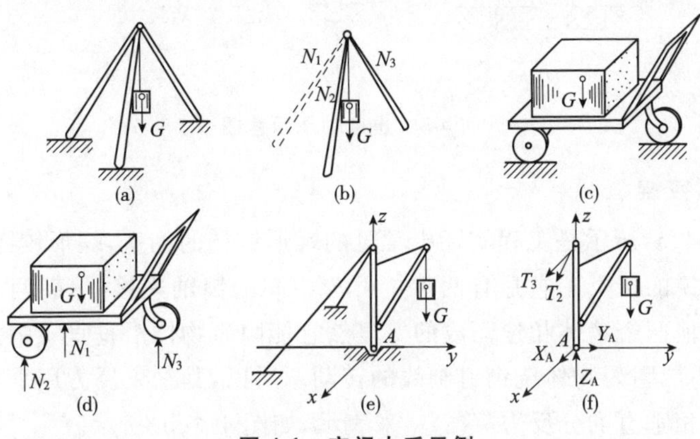

图 4-1　空间力系示例

工程实际中常见的空间约束类型有以下几种。

1. 球形铰链支座

球形铰链支座简称球铰，它是由固连于被约束物体上的光滑圆球嵌入球窝形支座内而构成的。图 4-2(a)是球铰的典型构造，其简图如图 4-2(b)所示。球铰只能阻碍物体离开球心朝任何方向移动，但不能阻碍物体绕球心转动。所以，球铰的约束反力通过球心，方向未定，通常用沿空间直角坐标轴的三个分反力 X_A、Y_A、Z_A 来表示，如图 4-2(c)所示。

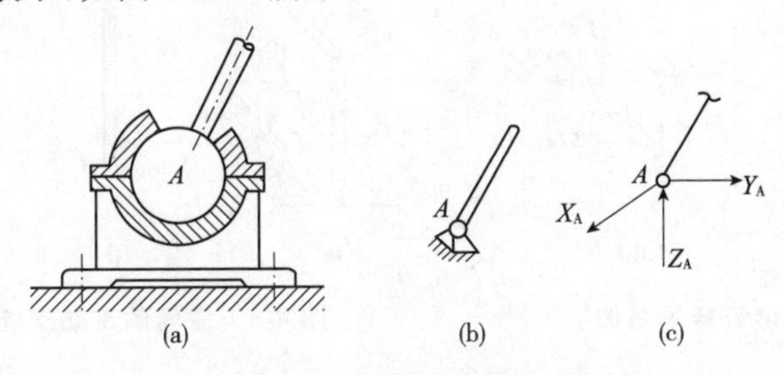

图 4-2　球形铰链示意图

2. 止推轴承

图 4-3(a)是工程实际中常见的止推轴承的构造,其简图如图 4-3(b)所示。它可以阻碍物体沿转轴轴线方向的微小移动和与转轴垂直的任何一个平面内的移动,但不能阻碍物体绕转轴的转动。所以,其约束反力用沿空间直角坐标轴的三个分反力 X_A、Y_A、Z_A 来表示,如图 4-3(c)所示。

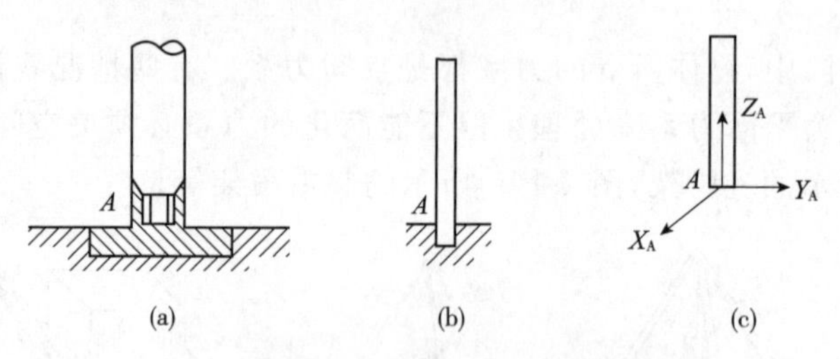

图 4-3　止推轴承示意图

3. 蝶形铰链

如图 4-4(a)所示是工程实际中常见的蝶形铰链的构造,蝶形铰链简称碟铰,就是通常所说的折页。它是有两片折页与中间的销轴连接,然后两片折页分别用螺钉与其他两个物体相连而成的。显然它能阻碍物体沿垂直于销钉轴线方向的移动,而不能阻碍物体绕销钉轴线的转动。所以,其约束反力用垂直于销钉轴线的两个互相垂直的分反力 Z_A、Y_A 来表示,如图 4-4(b)所示。

4. 空间固定端支座

图 4-5(a)是空间固定端支座的构造图形,其简图如图 4-5(b)所示。空间固定端支座与平面固定端支座性质相同,它能阻碍被约束物体在空间沿任何方向的移动和绕任何空间轴的转动。阻碍物体沿空间任何方向移动的约束反力可用沿空间直角坐标轴的三个分力 X_A、Y_A、Z_A 来表示;阻碍物体绕任何空间轴转动的约束力偶可用作用面相互垂直的力偶矩为 M_x、M_y、M_z 的三个分力偶来表示,如图 4-5(c)所示。

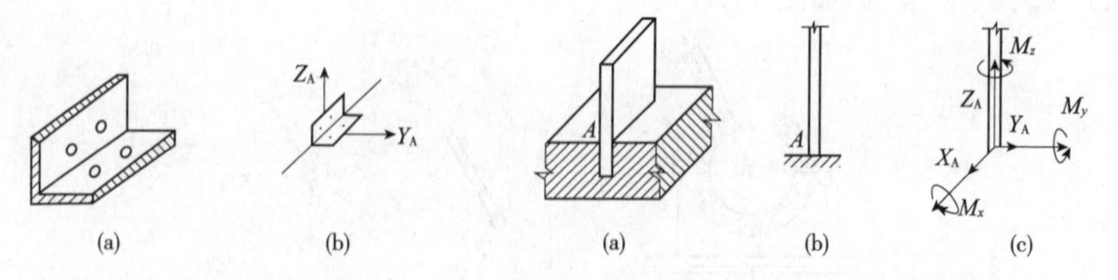

图 4-4　蝶形铰链示意图　　图 4-5　空间固定端支座示意图

空间力系的研究方法与平面力系的研究方法基本相同,只需在平面问题的基础上，将一些概念、理论加以引申和推广。

第一节　空间汇交力系

一、力沿空间直角坐标轴的分解

在空间直角坐标系中可以将一个力分解为互相垂直的三个分力。根据具体情况，可用下面两种方法进行力的分解。

设力 F 作用于 O 点，取空间直角坐标系 $Oxyz$ 如图 4-6 所示。以力矢 $F=\overrightarrow{OA}$为对角线作一个正平行六面体，则沿三个坐标轴 O_x、O_y、O_z 的矢量$\overrightarrow{OB}$、$\overrightarrow{OC}$和$\overrightarrow{OD}$分别为力 F 沿三个直角坐标轴方向的分力 F_x、F_y 和 F_z。这种分解称为直接分解法。另外，还可以先将力 F 分解为沿 z 轴方向以及在 O_{xy} 平面内的两个分力 F_z 和 F_{xy}然后再将力 F_{xy} 分解为沿 x 轴和 y 轴方向的两个分力 F_x、F_y。显然 F_x、F_y 和 F_z 就是力 F 沿直角坐标轴方向的三个分力。这种分解称为二次分解法。

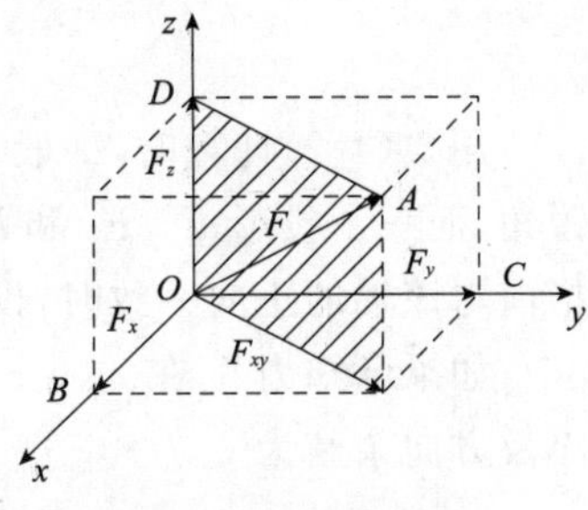

图 4-6　力沿空间直角坐标轴的分解

二、力沿空间直角坐标轴的投影

力 F 在空间直角坐标轴上的投影的计算，常用的方法也有两种：直接投影法和二次投影法。

1. 直接投影法

如果已知力 F 的作用线与空间直角坐标系的三个坐标轴 x、y、z 正向的对应夹角为α、β和γ[图 4-7(a)]，则力 F 在三个坐标轴上的投影分别为

$$\left.\begin{aligned} F_x &= F\cos\alpha \\ F_y &= F\cos\beta \\ F_z &= F\cos\gamma \end{aligned}\right\} \tag{4-1}$$

2. 二次投影法

如图 4-7 所示，如果已知角度 γ 和 φ，则可将力 F 先投影到 z 轴以及 Oxy 坐标面上，力 F 在 Oxy 面上的投影为矢量 F_{xy}（力在平面上的投影存在方向问题，故需用矢量表示），其大小为 $F_{xy}=F\sin\gamma$。然后再将矢量 F_{xy} 投影到 x、y 轴上。于是力 F 在 x、y、z 三个轴上的投影分别为

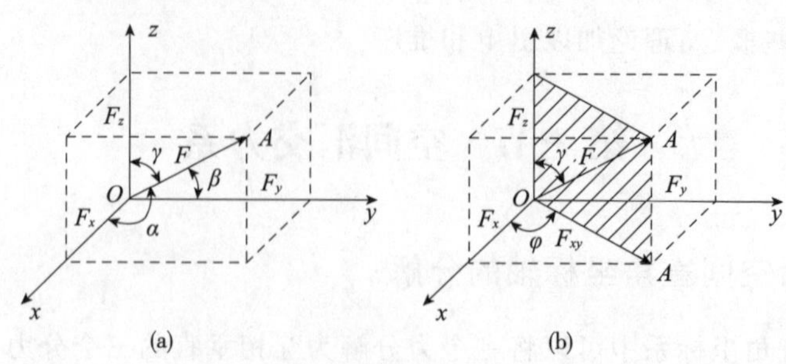

图 4-7　力在空间直角坐标轴上的投影

$$\left.\begin{aligned} F_x &= F\sin\gamma\cos\varphi \\ F_y &= F\sin\gamma\sin\varphi \\ F_z &= F\cos\gamma \end{aligned}\right\} \tag{4-2}$$

用式(4-2)计算时，一般取力 F 与 z 轴的夹角 γ 以及 F_{xy} 与 x 轴的夹角 φ 为锐角，而三个投影 F_x、F_y 和 F_z 的正负号由直观判断。即力 F 在某轴上投影的指向与该轴的正向一致时，投影为正；反之，为负。

如果已知力 F 在 x、y、z 三个直角坐标轴上投影 F_x、F_y 和 F_z，则该力的大小及方向余弦为

$$\left.\begin{aligned} F &= \sqrt{F_x^2+F_y^2+F_z^2} \\ \cos\alpha &= \frac{F_x}{F} \\ \cos\beta &= \frac{F_y}{F} \\ \cos\gamma &= \frac{F_z}{F} \end{aligned}\right\} \tag{4-3}$$

【例 4-1】　如图 4-8 所示，在长方体上作用有三个力 F_1、F_2、F_3，其大小分别为 $F_1=2\text{kN}$，$F_2=1\text{kN}$，$F_3=5\text{kN}$。尺寸 $a=1\text{m}$，试分别计算这三个力在坐标轴 x、y、z 上的投影。

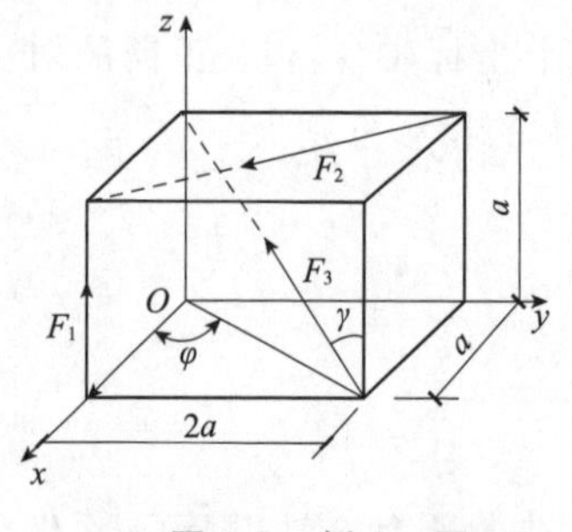

图 4-8　例 4-1 图

解：力 F_1 沿 z 轴，故其在坐标轴 x、y、z 上的投影为

$$F_{1x}=0, F_{1y}=0, F_{1z}=2\text{kN}$$

计算力 F_2 在 x、y、z 轴上的投影可用直接投影法，由式(4-1)可得

$$F_{2x}=F_2\ \frac{a}{\sqrt{5}a}=\left(1\times\frac{1}{\sqrt{5}}\right)\text{kN}=0.447\text{kN}$$

$$F_{2y}=F_2\ \frac{2a}{\sqrt{5}a}=\left(1\times\frac{2}{\sqrt{5}}\right)\text{kN}=-0.894\text{kN}$$

$$F_{2z}=0$$

力 F_3 与 x、y 轴之间的夹角不易求得，而与 z 轴的夹角 γ 以及它在 Oxy 平面上的投影与 x 轴的夹角 φ 却容易求得，可用二次投影法计算其在 x、y、z 轴上的投影，由式(4-2)可得

$$F_{3x}=F_3\sin\gamma\cos\varphi=-F_3\frac{\sqrt{5}a}{\sqrt{6}a}\frac{a}{\sqrt{5}a}=\frac{5}{\sqrt{6}}\text{kN}=-0.04\text{kN}$$

$$F_{3y}=F_3\sin\gamma\cos\varphi=-F_3\frac{\sqrt{5}a}{\sqrt{6}a}\frac{2a}{\sqrt{5}a}=-\frac{2\times5}{\sqrt{6}}\text{kN}=-4.08\text{kN}$$

$$F_{3z}=F_3\cos\gamma=F_3\frac{\sqrt{5}a}{\sqrt{6}a}\frac{a}{\sqrt{6}}\text{kN}=2.04\text{kN}$$

三、空间汇交力系的平衡

空间汇交力系的平衡与平面汇交力系平衡相似，空间汇交力系也可以合成为一个合力，合力矢亦等于力系中各分力矢的矢量和，即 $F_R=\sum F$；空间汇交力系平衡的充要条件与平面汇交力系相同，仍然是力系的合力矢等于零，即 $F_R=\sum F=0$。

根据矢量投影定理可知空间汇交力系的合力矢在直角坐标轴 x、y、z 上的投影分别为

$$\left.\begin{aligned}F_{Rx}&=\sum F_x\\F_{Ry}&=\sum F_y\\F_{Rz}&=\sum F_z\end{aligned}\right\}$$

由式(4-3)可得合力的大小为

$$F_R=\sqrt{F_{Rx}^2+F_{Ry}^2+F_{Rz}^2}=\sqrt{(\sum F_x)^2+(\sum F_y)^2+(\sum F_z)^2}$$

于是可得到空间汇交力系的平衡方程

$$\left.\begin{aligned}\sum F_x&=0\\\sum F_y&=0\\\sum F_z&=0\end{aligned}\right\}\tag{4-4}$$

空间汇交力系有三个独立平衡方程，可以求解三个未知量。求解空间汇交力系平衡问题的步骤与求解平面汇交力系问题相同。顺便指出：在应用式(4-4)时，三个投影轴不一定非要相互垂直，但是，这三个轴不能共面以及其中的任何两个轴不能相互平行。

【例 4-2】 图 4-9(a)所示的 OC 杆高为 6m，在 O 处受到水平向下 20°角的拉力 F 作用，拉力的大小 $F=15$kN，C 处因埋置较浅，可视为球铰支座。为保持

OC 杆的垂直平衡状态，用 OA、OB 两钢索固定如图。不计 OC 杆自重，试求每根钢索的拉力和 OC 杆所受的压力。

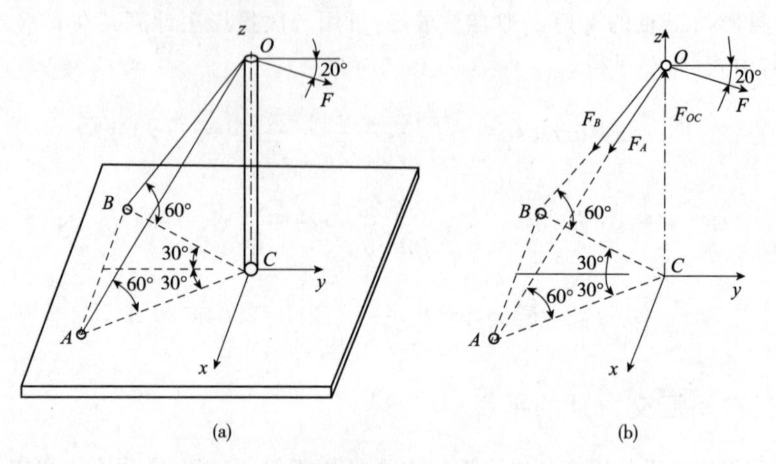

图 4-9　例 4-2 图

解： 取结点 O 为研究对象，作用于 O 点的力有拉力 F、两钢索的拉力 F_A 和 F_B 以及 OC 杆的约束反力 F_{OC}。由于 OC 杆的两端可视为球铰，杆的自重不计，故为二力杆，反力 F_{OC} 必沿杆 OC 的轴线，其反作用力就是杆所受的压力。这些力构成一个如图 4-9(b)所示的空间汇交力系。列平衡方程

$$\sum F_x = 0 \qquad F_A \cos 60° \sin 30° - F_B \cos 60° \sin 30° = 0$$

得

$$F_A = F_B$$

$$\sum F_y = 0 \qquad F \cos 20° - F_A \cos 60° \cos 30° - F_B \cos 60° \cos 30° = 0$$

将 $F = 15\text{kN}$ 以及 $F_A = F_B$ 代入上式，得钢索 OA、OB 的拉力为

$$F_A = F_B = 16.3\text{kN}$$

$$\sum F_z = 0 \qquad F_{OC} - F_A \sin 60° - F_B \sin 60° - F \sin 20° = 0$$

将 $F_A = F_B = 16.3\text{kN}$ 代入上式，得 OC 杆的约束反力为

$$F_{OC} = 33.7\text{kN}$$

故 OC 杆受到的压力为 33.7kN。

第二节　空间一般力系

一、力对轴的矩

力可以使物体绕一点转动，也可以使物体绕一轴转动，这在日常生活和工程实际中经常遇到，力使物体绕轴转动的效应用力对该轴的矩来度量。

由实践经验知道，力使物体绕某固定轴转动的效应，决定于力的大小、方向和作用在物体上的位置。如图 4-10 所示的一扇可以绕固定轴 z 转动的门，在门的 A 点作用一力 F，为了确定力 F 使门绕 z 轴转动的效应，将力 F 分解为两个分力 F_z 和 F_{xy} 其中 F_z 与 z 轴平行；F_{xy} 与 z 轴垂直，分力 F_{xy} 即为力 F 在垂直于 z 轴的 H 平面上的投影。由经验可知，分力 F_z 不能使门绕 z 轴转动，只有分力 F_{xy} 才能使门绕 z 轴转动。可见，力 F 使门绕 z 轴转动的效应与 F_{xy} 使门绕 z 轴转动的效应是相同的。如以符号 $M_z(F)$ 表示力 F 对 z 轴的矩，点 O 为与 z 轴垂直的 H 平面与 z 轴的交点，d 为点 O 到力 F_{xy} 作用线的垂直距离。则有，力 F 对 z 轴的矩就等于分力 F_{xy} 对点 O 的矩，即

$$m_z(F)=M'_o(F)=\pm F_{xy}\cdot d \tag{4-5}$$

综上所述，可知力对某轴的矩，等于力在与轴垂直的平面上的分力对轴与该平面交点的矩。由定义可知，力对轴的矩是代数量，其正负号可由右手法则确定，即以右手四指表示力 F 使物体绕 z 轴转动的方向，如大拇指指向与 z 轴正向相同，则为正号；反之为负号，如图 4-11 所示。

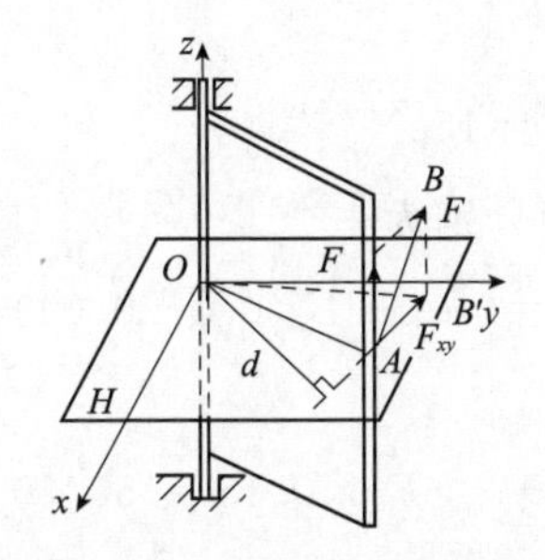

图 4-10　力对轴的矩示意图

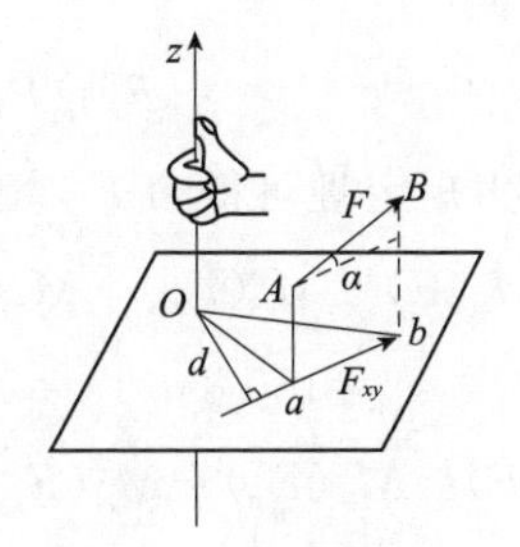

图 4-11　右手法则示意图

力对轴的矩和力对点的矩单位相同，常用 N·m 或 kN·m。

力对轴的矩等于零的情况有两种：

(1)当力与轴平行时，因力在垂直于转轴平面上的投影 $F_{xy}=0$，故力对轴的矩为零；

(2)当力与轴相交时，此时，$d=0$，故力对轴的矩为零。

综合上述两种情况，可见，当力与轴共面时，力对该轴的矩等于零。

空间力系的合力矩定理与平面力系相似，即空间一般力系若有合力，则合力对某轴的矩，等于各分力对该轴的矩的代数和。合力矩定理常用来简化力对轴的矩的计算。

【例 4-3】　如图 4-12 所示的手柄 $ABCD$ 在平面 A_{xy} 上，在 D 处作用一铅垂力 $F=500\text{N}$，求此力对轴 x、y 和 z 的力矩。

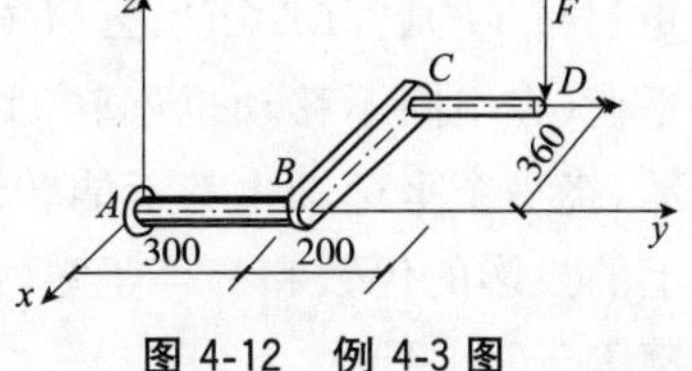

图 4-12　例 4-3 图

解:由力对轴的矩的定义公式得力 F 对轴 x、y 和 z 的力矩分别为

$$M_x(F)=-F(0.3+0.2)=-500\times0.5=-250\text{N}\cdot\text{m}$$

$$M_y(F)=-F\times0.36=-500\times0.36=-180\text{N}\cdot\text{m}$$

$$M_z(F)=0$$

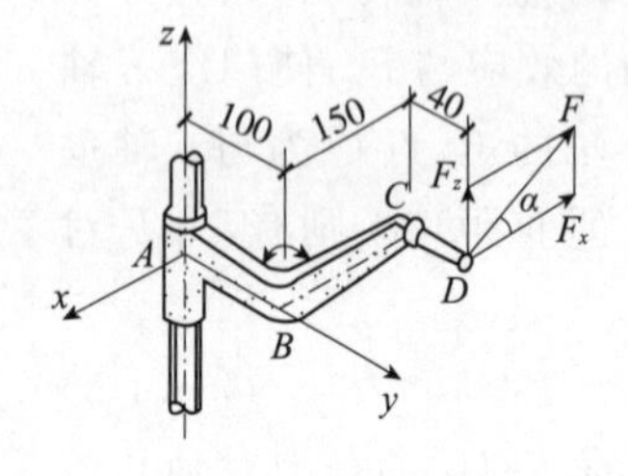

图 4-13 例 4-4 图

【例 4-4】 如图 4-13 所示的托架 $ABCD$ 套在转轴 z 上,D 点在水平面 A_{xy} 上,图中长度以 mm 计。在 D 点作用一力 F,其大小 $F=300$N,作用线平行于平面 A_{xz},且与水平面夹角 $\alpha=30°$,求力 F 对三个坐标轴的矩。

解:本题用合力矩定理来求力 F 对三个坐标轴的矩比较方便,因此,将力 F 在 D 点沿坐标轴 x、y、z 分解,各分力的大小为

$$F_x=P\cos\alpha=300\cos30°=259.8\text{N}$$

$$F_y=0$$

$$F_z=P\sin\alpha=300\sin30°=150\text{N}$$

由合力矩定理可得力 F 对三个坐标轴的矩分别为

$$M_x(F)=M_x(F_x)+M_x(F_y)+M_x(F_z)=0+0+F_z(0.1+0.04)$$
$$=150\times0.14=21\text{N}\cdot\text{m}$$

$$M_y(F)=M_y(F_x)+M_y(F_y)+M_y(F_z)=0+0+F_z\times0.15=150\times0.15$$
$$=22.5\text{N}\cdot\text{m}$$

$$M_z(F)=M_z(F_x)+M_z(F_y)+M_z(F_z)=F_x\times(0.1+0.04)+0+0$$
$$=259.8\times0.14=36.37\text{N}\cdot\text{m}$$

二、空间一般力系的平衡

一般说来,物体在空间力系作用下,力系若不能使物体平衡,物体就会在空间产生移动或转动,力系中的各力在三个坐标轴上的投影的代数和$\sum X$、$\sum Y$、$\sum Z$分别会使物体沿坐标轴 x、y、z 方向移动;而力系中的各力对三个坐标轴的矩$\sum M_x(F)$、$\sum M_y(F)$、$\sum M_z(F)$分别会使物体绕坐标轴 z、y、z 转动。要使物体平衡(在空间不移动也不转动),也就是说,物体沿三个坐标轴的方向都不能移动,绕三个坐标轴也都不能转动,就需要力系中所有各力在三个坐标轴中每一轴上的投影的代数和都等于零,以及力系的各力对这三个坐标轴的矩的代数和也都等于零。即

$$\left.\begin{array}{l}\sum X=0\\ \sum Y=0\\ \sum Z=0\\ \sum M_x=0\\ \sum M_y=0\\ \sum M_z=0\end{array}\right\}\tag{4-6}$$

反之，如果力系满足式(4-6)六个条件，则物体一定处于平衡状态。所以，式(4-6)是空间一般力系平衡的必要和充分条件，称为空间一般力系的平衡方程。

应用这六个平衡方程求解空间一般力系的平衡问题时，可解出六个未知量。

空间平行力系是空间一般力系的特例，其平衡方程可由空间一般力系的平衡方程推导出来，如图 4-14 所示，一空间平行力系 $F_1, F_2, \cdots, F_n$，取 z 轴与各力平行，则 $\sum X=0$，$\sum Y=0$，$\sum M_z=0$，即不论力系是否平衡，上列三式总是满足的。因此，空间平行力系的平衡方程为

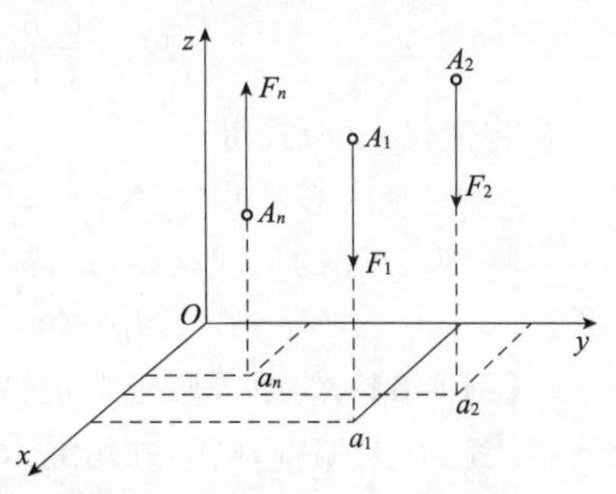

图 4-14　空间平行力系示意图

$$\left.\begin{array}{l}\sum Z=0\\ \sum M_x=0\\ \sum M_y=0\end{array}\right\}\tag{4-7}$$

即空间平行力系平衡的必要和充分条件是：力系中所有各力在与力的作用线平行的坐标轴上的投影的代数和等于零，以及这些力对两个与力线垂直的轴的矩的代数和等于零。空间平行力系的三个平衡方程，可用来求解三个未知量。

【例 4-5】　在三轮货车上放一重 $G=1\text{kN}$ 的货物，重力 G 的作用线通过矩形底板上的 M 点如图 4-15(a)所示。已知 $O_1O_2=1\text{m}$，$O_3D=1.6\text{m}$，$O_1E=0.4\text{m}$，$EM=0.6\text{m}$，D 点是线段 O_1O_2 的中点，$EM\perp O_1O_2$。求由力 G 引起的 A、B、C 三处地面的铅直反力。

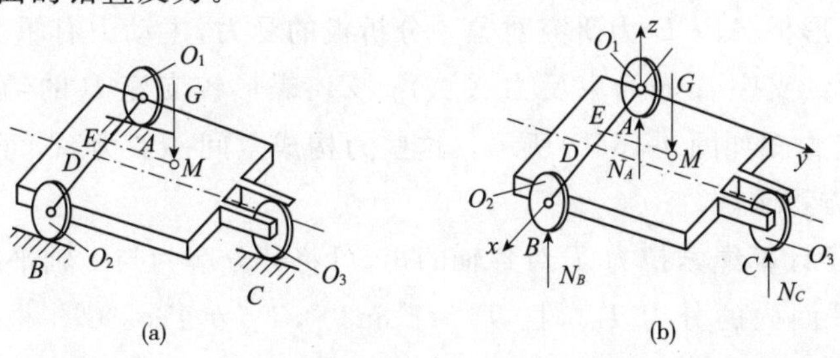

图 4-15　例 4-5 图

解:取货车为研究对象,画出受力图如图 4-15(b)所示,货车受重力 G 与地面铅直反力 M_A、N_B、N_C 作用而处于平衡,这四个力组成空间平行力系。应用空间平行力系的平衡方程,可以求解三个未知量。

建立坐标系如图 4-15(b)所示,列出平衡方程

$$\sum Z=0, N_A+N_B+N_C-G=0 \tag{a}$$

$$\sum M_x=0, N_C\times1.6-G\times0.6=0 \tag{b}$$

$$\sum M_y=0, G\times0.4-N_B\times1-N_C\times0.5=0 \tag{c}$$

由(b)式解得

$$N_c=\frac{0.6}{1.6}G=\frac{0.6}{1.6}\times1=0.375\text{kN}$$

将值代入(c)式得

$$N_B=G\times0.4-N_C\times0.5=1\times0.4-0.375\times0.5=0.213\text{kN}$$

将 N_C、N_B 的值代入(a)式得

$$N_A=G-N_B-N_C=1-0.213-0.375=0.412\text{kN}$$

【例 4-6】 匀质等厚矩形板 $ABCD$ 的重力 $G=200$N,用球形铰支座 A 和蝶形铰支座 B 与墙壁连接,并用绳索 CE 拉住使其保持在水平位置,如图 4-16(a)所示。已知 A、E 两点同在一铅直线上,且 $\angle ECA=\angle BAC=30°$,求支座 A、B 的反力及绳的拉力。

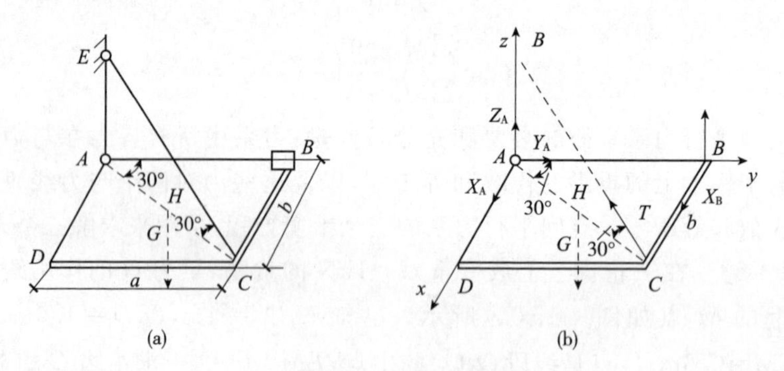

图 4-16 例 4-6 图

解:取矩形板 $ABCD$ 为研究对象。分析板的受力,主动力有重力 G、绳索的拉力 T;球形铰支座 A 的约束反力 X_A、Y_A、Z_A,蝶形铰支座 B 的约束反力 X_B、Z_B,画出其受力图如图 4-16(b)所示。这些力构成空间一般力系,可用空间一般力系的平衡方程求解。

为了便于计算绳索拉力 T 对各轴的矩,可将其分解为与 z 轴平行的分力 T_z 和位于 A_{xy} 平面内的分力 T_{xy},且 $T_z=T\sin30°$,$T_{xy}=T\cos30°$。根据合力矩定理,力 T 对某轴的矩等于分力 T_z 和 T_{xy} 对同一轴的矩的代数和。

设矩形板两相邻边的长度分别为:$AB=a,AD=b$。列平衡方程求解未知力。

由 $$\sum M_y=0, G\cdot\frac{b}{2}-T_2\cdot b=0$$

得 $$T_z=\frac{G}{2}$$

再由 $$T_z=T\sin30^\circ$$

得 $$T=\frac{T_z}{\sin30^\circ}=\frac{G}{2\sin30^\circ}=200\text{N}$$

由 $$\sum M_x=0, -G\cdot\frac{a}{2}+T_c\cdot a+Z_z\cdot a=0$$

得 $$Z_B=0$$

由 $$\sum M_z=0, -X_B\cdot a=0$$

得 $$X_B=0$$

由 $$\sum X=0, X_A-T_{xy}\sin30^\circ+X_B=0$$

得 $$X_A=T_{xy}\sin30^\circ-X_B=T\cos30^\circ=200\times\frac{\sqrt{3}}{3}\times\frac{1}{2}=86.6\text{kN}$$

由 $$\sum Y=0, Y_B-T_{xy}\cos30^\circ=0$$

得 $$Y_A=T_{xy}\sin30^\circ=T\cos30^\circ\cdot\cos30^\circ=200\times\frac{\sqrt{3}}{3}\times\frac{\sqrt{3}}{2}=150\text{N}$$

由 $$\sum Z=0, Z_A-G+T_Z+Z_B=0$$

得 $$Z_A=G-T_z-Z_B=200-T\sin30^\circ-Z_B=200-200\times\frac{1}{2}=100\text{N}$$

通过以上的例题分析可知,空间力系平衡问题的解题步骤与平面力系相同。为了计算方便,解题时投影轴应选取与较多的未知力垂直,力矩轴应选取与较多的未知力相交或平行,投影轴与力矩轴可以不重合,尽量做到一个方程中只包含一个未知量。

第三节 物体的重心

一、重心的概念

物体的重力是指地球对物体的吸引力。物体可看作由无数微小的体积所组成,地球对物体各微小体积的吸引力应该都汇交于地球的中心,然而地球上的建筑物不管如何巨大,相对于地球来说,总是很渺小的,因而可将物体各微小体积的重力视为互相平行且垂直于地面的空间平行力系。该力系的合力作用点就是物体的重心。

物体的重心在工程实际中具有重要意义,它的位置直接影响物体的平衡和稳定。

例如,我国古代的宝塔及近代的高层大楼,越往下面积越大,以增加建筑物的稳定性与合理性;起重用塔吊的重心位置若超出某一范围,就会发生倾倒事故;在转动机械中,例如压缩机、通风机和水泵等,它们的转动部分的重心若不在转动轴线上,就会产生强烈的振动,从而造成各种不良后果。所以确定重心的位置是很重要的。

二、物体的重心位置

设物体的重力为 G,在图 4-17 所示的直角坐标系 $Oxyz$ 中,其重心 C 的坐标为 x_C、y_C、z_C。物体内任一微小部分的重力为 ΔG_i,其作用点 C_i 的坐标为 x_i、y_i、z_i。各微小部分的重力之和就是整个物体的重力,其大小 $G=\sum\Delta G_i$ 称为物体的重力。根据合力矩定理,物体的重力 G 对 y 轴的力矩等于各微小部分的重力对 y 轴的力矩的代数和,即

$$Gx_C=\sum\Delta G_i x_i$$

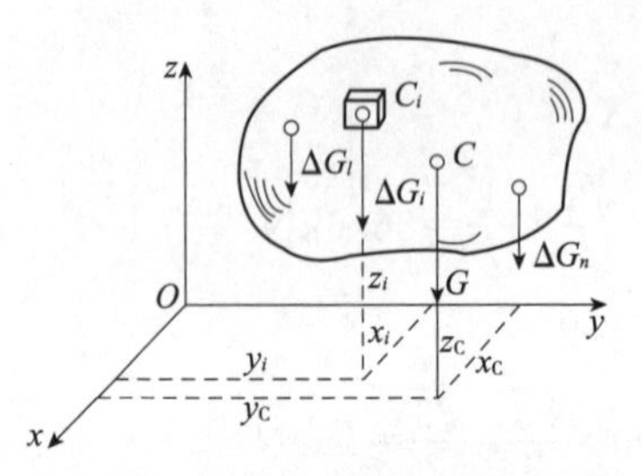

图 4-17　物体的重心坐标

所以有

$$x_C=\frac{\sum\Delta G_i x_i}{G}$$

利用坐标轮换的方法,可得

$$y_C=\frac{\sum\Delta G_i y_i}{G}$$

$$z_C=\frac{\sum\Delta G_i z_i}{G}$$

从而得到物体重心坐标的基本公式

$$\left.\begin{aligned} x_C&=\frac{\sum\Delta G_i x_i}{G}\\ y_C&=\frac{\sum\Delta G_i y_i}{G}\\ z_C&=\frac{\sum\Delta G_i z_i}{G}\end{aligned}\right\}\tag{4-8}$$

对于均质物体,其密度 ρ 为常量,设任一微小部分的体积为 ΔV_i,整个物体的体积为 $V=\sum\Delta V_i$,则有

$$\Delta G_i=\rho g\Delta V_i,G=\sum\Delta G_i=\rho g\sum\Delta V_i=\rho gV$$

代入式(4-8)中,消去 ρg,得到

$$\left.\begin{aligned} x_C&=\frac{\sum\Delta V_i x_i}{G}\\ y_C&=\frac{\sum\Delta V_i y_i}{G}\\ z_C&=\frac{\sum\Delta V_i z_i}{G}\end{aligned}\right\}\tag{4-9}$$

由式(4-9)可知，均质物体的重心位置与物体的重力无关，只决定于物体的几何形状和尺寸。式(4-9)所决定的 C 点就是物体的几何中心，叫做物体的几何形体的形心。可见均质物体的重心和形心是相重合的。

令 ΔV_i 趋近于零，在极限情况下，式(4-9)可写成积分形式，即

$$x_C=\frac{\int_V xdV}{V},y_C=\frac{\int_V ydV}{V},z_C=\frac{\int_V zdV}{V} \tag{4-10}$$

如果物体是均质等厚度的薄壳或薄板，以 A 表示壳或板的表面面积，ΔA_i 表示任一微小部分的面积，与上面求均质物体重心的方法相同，可求得均质薄壳或薄板的重心或形心 C 的位置坐标公式为

$$x_C=\frac{\sum\Delta A_i x_i}{A},y_C=\frac{\sum\Delta A_i y_i}{A},z_C=\frac{\sum\Delta A_i z_i}{A} \tag{4-11}$$

其积分形式为

$$x_C=\frac{\int_A xdA}{A},y_C=\frac{\int_A ydA}{A},z_C=\frac{\int_A zdA}{A} \tag{4-12}$$

三、确定物体重心的简便方法

1. 查表法

对于一些简单形状的均质物体(或几何形体)，其重心(或形心)的位置可查阅有关工程手册。表4-1列出了几种常见的简单均质物体的重心位置。

表 4-1　简单均质物体重心的位置

图形	重心位置	图形	重心位置
三角形 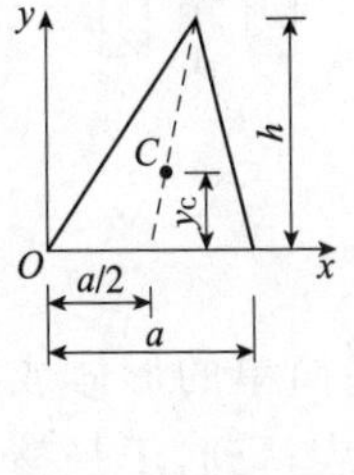	在中线的交点 $y_C=\frac{1}{3}h$	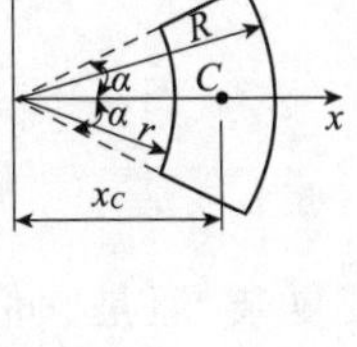	$x_C=\frac{2(R^3-r^3)\sin\alpha}{3(R^2-r^2)\alpha}$ $y_C=0$
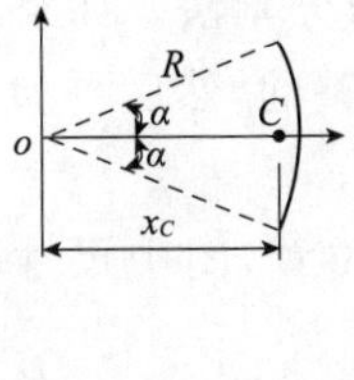	$x_C=\frac{R\sin\alpha}{\alpha}$ $y_C=0$	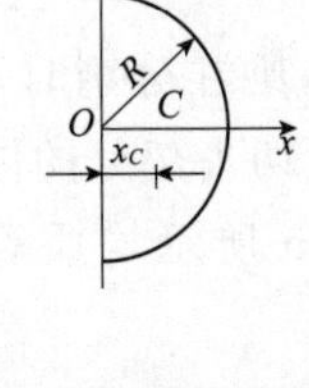	$x_C=\frac{4R}{3\pi}$ $y_C=0$

（续）

图形	重心位置	图形	重心位置
	$x_C=\frac{2R\sin\alpha}{3\alpha}$ $y_C=0$		$y_C=\frac{h(a+2b)}{3a+b}$
	$x_C=\frac{3}{8}a$ $y_C=\frac{3}{5}b$		$x_C=0$ $y_C=0$ $z_C=\frac{1}{4}b$

2. 对称判别法

许多形体往往具有对称面、对称轴或对称中心。由重心坐标的基本公式不难证明：凡对称的均质形体，其重心必在其对称面、对称轴或对称中心上。如图4-18所示的圆球体，其球心是对称中心，它就是该球体的形心；矩形薄板和工字形薄板的形心在其两对称轴的交点上；而T形薄板和∩形薄板的形心在其对称轴上。如果上述各形体是均质连续的，则各自的形心与其重心相重合。

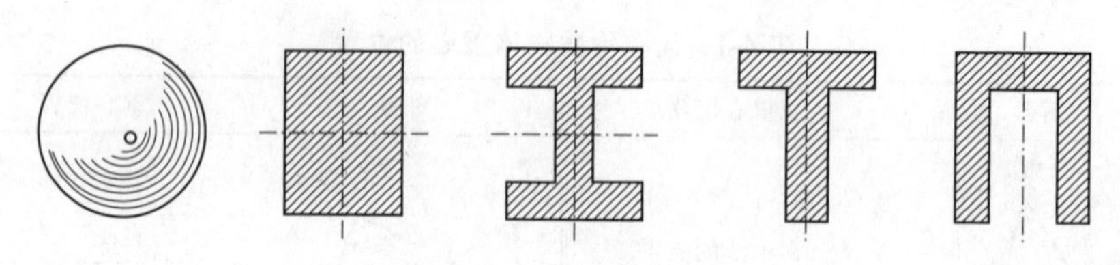

图 4-18　一些对称形体

3. 形体组合法

有些形体虽然比较复杂，但是它们往往可以看成是由一些简单的形体或有规则的形体所组成，而这些形体的形心通常可以直接求出或查表得到，于是整个形体的形心就可用式(4-9)或式(4-11)求得。这种方法也称为分割法。如果在规则形体上切去一部分，则在分割时，可以认为原来形体是完整的，然后再加上切去的部分，但是必须把切去部分的体积或面积取为负值。

【例 4-7】　求图4-19所示均质等厚度U形薄板的重心位置，图中尺寸单位：mm。

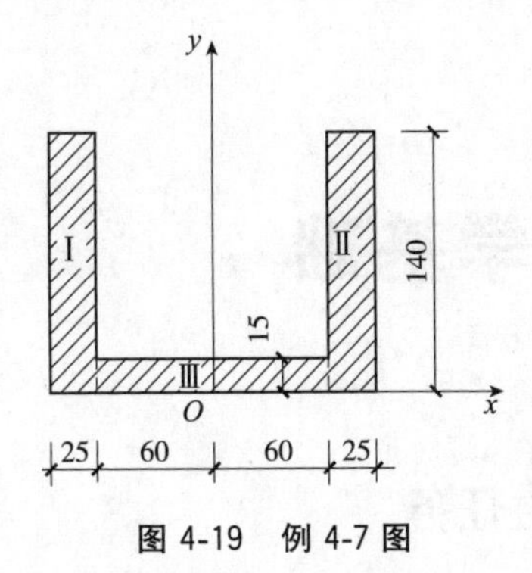

图 4-19　例 4-7 图

解:建立直角坐标系如图 4-19 所示。因 y 轴是对称轴,故该薄板的重心必在 y,轴上,即 $x_C=0$。为确定重心坐标 y_C,将 U 形薄板按图中虚线分为三个矩形,如图 4-19 所示。

这三个矩形的面积和它们重心的 y 坐标分别为

$$A_1=A_2=(140\times25)=3500\text{mm}^2,$$
$$A_3=(120\times15)=1800\text{mm}^2$$
$$y_1=y_2=70\text{mm},y_3=7.5\text{mm}$$

将上述数值代入式(4-13),得 U 形薄板重心的 y 坐标为

$$y_C=\frac{A_1y_1+A_2y_2+A_3+y_3}{A_1+A_2+A_3}$$
$$=\left(\frac{3500\times70+3500\times70+1800\times7.5}{3500+3500+1800}\right)$$
$$=57.2\text{mm}$$

【例 4-8】　求图 4-20 所示平面图形的形心位置。已知 $R=40\text{cm},r_1=5\text{cm},r_2=10\text{cm}$。

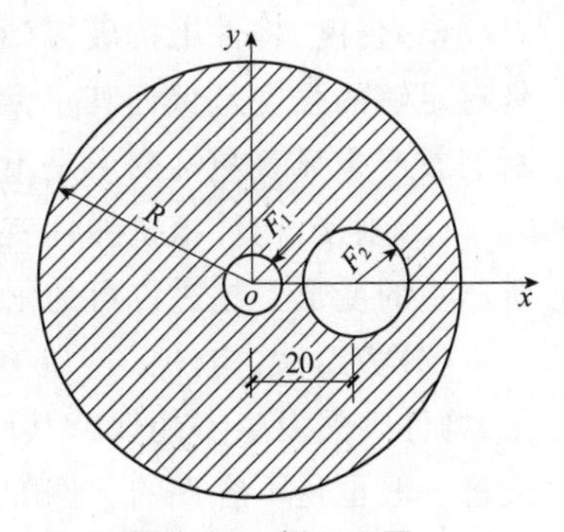

图 4-20　例 4-8 图

解:建立直角坐标系如图所示。因 x 轴是对称轴,故该平面图形的形心必在 x 轴上,有 $y_C=0$。该图形看作是在一个大圆中挖去两个小圆而成。这三部分的面积和相应的形心坐标分别为

$A_1=\pi R^2=5026.5\text{cm}^2,A_2=-\pi r_1^2=-78.5\text{cm}^2,$
$A_3=-\pi r_2^2=-314.2\text{cm}^2$

由式(4-13)得该平面图形形心的 x 坐标为

$$x_C=\frac{A_1x_1+A_2x_2+A_3x_3}{A_1+A_2+A_3}=\left(\frac{-314.2\times20}{5026.5-78.5-314.2}\right)=-1.4\text{cm}$$

第五章　材料力学基础

第一节　材料力学的任务

在工程结构工作时，有关构件将受到力的作用，因而会产生几何形状和尺寸的改变，称为变形。若这种变形在外力撤除后能完全消除，则称之为弹性变形；若这种变形在外力撤除后不能消除，则称之为塑性变形（或永久变形）。为了保证工程结构能正常工作，则要求每一个构件都具有足够的承受载荷的能力，简称承载能力。构件的承载能力通常由以下三个方面来衡量。

（1）强度：构件抵抗破坏（断裂或产生显著塑性变形）的能力称为强度。构件具有足够的强度是保证其正常工作最基本的要求。例如，构件工作时发生意外断裂或产生显著塑性变形是不容许的。

（2）刚度：构件抵抗弹性变形的能力称为刚度。为了保证构件在载荷作用下所产生的变形不超过许可的限度，必须要求构件具有足够的刚度。

（3）稳定性：构件保持原有平衡形式的能力称为稳定性。在一定外力作用下，构件突然发生不能保持其原有平衡形式的现象，称为失稳。构件工作时产生失稳一般也是不容许的。例如，桥梁结构的受压杆件失稳将可能导致桥梁结构的整体或局部塌毁。因此，构件必须具有足够的稳定性。

构件的设计，必须符合安全、实用和经济的原则。材料力学的任务是：在保证满足强度、刚度和稳定性要求（安全、实用）的前提下，以最经济的代价，为构件选择适宜的材料，确定合理的形状和尺寸，并提供必要的理论基础和计算方法。

一般说来，强度要求是基本的，只是在某些情况下才提出刚度要求。至于稳定性问题，只是在特定受力情况下的某些构件中才会出现。

材料的强度、刚度和稳定性与材料的力学性能有关，而材料的力学性能主要由实验来测定；材料力学的理论分析结果也应由实验来检验；还有一些尚无理论分析结果的问题，也必须借助于实验的手段来解决。所以，实验研究和理论分析同样是材料力学解决问题的重要手段。

构件有各种几何形状，材料力学所研究的主要构件从几何上大都抽象为杆。杆件的几何特征是横向尺寸远小于其长度尺寸，房屋结构中的梁、柱，屋架结构中的弦杆、腹杆等都可视为杆件。

杆件的几何形状和尺寸通常由杆件的横截面和轴线这两个主要因素来描述。横截面是指垂直于杆件长度方向的截面，轴线是杆件各横截面形心的连线，如图 5-1 所示。轴线为直线且沿杆长各横截面形状和尺寸相同的杆称为等直杆。材料力学的主要研究对象就是等直杆。

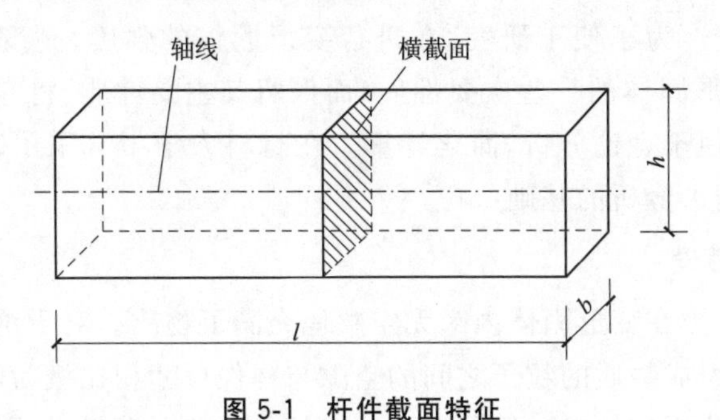

图 5-1　杆件截面特征

第二节　变形固体的基本假设

一、变形固体的概念

实际工程中的结构构件都是用固体材料制成的，如梁、板、柱等，一般是用钢材或混凝土浇筑而成。这些固体材料在外力作用下会产生一定的变形，称为变形固体。在理论力学中，我们只研究物体的外部效应，把物体看做是理想刚体，完全忽略物体在外力作用下的微小变形。在材料力学中我们着重研究物体的内部效应，因此必须考虑物体的变形，认为一切物体都是变形固体。由于材料力学研究的主要内容是构件在外力作用下的强度、刚度和稳定等问题，所以变形就成了物体主要的基本性质之一。

建筑工程中所用的固体材料，在外力作用下的变形是由两部分组成的。一部分是外力不超过一定限度，当外力解除后，变形也会随着消失的变形，这种变形称为弹性变形；另一部分是外力超过一定限度，当外力解除后，只能部分复原，而残余下不能消失的变形，这种残余部分的变形称为塑性变形(或称残余变形)。但在建筑工程常用的材料中，当作用的外力数值不超过一定限度时，塑性变形很小，可以近似地看成是只有弹性变形而没有塑性变形，这种只有弹性变形的物体称为完全弹性体或理想弹性体。只引起弹性变形的外力范围称为弹性范围。同时产生弹性变形和塑性变形的物体称为部分弹性体。本书只限于讨论材料在弹性范围内的变形及受力。

需要指出的是，在自然界中并没有理想的弹性体。一般变形固体，既有弹性也有塑性，只有在特定的条件下，才可以看成是完全弹性体。

二、变形固体的基本假设

如前所述，工程中制成各种构件的材料一般均为变形固体，且多种多样，其性质也十分复杂。为了便于研究，在进行变形固体的强度、刚度和稳定性计算时，往往略去变形固体的一些次要性质，而保留其主要性质，将它们抽象为一种理想化的模型，便于理论分析，简化计算。在材料力学中常采用以下基本假设，作为变形固体理论分析的基础。

1. 连续性假设

这个假设认为在变形固体内毫无空隙地充满了物质。对于钢、铜、铁等一些材料而言，由于组成物质的粒子之间的空隙与构件尺寸相比极为微小，可以忽略不计，不会影响分析的结果。但对于木材、混凝土、砖石等材料，因固体的内部组成与假设出入较大，故分析计算结果是比较粗糙的。

2. 均匀性假设

这个假定认为在变形固体内各处的力学性质完全相同，变形固体内任一点的力学性质完全可代表整个固体。因此，我们可以从变形固体的任何部分取出一个微元体来研究分析它的性质。也可以把由较大尺寸通过实验所得变形固体的性质用到微元体上去。

3. 各向同性假设

这个假设固体材料在任何一个方向都有相同的力学性质，具备这种属性的固体材料称为各向同性材料。实际工程中所用的固体材料都不完全符合这个假定，例如金属材料是由晶粒组成，在不同方向其力学性质并不相同，但是组成金属材料极多数量的晶粒，在各个方向的排列极不规则，这就使得金属材料在各方向的力学性质虽不同，但很接近。铸铁、玻璃、铸铜、混凝土等都可以看做是各向同性材料。根据这个假设得出来的理论，基本上是正确的，说明这个假设是符合实际情况的。材料力学范围内所研究的变形固体，都假设为各向同性的。根据这个假定，我们在研究变形固体的性质时，从固体中任何部分取出的微元体，其理论结果都是一致的。

在工程中也有一些固体材料，其力学性质是有方向性的，如木材、纤维制品、复合材料、钢丝等。这些在各个方向具有不同力学性质的材料，称为各向异性材料。根据各向同性假设得出的理论，如用于各向异性材料，只能得到近似的结果，在一定范围内还是可以满足工程精度要求的。

4. 小变形假设

这是一个近似假设，假设变形固体几何形状的改变与其总尺寸比较起来是很微小的。

在工程中，构件因外力作用情况不同，变形值可能较大，也可能很小，为了满足构件的适用性，一般构件允许产生的变形值都很小。当构件的变形值与构件尺寸相比很微小时，在研究构件的平衡过程中，就可以忽略这个微小的变形值，而按变形前的原始尺寸和形状来分析计算，这样会使问题大为简化，由此引起的误差值可以不去考虑。例如在图 5-2 中，杆件因受外力 P 作用，在产生弯曲变形的同时，也引起外力位置的变化。但由于 Δ_1 和 Δ_2 都远小于杆件的原始尺寸 l，所以在进行杆件受力分析和计算时，仍可采用杆件的原始尺寸 l。所以材料力学所研究的是杆件在弹性范围内的小变形问题。

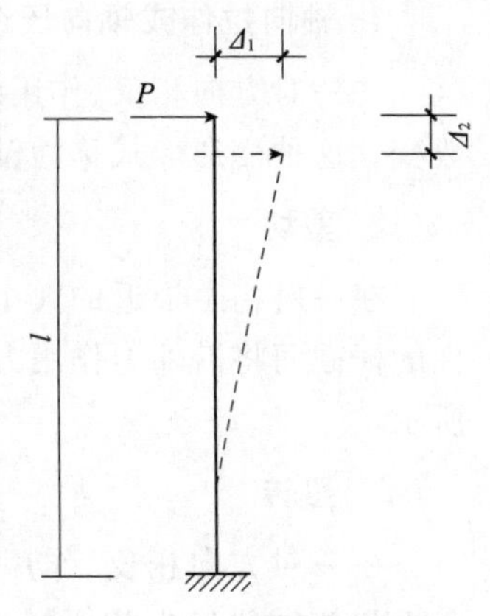

图 5-2　小变形假设示意图

第三节　杆件变形的基本形式

一、杆件及其分类

杆件，是指长度远大于横截面尺寸的构件(图 5-3)。如房屋结构中的梁、柱等。材料力学研究的主要对象就是杆件。横截面是指垂直于杆件长度方向的截面，而杆件各横截面形心的连线称为杆件的轴线。轴线为直线的杆件称为直杆。

在实际工程中，杆件有不同的形状，有的杆件横截面沿轴线没有变化，各横截面尺寸相同[图 5-3(a)]，有的杆件横截面尺寸沿轴线在变化[图 5-3(b)]。轴线为直线，各横截面尺寸相同的杆件为等截面直杆，简称等直杆；轴线为直线，横截面尺寸有变化的杆件为变截面直杆。材料力学主要研究等直杆。

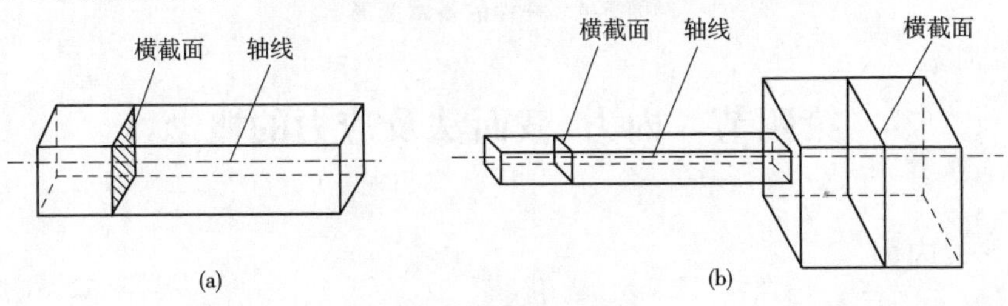

图 5-3　杆件示意图

二、杆件变形的基本形式

杆件在不同的外力作用下，将发生不同形式的变形，杆件的变形不外乎下列四种基本变形形式之一，或者是几种基本变形形式的组合。

1. 轴向拉伸或轴向压缩

在一对方向相反、作用线与杆件轴线重合的外力作用下，杆件将发生长度的改变。这种变形形式称为轴向拉伸或轴向压缩，如图 5-4(a)、(b)所示。

2. 剪切

在一对相距很近的大小相等、方向相反且垂直于杆轴的横向外力作用下，杆件的横截面将沿外力作用方向发生错动。这种变形形式称为剪切，如图 5-4(c)所示。

3. 扭转

在一对方向相反、作用面与杆件轴线垂直的外力偶作用下，杆件的相邻横截面将绕轴线发生相对转动，而轴线仍维持直线。这种变形形式称为扭转，如图 5-4(d)所示。

4. 弯曲

在一对方向相反、作用在杆件的纵向平面内的外力偶作用下，直杆的相邻横截面将绕垂直于杆轴线的轴发生相对转动，杆件的轴线由直线变为曲线。这种变形形式称为弯曲，如图 5-4(e)所示。

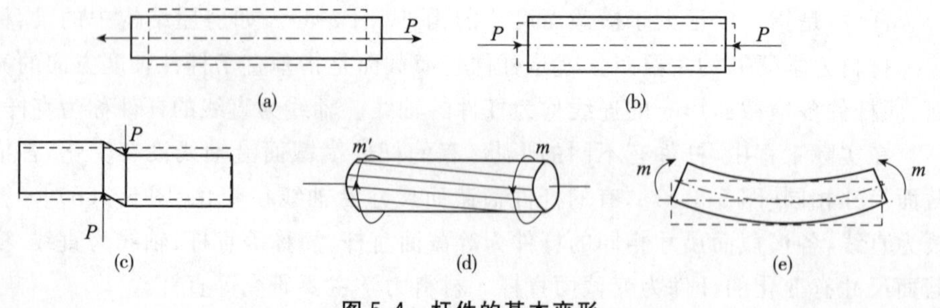

图 5-4 杆件的基本变形

第四节 内力、截面法及应力的概念

一、内力

构件中的各点之间原来就存在着相互作用力，使杆件保持一定的形状。外力作用时，各点之间的位置发生变化，杆件产生变形，而各点之间为维持原来的位置相互作用力也要发生相应的变化，这种因外力作用而引起的杆件各点之间作用力的改变量称为"附加内力"，通常简称为内力。显然随着外力的增大，构件的变形增大，内力亦随之增大，当内力超过某一限度时，杆件就要发生破坏。故研究构件的承载能力就必须研究和计算构件中的内力。

二、截面法

求解内力的方法通常采用截面法。由于内力是物体内部的相互作用力，其大小和指向只有将物体假想地截开后，依据平衡物体各部分应保持平衡这一条件才能确定。例如图 5-5(a)所示的杆件在力系作用下平衡，若要计算 $m\text{-}m$ 截面上的内力，可假想地用一个平面沿 $m\text{-}m$ 截面截开，将杆件分为Ⅰ、Ⅱ两部分。截开后 $m\text{-}m$ 截面上存在两部分之间的相互作用力——内力，Ⅰ段上有Ⅱ段对它的作用力 N_1，Ⅱ段上有Ⅰ段对它的作用力 N_2，由于 N_1 与 N_2 是作用力与反作用力的关系，大小相等方向相反，计算时只求取其中一个即可。

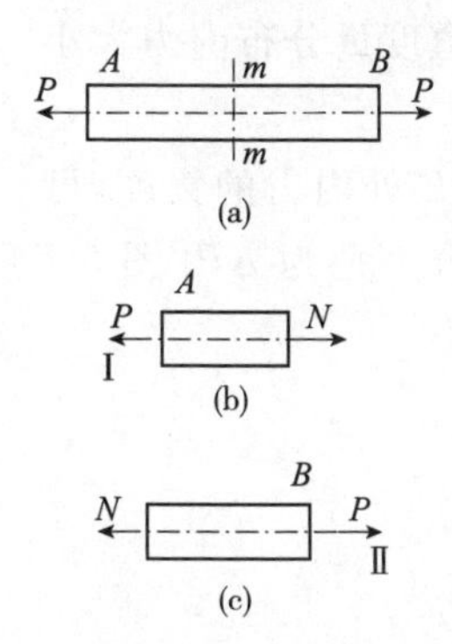

图 5-5 截面法图

现选取Ⅰ段为研究对象，如图 5-5(b)所示，这时 N 就是其外力。由于整个杆件处于平衡状态，因而Ⅰ段亦应保持平衡，应用静力平衡方程

$$\sum X=0 \quad N-P=0$$

得

$$N=P$$

若选取Ⅱ段为研究对象，如图 5-5(c)所示，同样可通过静力平衡方程求出 N 的大小。

上述求内力的方法可归纳为两个步骤。

(1)显示内力。假想将杆件沿所需计算内力的截面截开，用内力代替两部分之间的相互作用。

(2)确定内力。取任一部分为研究对象，利用平衡条件求出内力。

截面法是计算内力的基本方法，但应特别指出，在计算杆件内力的过程中，截开杆件之前不允许使用力或力偶的可移性原理，这是因为将外力移动后改变了杆件的变形性质，并使内力也随之改变。如图 5-6 所示的拉杆，在自由端 B 处受集中力 P 作用，可求得任一截面内力数值均为 P，即全杆受拉；若将外力沿其作用线移至 C 截

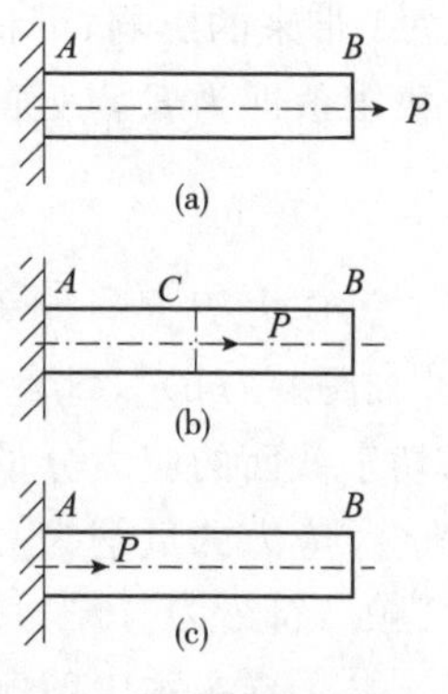

图 5-6 内力计算实例

面,则 AC 段内力为 P,CB 段内力为零,即 AC 段受拉,CB 段不受力;若将外力沿其作用线移至固定端 A,则全杆的内力均为零,显然变形性质发生了改变。

三、应力

用截面法求得的是整个截面上分布内力的合力,由于杆件材料是连续的,故内力必然是连续地分布在整个截面上。在研究构件强度问题时,不仅需要知道整个截面上总的内力,还需要进一步明确截面上各点处内力的密集程度(即内力集度)。例如两根用同种材料制成的粗细不同的杆件,在相同的轴向拉力作用下,两杆横截面上的轴力相等,但细杆可能被拉断。由于轴力只是杆的横截面上分布内力的合力,要判断杆是否会因强度不足而破坏,需知道度量分布内力大小的分布内力集度。

内力在一点处的集度称为应力。为说明截面上任一点 E 处内力的集度,可在点 E 处取一微小面积 ΔA,作用在微面积 ΔA 上的内力合力记为 ΔP[图 5-7(a)],则比值

$$P=\frac{\Delta P}{\Delta A}$$

称为微面积 ΔA 上的平均应力。

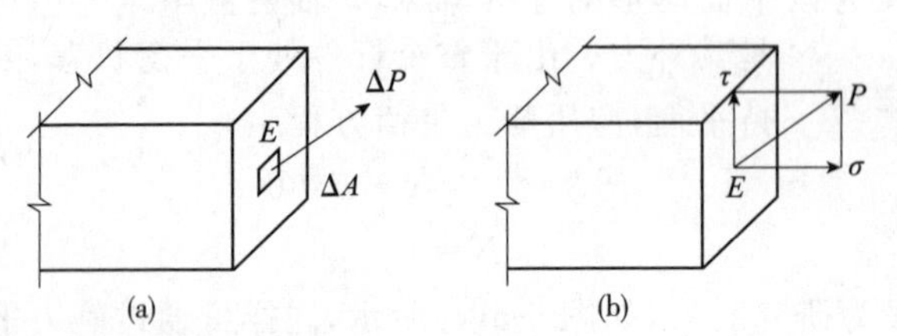

图 5-7 应力分布图

一般情况下,截面上各点处的内力虽然连续分布,但不一定均匀。为了消除 ΔA 带来的影响,可将所取的 ΔA 无限缩小,当 ΔA 趋近于零时,平均应力 pE 的极限值即为 E 点处的内力集度

$$p=\lim_{\Delta A\to 0}\frac{\Delta P}{\Delta A}=\frac{\mathrm{d}P}{\mathrm{d}A}$$

应力 P 是一个矢量,通常将它分解为垂直于截面和相切于截面的两个分量[如图 5-7(b)],垂直于截面的应力分量称为正应力(或法向应力),用 σ 表示;相切于截面的应力分量称为剪应力(或切向应力),用 τ 表示。

应力的量纲为[力]/[长度]^2,在国际单位制中应力的单位是"帕斯卡",简称"帕",符号为"Pa",$1\text{Pa}=1\text{N/m}^2$。

工程实际中的应力数值一般都较大,常采用千帕(kPa)、兆帕(MPa)及吉帕(GPa)作为单位,它们之间的换算关系为

$1\ kPa=10^3 Pa$　　$1MPa=10^6 Pa$　　$1GPa=10^9 Pa$

一般计算中大多使用兆帕(MPa)，$1MPa=1N/1mm^2$。

第五节　截面几何特性

计算杆件在外力作用下的应力和应变时，常涉及各种与图形形状和尺寸有关的几何量，如面积、形心图坐标、静矩、惯性矩、极惯性矩等。这些几何量统称为平面图形的几何性质。本节主要介绍这些几何量的定义与计算方法。

一、静矩

如图 5-8 所示一任意平面图形，其面积为 A，在该图形内坐标为(x,y)处取一微面积 dA，则乘积 xdA 和 ydA 分别称为该微面积对 y 轴和 x 轴的静矩，以下两积分

$$S_y=\int_A x dA$$

$$S_x=\int_A y dA \tag{5-1}$$

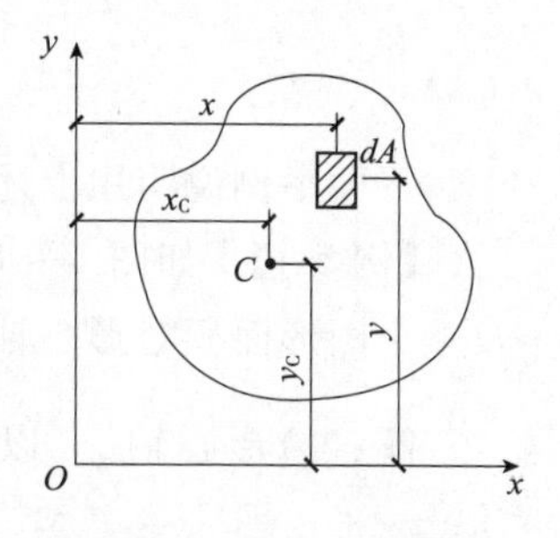

图 5-8　静矩示意图

就分别定义为该平面图形对于 y 轴和 x 轴的静矩。上述积分是对整个图形的面积 A 进行的。

静矩又称为面积矩，平面图形的静矩不仅与图形面积有关，而且与坐标轴的位置有关。静矩是代数值，可正、可负、可为零，常用单位是立方米或立方毫米，分别用 m^3 或 mm^3 表示。

求匀质等厚度薄板的重心在 x、y 坐标系中的坐标公式为

$$x_C=\frac{\int_A x dA}{A}$$

$$y_C=\frac{\int_A y dA}{A} \tag{5-2}$$

而上述匀质薄板的重心与该薄板平面图形的形心是重合的，所以，上式也可用来计算平面图形或截面的形心坐标。由于 $S_y=\int_A x dA, S_x=\int_A y dA$ 。于是式(5-2)可改写为

$$x_C=\frac{S_y}{A}, y_C=\frac{S_x}{A}$$

或

$$S_y=A_{xC}, S_x=A_{yC}$$

上式表明，平面图形对 y 轴和 x 轴的静矩分别等于图形面积 A 与形心坐标 x_C 或 y_C 的乘积。该式反映了静矩与形心的关系。由以上两式可见：

(1)截面对于某一轴的静矩若等于零，则该轴必通过截面的形心；

(2)截面对于通过其形心轴的静矩恒等于零。

一般来说，简单图形的面积和形心都容易求得，当截面是由若干简单图形组成时，从静矩定义可知，截面各组成部分对于某一轴的静矩之代数和，就等于该面积对于同一轴的静矩。因此，可按公式先计算出每一简单图形的静矩，然后求其代数和，即得整个截面的静矩。这可用下式表达

$$S_y = \sum_{i=1}^{n} A_i x_{Ci} \qquad S_x = \sum_{i=1}^{n} A_i y_{Ci}$$

若按公式求得的 $S_y = A_{xC}$ 和 $S_x = A_{yC}$ 代入上式，则得到计算组合截面形心坐标的公式如下

$$x_C = \frac{\sum_{i=1}^{n} A_i x_{Ci}}{A} \qquad y_C = \frac{\sum_{i=1}^{n} A_i y_{Ci}}{A}$$

下面举例说明用上述公式求截面的静矩。

【例 5-1】 如图 5-9 所示一矩形截面，试分别计算截面的上半部、下半部以及整个图形面积对形心轴 x_C 的静矩。

解：(1)形心轴 x_C 以上部分面积 $A_1 = \frac{bh}{2}$，形心坐标 $y_1 = \frac{h}{4}$，对 x_C 轴的静矩为

$$S_1 = A_1 y_1 = \frac{bh}{2} \times \frac{h}{4} = \frac{bh^2}{8}$$

(2)形心轴 x_C 以下部分面积 $A_2 = \frac{bh}{2}$，形心坐标 $y_2 = -\frac{h}{4}$，对 x_C 轴的静矩为

$$S_2 = A_2 y_2 = \frac{bh}{2} \times \left(-\frac{h}{4}\right) = -\frac{bh^2}{8}$$

(3)整个截面面积 $A = bh$，形心坐标 $y_C = 0$，对 x_C 轴的静矩为

$$S_{xC} = A_{yC} = 0$$

也可以由上下两部分静矩之和计算，即

$$S_{xC} = S_1 + S_2 = \frac{bh^2}{2} - \frac{bh^2}{8} = 0$$

【例 5-2】 如图 5-10 所示一组合 T 形截面，试分别计算该截面对 y 轴和 x 轴的静矩和该截面的形心位置(图中尺寸单位为 mm)。

解：T 形截面由两个矩形组合而成，即由翼缘Ⅰ和腹板Ⅱ组成。

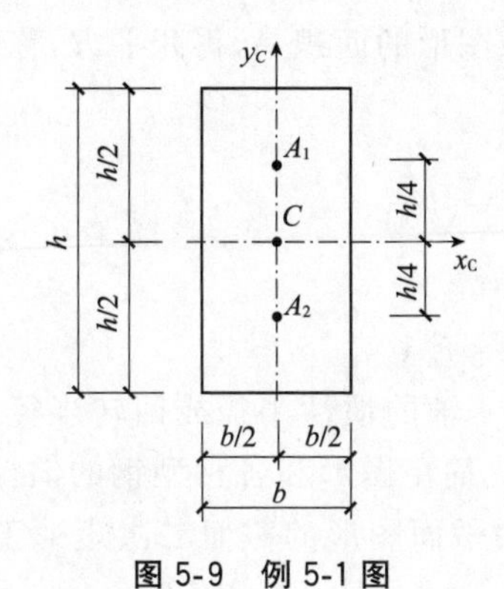

图 5-9　例 5-1 图

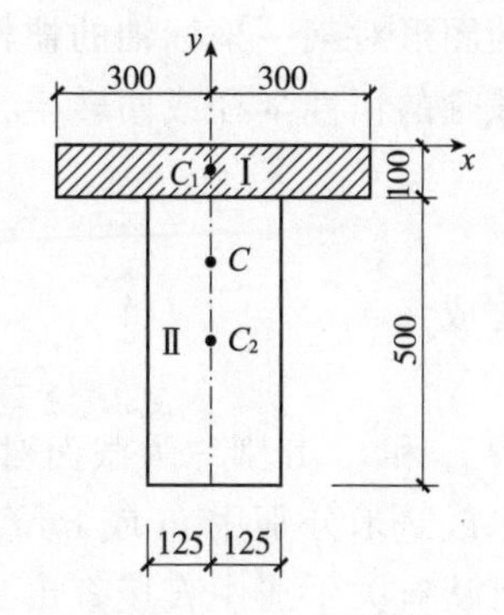

图 5-10　例 5-2 图

(1)计算 S_x、S_y。

由图可知,图形对称于 y 轴,故 $S_y=0$

矩形Ⅰ　　　$A_1=600\times100=6\times10^4\text{mm}^2, y_{C1}=-50\text{mm}$

矩形Ⅱ　　$A_1=500\times250=12.5\times10^4\text{mm}^2, y_{C2}=-350\text{mm}$

$$S_x=A_1y_{C1}+A_2y_{C2}=6\times10^4\times(-50)+12.5\times10^4\times(-350)$$
$$=-4675\times10^4\text{mm}^3$$

(2)计算 x_C、y_C。

由图可知,图形对称于 y 轴,故 $x_C=0$

$$y_C=\frac{S_x}{A}=\frac{-4675\times10^4}{6\times10^4+12.5\times10^4}=-253\text{mm}$$

二、惯性矩

1. 惯性矩的定义

如图 5-8 所示一任意平面图形,其面积为 A,在该图形内坐标为(x,y)处取一微面积 $\mathrm{d}A$,则乘积 $x^2\mathrm{d}A$ 和 $y^2\mathrm{d}A$ 分别称为该微面积对 y 轴和 x 轴的惯性矩,而以下两积分

$$I_y=\int_A x^2\mathrm{d}A$$
$$I_x=\int_A y^2\mathrm{d}A \tag{5-3}$$

应分别定义该平面图形对于 y 轴和 x 轴的惯性矩。上述积分是对整个图形的面积 A 进行的。

平面图形的惯性矩是对某一轴而言的,对不同的轴线,其惯性矩是不同的,因为微面积 $\mathrm{d}A$ 和 x^2、y^2 都为正值,所以惯性矩恒为正值,且不会等于零。常用单位分别用 m^4 或 mm^4 表示。

平面图形对某一坐标轴的惯性矩除以该图形的面积 A，再开平方，称为平面图形对该轴的惯性半径或回转半径，即

$$i_x=\sqrt{\frac{I_x}{A}} \qquad i_y=\sqrt{\frac{I_y}{A}}$$

或写成

$$I_x=i_x^2A \qquad I_y=i_x^2A$$

其中 i_x 和 i_y 分别称为截面对于 x 轴和 y 轴的惯性半径或回转半径。常用单位为米或毫米分别用 m 或 mm 表示。常见简单图形和各种型钢的惯性矩、惯性半径可从有关手册中直接查出。现将常用平面图形的截面二次矩列于表 5-1 中，以供查阅。

表 5-1　常见平面图形的截面二次矩、抗弯截面系数和惯性半径

平面图形	截面二次矩	抗弯截面系数	惯性半径
	$I_z=\frac{bh^3}{12}$ $I_y=\frac{bh^3}{12}$	$W_z=\frac{bh^2}{6}$ $W_y=\frac{hb^2}{6}$	$i_z=\frac{h}{\sqrt{12}}$ $i_y=\frac{b}{\sqrt{12}}$
	$I_z=\frac{bh^3-b_1h_1^3}{12}$ $I_y=\frac{h_1b^3-h_1b_1^3}{12}$	$W_z=\frac{bh^3-b_1h_1^3}{6h}$ $W_y=\frac{hb^3-h_1b_1^3}{6b}$	$i_z=\frac{\sqrt{bh^3-b_1h_1^3}}{\sqrt{12(bh-b_1h_1)}}$ $i_y=\frac{\sqrt{hb^3-h_1b_1^3}}{\sqrt{12(bh-b_1h_1)}}$
	$I_z=I_y=\frac{\pi D^4}{64}\approx 0.05D^4$	$W_z=W_y=\frac{\pi D^3}{32}\approx 0.1D^3$	$i_y=i_z=\frac{D}{4}$
	$I_z=I_y=\frac{\pi}{64}(D^4-d^4)$ $=\frac{\pi D^4}{64}(1-\alpha^4)$ $\approx 0.05D^4(1-\alpha^4)$ 式中 $\alpha=d/D$	$W_x=W_y=\frac{\pi D^3}{32}(1-\alpha^4)$ $\approx 0.1D^3(1-\alpha^4)$ 式中 $\alpha=d/D$	$i_z=i_y=\frac{D^2+d^2}{4}$

2. 平行移轴公式

如前所述，平面图形的惯性矩是对某一轴而言的，对不同的轴线，其惯性矩

是不同的，但它们之间却存在着一定的关系。如图 5-11 所示一任意截面图形，x_C 和 y_C 轴通过该任意截面的形心，它们称为形心轴，而 x 轴与 x_C 轴平行，两轴相距为 a，y 轴与 y_C 轴平行，两轴相距为 b。

根据惯性矩的定义

$$I_x = \int_A y^2 \mathrm{d}A = \int_A (y_C + a)^2 \mathrm{d}A$$
$$= \int_A y_C^2 \mathrm{d}A + 2a\int_A y_C \mathrm{d}A + a^2 \int \mathrm{d}A$$

根据惯性矩和静矩的定义，上式右端的各项积分分别为

$$\int_A y_C^2 \mathrm{d}A = I_{xc}, \int_A y_C \mathrm{d}A = Ay_C, \int_A \mathrm{d}A = A$$

但因 y_C 轴通过截面形心 C，由静矩的性质或知，$A_{yC}=0$，于是上式可写为

$$I_x = I_{xc} + a^2 A$$

同理

$$I_y = I_{yc} + b^2 A$$

此式为平行移轴公式，它表明平面图形对某轴的惯性矩，等于图形对与该轴平行的形心轴的惯性矩，再加上两轴距离的平方与图形面积的乘积。

【例 5-3】 如图 5-12 所示，试求该矩形截面对 x、y 轴的惯性矩。

解：矩形截面对于其形心轴 x_C、y_C 的惯性矩为

$$I_{xc} = \frac{bh^3}{12}, I_{yc} = \frac{bh^3}{12}$$

由平行移轴公式可知，该截面对于 x、y 轴的惯性矩为

$$I_x = I_{xc} + a^2 A = \frac{bh^3}{12} + \left(\frac{h}{2}\right)^2 \times bh = \frac{bh^3}{3}$$

$$I_y = I_{yc} + b^2 A = \frac{hb^3}{12} + \left(\frac{b}{2}\right)^2 \times bh = \frac{bh^3}{3}$$

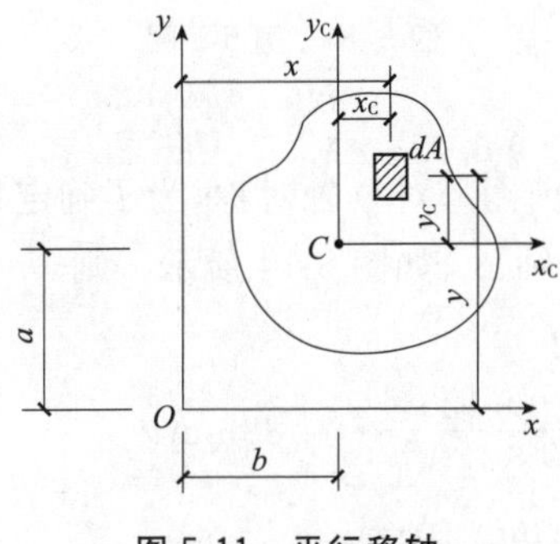

图 5-11　平行移轴

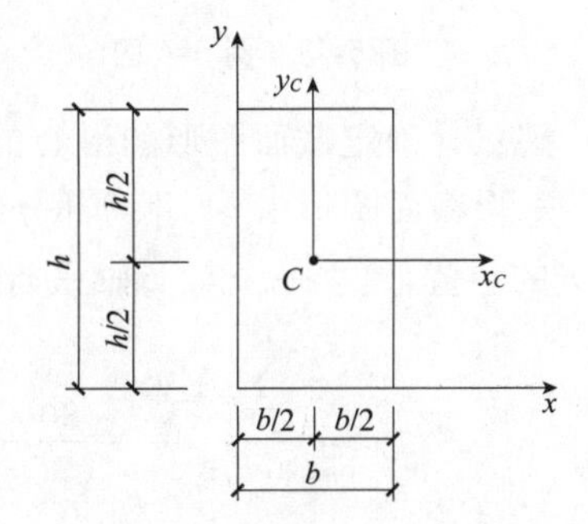

图 5-12　例 5-3 图

3. 组合截面的惯性矩

在工程实践中经常遇到组合截面，根据惯性矩的定义可知，组合截面对某轴

的惯性矩等于各简单图形对同一轴惯性矩之和。

$$I_x = \sum_{i=1}^{n} I_{xi}, I_y = \sum_{i=1}^{n} I_{yi}$$

【例 5-4】 计算如图 5-13 所示工字形截面图形对形心轴 y、x 的惯性矩 I_y 和 I_x(图中尺寸单位为 mm)。

解:整个工字形截面图形可分为由Ⅰ、Ⅱ、Ⅲ三部分矩形图形组成。对于 y 轴,三部分图形的各自形心与组合截面图形的形心重合;对于 x 轴,Ⅰ、Ⅲ两部分面积相等,图形的形心与组合截面形心轴 x 的距离均为 a_1,而Ⅱ部分图形的形心与组合截面图形的形心重合。应用平行移轴公式可得到

$$I_y = 2I_{y1} + I_{y2} = 2\times\frac{10\times200^3}{12} + \frac{200\times10^3}{12} = 1335\times10^4\,\text{mm}^4$$

$$I_x = 2\times(I_{x1} + a_1^2A_1) + I_{x2} = 2\times\left(\frac{200\times10^3}{12} + 105^2\times200\times10\right) + \frac{10\times200^3}{12}$$
$$= 5080\times10^4\,\text{mm}^4$$

【例 5-5】 计算图 5-14 所示 T 形截面图形的形心轴 x 的位置并求对形心轴 y 和 x 轴的惯性矩(图中尺寸单位为 mm)。

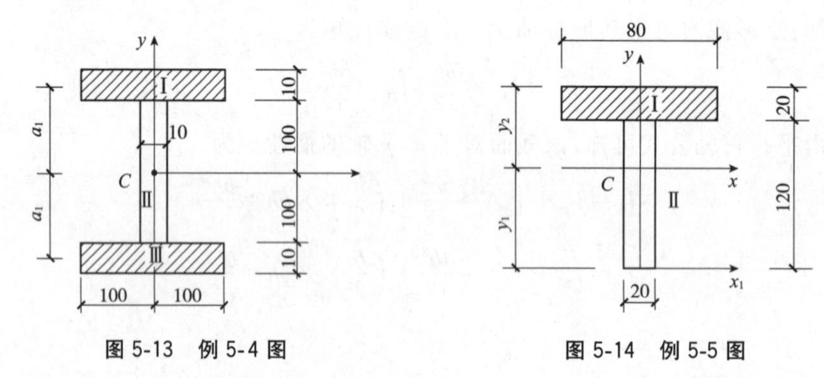

图 5-13　例 5-4 图　　**图 5-14　例 5-5 图**

解:(1)确定截面图形的形心位置

T 形截面图形由Ⅰ、Ⅱ两部分组成。该截面图形对 y 轴对称,为了确定形心轴 x 的位置,建立一个与 x 轴平行的参考坐标轴 x_1,如图 5-14 所示。则

$$y_1 = \frac{\sum_{i=1}^{2} A_i y_i}{A} = \frac{80\times20\times130 + 20\times120\times60}{80\times20 + 20\times120} = 88\text{mm}$$

$$y_2 = 140 - 88 = 52\text{mm}$$

(2)计算 I_y、I_x

$$I_y = I_{y1} + I_{y2} = \frac{20\times80^3}{12} + \frac{120\times20^3}{12} = 93.3\times10^4\,\text{mm}^4$$

$$I_{x1}=I_{xc1}+a_1^2A_1=\frac{80\times20^3}{12}+(52-10)^2\times80\times20=287.6\times10^4\,\text{mm}^4$$

$$I_{x2}=I_{xc2}+a_2^2A_2=\frac{20\times120^3}{12}+(88-60)^2\times20\times120=476.2\times10^4\,\text{mm}^4$$

$$I_x=I_{x1}+I_{x2}=287.6\times10^4+476.2\times10^4=763.8\times10^4\,\text{mm}^4$$

三、极惯性矩

极惯性矩又称为截面二次极矩。

如图 5-15 所示一任意平面图形，其面积为 A，在该图形内坐标(x,y)处取一微面积 dA，设该微面积到示意图坐标原点的距离为 ρ，则乘积 ρ^2dA 称为该微面积对坐标原点的极惯性矩，而以下积分

$$I_p=\int_A\rho^2\,dA \tag{5-4a}$$

就定义为该平面图形对于坐标原点的极惯性矩。上述积分是对整个图形的面积 A 进行的。

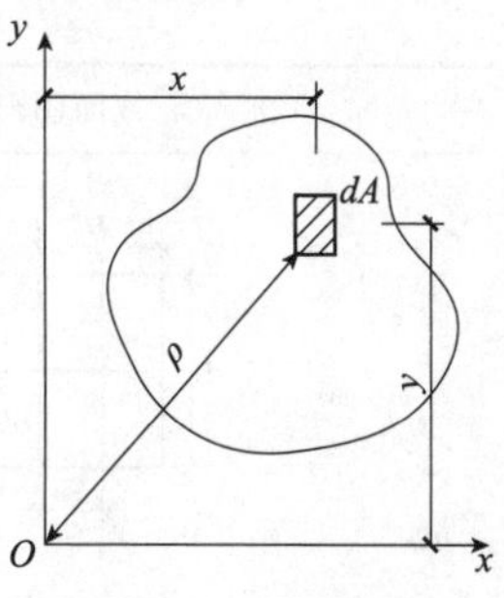

图 5-15　极惯性矩

由于 $\rho^2=x^2+y^2$，代入式(5-4a)后得

$$I_\rho=\int_A\rho^2\,dA=\int_A y^2\,dA+\int_A x^2\,dA=I_x+I_y \tag{5-4b}$$

上式表明，平面图形对其所在平面内任一点的极惯性矩 I_ρ 等于此图形对过此点的任一对正交坐标轴 x、y 轴的惯性矩之和。

极惯性矩是代数值，恒为正，常用单位分别用 m^4 和 mm^4 表示。

四、惯性积

如图 5-15 所示一任意平面图形，其面积为 A，在该图形内坐标为(x,y)处取一微面积 dA，则乘积 $xydA$ 称为该微面积对 x、y 轴的惯性积，而以下积分

$$I_{xy}=\int_A xy\,dA \tag{5-5}$$

就定义为该平面图形对于 x、y 轴的惯性积。上述积分是对整个图形的面积 A 进行的。

五、主惯性矩

由惯性积的定义 $I_{xy}=\int_A xy\,dA$ 可知，其值可正、可负、可为零，当这两个坐标轴 x、y 轴同时绕坐标原点 O 点转动某一角度时(图 5-15)，I_{xy} 在正值和负值之间变化，当截面图形对两个新正交坐标轴 x_0、y_0 惯性积为零时，这一对轴就称为主惯性轴，截面对于主惯性轴的惯性矩即为主惯性矩，即 I_{x_0}、I_{y_0}。当这一对主

惯性轴的交点与截面的形心重合时，它们就称为形心主惯性轴。截面对于这一对轴的惯性矩即称为形心主惯性矩，即 I_{x_0}、I_{y_0}。可以证明平面图形对形心各轴的惯性矩中，形心主惯性矩分别是最大值和最小值。在计算梁的强度、刚度等问题时，必须确定形心主惯性轴的位置和求出形心主惯性矩的数值。

六、常用截面几何特性

常用截面几何特性见表 5-2。

表 5-2　常用截面几何特性

截面图形	截面几何性质
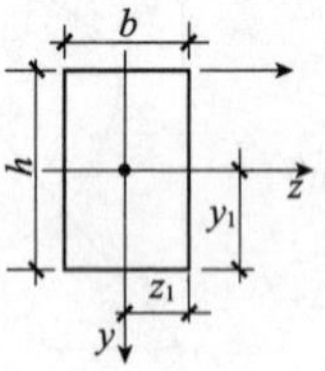	$A=bh$ $y_1=\frac{h}{2}$　$z_1=\frac{b}{2}$ $I_z=\frac{bh^3}{12}$　$I_z=\frac{bh^3}{12}$　$I_z=\frac{bh^3}{3}$ $W_y=\frac{hb^2}{6}$　$W_z=\frac{bh^3}{6}$
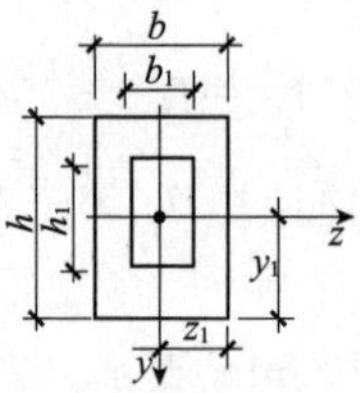	$A=bh-b_1h_1$ $y_1=\frac{h}{2}$　$z_1=\frac{b}{2}$ $I_y=\frac{hb^3-h_1b_1^3}{12}$　$I_z=\frac{bh^3-b_1h_1^3}{12}$ $W_y=\frac{hb^3-h_1b_1^3}{6b}$　$W_z=\frac{bh^3-b_1h_1^3}{6h}$
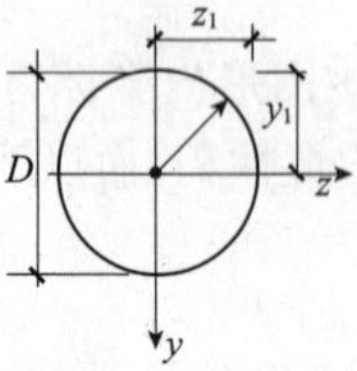	$A=\frac{\pi D^2}{2}=0.785D^2$ 或 $A=\pi r^2=3.142r^2$ $y_1=\frac{D}{2}=r$　$z_1=\frac{D}{2}=r$ $I_y=I_z=\frac{\pi D^4}{64}$ $W_y=W_z=\frac{\pi D^3}{32}$
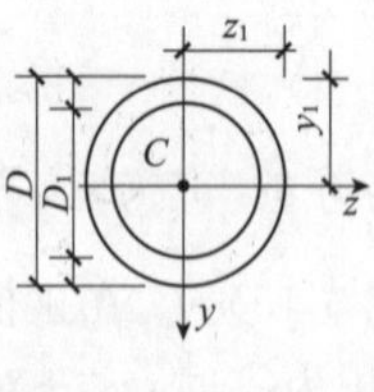	$A=\frac{\pi(D^4-D_1^2)}{4}$ $y_1=\frac{D}{2}$　$z_1=\frac{D}{2}$ $I_y=I_x\frac{\pi(D^4-D_1^4)}{64}$ $W_y=W_x\frac{\pi(D^4-D_1^4)}{32D}$

（续）

截面图形	截面几何性质
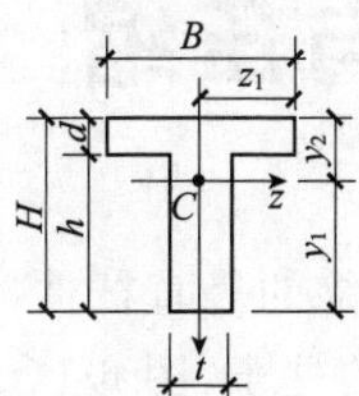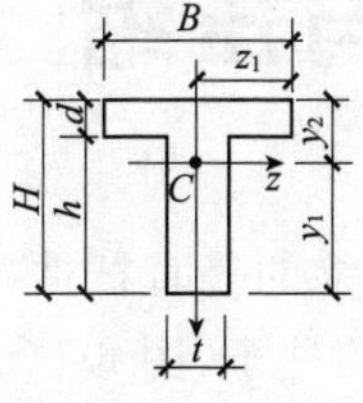	$A=Bd+ht$ $y_1=\dfrac{1}{2}\dfrac{tH^2+d^2(B-t)}{Bd+ht}\quad y_z=H-y_1$ $z_1=\dfrac{B}{2}$ $I_z=\dfrac{1}{3}[ty_2^3+By_1^3-(B-t)(y_1-d)^3]$ $W_{zmax}=\dfrac{I_z}{y_1}\quad W_{zmin}=\dfrac{I_z}{y_2}$
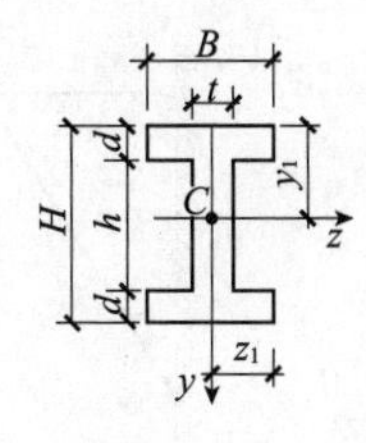	$A=ht+2Bd$ $y_1=\dfrac{H}{2}\quad z_1=\dfrac{B}{2}$ $I_z=\dfrac{1}{12}[BH^3-(B-t)h^3]$ $W_z=\dfrac{BH^3-(B-t)h^3}{6H}$
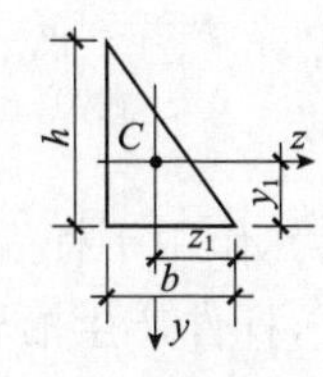	$A=\dfrac{bh}{2}$ $y_1=\dfrac{h}{3}\quad z_1=\dfrac{2b}{3}$ $I_y=\dfrac{hb^3}{36}\quad I_z=\dfrac{bh^3}{36}$
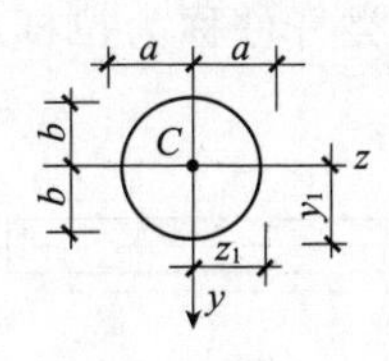	$A=\pi ab$ $y_1=b\quad z_1=a$ $I_y=\dfrac{\pi ba^3}{4}\quad I_z=\dfrac{\pi ab^2}{4}$
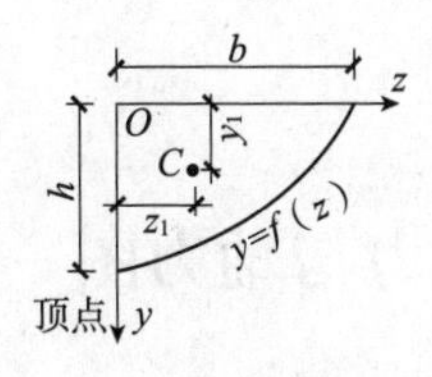	抛物线方程：$y_f(z)=h\left(1-\dfrac{z^2}{b^2}\right)$ $A=\dfrac{2bh}{3}$ $y_1=\dfrac{2h}{5}\quad z_1=\dfrac{3b}{8}$
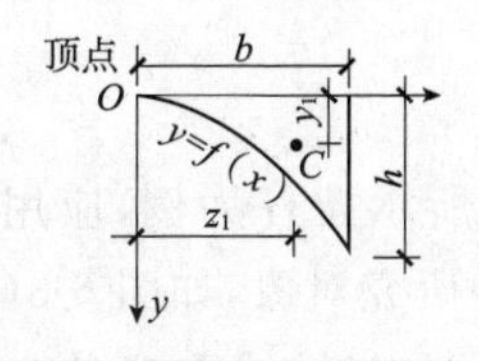	抛物线方程：$y_f(z)=\dfrac{hz^2}{b^2}$ $A=\dfrac{bh}{3}$ $y_1=\dfrac{3h}{10}\quad z_1=\dfrac{3b}{4}$

第六章　轴向拉伸与压缩

在建筑结构中，我们经常遇到承受轴向拉伸和压缩的等直杆件，例如图 6-1(a)所示承受节点荷载屋架中的各杆，图 6-1(b)所示的柱子，图 6-1(c)所示简易起重架的各杆等。

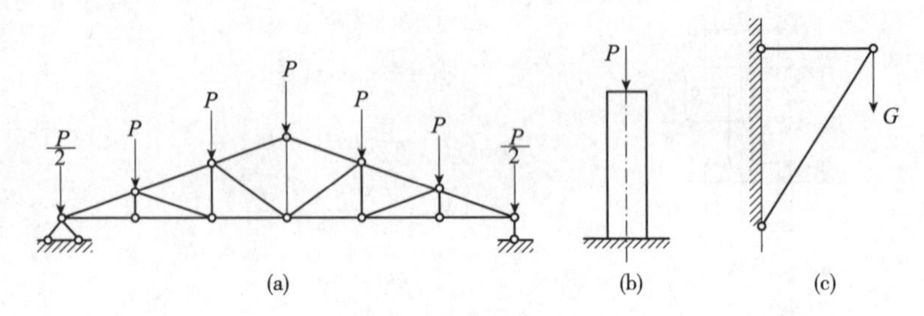

图 6-1　杆件示意图

通过分析可知，它们有共同的受力特点和变形特点。作用于杆端的外力(或外力合力)的作用线与杆轴线重合。在这种受力情况下，杆件产生沿轴线方向的伸长或缩短。这种变形形式称为轴向拉伸或压缩，这类杆件称为拉杆或压杆，如图 6-2 所示。

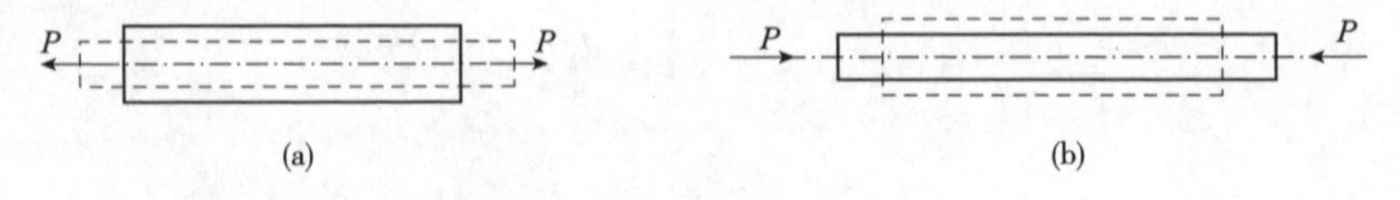

图 6-2　拉杆和压杆

第一节　轴向拉、压时杆的轴力与轴力图

一、轴力的计算

现求任意横截面 m-m 上的内力。以图 6-3(a)所示拉杆为例，应用截面法，假想沿横截面 m-m 处将杆截为两段，并取左段杆为研究对象，如图 6-3(b)所示。

在轴向荷载 F 的作用下，杆件横截面上只有一个与轴线重合的内力分量，该内力(分量)称为轴力，用 N 表示。轴力或为拉力，或为压力，为区别起见，通

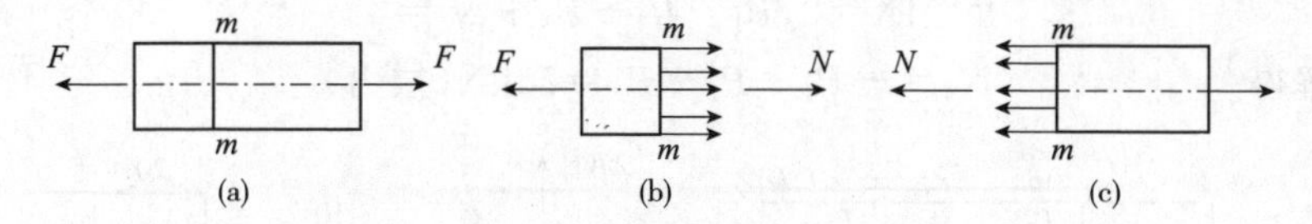

图 6-3　横截面上的内力

常规定拉力为正，压力为负。以拉力 N 代替右段对左段的作用力（即假设内力为正），由平衡条件 $\sum F_x=0$ 得

$$N-F=0$$

于是
$$N=F>0$$

说明轴力 N 确为拉力。

若取右段杆为研究对象，同样假设内力为拉力，由 $\sum F_x=0$ 知

$$F-N=0$$

得
$$N=F>0$$

说明取右段杆为研究对象时，所求的轴力 N 仍为拉力。

二、轴力图的绘制

由于拉压杆的内力作用线与轴线重合，因此，也将拉压杆的内力统称为轴力，并规定：轴力以拉为正，以压为负。如果一个杆件不是二力杆，而是在几个共线力系作用下，那么在不同的杆段上，其轴力也不相同，这样的杆被称为多力杆。在这种情况下，为了能够形象地表示轴力沿杆轴变化的情况，可沿杆轴线方向取坐标 x，表示横截面的位置；以垂直杆轴线的另一坐标表示轴力 N，并按一定比例尺将正的轴力画在轴线上侧，负的轴力画在轴线下侧。这样绘出的轴力随横截面位置而变化的图线被称为轴力图，也可统称为内力图，轴力图是内力图的一种。

【例 6-1】　杆件受力作用如图 6-4(a)所示，已知外力 $P_1=20\text{kN}$，$P_2=30\text{kN}$，$P_3=10\text{kN}$，试绘制该杆的轴力图。

解：(1)计算各段杆的轴力

AB 段：用假想截面在 AB 段内将杆截开，取左段为研究对象[图 6-4(c)]，截面上的轴力用 N_1 表示，并假设为拉力。由左段平衡条件

$$\sum X=0, P_1+N_1=0$$

解得
$$N_1=-P_1=-20\text{kN}(压力)$$

BC 段：用截面将 BC 段杆截开，取左段为研究对象[图 6-4(d)]，由左段平衡条件可得

$$\sum X=0, P_1-P_2+N_2=0$$

解得
$$N_2=P_2-P_1=10\text{kN}(拉力)$$

CD 段：类似上述步骤如图 6-4(e)所示，可得

$$\sum X=0, P_1-P_2-P_3+N_3=0$$

解得 $$N_3=-P_1+P_2+P_3=20\text{kN}(\text{拉力})$$

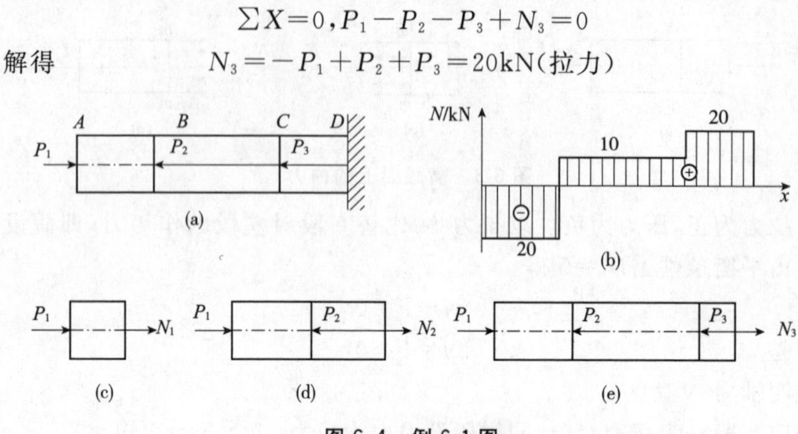

图 6-4 例 6-1 图

(2)作轴力图

以平行于轴线的 x 轴为横坐标,垂直于轴线的 N 轴为纵坐标,按一定比例将各段杆的轴力标注在坐标上,可作出轴力图,如图 6-4(b)所示。

【例 6-2】 变截面杆件受外力作用,如图 6-5(a)所示,试绘制该杆轴力图。

解:由于 A、B、C、D 四个截面处都有外力作用,故 AB、BC、CD 各段轴力不同,应分段计算。

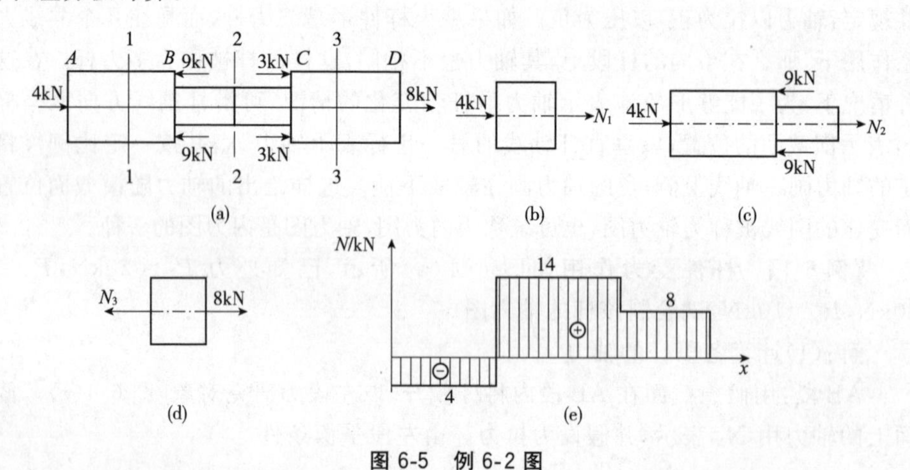

图 6-5 例 6-2 图

(1)计算各段截面上的轴力。

对 AB 段:用 1-1 截面截开,以左侧为研究对象,如图 6-5(b)所示。由平衡条件得

$$\sum X=0, N_1+4=0$$

解得 $$N_1=-4\text{kN}(\text{拉力})$$

对 BC 段:用 2-2 截面截开,以左侧为研究对象,如图 6-5(c)所示。由平衡

条件得

$$\sum X=0, N_2+4-2\times9=0$$

解得　　$N_2=14\text{kN}$(拉力)

对 CD 段:用 3-3 截面截开,以右侧为研究对象,如图 6-5(d)所示。由平衡条件得

$$\sum X=0, 8-N_3=0$$

解得　　$N_1=8\text{kN}$(拉力)

(2)绘制轴力图。

建立 $N-x$ 坐标系,如图 6-5(e)所示,因为各段杆内的轴力均为常数,故各段轴力图为平行于 x 轴的一条直线。

第二节　轴向拉、压杆截面上的应力

一、轴向拉、压杆横截面上的应力

解决拉、压杆的强度问题,除了要知道杆件截面上的内力情况,还要求出横截面上各点应力大小和方向。而应力的分布规律不能直接找出来,但应力与内力有关,内力与变形有关。因此,我们可从分析变形入手,通过变形的几何条件来推测出应力的分布。

1. 杆件拉伸试验

取一等直杆进行试验,观察其变形情况。为便于观察分析,在杆件表面画出一些垂直于杆轴线的横线和平行于杆轴线的纵线[图 6-6(a)]。然后施加一对轴向拉力 P[图 6-6(b)],使杆件发生拉伸变形。可以观察到:所有横线都发生了平移,且仍垂直于杆轴,只是相对距离加大了。所有的纵线也发生了平移,且仍平行于轴线,只是伸长了。根据这一表面变形现象,可以对轴向拉伸杆的变形作出如下假设:

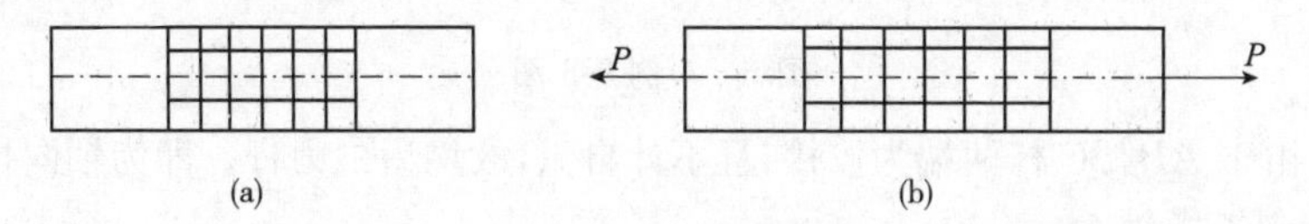

图 6-6　杆件拉伸试验

变形前为平面的截面,变形后仍为平面。这个假设称为平面假设。

2. 横截面上正应力及适用条件

根据平面假设,杆件受力变形时各横截面只是沿杆轴线作相对平移。在杆

上，所有纵向纤维的伸长相等，即变形均相同。也就是说，直杆受力后，杆内各点产生均匀的变形。

由均匀性假设可知，材料的力学性质在各点处是相同的。既然变形相同，因而受力也就一样。所以杆件横截面上的内力是均匀分布的，即在横截面上各点的应力大小相等、方向垂直于横截面。也就是说，拉杆横截面上只有正应力σ，且为常数。

若用A表示杆件横截面面积，N表示该截面的轴力，则等直拉杆横截面上的正应力σ计算公式为：

$$\sigma=\frac{N}{A} \tag{6-1}$$

对于轴向压缩的等直杆，正应力计算式(6-1)仍然适用。当拉伸时，轴力N为正，正应力σ取正值；压缩时，轴力N为负，正应力取负值。计算时，只需将轴力N的代数值代入式(6-1)即可。

从上述分析可知，正应力计算式(6-1)应符合下列适用条件。

(1)外力作用线必须与杆轴线相重合。

(2)杆件必须是等截面直杆。否则，截面上的应力分布将是不均匀的。

【例 6-3】 如图 6-7(a)所示三角形支架。AB杆为钢制圆杆，直径$d=18$mm，BC杆为正方形截面木杆，边长$a=80$mm，已知$P=16$kN，求各杆横截面上的正应力(不计杆件自重)。

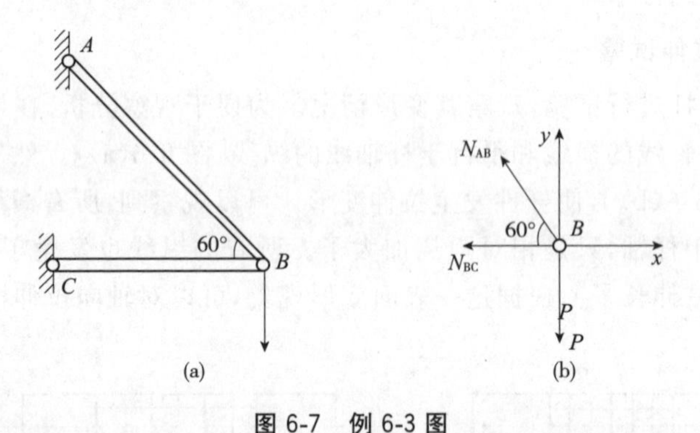

图 6-7 例 6-3 图

解：由于AB、BC杆两端为铰接，且不计自重，故均为二力杆。即为轴向拉压杆。

(1)求各杆轴力。

现取铰 B 为研究对象[图 6-7(b)]由平衡条件：

$$\sum X=0 \qquad -N_{AB}\cos60°-NBC=0 \tag{a}$$

$$\sum Y=0 \qquad N_{AB}\sin60°-\mathrm{P}=0 \tag{b}$$

由(b)式解得 $N_{AB}=\dfrac{P}{\sin60°}=\dfrac{16}{0.866}=18.48\text{kN}$(拉力)

将 N_{AB} 代入(a)式得

$$N_{BC}=-N_{AB}\cdot\cos60^\circ=-18.48\times\cos60^\circ=-9.24\text{kN}(\text{压力})$$

(2)求各杆正应力。

AB 杆:横截面面积 $A_{AB}=\frac{\pi d^2}{4}=\frac{\pi 18^2}{4}=254.34\text{mm}^2$

$$\sigma_{AB}=\frac{N_{AB}}{A_{AB}}=\frac{18.44\times10^3}{254.34}=72.5\text{MPa}(\text{拉应力})$$

BC 杆:横截面面积　$A_{BC}=a^2=80^2=64\times10^2\text{mm}^2$

$$\sigma AB=\frac{N_{BC}}{A_{BC}}=\frac{9.24\times10^3}{64\times10^2}=-1.44\text{MPa}(\text{压应力})$$

【例 6-4】　一横截面为正方形的砖柱分上、下两段,其受力情况、各段横截面尺寸如图 6-8 所示,已知 $P=50$kN,试求荷载引起的最大工作应力。

解:首先作立柱的轴力图如图 6-8(b)所示。

由于砖柱为变截面杆,故需利用式(6-1)分段求出每段横截面上的正应力,再进行比较,确定全柱的最大的工作应力。

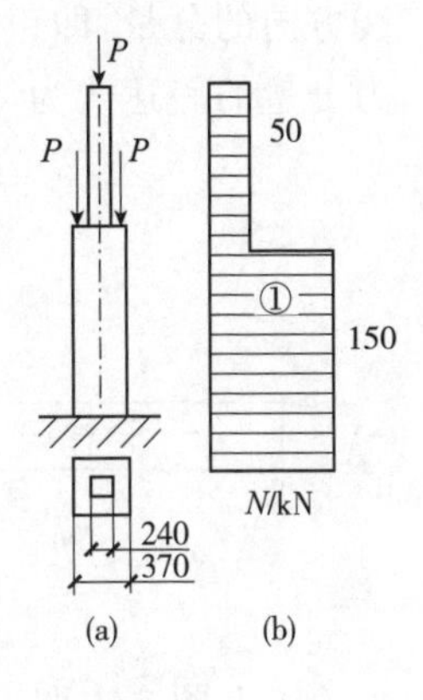

图 6-8　例 6-1 图

上段:

$$\sigma_{\text{上}}=\frac{N_{\text{上}}}{A_{\text{上}}}=\left(\frac{-5\times10^3}{240\times240\times10^{-6}}\right)\text{N/m}^2$$
$$=-0.87\times10^6\text{N/m}^2=-0.87\text{MPa}(\text{压应力})$$

下段:

$$\sigma_{\text{下}}=\frac{N_{\text{下}}}{A_{\text{下}}}=\left(\frac{-5\times10^3}{370\times370\times10^{-6}}\right)\text{N/m}^2$$
$$=-1.1\times10^6\text{N/m}^2=-1.1\text{MPa}(\text{压应力})$$

由上述计算结果可见,砖柱的最大工作应力在柱的下段,其值为 1.1MPa,是压应力。

二、轴向拉、压杆斜截面上的应力

前面分析了拉(压)杆横截面上的应力,实验表明,拉(压)杆的破坏并不完全沿横截面发生,有时是沿斜截面破坏的。为了全面了解杆内各截面的应力情况,从中找出产生最大应力的截面,以作为强度计算的依据,需研究一般截面的情况,即任一截面上的应力。

现仍以拉杆为例进行分析。用一个与横截面成 α 角的斜截面 $k-k$[图 6-9(a)],假想地将拉杆截分为两部分,并选取左段杆为研究对象,根据平衡方程得到此斜截面上的内力 P_α 为

$$P_\alpha = P$$

P_α 是与截面斜交的分布内力的合力。若将分布内力在一点处的集度称为该点的总应力，并用 P_α 表示[图 6-9(b)]，仿照横截面上正应力的变化规律的分析过程，同样可得到斜截面上各点处的总应力相等的结论。于是有

$$p_\alpha = \frac{P_\alpha}{A_\alpha}$$

式中 A_α 为斜截面的面积。设横截面面积为 A，由几何原理可知：$A_\alpha = \dfrac{A}{\cos\alpha}$。则有

$$p_\alpha = \frac{P}{A}\cos\alpha = \sigma\cos^2\alpha$$

由于内力 P_α 是矢量，故总应力 P_α 也是矢量，它可用两个分量表示：沿截面法线方向的分量，即正应力 σ_α；沿截面切线方向的分量，即剪应力 τ_α。上述两个应力分量的表达式为

$$\sigma_\alpha = p_\alpha\cos\alpha = \sigma\cos^2\alpha \tag{6-2}$$

$$\tau_\alpha = p_\alpha\sin\alpha = \frac{\sigma}{2}\sin2\alpha \tag{6-3}$$

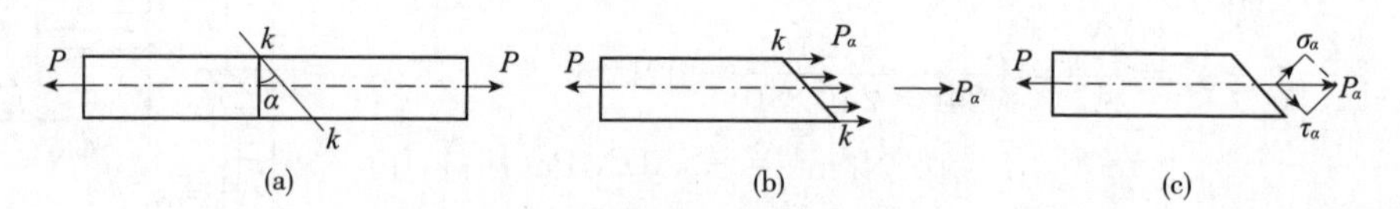

图 6-9　斜截面上的应力

以上两式表明了拉杆内任一点的不同斜截面上正应力 σ_α 和剪应力 τ_α 随 α 角的变化规律。其正、负号规定如下：

α——由横截面的外法线到斜截面的外法线，逆时针转向为正，顺时针转向为负；

σ_α——拉应力为正，压应力为负；

τ_α——使脱离体顺时针转向为正，逆时针转向为负。

通过拉杆内任意一点的各截面上正应力 σ_α 和剪应力 τ_α 的数值随 α 角做周期性的变化，可得到它们的最大值及其所在截面的方位。

(1)当 $\alpha=0$ 时，$\tau_\alpha=0$，σ_α 达到最大值，有 $\sigma_{\max}=\sigma$，即拉杆内某一点的横截面上的正应力是通过该点的所有各截面上正应力中的最大者。

(2)当 $\alpha=45°$ 时，τ_α 达到最大值，有 $\tau_{\max}=\dfrac{\sigma}{2}$，即与横截面成 45°的斜截面上的剪应力是拉杆所有各截面上剪应力中的最大者。

(3)当 $\alpha=90°$ 时，$\sigma_\alpha=\tau_\alpha=0$，即在平行于杆件轴线的纵向截面上无任何应力。

第三节　拉压杆的变形及胡克定律

杆件在外力作用下发生了变形，当外力卸除后，有时杆件的变形随之完全消除，这种变形叫做弹性变形。材料的这种能在外力卸除后消除由外力引起的变形的性能称为弹性。利用弹性，人们制造了弹簧、弓箭等。实验证明，只要外力不超过某一限度，很多材料如钢材等可以认为是完全弹性的。这一限度被称为弹性范围。

如果外力超过了弹性范围以后，再卸除外力，杆件的变形就不会完全消除了，还要残留一部分变形。这部分不能消除的变形，称为塑性变形或残余变形。材料的这种具有塑性变形的性能称为塑性。利用塑性人们可以将材料加工成各种形状的物品。

但是对结构来说，材料发生塑性变形后常使构件不能正常工作。所以工程中一般都把构件的变形限定在弹性范围内。

实验结果表明：直杆在受到轴向力作用时，杆件的长度将发生纵向伸长或缩短，同时，杆件的横向尺寸也将随之改变。杆件沿轴线方向产生的伸长或缩短变形称为纵向变形，杆件沿垂直于轴线方向产生的尺寸改变称为横向变形。如图6-10所示。

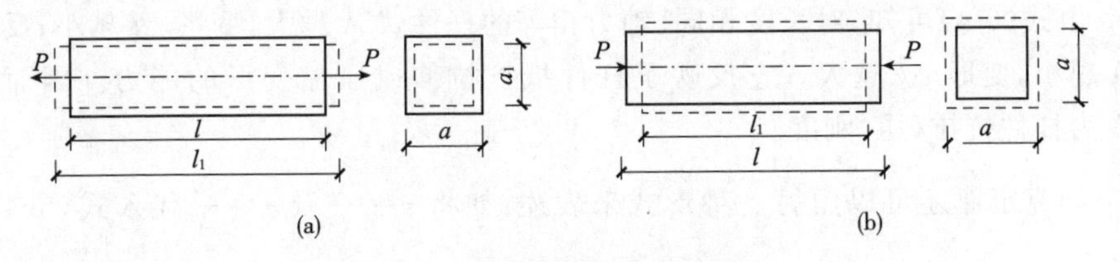

图 6-10　轴向拉压杆变形图

一、纵向变形

1. 绝对变形

设杆件原长 l，受力变形后，杆的长度为 l_1（图 6-10），则杆件纵向变形为

$$\Delta l = l_1 - l$$

拉伸时纵向变形是伸长，规定为正；压缩时纵向变形是缩短，规定为负。其单位为米(m)或毫米(mm)。

2. 相对变形

杆件的纵向变形与杆长 l 有关，在其他条件相同的情况下，杆件愈长则纵向变形愈大。为了消除原始尺寸对变形的影响，说明杆件的变形程度，需用单位长

度的变形量来度量杆件的变形程度。单位长度的纵向变形为

$$\varepsilon=\frac{\Delta l}{l}$$

ε 称为纵向线应变，简称线应变。

拉伸时 $\Delta l>0$，ε 为正；压缩时 $\Delta l<0$，ε 为负。

二、胡克定律

工程中拉压杆的主要变形形式是纵向伸长或缩短，要计算杆件的变形值，首先应求出杆件的纵向变形 Δl 或线应变 ε。实验证明，当外力未超过某一范围（应力不超过某一限度）时，杆件的纵向变形 Δl 与外力 P 和杆长 l 成正比，而与横截面面积 A 成反比。即

$$\Delta l=\frac{Pl}{A}$$

引进比例常数 E，并注意到在内力不变的杆段中 $N=P$，则上式可改写为：

$$\Delta l=\frac{Pl}{EA}=\frac{Nl}{EA} \tag{6-4}$$

这一比例关系，由英国科学家 R·Hooke 首先发现，故称为胡克定律。

式中 E 称为弹性模量，表示材料抵抗弹性变形的能力。其值随材料而异，可由试验测定，单位与应力相同。

由式(6-4)可知，对长度相同、轴力相等的杆件，EA 越大，变形 Δl 越小；反之 EA 越小，变形 Δl 越大。它反映了杆件抵抗拉伸或压缩变形的能力。因而称 EA 为杆件抗拉（压）刚度。

胡克定律还可以用另一种形式来表述：如将 $\varepsilon=\frac{\Delta l}{l}$ 及 $\sigma=\frac{N}{A}$ 代入式(6-4)，可得

$$\varepsilon=\frac{\sigma}{E}$$

$$\sigma=E\varepsilon \tag{6-5}$$

由式(6-5)可知，胡克定律可简述为：当应力不超过某一限度（这一限度称为比例极限，各种材料的数值可由试验测定）时，应力与应变成正比。

根据式(6-4)、式(6-5)，可计算直杆轴向拉伸或压缩时的变形或应力，并可进行杆系结点位移的计算。

三、横向变形及泊松比

杆件的横向变形与纵向变形之间，存在着一定的关系。设杆件原宽度尺寸为 a，受力后杆件宽度变为 a_1。则杆件横向变形为

$$\Delta a = a_1 - a$$

图 6-10 所示的杆件横向应变 ε' 为

$$\varepsilon' = \frac{\Delta a}{a} = \frac{a_1 - a}{a}$$

拉伸时，纵向伸长，ε 为正，横向缩短，ε' 为负；压缩时，纵向缩短，ε 为负，横向伸长，ε' 为正。ε' 与 ε 恒为异号。

试验表明，在比例极限范围内，横向应变 ε' 与纵向应变 ε 的比值的绝对值是一常数，用 μ 表示。

纵向应变与横向应变间存在下式关系

$$\mu = \left| \frac{\varepsilon'}{\varepsilon} \right| \tag{6-6}$$

μ 称为泊松比或横向变形系数，其值也由实验测定。μ 与 E 都是反映材料弹性性能的常数。表 6-1 是几种常用材料的 E 与 μ 值。

表 6-1　常用材料的 E 与 μ 值

材料名称	弹性模量 E/GPa	泊松比 ρ
碳钢	200～220	0.25～0.33
16 锰钢	200～220	0.25～0.33
铸铁	115～160	0.23～0.27
铜及其合金	74～130	0.31～0.42
铝及硬铝合金	71	0.33
花岗石	49	
混凝土	14.6～36	0.16～0.18
木材(顺纹)	10～12	
橡胶	0.008	0.47

【例 6-5】　横截面面积 $A=75\text{mm}^2$ 的受拉钢杆，长度 $l=1200\text{mm}$，两端受轴向拉力 $F_P=10\text{kN}$，材料弹性模量 $E=210\text{GPa}$，试求该杆的绝对变形和线应变。

解：

$$F_N = F_P = 10\text{kN}$$

$$\Delta l = \frac{10\times10^3\times1200}{210\times10^3\times75} = 0.76(\text{mm})$$

$$\varepsilon = \frac{\Delta l}{l} = \frac{0.76}{1200} = 0.00063$$

【例 6-6】　图 6-11(a)所示一混凝土柱子承受轴向外力作用，$P_1=120\text{kN}$，$P_2=80\text{kN}$。柱子为正方形截面，边长 $a_1=200\text{mm}$，$a_2=300\text{mm}$，混凝土弹性模

量 $E=15\text{GPa}$。求柱子的总变形。

解:此柱受两个轴向外力作用,柱内轴力各段不同,应分别求出两段变形,然后求其总和。

(1)求柱各段轴力,画轴力图。

AB 段:运用截面法,在任意位置 1-1 截开,取上段为研究对象[图 6-11(b)],由平衡条件

$$\sum X=0 \qquad P_1+N_{AB}=0 \qquad N_{AB}=-P=-120\text{kN}(\text{压力})$$

BC 段:同样运用截面法从 2-2 处截开,取上段为研究对象(图 6-11c),由平衡条件

$$\sum X=0 \qquad P_1+P_2+N_{BC}=0$$

$$N_{BC}=-P_1-P_2=-120-80=-200\text{kN}(\text{压力})$$

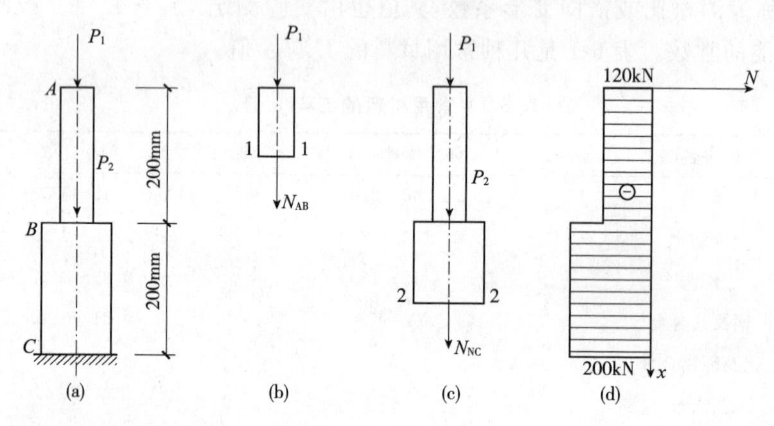

图 6-11　例 6-5 图

画轴力图,如图 6-11(d)所示。

(2)计算柱的变形。

式(6-4)适用于相同材料等直杆两端受轴向力作用的情况。对截面变化的阶梯杆件,或轴力沿轴线有变化的杆件,应在截面和轴力变化处分段计算。

AB 段:$A_{AB}=200\times200=4\times10^4\text{mm}^2$

$$\Delta l_{AB}=\frac{N_{AB}l_{AB}}{EA_{AB}}=\frac{-120\times10^3\times2\times10^3}{15\times10^3\times4\times10^4}=-0.4\text{mm}$$

BC 段:$A_{BC}=300\times300=9\times10^4\text{mm}^2$

$$\Delta l_{BC}=\frac{N_{BC}l_{BC}}{EA_{BC}}=\frac{-120\times10^3\times2\times10^3}{15\times10^3\times9\times10^4}=-0.3\text{mm}$$

整个柱的变形应为各段柱变形的代数和。

$$\Delta l_{AC}=\Delta l_{AB}+\Delta l_{BC}=-0.4+-0.3=-0.7\text{mm}$$

柱的总变形为压缩 0.7mm。

第四节　材料在拉伸和压缩时的力学性能

材料的力学性能是指材料在外力作用下所表现出的强度和变形方面的性能，也就是材料在受力过程中各种物理性质的特征数据。它不仅决定于材料本身的成分及冶炼、加工和热处理等过程，而且还取决于荷载的性质、温度、受力状态等，因此，材料的力学性能主要通过材料本身的拉伸和压缩试验来确定。本节只讨论材料在常温（指室温）、静载（指从零开始缓慢、平稳地加载）情况下的力学性能。

工程中常将建筑材料分为两类：一类是经过显著塑性变形后才破坏的材料属于塑性材料，如低碳钢、合金钢、铜等；另一类是在微小的变形下就破坏的材料属于脆性材料，如混凝土、砖、石、铸铁等。由于低碳钢是典型的塑性材料，铸铁是典型的脆性材料，一般常用低碳钢的拉伸试验和铸铁的压缩试验作为上述两类材料的代表性试验。

一、材料在拉伸时的力学性能

1. 低碳钢的拉伸试验

低碳钢的拉伸试验采用国家规定的标准试件。标准试件的形状和尺寸分为两种：一种为矩形截面，一种为圆形截面，如图 6-12 所示。标准拉伸试件做成两端较粗而中间段为等直的部分，这个等直段称为工作长度。其中用来测量变形部分的长度 l，称为标距。为了使实验结果能彼此比较，通常规定，标距 l 与截面直径 d 或横截面面积 A 的比例为：

圆形截面标准试件 $l=10d$ 或 $l=5d$

矩形截面标准试件 $l=11.3\sqrt{A}$或 $l=5.65\sqrt{A}$

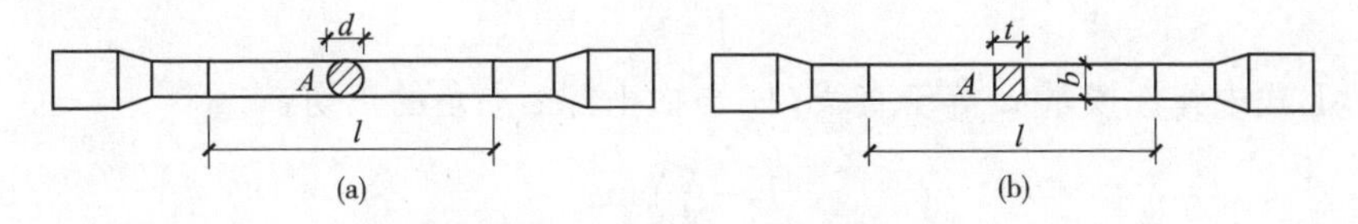

图 6-12　低碳钢的拉伸试验

试验时，先将标准试件装在试验机夹头上，然后开动机器，缓慢、平稳地施加压力，从零开始直至试件破坏。在试件受力过程中，每加一定 ΔP，从试验机示力盘上读出其拉力值，同时从变形仪表上测出相应的变形值 ΔL。于是可得到一系列的拉力 $P1$、$P2$、$P3$…与相应的 $\Delta l1$、$\Delta l2$、$\Delta l3$…取拉力 P 为纵坐标，Δl 为横坐标，在坐标图上，即可按一定比例绘出 P 与 Δl 的关系曲线，习惯上称为拉伸图，如图 6-13 所示。一般试验机上都装有自动绘图装置，拉伸图可在拉伸过程中自动绘出。

显然，用拉力 P 和伸长量 Δl 作为纵横坐标所绘制出的曲线与标距 l 及截面面积 A 有关，用同一种材料作成长短、粗细不同的试件，由拉伸试验所得的拉伸图也不同。这样，拉伸图只能代表试件的性能，不能用来说明材料的性能。因此，为了消除试件尺寸的影响，反映材料本身的力学性能，可将拉伸图纵坐标 P 除以试件横截面面积 A，即 $\frac{P}{A}=\sigma$，可将拉伸图横坐标 Δl 除以试件标距 l 即：$\frac{\Delta l}{l}=\varepsilon$，这样绘出的曲线称为应力一应变曲线或 σ-ε 曲线。如图 6-14 所示。根据低碳钢的 σ-ε 曲线，并结合试验过程中所观察到的现象，整个拉伸过程大致可分为以下四个阶段。

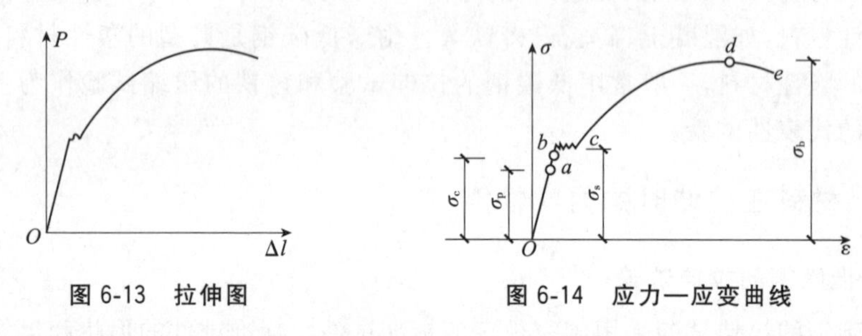

图 6-13　拉伸图

图 6-14　应力一应变曲线

(1)弹性阶段

如图 6-14Ob 段所示。在试件的应力不超过 b 点的所对应的应力时，材料的变形完全是弹性的，也就是说，卸除拉力后，试件的变形将全部消失，试件恢复到原来的尺寸。b 点所对应的应力是材料只出现弹性变形的极限值，称为弹性极限，用 σe 表示。

从图中可以看出，Oa 为一直线，这表明在段内应力和应变成正比关系，材料服从胡克定律，即

$$\sigma=E_{\varepsilon}$$

上式中弹性模量 E 等于直线 Oa 与横坐标 ε 夹角的正切：

$$E=\frac{\sigma}{\varepsilon}\tan\alpha \tag{6-7}$$

因此 E 的数值可由上式求得。

过了 a 点后，变形增长的速度快于应力增长速度，应力应变图开始微弯，应力与变形已不再成正比关系。Oa 段的最高点 a 对应的应力值 σ_p，称为材料的比例极限。Q235 钢的比例极限约为 200MPa。

弹性极限 σ_e 和比例极限 σ_p 两者的意义虽然不同，但数值相差极小，很难辨别。在实际应用中我们常认为 a 与 b 点重合，忽略其微小的塑性变形，近似认为

在弹性范围内材料服从胡克定律。

(2)屈服阶段

如图 6-14 中 bc 段所示。当应力超过弹性极限之后，应力和变形之间不再保持正比例关系，当达到 b 点后，应力应变曲线出现了一段接近于水平的锯齿形线段 bc。这表明在这个阶段内应力虽有波动，但几乎没有增加，而变形却急剧增加，材料好像失去了抵抗变形的能力，表现为对外力屈服了一样，这一现象称为屈服或流动。此阶段称为屈服阶段或流动阶段。屈服阶段中的最低应力称为屈服极限，用 σ_s 表示。Q235 钢的屈服极限约为 240MPa。

当材料进入屈服阶段时，在经过抛光的试件表面，由于轴向拉伸时 45°斜面上产生了最大剪切应力，使材料内部晶体间发生相对滑移，导致与试件轴线成 45°的斜线(图 6-15)，通常称为滑移线。

材料进入屈服阶段后，将产生很大的塑性变形，实际工程中的构件，一般不允许产生较大的塑性变形，以保证构件的正常使用，所以在结构构件的设计时常取屈服极限 σ_s 作为材料强度的取值依据。

(3)强化阶段

如图 6-14cd 段所示。屈服阶段结束后，应力应变曲线开始逐渐上升，材料又恢复了抵抗变形的能力。这时，要使试件继续变形，必须要增大荷载，这种现象称为强化，这一阶段称为强化阶段。在图 6-14 中表现为上凸的曲线 cd 段。强化阶段的最高点 d 所对应的应力 σ_b，称为材料的强度极限，它是材料所能承受的最大应力。Q235 钢的强度极限约为 400MPa。

(4)颈缩阶段

如图 6-14 中 de 段所示。在应力达到最高点 d 之前，试件在标距长度内，通常是纵向均匀伸长，横向均匀收缩。当应力达到强度极限之后，在试件最薄弱处将发生急剧的局部收缩，试件变形集中在一局部范围内，横截面面积显著缩小，出现颈缩现象(图 6-16)，用原始截面面积计算的应力与实际应力的差别将愈来愈大，试件继续伸长所需的拉力也相应减少，这一阶段称为颈缩阶段，至 e 点试件被拉断。

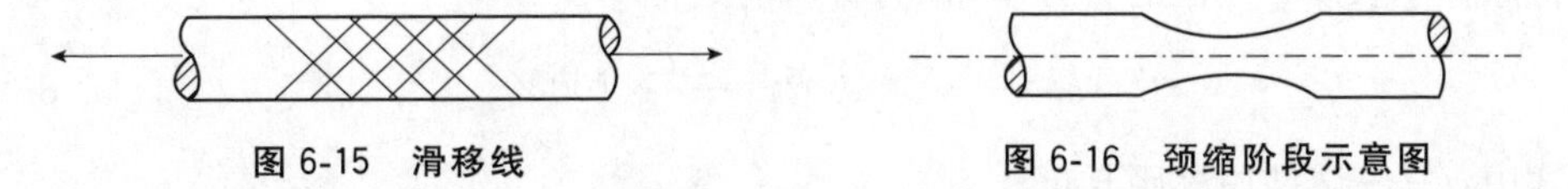

图 6-15　滑移线　　　　图 6-16　颈缩阶段示意图

由以上所述可知，在试件拉伸整个过程中，材料经历了四个阶段，即：比例阶段、屈服阶段、强化阶段、颈缩阶段，并存在三个应力特征点，它们是比例极限 σ_p、屈服极限 σ_s 和强度极限 σ_b，它们反映了不同阶段材料的变形和强度特征。σ_p 表示了材料的弹性范围；σ_s 表示了材料出现了显著的塑性变形，若工程中的构件应

力达到 σ_s 时，构件就会出现很大的塑性变形，使得无法正常使用，如低碳钢屈服阶段所产生的应变是比例极限时产生应变的 10～15 倍；强度极限是表示材料所能承受的最大应力，当应力达到强度极限 σ_b 时，构件将出现颈缩并很快破坏，产生严重的后果。因此，σ_s 和 σ_b 是衡量材料强度的两个重要指标。

下面来研究试件卸载再加载时材料的力学性质。试验表明，如果在弹性阶段的某一点停止加载并逐渐卸载，则可以看到，在卸载过程中应力应变曲线之间仍保持直线关系，且沿直线 bO 回到 O 点，变形完全消失(图 6-17)。也就是说，在此阶段内只产生弹性变形。在超过弹性阶段后，试件除产生弹性变形外，还要产生塑性变形，即卸载后不能消失的变形。例如，将试件拉伸到强化阶段的某一点 k 时停止加载并逐渐卸载至零，则卸载时应力应变曲线将沿着与 Oa 近似平行的 O_1k 回到应力为零的 O_1 点(图 6-17)，这说明卸去的应力和卸去的应变成正比。线段 OO_1 即卸载后残留下的塑性应变，O_1k_1 则代表可恢复的弹性应变，而 Ok_1 代表总应变，这时材料表现为弹塑性。

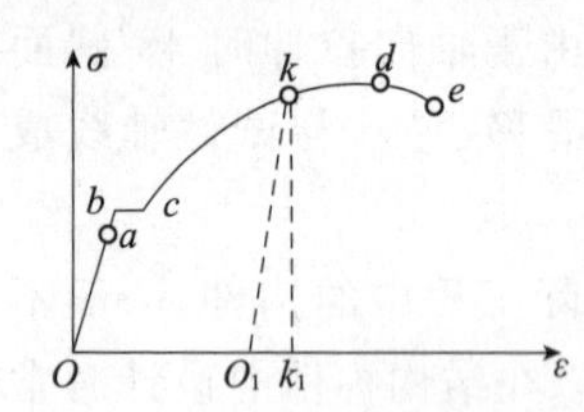

图 6-17　卸载和再加载试验

如果将卸载后具有塑性变形的试件再重新加载，则应力应变曲线基本上沿卸载时直线 O_1k 上升到 k 点，过 k 点后，仍沿曲线 kde 变化，至 e 点断裂(图 6-17)比较曲线 $Oabckde$ 和 $O_1\,kde$ 所代表的两个应力—应变曲线，可以看出，在重新加载时，直到 k 点之前材料的变形都是弹性变形，k 点对应的应力为重新加载时材料的弹性极限，所以，材料的弹性极限得到了提高，另外，重新加载时直到 k 点后才开始出现塑性变形，可见材料的屈服极限也得到了提高。但断裂后的塑性变形减少了，这种现象称为冷作硬化。工程中常利用冷作硬化来提高构件在弹性阶段的承载能力，例如建筑工程中对受拉钢筋进行冷拉就是为了提高它的屈服极限，达到节省钢材的目的。但在提高材料承载力的同时材料的塑性性能也在降低，使材料变脆，导致不良的后果，在工程中应给予高度重视。

由以上分析可知，试件拉断后，总变形中包括弹性变形和塑性变形两部分，弹性变形随荷载的消失而全部消失，而塑性变形保留了下来，塑性变形 Δl 与试件原标距长度 l 比值的百分率，称为材料的延伸率 δ。即

$$\delta=\frac{l_1-l}{l}\times100\%=\frac{\Delta l}{l}\times100\% \tag{6-8}$$

式中：l——试件原标距长度；

l_1——断裂后标距的长度。

延伸率是衡量材料塑性变形程度的重要指标，塑性变形的大小表示材料塑性性质好坏。延伸率 δ 值越大，说明材料的塑性越好，塑性变形也越大，反之则越小。工程中需按延伸率的大小来划分材料的类别，$\delta\geqslant5\%$的材料为塑性材料，

如低碳钢、低合金钢、铝等；$\delta<5\%$的材料为脆性材料，如混凝土、砖、石、铸铁等，低碳钢的延伸率 $\delta=20\%\sim30\%$。

衡量材料塑性变形能力的另一指标是截面收缩率，用 ψ 表示。试件拉断后，截面收缩量与原截面面积比值的百分率称为截面收缩率。即

$$\psi=\frac{\Delta A}{A}\times100\%=\frac{A-A_1}{A}\times100\% \tag{6-9}$$

式中：A——试件原横截面面积；

A_1——断口处横截面面积。

ψ 越大，也说明材料的塑性性能越好。低碳钢的截面收缩率 $\psi=60\%$。

2. 其他塑性材料的拉伸试验

低合金钢、铝合金、黄铜等其他塑性材料的应力—应变曲线如图 6-18 所示。由图可以看出，它们和低碳钢的应力—应变曲线基本相似，它们的共同特点是延伸率都比较大，断裂后均有较大的塑性变形。不同的是有的材料没有明显的屈服阶段，有的材料没有局部变形阶段。

对于没有明显屈服阶段的塑性材料，工程中常用名义屈服极限作为衡量材料强度的指标。这是人为规定的极限应力，通常取对应于试件卸载后残留 0.2%的塑性变形时的应力值，名义屈服极限用 $\sigma_{0.2}$表示，如图 6-19 所示。

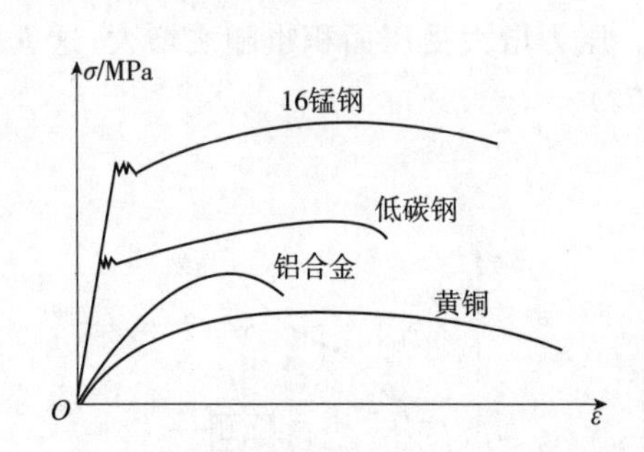

图 6-18　拉伸时塑性材料的应力—应变曲线

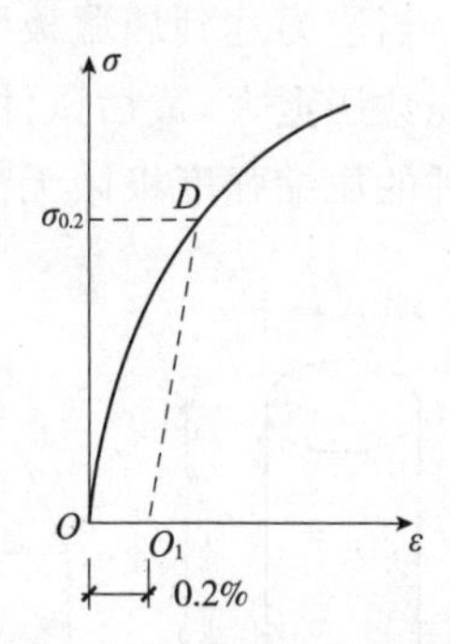

图 6-19　屈服极限示意图

3. 脆性材料的拉伸试验

铸铁是典型的脆性材料，拉伸时的 σ-ε 曲线如图 6-20 所示。由试验过程及应力—应变曲线可知，在整个试验过程中，应力一开始就急剧地增加，一直到试件突然断裂为止，应力没有降低现象。变形始终很小，断裂时的应变只不过 0.4%～0.5%，既无屈服阶段，也无颈缩现象。断裂时的应力是强度极限，是衡量脆性材料强度的唯

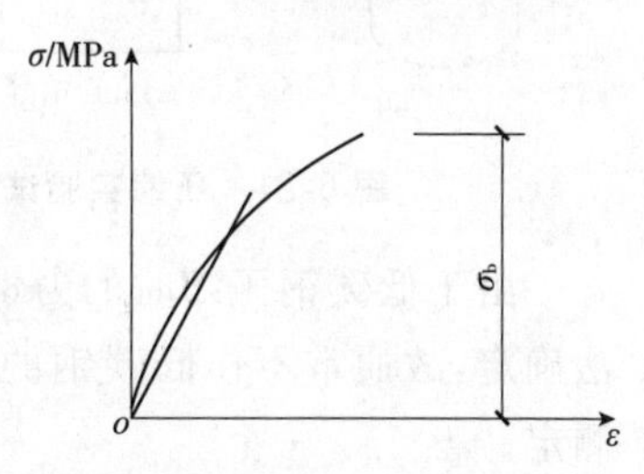

图 6-20　拉伸时脆性材料的应力—应变曲线（σ-ε 曲线）

一指标。从图中还可以看出,应力不大时,应力和应变便开始不成正比,但是,在实际工程中凡用在结构中的脆性材料,拉应力都不应太大,应力—应变曲线的曲率很小,可近似地将其 σ-ε 曲线的绝大部分看作直线,用一根弦线近似地代替曲线,并认为材料在这一范围内服从胡克定律。以割线的斜率 $\tan\alpha$ 为近似的弹性模量,称为割线模量,铸铁的弹性模量 $E=115\text{G}\sim160\text{GPa}$。

二、材料在压缩时的力学性能

金属材料压缩试验的试件一般为圆柱体,如图 6-21(a)所示。为了避免试件被压弯,通常取试件高度为直径的 1.5~3 倍。非金属材料(混凝土、石材等)试件则为立方体,如图 6-21(b)所示。

1. 低碳钢的压缩试验

低碳钢的压缩试验与拉伸试验相同,将短圆柱体压缩试件放在万能试验机的两压座间,并施加轴向压力使其产生轴向压缩变形,利用万能试验机上的自动绘图装置,绘出低碳钢压缩时的应力—应变曲线,如图 6-22 所示。图中虚线为拉伸时的 σ-ε 曲线,比较两曲线可以看出,在屈服阶段以前,压缩曲线与拉伸曲线大致重合,这表明低碳钢压缩时的比例极限、屈服极限、弹性模量与拉伸时相同。当应力达到屈服极限以后,出现了显著的塑性变形,试件明显缩短,横截面面积愈压愈大,最后试件被压成饼状。压力增大受压面积也随之增大,这就使得试件的压缩强度极限无法测定(图 6-22)。

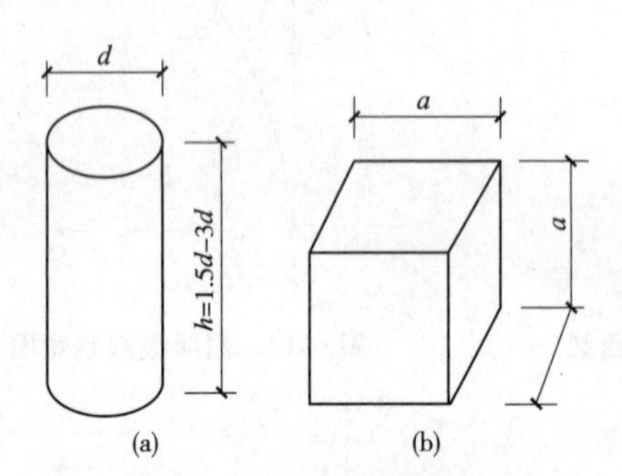

图 6-21　压缩实验试件

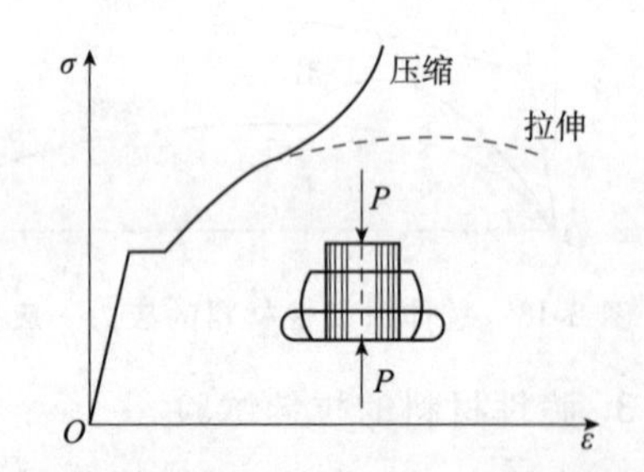

图 6-22　压缩时的应力—应变曲线

由于低碳钢压缩时的力学性能与拉伸时基本一致,压缩时的强度极限又无法确定,故通常不作低碳钢的压缩试验,压缩时的力学性能可通过拉伸试验来测定。

2. 铸铁的压缩试验

铸铁压缩时的应力—应变曲线如图 6-23 所示。它与拉伸时的 σ-ε 曲线相似，仍是一条曲线，也没有明显的直线部分及屈服阶段，也只能认为在低应力区符合胡克定律。但所不同的是铸铁在压缩时无论是强度极限 σ_b，还是衡量塑性性能的延伸率 δ 都比拉伸时大得多。而且抗压强度极限远高于抗拉强度极限(约 4～5 倍)。从而可知，铸铁宜用作受压构件。

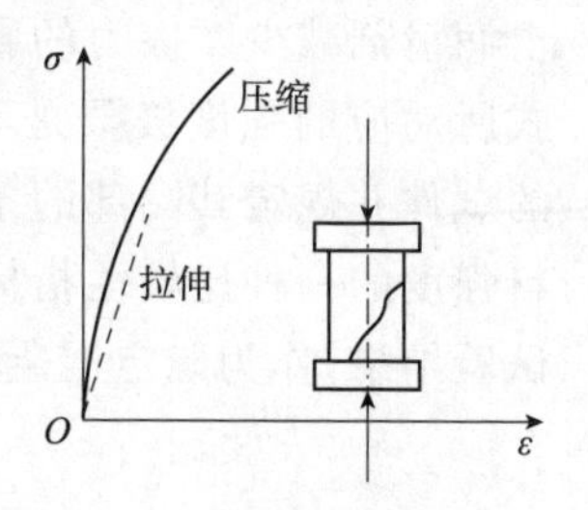

图 6-23　铸铁压缩时的应力—应变曲线

铸铁试件受压破坏时，断口与轴线大约成 45°(图 6-23)，试件受压时沿斜截面发生剪切错动破坏，这就说明铸铁的抗剪能力低于抗压能力。

3. 其他脆性材料的压缩试验

工程中常用的脆性材料，如混凝土、砖、石料等非金属材料的抗压强度也远高于抗拉强度，见表 6-2。从对混凝土试块加载和卸载所得的应力—应变曲线(图 6-24)可以看出，当将试块上的应力加至 σc 时，其总应变为 εc，但卸载后，应变 εc 并不完全消失，而将其一部分 εs 残留下来。这说明，即使在应力不大时，混凝土在初始变形中就出现了塑性变形 εs，所以，它不服从胡克定律。由于混凝土弹性模量是变量，一般用多次重复加载卸载以消除其塑性变形方法来确定。试验表明，经过多次荷载反复作用，混凝土的变形不仅比较稳定，而且 σ-ε 曲线也趋于直线。我们可以取此直线的斜率作为混凝土的弹性模量，即

$$E_c = \tan\alpha$$

表 6-2　几种常用材料的主要力学性能

材料名称	屈服极限 σ_s/MPa	强度极限 σ_b/MPa		延伸率/(%)
		受拉	受压	
Q235　低碳钢	220～240	370～460	25～27	
Q345　16Mn 钢	280～340	470～510	19～21	
灰口铸铁		98～390	640～1300	<0.5
混凝土 C20		1.6	14.2	
混凝土 C30		2.1	21	
红松(顺纹)		96	32.2	

混凝土的弹性模量 $E_c = 14.5 \sim 36$GPa，受压与受拉大体相同。横向变形系数 μ 值约为 1/7～1/5，破坏时的伸长率仅 0.01%左右。

混凝土、石材等脆性材料，受压破坏时，由于两端受试验机压板摩擦力的影响，中部逐渐剥落，形成两个相连的截顶角锥体[图 6-25(a)]。若在压力板上涂

上润滑剂减少摩擦力的影响后，其破坏形式则如图 6-25(b)所示。两种破坏形式所对应的强度极限是不相同的，由此可见，对于这种材料，只有做成标准尺寸的试件并规定其端部的条件，在压缩试验中所得到的强度极限才能作为衡量材料强度的一种比较性指标。在相关规范中统一规定采用试块端部不加润滑剂的试验结果，作为确定混凝土强度等级的标准。

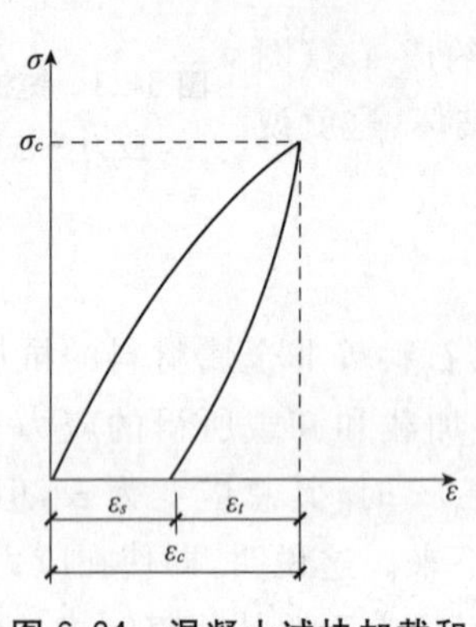

图 6-24 混凝土试块加载和卸载时的应力—应变曲线图

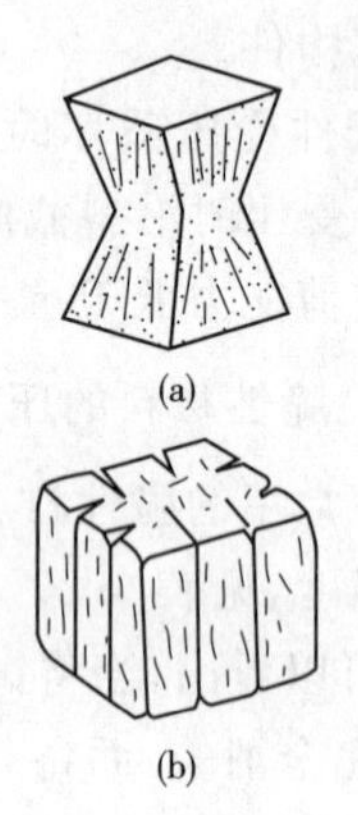

图 6-25 截顶角锥体

三、木材在拉伸与压缩时的力学性能

木材是建筑工程中最常用的材料之一。木材是单向同性材料，一般情况下，顺纹方向的强度比横纹方向的强度高得多，而且抗拉强度高于抗压强度。

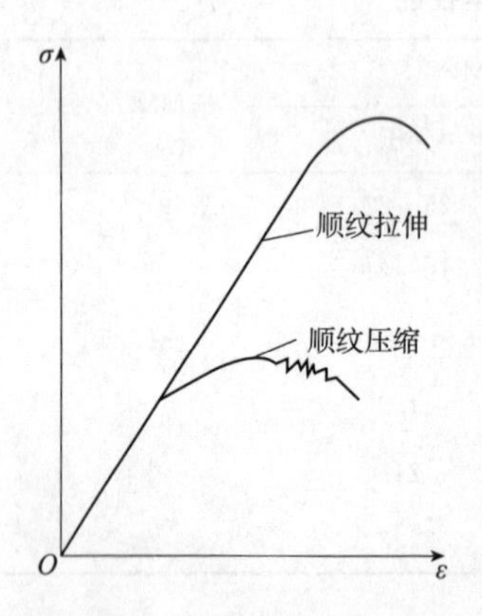

图 6-26 木材应力—应变曲线

图 6-26 为顺纹受拉和顺纹受压时的应力—应变曲线。由图可见，顺纹拉(压)时都有直线段。弹性模量约为 10M～12MPa。

拉伸时，在接近破坏一小段，应力—应变图变为曲线，破坏时塑性变形很小，属于脆性材料。松、杉顺纹受拉的强度极限为 69M～118MPa。

压缩时，在压应力达到抗拉强度极限的 60%左右，应力—应变关系便不成正比关系。破坏时的塑性变形较大，属塑性材料。松、杉受压强度极限约为 29M～54MPa。

在工程中，木材的木节、斜纹、裂缝、虫眼等病害，以及含水率、树种、加载速度和持续时间等对木材的力学性能都会产生较大的影响。

表 6-2 列出了建筑工程中常用材料在常温、静载条件下的力学性能。

四、塑性材料与脆性材料的力学性能对比

以上研究了具有代表性的低碳钢和铸铁两种材料在拉伸和压缩时的力学性能。将塑性材料与脆性材料的力学性能进行一下比较，可以看出以下方面的不同。

(1)强度方面由于塑性材料受拉、受压时的强度指标大致相同，因而可用于受拉构件或受压构件。但脆性材料的受压强度指标远大于受拉强度指标，一般只适宜作受压构件。由试验可知，塑性材料中的低碳钢、低合金钢等，当应力达到屈服极限后，会发生明显的屈服现象，而脆性材料在破坏前，无明显征兆，破坏是突然发生的。

(2)变形方面塑性材料在破坏前有较大的塑性变形，延伸率 δ 和截面收缩率 ψ 都较大，表示材料有较大的可塑性，便于加工，在构件安装中矫正形状时，不容易损坏。脆性材料是在延伸率和截面收缩率很小的情况下破坏的，材料的可塑性差，难以加工，矫正时容易发生裂纹。

(3)对应力集中的敏感性方面由于杆件外形的突然变化而引起局部应力急剧增大的现象，称为应力集中。例如开有圆孔的直杆，在轴向拉力作用下[图 6-27(a)]，在圆孔附近的局部区域内，应力数值剧烈增加，而在离开这一区域稍远处，应力迅速下降而趋于均匀[图 6-27(b)]。

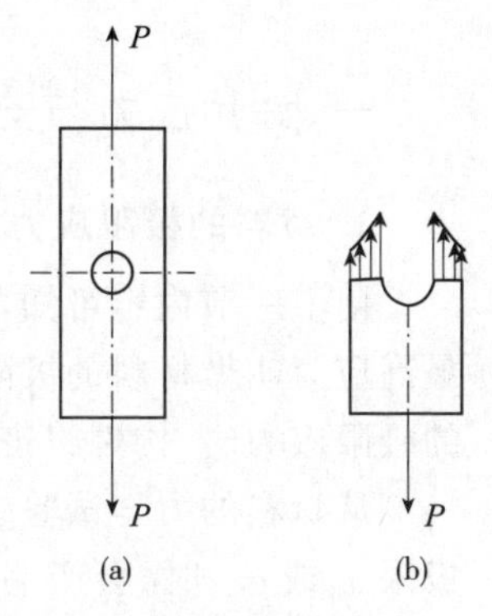

图 6-27　应力集中示意图

塑性材料和脆性材料对应力集中反应差别很大。塑性材料构件发生应力集中时，截面上的应力会发生应力重分布现象。当构件截面上的应力非均匀分布时，随着荷载的增加，孔边的最大应力 σ_{max} 达到屈服极限时，如果在增加荷载，该点处的应力几乎不再增加，而应变继续增长。与此同时，在这一点以外的区域，应力尚未达到屈服极限，应力将随荷载的增加而增大，先后达到屈服极限，而使整个截面上的应力趋于均匀分布(图 6-28)，这种现象称为应力重分布。因此，构件内部即使发生应力集中，也不会显著降低构件的承载力，所以在强度计算中可以不考虑应力集中的影响。但是，脆性材料则因无屈服阶段，当产生应力集中时，应力集中处的最大应力 σ_{max} 达到强度极限时，将发生局部断裂，很快导致整个构件的破坏。因此，应力集中会严重降低脆性材料构件的承载力，应力集中对脆性材料构件的破坏性比对塑性构件危害要严重得多。

总的来说，塑性材料的力学性能优于脆性材料，塑性材料无论是抗拉能力还是抗压能力都比较好，即可用于受拉构件又能用于受压构件；而脆性材料的抗压性能好于抗拉性能，一般只用于受压构件，如墙、柱、基础等。

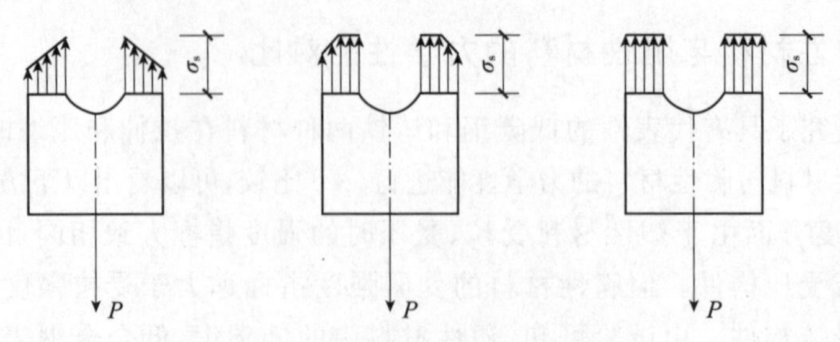

图 6-28　应力重分布示意图

需要特别指出,塑性材料与脆性材料的力学性能是有条件的,同一种材料在不同的外界因素的影响下(如加载速度、温度、受力状态等),可能表现为塑性,也可能表现为脆性。例如,低碳钢在常温下表现为塑性,而在低温时则会倾向于变脆性。

第五节　轴向拉压杆件的强度计算

一、许用应力与安全系数

1. 材料的极限应力

由上一节内容可知,任何一种材料都有一个自己能承受的最高应力值,这个最高应力叫做材料的极限应力,用 σ^0 表示。当结构构件的工作应力达到了材料的极限应力时,构件将丧失正常工作能力。

从材料的力学试验中得知:塑性材料的构件,当截面上的工作应力达到屈服极限 σ_s 或 $\sigma_{0.2}$ 时,会产生很大的塑性变形而影响构件的正常工作。脆性材料,当截面上的工作应力达到强度极限 σ_b 时,构件就会发生断裂而破坏。工程中的结构构件既不允许出现过大的塑性变形,也更不允许发生断裂破坏。所以,对塑性材料取屈服极限作为极限应力,对塑性材料取强度极限作为极限应力。即

对塑性材料　　　　$\sigma^0=\sigma_s$

对脆性材料　　　　$\sigma^0=\sigma_b$

2. 许用应力与安全系数

许用应力 $[\sigma]$ 是强度计算中一个重要指标。其值由材料的极限应力 σ^0 和安全系数 n 决定。即

$$[\sigma]=\frac{\sigma^0}{n}$$

对于塑性材料,取 $\sigma^0=\sigma_s$,$n=n_s$,则有

$$[\sigma]=\frac{\sigma_s}{n_s}$$

对于脆性材料，取 $\sigma^0=\sigma_b$，$n=n_b$，则有

$$[\sigma]=\frac{\sigma^b}{n_b}$$

式中：n_s、n_b——分别为塑性材料的安全系数和脆性材料的安全系数，n_s、n_b 均为大于 1 的数。

由此可见，许用应力等于材料极限应力 σ^0 除以材料安全系数，它是衡量材料承载力的依据。如何确定材料的许用应力，是工程设计中极其重要的问题，它直接关系到安全与经济的问题，因为设计结构构件截面尺寸时，如果许用应力规定得过低，则设计出的构件截面尺寸就会过大，材料耗费过多，不仅增加了构件自重荷载，而且也造成了人力和物力的浪费；如果许用应力规定得过高，则设计出的构件截面尺寸过小，不能保证结构安全。因此，正确地确定许用应力，是保证结构构件安全适用，经济合理的前提条件。

安全系数 n 是决定许用应力的一个重要因素。如选用偏大，则许用应力降低，安全储备增大，用料增多；如选用过小，则许用应力提高，安全储备减少，构件又偏于不安全。所以，安全系数的确定相当重要而又比较复杂，需要考虑各方面的因素。

确定安全系数时，一般应考虑以下几个因素。

(1)材料组成的均匀程度，质地好坏。试验是选用少数材料作成试件来测定材料的力学性能，它并不能完全真实地反映工程构件所用材料的情况。

(2)塑性材料或脆性材料。脆性材料的均匀性差，破坏前没有明显变形的预兆，所以，安全储备应大些，所取的安全系数比塑性材料大。

(3)荷载取值是否准确、荷载的性质。对设计荷载估计不够精确，设计荷载值与实际荷载值不太相符，以及计算时所作的简化与实际情况有出入等，构件承受的荷载是静荷载还是动荷载。

(4)计算方法的精确程度，材料力学性能试验方法的可靠程度。

(5)结构及构件的使用性质、工作条件及重要性。对于工作环境差、易腐蚀、破坏后引起的后果较严重的构件，安全储备应大一些。

(6)施工方法、施工质量等。

(7)构件的实际尺寸与设计尺寸的偏差。

总之，确定安全系数是一个非常复杂、涉及面较广泛的问题，选定时，应综合考虑各个方面，根据具体情况进行具体分析。一般材料的安全系数和许用应力值，由国家有关部门作了规定，可参考使用。

对于一般工程，根据实际经验，塑性材料的 n_s 值可取 1.4～1.7，脆性材料的 n_b 值可取 2.5～3.0。

常用材料的许用应力见表 6-3。

表 6-3 常用材料许用应力$[\sigma]$

材料名称	许用应力$[\sigma]$/MPa	
	轴向拉伸	轴向压缩
低碳钢	170	170
16Mn 钢	230	230
灰口铸铁	34～54	160～200
混凝土 C20	0.44	7
混凝土 C30	0.6	10.3
红松(顺纹)	6.1	10
砖砌体	0～0.2	0.6～2.5
石砌体	0～0.3	0.4～4

二、轴向拉压杆件的强度计算

为确保轴向拉压杆件有足够的强度,要求工作应力不超过材料的许用应力,故其强度条件为

$$\sigma_{max}\leqslant[\sigma] \tag{6-10}$$

对于等截面直杆,拉压杆的强度条件可由上式改写为

$$\frac{N_{max}}{A}\leqslant[\sigma] \tag{6-11}$$

式中:N_{max}——为杆的最大轴力,即危险截面上的轴力。

利用式(6-11),可以进行三种类型的强度计算。

(1)校核强度当杆的横截面面积 A、材料的许用正应力$[\sigma]$及杆所受荷载为已知时,可由式(6-11)校核杆的最大工作应力是否满足强度条件的要求。如杆的最大工作应力超过了许用应力,工程上规定,只要超过的部分在许用应力的5%以内,仍可以认为杆是安全的。

(2)设计截面当杆所受荷载及材料的许用正应力$[\sigma]$为已知时,可由式(6-11)选择杆所需的横截面面积,即

$$A\geqslant\frac{N_{max}}{[\sigma]}$$

再根据不同的截面形状,确定截面的尺寸。

(3)求许用荷载当杆的横截面面积 A 及材料的许用正应力$[\sigma]$为已知时,可由式(6-11)求出杆所许用产生的最大轴力为

$$N_{max}\leqslant A[\sigma]$$

再由此可确定杆所许用承受的荷载。

【例 6-7】 如图 6-29(a)所示，ABC 为刚性梁，CD 杆为圆截面的钢杆，直径 $d=20\text{mm}$，许用应力$[\sigma]=160\text{MPa}$。梁端作用有集中力 $P=25\text{kN}$，试求：

(1)校核 CD 杆的强度；

(2)若 $P=50\text{kN}$，设计 CD 杆的直径。

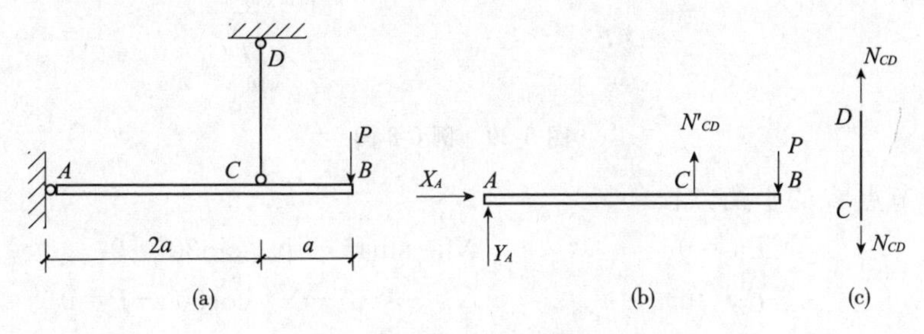

图 6-29　例 6-7 图

解：(1)校核 CD 杆的强度

选取刚性梁 ABC 为研究对象，受力如图 6-29(b)所示。

$$\sum M_A=0, N'_{CD}\cdot 2a-P\cdot 3a=0$$

解得
$$N'_{CD}=\frac{3}{2}\text{P}$$

于是，CD 杆的轴力为　$N_{CD}=N'_{CD}=\frac{3}{2}\text{P}$

则有 $\sigma=\frac{N_{CD}}{A}=\frac{3P\times 4}{2\times\pi d^2}=\frac{6\times 25\times 10^3}{\pi\times 20^2}=119.9\text{MPa}<[\sigma]=160\text{MPa}$

故 CD 杆强度安全。

(2)若 $P=50\text{kN}$，设计 CD 杆的直径

根据强度条件 $\sigma\leqslant[\sigma]$ 得

$$\frac{N_{CD}}{A}\leqslant[\sigma]$$

而
$$N_{CD}=\frac{3}{2}P, A=\frac{\pi d^2}{4}$$

故
$$d\geqslant\sqrt{\frac{6P}{\pi[\sigma]}}=\sqrt{\frac{6\times 50\times 10^3}{\pi\times 160}}=24.4\text{mm}$$

取
$$d=25\text{mm}$$

【例 6-8】 图 6-30 所示的结构由两根杆组成。AC 杆的截面面积为 450mm^2，BC 杆的截面面积为 250mm^2。设两杆材料相同，许用拉应力$[\sigma]=100\text{MPa}$，试求许用荷载$[P]$。

解：(1)确定各杆的轴力和 P 的关系

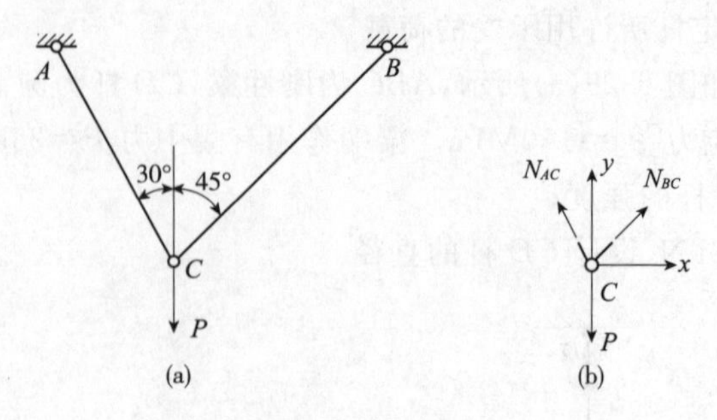

图 6-30　例 6-8 图

由节点 C 的平衡方程

$$\sum Px=0 \qquad N_{BC}\text{c}\sin45°-N_{AC}\sin30°=0$$

$$\sum Py=0 \qquad N_{BC}\cos45°+N_{AC}\cos30°-P=0$$

联立求解得

$$N_{AC}=0.732\text{P}, P_{BC}=0.517\text{P}$$

(2)求许用荷载 P

由强度条件式(6-11),得

$$N_{AC}=0.732\text{P}\leqslant A[\sigma]$$
$$=(450\times10-6\times100\times106)\text{N}$$

故 $P\leqslant61.48\text{kN}$

$$N_{BC}=0.517P\leqslant A[\sigma]$$
$$=(250\times10-6\times100\times10-6)\text{N}$$

故 $P\leqslant48.36\text{kN}$

在所得的两个 P 值中,应取小值。故结构的许用荷载为

$$[P]=48.36\text{kN}$$

结构在这一荷载作用下,BC 杆的应力恰好等于许用应力,而 AC 杆的应力小于许用应力,说明 AC 杆的强度没有得到充分利用,故该结构可以进一步优化,使得 AC 杆、BC 杆的应力同时达到许用应力,充分利用材料。

第六节　压杆稳定

一、压杆稳定简介

轴向受压杆的承载能力是依据强度条件 $\sigma=\dfrac{N}{A}\leqslant[\sigma]$ 确定的。但在实际工程中发现,长度很小的短杆受压力作用时,当应力达到屈服极限或强度极限时,将发生塑性变形或断裂，属强度破坏。而对许多细长的受压杆件的破坏是在其应力还远没有达到屈服极限或强度极限的情况下发生的。

工程上经常遇到直线形状的轴向受压杆件，如中心受压的立柱、桁架中的受压杆、脚手架中的压杆等。承受轴向压力的细长杆，当压力达到或超过某一界限值时，往往在因强度不足而破坏以前，就已不能保持其原有直线形态的平衡，而产生骤然屈曲，使杆件丧失正常功能，这种现象称为压杆原有的直线平衡形式丧失了稳定性，简称失稳。由于受压杆失稳后将丧失继续承受原设计荷载的能力，而且失稳现象又常是突然发生的，所以，结构中受压杆件的失稳常会造成严重的后果，甚至导致整个结构物的坍塌。例如 1907 年北美的魁比克圣劳伦斯河上一座 548m 的钢桥在施工中突然倒塌，就是由于其桁架中的一根受压杆失稳造成的，而该杆的强度却是足够的。工程上出现的较大的工程事故中，有相当一部分是因受压构件失稳所致，因此，对受压杆件平衡状态的稳定问题不容忽视。

为了说明平衡状态的稳定性，取两端铰支的细长中心受压杆件，其上作用轴向压力 P，并使杆在微小横向干扰力作用下弯曲，如图 6-31(a)所示。当压力 P 较小时，撤去横向干扰力以后，杆件便来回摆动最后恢复到原来的直线形状的平衡[图 6-31(b)]。所以在较小的压力 P 作用时，杆件原有的直线形状的平衡是稳定的。如果增大压力 P，使其超过某个定值 P_{cr} 时，压杆只要受到微小的横向干扰力，即使将干扰力立即撤去，也不能回复到原来的直线平衡状态，而变为曲线形状的平衡[图 6-31(c)]。这时压杆原来的直线形状的平衡是不稳定的，如果再增大压力 P，则杆件继续弯曲直至最后折断。从稳定平衡过渡到不稳定平衡时，轴向压力的界限值 P_{cr}，称为临界压力。由此可见，同一杆件其直线状态的平衡是否稳定，决定于压力 P 的大小。当 P 小于临界压力 P_{cr} 时，直线状态的平衡是稳定的，当 P 大于临界压力 P_{cr} 时，便是不稳定的，即发生失稳现象。

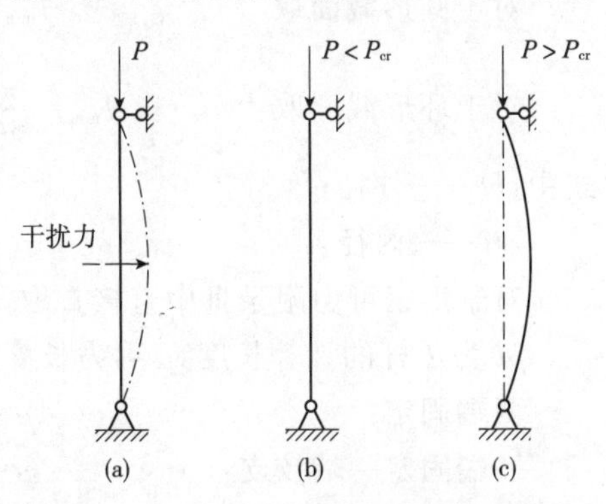

图 6-31 压杆稳定平衡与不稳定平衡

以上所述是限于理想的中心受压杆件的情况，实际上压杆受到的荷载很难刚好作用在杆的轴线上，所以有初偏心存在；同时杆件的材料不可能绝对均匀，并且制造上的误差会存在初曲率，这些“偶然偏心”因素起着干扰作用。因此，实际上当轴向压力接近临界压力时，压杆就突然发生弯曲，不能正常工作。因而对于工程中的受压杆件，应使其轴向工作压力低于其临界压力，并留有一定的安全储备。本章主要介绍压杆临界压力的计算方法以及压杆的稳定安全计算方法。

二、临界力与临界应力

1. 临界力

临界力就是指压杆在失稳的临界状态所受到的压力。大量的理论研究和实际计算表明：压杆的临界力与压杆的抗弯刚度成正比，与杆长的平方成反比，而且杆端约束越强，临界力就越大，即：

$$P_{cr}=\frac{\pi^2 EI_{\min}}{(\mu l)^2} \tag{6-12}$$

式(6-12)称为欧拉公式。

式中：EI——抗弯刚度；

I——截面的惯性矩；

$I_{\min}$——截面最小惯性矩。

对于矩形截面取：

$$I_{\min}=\frac{b^3h}{12}$$

式中：b——截面短边长度；

h——截面长边长度。

对于圆形截面取 $$I_{\min}=\frac{\pi D^4}{64}$$

对于环形截面取 $$I_{\min}=\frac{\pi}{64}(D^4-d^4)$$

式中：D——外径；

d——内径。

对于形钢可由附录Ⅲ中直接查取。

μl 为压杆的计算长度，μ 称为长度系数，它与压杆两端的约束条件有关，即

两端固定：$\mu=0.5$

一端固定一端铰支：$\mu=0.7$

两端铰支：$\mu=1$

一端固定一端自由：$\mu=2$

【例 6-9】 钢筋混凝土柱，高 6m，下端与基础固结，上端与屋架铰接。柱的截面为 $b\times h=250\text{mm}\times 600\text{mm}$，弹性模量 $E=26\text{GPa}$。试计算该柱的临界力。

解：柱子截面的最小惯性矩为：

$$I_{\min}=\frac{b^3h}{12}=\frac{250^3\times 600}{12}=781.3\times 10^6\,\text{mm}^4$$

一端固定，一端铰支时的长度系数为：$\mu=0.7$ 由欧拉公式可得：

$$P_{cr}=\frac{\pi^2 EI}{(\mu l)^2}=\frac{3.14^2\times 26\times 10^9\times 781.3\times 10^{-6}}{(0.7\times 6)^2}=11365\text{kN}$$

【例 6-10】 有一长 $l=3.5\text{m}$，截面尺寸为 50mm×50mm 的木制压杆，如图 6-32 所示。两端铰支，$E=10\text{GPa}$。试确定其临界力 P_{cr}。

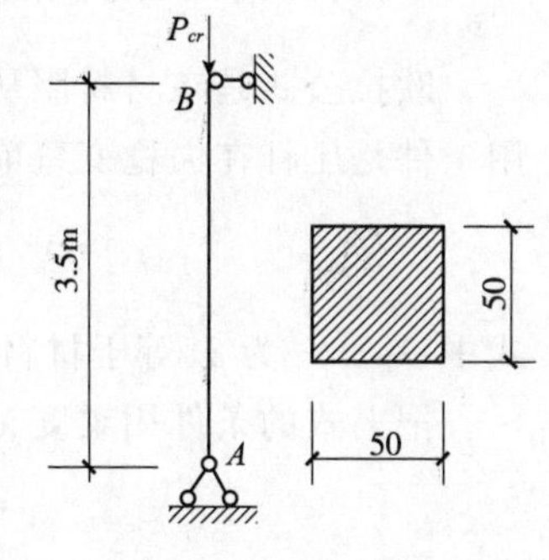

图 6-32　例 6-10 图

解：木制压杆的最小惯性矩：$I_{\min}=\frac{b^3 h}{12}=\frac{50^3\times 50}{12}=52.1\times 10^4\text{mm}^4$。

因杆件的两端支承条件为铰支，故长度系数为 $\mu=1$，根据式(6-12)计算得到

$$P_{cr}=\frac{\pi^2 EI}{(\mu l)^2}=\frac{\pi^2\times 10\times 10^9\times 52.1\times 10^{-8}}{(1\times 3.5)^2}$$

$$=4.2\times 10^3\text{N}=4.2\text{kN}$$

2. 临界应力

为了进一步对欧拉公式的应用范围及对杆件的稳定问题做讨论，在工程中我们常引入临界应力的概念。临界应力是指在临界力 P_{cr} 的作用下，压杆横截面上的平均应力，用 σ_{cr} 表示，即

$$\sigma_{cr}=\frac{P_{cr}}{A}$$

将式(6-1)代入上式，得

$$\sigma_{cr}=\frac{P_{cr}}{A}=\frac{\pi^2 EI}{(\mu l)^2 A}$$

以 $\frac{1}{A}$ 代入上式，得到

$$\sigma_{cr}=\frac{P_c r}{A}=\frac{\pi^2 E}{(\mu l)^2}\cdot i^3=\frac{\pi^2 E}{\left(\frac{\mu l}{i}\right)^2}$$

令

$$\lambda=\frac{\mu l}{i} \tag{6-13}$$

代入上式可得压杆临界应力公式为

$$\sigma_{cr}=\frac{\pi^2 E}{\lambda^2} \tag{6-14}$$

式(6-14)是欧拉公式的另一种表达方式。式中 λ 称为压杆的柔度系数或长细比，是一个无量纲的量，它与压杆的长度、截面形状和尺寸以及压杆两端支承条件等因素有关。对于用一定材料制成的压杆，λ 越大，表示压杆越细长，临界应力 σ_{cr} 就越小，压杆越容易丧失稳定；反之，λ 越小，表示压杆粗而短，临界应力 σ_{cr} 就越大，压杆就不容易丧失稳定。所以柔度系数 λ 是压杆稳定计算中的一个很重要的几何参数。

应该注意：如果压杆在不同平面内失稳时，其支承约束条件不同，则应该分别计算在各平面内失稳时的柔度 λ，并按其较大者来计算该压杆的临界应力 σ_{cr}，因为压杆总是在柔度 λ 较大的平面内失稳。

三、欧拉公式的使用范围

欧拉公式是在材料服从胡克定理的前提下推导出来的。所以欧拉公式的适用条件是压杆在失稳变弯前的应力不得超过材料的比例极限，即

$$\sigma_{cr}=\frac{\pi^2 E}{\lambda^2}\leqslant\frac{\pi^2 E}{\lambda_P^2}$$

式中：λ_P——为 σ_{cr} 等于材料的比例极限 σ_P 时相应的柔度。

把上式的条件用柔度 λ 表示，则可得出欧拉公式的适用范围，即

$$\lambda\geqslant\lambda_P=\sqrt{\frac{\pi^2 E}{\sigma_P}} \tag{6-15}$$

上式表明，只有当计算出的压杆柔度 $\lambda\geqslant\lambda_P$ 时才能应用欧拉公式来计算临界力。这种 $\lambda\geqslant\lambda_P$ 的压杆，称为大柔度压杆或细长压杆。每种材料的 λ_p 值，可根据材料的比例极限 σ_P 代入式(6-15)式计算得出。如对于常用的材料 Q235 钢：$\lambda_P=100$，铸铁：$\lambda_P=80$，木材：$\lambda_P=110$。

【例 6-11】 一中心受压柱，长 $l=8$m，矩形截面，$b\times h=120$mm$\times200$mm，柱的支承情况是：在最大刚度平面内弯曲时（中性轴为 y 轴），两端铰支，如图 6-33(a)所示。在最小刚度平面内弯曲时（中性轴为 z 轴），两端固定，如图 6-33(b)所示。材料的弹性模量 $E=10$GPa，$\lambda_{\rm p}=110$，试求柱的临界应力和临界力。

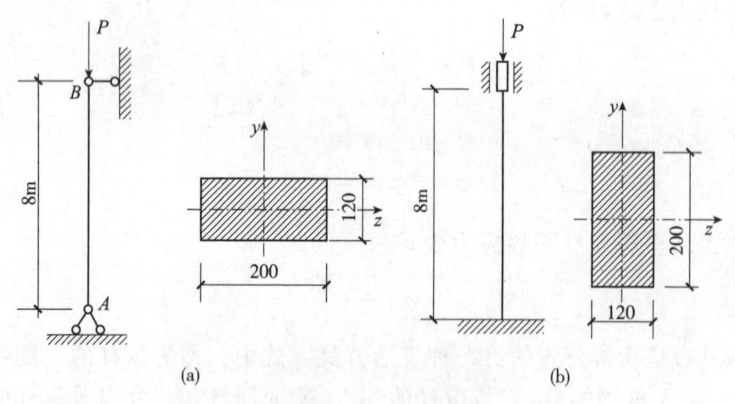

图 6-33 例 6-11 图

解：(1)计算最大刚度平面内的临界应力和临界力

矩形截面的惯性半径 $i_y=\dfrac{h}{\sqrt{12}}=57.7$mm，在此平面内，柱子两端为铰支，

所以长度系数 $\mu=1$，柔度为

$$\lambda_y=\frac{\mu i}{i_y}=\frac{1\times 8\times 10^3}{57.7}=139>110$$

柱为细长压杆，可用欧拉公式。

临界应力为　　$\sigma_{cr}=\frac{\pi^2 E}{\lambda_y^2}=\frac{\pi^2\times 10\times 10^3}{139^2}=5.10\text{N/mm}^2=5.10\text{MPa}$

临界力为　　$P_{cr}=A\cdot\sigma_{cr}=120\times 200\times 5.1=122.4\times 103\text{N}=122.4\text{kN}$

(2)计算最小刚度平面的临界应力和临界力

惯性半径　　$i_z=\frac{b}{\sqrt{12}}=\frac{120}{\sqrt{12}}=34.6\text{mm}$

在此平面内，柱子两端固定，所以 $\mu=0.5$，柔度为

$$\lambda_z=\frac{\mu l}{i_z}=\frac{0.5\times 8\times 10^3}{34.6}=115.6>110$$

用欧拉公式计算临界应力为

$$\sigma_{cr}=\frac{\pi^2 E}{\lambda_z^2}=\frac{\pi^2\times 10\times 10^3}{115.6}=7.38\text{MPa}$$

临界力为　$P_{cr}=A\cdot\sigma_{cr}=120\times 200\times 7.38=177.1\times 103\text{N}=177.1\text{kN}$

(3)讨论

计算结果表明，受压柱的最大刚度平面内临界力比最小刚度平面内临界力小，将先失稳。此例说明，当压杆在两个方向平面内支承情况不同时，不能光从刚度来判断，而应分别计算后才能确定在哪个方向失稳。

四、超过比例极限时压杆的临界应力计算

当压杆的临界应力超过比例极限，也即压杆柔度 $\lambda<\lambda_P$ 时，此时欧拉公式已不能适用。工程上把 $\lambda<\lambda_P$ 的压杆称为中小柔度杆，它是工程上应用最为广泛的杆件。对于此类受压杆件的计算，一般使用以实验为基础的经验公式计算，如在我国钢结构设计规范中规定采用的抛物线经验公式

$$\sigma_{\text{cr}}=\sigma_{\text{s}}\left[1-\alpha\left(\frac{\lambda}{\lambda_{\text{c}}}\right)\right](\lambda\leqslant\lambda_{\text{c}}) \tag{6-16}$$

式中：σ_{s}——材料的屈服极限；

α——系数，如对于碳素钢 Q235，$\alpha=0.43$；

λ_{c}——经验公式与欧拉公式的分界点处压杆的柔度。

五、压杆稳定校核

1. 压杆的稳定条件

如前所述，压杆的临界应力 σ_{cr} 越大，压杆不容易丧失稳定，而压杆的临界应

力 σ_{cr} 随压杆柔度 $\lambda=\frac{\mu l}{i}$ 的增大而减小。因此,要使轴心受压构件不失稳,必须满足

$$\sigma=\frac{P}{A}\leqslant\frac{P_{cr}}{A\cdot K_w}=\frac{\sigma_{cr}}{K_w}$$

或

$$\sigma=\frac{P}{A}\leqslant[\sigma_w] \tag{6-17}$$

式中:σ——压杆的实际工作应力;

P——作用在压杆上的实际压力;

A——压杆的横截面面积;

P_{cr}——压杆的临界力;

σ_{cr}——压杆的临界应力;

W_w——压杆的稳定安全系数;

$[\sigma_w]$——压杆稳定许用应力,其值是随柔度 λ 而变化的一个量。

在压杆稳定计算中,常将稳定许用应力 $[\sigma_w]$ 改为用材料的强度许用应力来表示,即

$$[\sigma_w]=\varphi[\sigma] \tag{6-18}$$

式中:$[\sigma]$——材料的强度许用应力;

φ——折减系数。

折减系数 φ 是一个随 λ 而变化的量,且总是小于 1 的系数。表 6-4 给出了几种材料的折减系数 φ 的值。

表 6-4　压杆的折减系数 φ

λ	折减系数 φ			λ	折减系数 φ		
	Q235 钢	Q345 钢	木材		Q235 钢	Q345 钢	木材
0	1.000	1.000	1.000	110	0.536	0.384	0.248
10	0.995	0.993	0.971	120	0.466	0.325	0.208
20	0.981	0.973	0.932	130	0.401	0.279	0.178
30	0.958	0.940	0.883	140	0.349	0.242	0.154
40	0.927	0.895	0.822	150	0.306	0.213	0.133
50	0.888	0.540	0.757	160	0.272	0.188	0.117
60	0.842	0.776	0.668	170	0.243	0.168	0.102
70	0.789	0.705	0.575	180	0.218	0.151	0.093
80	0.731	0.627	0.460	190	0.197	0.136	0.083
90	0.669	0.546	0.471	200	0.180	0.124	0.075
100	0.604	0.462	0.300				

将式(6-18)代入式(6-17),可得到压杆的稳定条件用折减系数 φ 的表达式

$$\sigma=\frac{P}{A}\leqslant\varphi[\sigma] \tag{6-19}$$

式(6-19)表明,压杆在强度破坏之前便丧失稳定,故可用降低强度许用应力 $[\sigma]$ 来保证杆的稳定。

2. 压杆的稳定计算

应用压杆的稳定条件,可对轴心受压杆件进行以下三个方面的计算。

(1)稳定校核

已知压杆的杆长、截面尺寸、支承情况、材料及荷载,进行压杆的稳定校核。

即
$$\sigma=\frac{P}{A}\leqslant\varphi[\sigma]$$

(2)设计截面尺寸

已知压杆的杆长、材料、支承情况及荷载,选择合适的截面尺寸。

即
$$A=\frac{P}{\varphi[\sigma]}$$

选择截面时,由于 A 和 φ 都是未知的,此时可采用试算法。

(3)确定许可荷载

已知压杆的杆长、材料、截面尺寸及支承情况,计算压杆所能承受的荷载大小。

即
$$[P]\leqslant A\varphi[\sigma]$$

【例 6-12】　一圆形木柱,高为 5m,直径 $d=25$cm,承受 $P=60$kN 的轴心压力作用,设木柱两端的支承情况为铰接,木材的许用应力为 $[\sigma]=10$MPa,试校核木柱的稳定性。

解:(1)计算柔度 λ

圆截面木柱的惯性半径　$i=\sqrt{\frac{I}{A}}=\frac{d}{A}=\frac{25}{4}=6.25\text{cm}$

两端铰支时 $\mu=1$,故　$\lambda=\frac{\mu l}{i}=\frac{1\times500}{6.25}=80$

(2)查表确定 φ

由表 6-4 得　$\varphi=0.460$

(3)校核稳定性

$$\sigma=\frac{P}{A}=\frac{60\times10^3}{\frac{\pi\times(250)^2}{4}}=1.22\text{MPa}$$

$$\varphi[\sigma]=0.460\times10=4.60\text{MPa}$$

由于 $\sigma<\varphi[\sigma]$,符合压杆稳定条件,所以,木柱安全。

【例 6-13】 一正方形木柱，长 $l=4.2\text{m}$，承受轴心压力 $P=50\text{kN}$ 的作用。假设木柱两端为铰接。木材的作用应力为 $[\sigma]=10\text{MPa}$。试确定此轴心受压木柱的横截面的边长 a。

解：由于 A 和 φ 都是未知的，此时可采用试算法。

(1)先设 $\varphi_1=0.5$，得

$$A_1=\frac{P}{\varphi_1[\sigma]}=\frac{50\times10^3}{0.5\times10}=10000\text{mm}^2$$

$$a_1=\sqrt{A_1}=\sqrt{10000}=100\text{mm}$$

当边长为 100mm 的情况下，$i_1=\sqrt{\dfrac{I_1}{A_1}}=\dfrac{a_1}{\sqrt{12}}=\dfrac{100}{\sqrt{12}}=28.9\text{mm}$

$$\lambda_1=\frac{\mu l}{i_1}=\frac{1\times4.2\times10^3}{28.9}=145.3$$

查表得 $\varphi_1'=0.143$。由于 φ_1' 与假设的 $\varphi_1=0.5$ 相差较大，故需作第二次试算。

(2)再设 $\varphi_2=0.25$，得

$$A_2=\frac{P}{\varphi_1[\sigma]}=\frac{50\times10^3}{0.25\times10}=20000\text{mm}^2$$

$$a_2=\sqrt{A}=\sqrt{20000}=141.4\text{mm}\quad 取\ a_1=145\text{mm}$$

当边长为 145mm 的情况下，$i_2=\sqrt{\dfrac{I_2}{A_2}}=\dfrac{a_2}{\sqrt{12}}=\dfrac{145}{\sqrt{12}}=41.9\text{mm}$

$$\lambda_2=\frac{\mu l}{i_2}=\frac{1\times4.2\times10^3}{41.9}=100.2$$

查表得 $\varphi_2'=0.299$。由于 φ_1' 与假设的 $\varphi_2=0.25$ 相差不大，故不必再选。

(3)进行稳定校核

$$\sigma=\frac{P}{A}=\frac{50\times10^3}{145^2}=2.38\text{MPa}$$

$$\varphi_2'[\sigma]=0.299\times10=2.99\text{MPa}$$

由于 $\sigma<\varphi[\sigma]$，符合压杆稳定条件，所以，最后确定木柱边长 $a=145\text{mm}$。

【例 6-14】 如图 6-34 所示钢柱由两根 10 号槽钢制成，柱长 $l=10\text{m}$，两端固定。压杆材料为低碳钢，符合《钢结构设计规范》(GB 50017—2003)中的实腹式 b 类截面中心受压杆的要求。材料的强度许用应力 $[\sigma]=140\text{MPa}$，试求钢柱能承受的轴向压力 $[P]$。

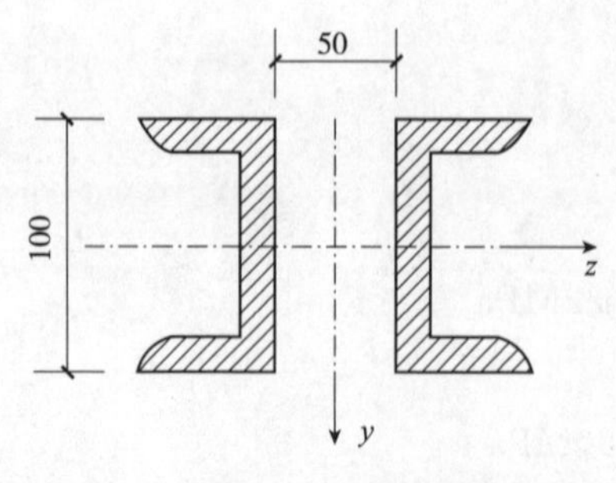

图 6-34 例 6-14 图

解:由型钢表查得

$$A=2\times12.74\text{cm}^2$$

$$I_z=2\times198.3\text{cm}^4$$

$$i_z=3.95\text{cm}$$

$$I_y=2\times[25.6+12.74\times(2.5+1.522)]=463\text{cm}^4$$

由表 6-4,并用直线内插法求得

$$\varphi=0.402+\frac{0.406-0.402}{127-126}(126.6-126)=0.4044$$

所以　$$[P]=\varphi A[\sigma]=0.4044\times2\times12.74\times102\times140$$

$$=144\times103\text{kN}=144\text{kN}$$

六、提高压杆稳定的措施

提高压杆的稳定性,就是要提高压杆的临界力或临界应力。由欧拉公式可以看出,压杆的临界力与压杆的截面形状、压杆的长度、杆端支承和压杆的材料有关。因此,要提高临界力可采取以下措施。

1. 选择合适的材料

对于细长压杆,临界应力与材料的弹性模量 E 有关,由于各种钢材的弹性模量值相差不大。所以,对于细长杆来说,选用优质钢材对提高临界应力是没有意义的。对于中长杆,其临界应力与材料强度有关,强度越高的材料,其临界应力也越高。所以,对中长杆而言,选用优质钢材将有助于提高压杆的稳定性。

2. 减小压杆的长度

减小压杆的长度是提高压杆稳定性的有效方法之一。在条件允许的情况下,应尽可能减小压杆的长度,或者在压杆的中间增设支承点,以提高压杆的稳定性。

3. 选择合理的截面形状

柔度 λ 与惯性半径 i 成反比,因此,要提高压杆的稳定性,应尽量增大 i。由于 $i=IA$,所以在截面积一定的情况下,应尽量增大惯性矩 I。为此,应尽量使材料远离截面的中性轴。例如,采用空心截面(图 6-35)或组合截面(图 6-36)。

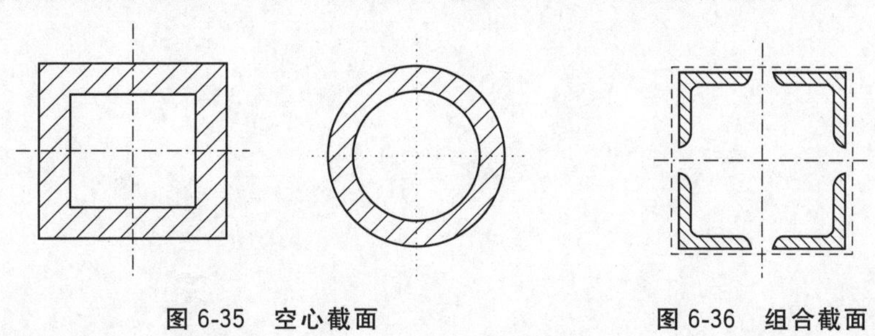

图 6-35　空心截面　　　　图 6-36　组合截面

当压杆在各个弯曲平面内的支承情况相同时，为避免压杆在最小刚度平面内先发生失稳，应尽量使各个方向的惯性矩相同。如采用圆形、方形截面。

若压杆的两个弯曲平面支承情况不同，则采用两个方向惯性矩不同的截面，与相应的支承情况对应。例如采用矩形、工字形截面。在具体确定截面尺寸时，抗弯刚度大的方向对应支承固结程度低的方向，抗弯刚度小的方向对应支承固结强的方向，尽可能使两个方向的柔度相等或接近，抗失稳的能力大体相同。

4. 改善杆端的支撑条件

改善约束情况尽可能改善杆端约束情况，加强杆端约束的刚性。使压杆的长度因数 μ 值减小，临界应力相应增大，从而提高压杆的稳定性。

第七章　剪切与扭转

第一节　剪切与扭转的概念

一、剪切的概念

杆件受到一对大小相等、方向相反、作用线相距很近的横向力(即垂直于杆轴线的力)P作用时,杆件产生剪切变形[图 7-1(a)]。在剪切变形过程中,随着力P的增大,两力间的截面将沿着力的作用方向发生相对错动直至剪断[图 7-1(b)]。

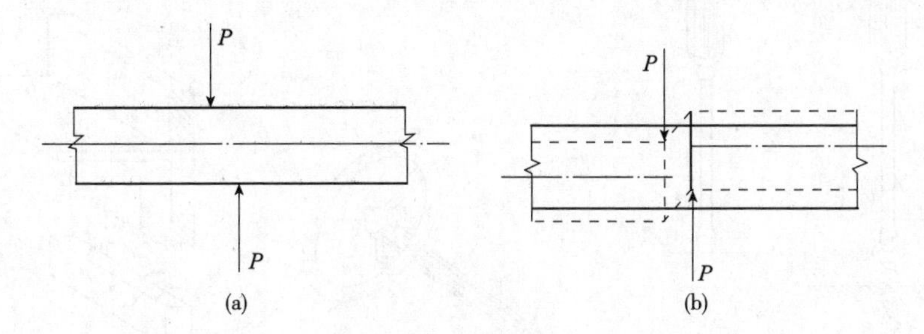

图 7-1　剪切变形

工程中,剪切变形常出现在构件的连接部分。如连接两块钢板的螺栓接头[图 7-2(a)],钢结构中广泛应用的铆钉连接[图 7-2(b)],木结构中的榫连接及机械中的销连接、键连接[图 7-2(c)]等。

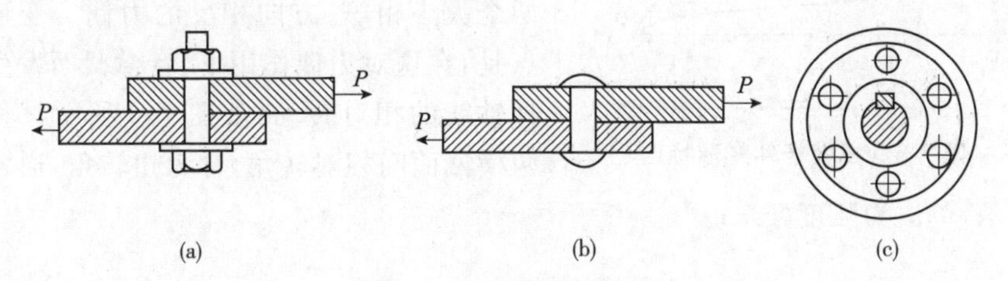

图 7-2　构件的连接方式

发生剪切变形的构件,通常总伴随着其他形式的变形,其中挤压变形是不可忽视的。如图 7-2(a)所示的螺栓与钢板相互接触部分,很小的面积上传递着很大的压力,容易造成接触部位的压溃,在剪切计算中将一并进行计算。

二、扭转的概念

扭转是杆件变形的另一种基本变形形式。在实际工程中，单独发生扭转变形的构件较少，多数构件在发生扭转变形的同时，伴有其他的变形。构件如以扭转为主要变形形式，而其他变形并不显著而可以忽略不计，这种构件可以当做受扭构件来计算。习惯上，以扭转为主要变形的杆件称为轴，截面为圆形的轴称为圆轴。

在工程中，发生扭转的杆件很多。例如用螺钉旋具（俗称螺丝刀）拧紧螺钉时（图 7-3），螺丝刀的上端通过手柄对刀杆施加一力偶后，螺钉的阻力在螺丝刀的刀口上产生一个方向相反的力偶与之平衡。这两个力偶的作用面垂直于杆轴，大小相等、转向相反，使刀杆产生扭转变形。又如连接汽车方向盘的转向轴（图 7-4）、钻探机的钻杆、房屋的雨篷梁（图 7-5）、钢筋混凝土框架的边梁等也有扭转变形。

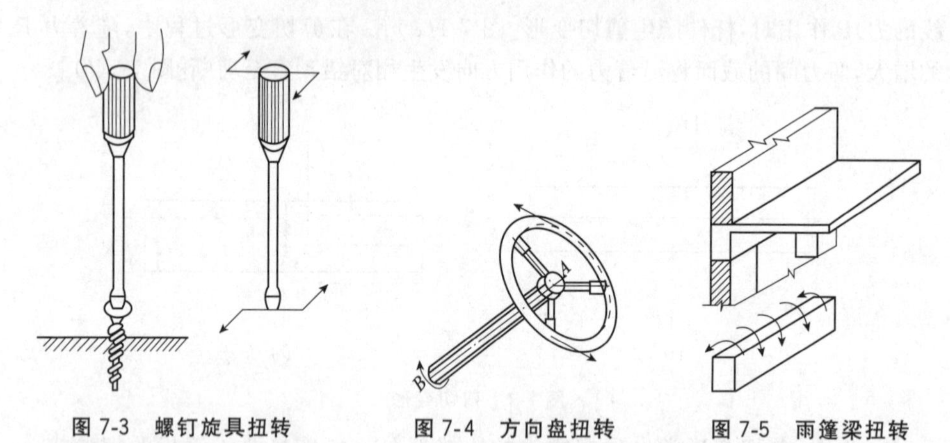

图 7-3　螺钉旋具扭转　　图 7-4　方向盘扭转　　图 7-5　雨篷梁扭转

这些构件，虽然受力方式不同，但都有共同的受力特点和变形特点。其受力特点是：在垂直于杆件轴线的平面内，作用两个大小相等、方向相反的力偶。变形特点是：在这对力偶作用下，各横截面发生绕杆轴线的相对转动，如图 7-6 所示。任意两横截面间相对转角，称为扭转角，通常用 φ 表示，单位为弧度（rad）。

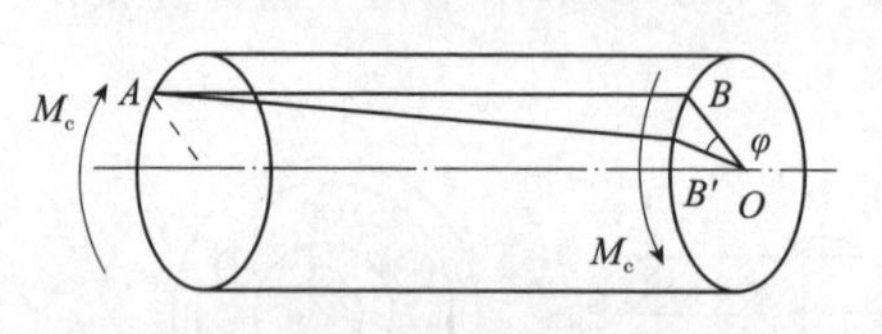

图 7-6　扭转杆件变形特点

第二节　连接件的剪切与挤压强度计算

工程实际中广泛应用的连接构件，像螺栓、铆钉、销等，一般尺寸都不大，不是细长杆件，受力与变形也较为复杂，难以从理论上计算它们的真实工作应力。

它们的强度计算通常采用实用计算法来进行。这是一种经验计算方法，算出的应力并不是构件内的真实应力，只是它的数值和实验测定的构件破坏时的应力数值相接近，被用来作为强度计算的依据。因此，这种实用计算法算出的应力是一种名义应力。

下面以铆钉连接的强度计算为例，来说明实用计算方法。

一、剪切强度计算

设两块钢板用铆钉连接，如图 7-7(a)所示。钢板受拉时，会使铆钉沿两力间的截面剪断[图 7-7(b)]，这个截面叫剪切面。

剪切面上的内力可用截面法求得。将铆钉假想地沿剪切面截开，由平衡条件可知剪切面上存在着与外力 P 大小相等、方向相反的内力 Q，称为剪力[图 7-7(c)]。

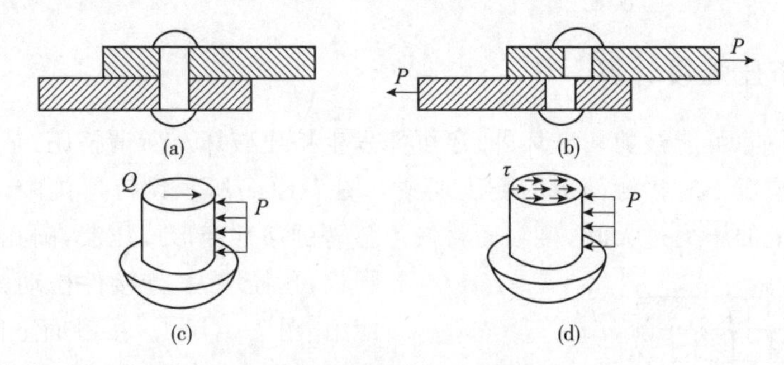

图 7-7　连接件的受力分析

轴向拉、压时，杆件横截面上的轴力垂直于截面，由正应力 σ 所组成。现在横截面上的剪力是沿截面作用，它由截面上各点处的剪应力 τ 所组成[图 7-7(d)]。剪应力的单位与正应力相同。

剪切面上的剪应力分布情况较为复杂，实用计算中假定剪应力 τ 均匀地分布在剪切面上。有

$$\tau=\frac{Q}{A} \tag{7-1}$$

式中：Q——剪切面上的剪力；

A——剪切面的面积。

剪切强度条件为

$$\tau=\frac{Q}{A}\leqslant[\tau] \tag{7-2}$$

式中：$[\tau]$——材料的许用剪应力。

许用剪应力的确定方法是：先测出材料发生剪切破坏时的荷载，代入式(7-1)算出此时的极限应力，然后除以安全系数。各种材料的许用剪应力值可在有关

手册中查得，也可由下列经验公式确定

塑性材料　　　　　　　　$[\tau]=(0.6\sim0.8)[\sigma_1]$

脆性材料　　　　　　　　$[\tau]=(0.8\sim1.0)[\sigma_1]$

式中：$[\sigma_1]$——材料的许用拉应力。

【例 7-1】 图 7-7(a)所示的铆钉连接中，已知铆钉直径为 $d=10\text{mm}$，$P=7\text{kN}$，材料的许用剪应力为 $[\tau]=140\text{MPa}$，试校核铆钉的强度。

解：铆钉所受的力为

$$Q=P=7\text{kN}$$

又
$$A=\frac{\pi d^2}{4}=\frac{\pi\times10^2}{4}=78.5\text{mm}^2$$

故
$$\tau=\frac{Q}{A}=\frac{7\times10^3}{78.8}=89.2\text{N/mm}^2=89.2\text{MPa}<[\tau]=140\text{MPa}$$

二、挤压强度计算

连接件除可能被剪切破坏外，还可能发生挤压破坏。所谓挤压，是指两个构件相互传递压力时接触面上的受压现象。图 7-8(a)所示铆钉连接中，铆钉与钢板接触面上的压力过大时，接触面将发生显著的塑性变形或压溃，圆孔变成了椭圆状，孔径增大，连接件松动，不能正常使用[图 7-8(b)]。接触面上的压力 P_c 称为挤压力，在接触面上发生的变形称为挤压变形，挤压力作用的面 A_c 称为挤压面[图 7-8(c)]，挤压面上的应力 σ_c 称为挤压应力。

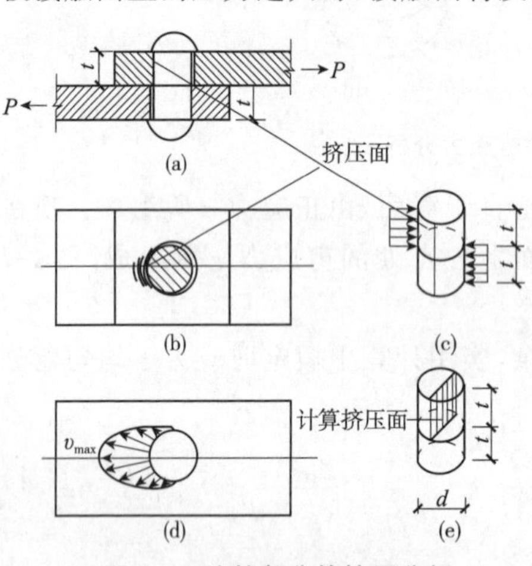

图 7-8　连接部分的挤压分析

挤压面上挤压应力的分布也很复杂，它与接触面的形状及材料性质有关。例如钢板上铆钉附近的挤压应力分布如图 7-8(d)所示，挤压面上各点的应力大小与方向都不相同。实用计算中假定挤压应力沿挤压面是均匀分布的。即有

$$\sigma_c=\frac{P_c}{A_c} \tag{7-3}$$

式中：P_c——挤压面上的挤压力；

A_c——挤压面的计算面积。

当挤压面为平面时，计算挤压面积为实际挤压面；当挤压面为圆柱面时，用圆柱截面的直径平面面积作为计算面积[图 7-8(e)]。此时，计算出的最大挤压

应力 σ_c 和实际发生的最大挤压应力数值很接近，满足精度要求。

挤压强度条件为

$$\sigma_c=\frac{P_c}{A_c}\leqslant[\sigma_c] \tag{7-4}$$

式中：$[\sigma_c]$——材料的许用挤压应力，其值由实验测定，可从有关手册中查到。

$[\sigma_c]$与材料的许用拉应力$[\sigma_1]$之间存在下述近似关系

塑性材料　　　$[\sigma_c]=(0.5\sim2.5)[\sigma_1]$

脆性材料　　　$[\sigma_c]=(0.9\sim1.5)[\sigma_1]$

挤压计算中应注意，如果两个相互挤压的构件材料不同时，应对挤压强度较小的构件进行计算。

以上所介绍的剪切和挤压的实用计算公式表达了一种经验性的强度计算方法，计算结果和构件实际的破坏结果很接近，因此在实际连接件的剪切和挤压计算中得到了广泛的应用。此外，在考虑整个连接件的使用安全时，由于钢板钻孔后截面受到了削弱，故尚应计算钢板的抗拉强度。

【例 7-2】 如图 7-9 所示的铆钉连接，已知钢板与铆钉的材料相同，铆钉直径 $d=16$mm，拉力 $P=110$kN，钢材的许用应力为$[\sigma]=160$MPa，$[\tau]=140$MPa，$[\sigma_c]=320$MPa，钢板厚度 $t=10$mm，宽度 $b=90$mm，材料相同试校该结构的连接强度。

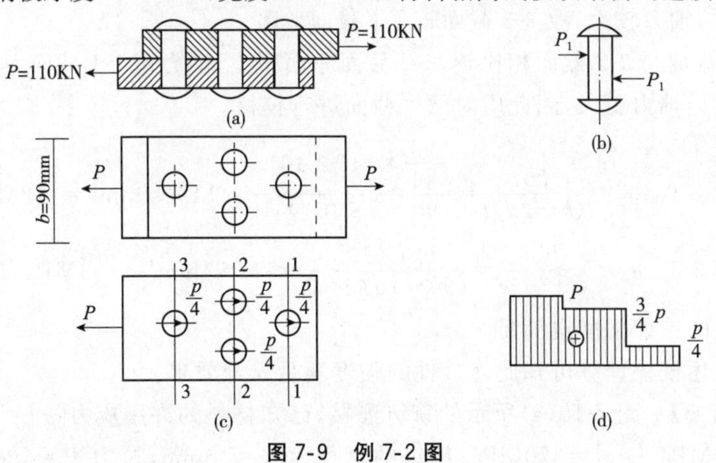

图 7-9　例 7-2 图

解：(1)铆钉的受力分析

选取铆钉为研究对象，其受力如图 7-9(b)所示。

连接件上有 n 个铆钉时，假定各个铆钉剪切变形相同；当铆钉直径相同时，则拉力将平均分配在各个铆钉上，即每个铆钉所承受的剪力相同。

每个铆钉所承受的作用力为：

$$P_1=\frac{P}{n}=\frac{P}{4}=\frac{110}{4}=27.5\text{kN}$$

(2)铆钉剪切强度的校核

每个铆钉的受剪面积为其横截面面积,由剪切强度条件得:

$$\tau=\frac{Q}{A}=\frac{P}{n\times\frac{\pi d^2}{4}}=\frac{27.5\times10^3}{\frac{\pi\times16^2}{4}}=136.8\text{N/mm}^2=136.8\text{MPa}<[\tau]$$

故剪切强度满足。

(3)挤压强度的校核

每个铆钉所承受的挤压力为　　$P_c=P_1$

挤压面的计算面积为　　$A_c=td$

由挤压强度条件得:

$$\sigma=\frac{P_c}{A_c}=\frac{P}{ntd}=\frac{27.5\times10^3}{10\times16}=172\text{N/mm}^2=172\text{MPa}<[\sigma_c]$$

故挤压强度满足。

(4)钢板拉伸强度的校核

两块钢板的受力及开孔情况相同,故可选取任意一块进行研究。其受力如图 7-9(c)所示,钢板的轴力图如图 7-9(d)所示。

从连接的平面图可明显看出,1-1 截面与 3-3 截面开孔后的净面积相同,因 3-3 截面的轴力较大,故 3-3 截面较 1-1 截面危险。

2-2 截面与 3-3 截面相比较,2-2 截面净面积小,轴力比 1-1 截面大;3-3 截面净面积大但轴力更大,因此应对两个截面进行校核。

截面 2-2　$\sigma_2=\frac{N_2}{(b-2d)t}=\frac{\frac{3}{4}\times110\times10^3}{(90-2\times16)\times10}=142\text{N/mm}^2=142\text{MPa}<[\sigma]$

截面 3-3　$\sigma_3=\frac{N_3}{(b-d)t}=\frac{110\times10^3}{(90-16)\times10}=149\text{N/mm}^2=149\text{MPa}<[\sigma]$

钢板的拉伸强度也满足。

由上述校核计算可知此连接件的强度满足安全要求。

【例 7-3】 图 7-10(a)所示的铆钉连接,已知材料的许用应力$[\sigma]=160\text{MPa}$,$[\tau]=140\text{MPa}$,$[\sigma_c]=320\text{MPa}$;铆钉的直径为 $d=16\text{mm}$,拉力 $P=100\text{kN}$,$t_1=10\text{mm}$,$t=20\text{mm}$,试计算此连接所需的铆钉数量。

解:(1)按剪切强度条件选

选取铆钉为研究对象,其受力如图 7-10(b)所示,每个铆钉受到的作用力为 $P_1=\frac{P}{n}$;由截面法求得剪切面上的剪力为:

$$Q=\frac{P_1}{2}$$

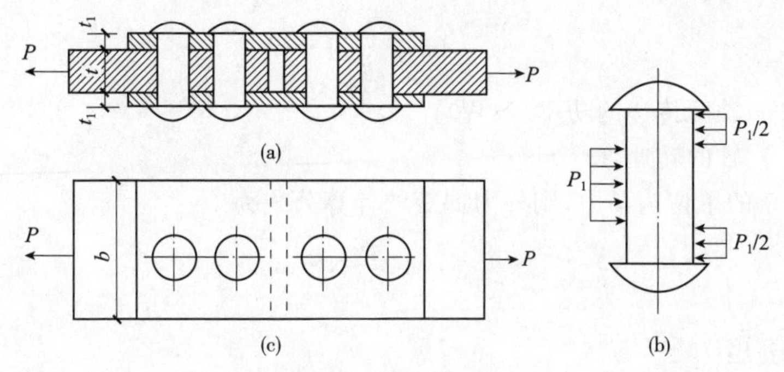

图 7-10　例 7-3 图

剪切强度条件：$\tau=\dfrac{Q}{A}=\dfrac{P}{2nA}\leqslant[\tau]$

故有：$n\geqslant\dfrac{P}{2[\tau]A}=\dfrac{100\times10^3}{2\times140\times\dfrac{\pi16^2}{4}}=1.78$ 个　取 $n=2$ 个

(2)按挤压强度条件选

铆钉与连接主板间的挤压力为：$P_c=P$

挤压面的计算面积为 $A_c=td$

挤压强度条件：$\sigma_c=\dfrac{P_c}{A_c}=\dfrac{P}{mtd}\leqslant[\sigma_c]$

故有：$n\geqslant\dfrac{P}{[\sigma_c]td}=\dfrac{100\times10^3}{320\times20\times16}\approx1$ 个

要同时满足剪切和挤压的强度条件，铆钉数应取 $n=2$ 个。

(3)根据主板的拉伸强度条件选择板的宽度

将两个铆钉排列如图 7-10(c)所示，铆钉直径所在的平面为危险截面，其最大工作应力为：

$$\sigma=\frac{P}{(b-d)t}=\frac{100\times10^3}{(b-16)\times20}\leqslant[\sigma]=160\text{MPa}$$

求得：$b\geqslant47.3\text{mm}$　　取 $b=48\text{mm}$

第三节　圆轴扭转的内力——扭矩

一、力偶矩计算

从上述可知，使构件发生扭转的外因，是垂直于杆轴的两个平行平面上的外力偶。这个外力偶的力偶矩在工程中并不是已知的，而需要通过轴所传递的功率和转速计算出来，即

$$M_c = 9549\ \frac{N}{n} \text{N} \cdot \text{m} \tag{7-5}$$

式中：N——轴所传递的功率，(kW)；

n——轴的转速，(r/min)。

若功率的单位为马力，则外力偶矩的计算公式为

$$M_c = 7024\ \frac{N}{n} \text{N} \cdot \text{m} \tag{7-6}$$

二、扭矩

外力偶矩确定后，便可利用截面法求出圆轴横截面上的内力。设等直圆轴 AB 在两个大小相等、转向相反、作用面与杆轴线垂直的外力偶矩 M_e 作用下产生扭转变形[图 7-11(a)]。

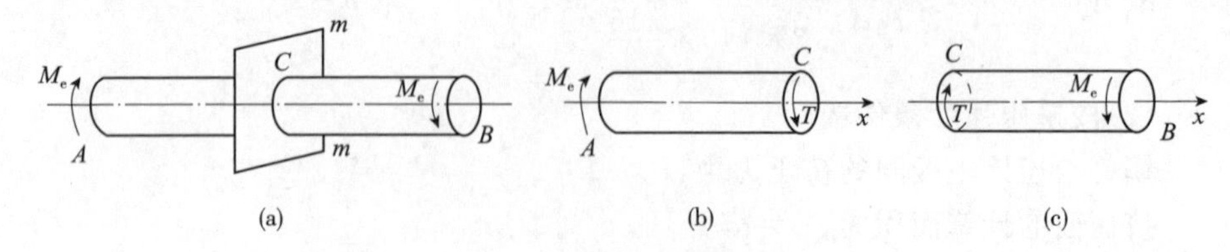

图 7-11 扭转变形

为求任意截面上的内力，假想用平面 m-m 将轴截开，分为左右两段，取左段为研究对象[图 7-11(b)]。由于圆轴 AB 是平衡的，因此所截取部分也应处于平衡状态，由受力图可知，为保持研究对象的平衡，在 m-m 截面上的分布内力也必须构成一个内力偶矩与外力偶矩 M_e 平衡，我们称这个内力偶矩为扭矩，用 T 表示，单位为 N·m 或 kN·m。由研究段的平衡条件

$$\sum M_x = 0 \qquad 得 \qquad T - M_e = 0$$

$$T = M_e$$

同理，如取右段为研究对象[图 7-11(c)]，也可求出 m-m 截面上的扭矩 T'。根据作用与反作用的关系，其结果必然有 T' 与 T 大小相等、转向相反。为使从截面左侧和截面右侧求得同一截面的扭矩不但数值相等，而且正负号也相同，故对扭矩的符号作如下规定：

按右手螺旋法则将扭矩用矢量表示，若矢量的指向离开截面，则该扭矩为正，反之为负。即用右手四指表示扭矩的转向，当拇指的指向背离截面时为正；反之为负，如图 7-12 所示。

按此规定，图 7-11 中所示的 m-m 截面的扭矩不论取左段或右段，均为正扭矩。由此可见，扭矩的正负号与轴向拉压时一样，是根据杆件的变形规定的。

扭矩的常用单位为牛顿·米(N·m)或千牛顿·米(kN·m)。

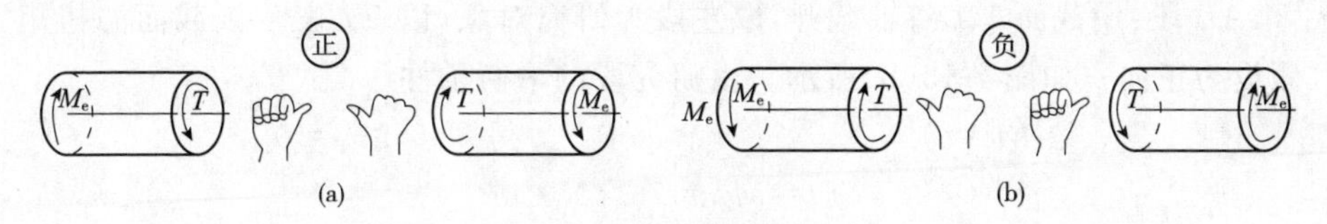

图 7-12　右手螺旋法则

在计算时，如横截面上扭矩实际转向未知，一般先假设扭矩为正，若求得的结果也为正，表示扭矩实际转向与假设相同；若求得的结果为负，则表示扭矩实际转向与假设相反。

三、扭矩图

一般情况下，圆轴上同时受有几个外力偶作用，这时，各横截面上的扭转也不尽相同。为了形象地表示扭矩沿轴线的变化情况，可仿照作轴力图的方法，沿轴线方向取坐标表示横截面位置，以垂直轴线的另一坐标表示扭矩，得到扭矩随横截面位置而变化的图形，称为扭矩图。正扭矩画在横坐标轴的上方，负扭矩画在下方。

下面举例说明扭矩计算及扭矩图的绘制方法和步骤。

【例 7-4】　图 7-13(a)表示传动轴，转速 $n=500\mathrm{r/min}$，A 轴为主动轮，输入功率 $N_A=10\mathrm{kW}$，B、C 轴为从动轮，输出功率为 $N_B=4\mathrm{kW}$、$N_C=6\mathrm{kW}$。试计算轴内各段的扭矩并作扭矩图。

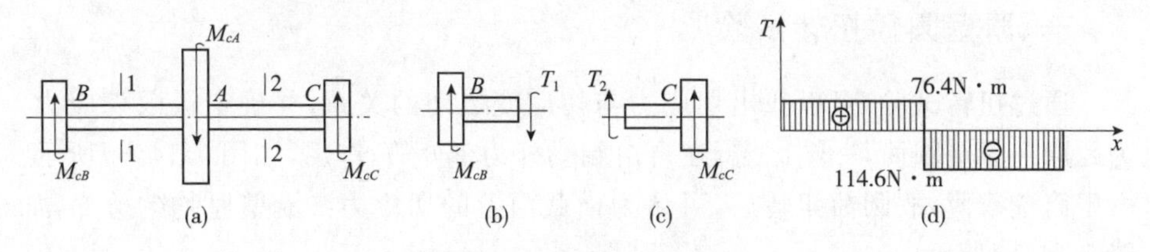

图 7-13　扭矩图的绘制

解：(1)外力偶矩的计算

由式(7-1)可求得 A、B、C 轮外力偶矩为

$$M_{cA}=9549\,\frac{N_A}{n}=9549\,\frac{10}{500}=191\mathrm{N\cdot m}$$

$$M_{cB}=9549\,\frac{N_B}{n}=9549\,\frac{4}{500}=76.4\mathrm{N\cdot m}$$

$$M_{cC}=9549\,\frac{N_C}{n}=9549\,\frac{6}{500}=114.6\mathrm{N\cdot m}$$

(2)扭矩计算

因轴上作用有三个外力偶矩，需将轴分成 AB 和 AC 两段，用截面法计算各段轴的扭矩。

AB 段：用截面 1-1 将轴截开，取左段为研究对象，以 T_1 表示该截面的扭矩（假设为正向），如图 7-13(b)所示。由研究段的平衡条件

$$\sum M_x = 0 \qquad \text{得 } T_1 - M_{eB} = 0$$

$$T_1 = M_{eB} = 76.4\text{N} \cdot \text{m}$$

所得结果为正值，表示实际转向与假设方向一致，为正扭矩。

AC 段：用 2-2 截面将轴在 AC 段内截开，取右段为研究对象，以 T_2 表示该截面上的扭矩（假设为正向），如图 7-11(c)所示。由平衡条件

$$\sum M_x = 0 \qquad \text{得 } T_2 - M_{eC} = 0$$

$$T_2 = M_{eC} = -114.6\text{N} \cdot \text{m}$$

所得结果为负值，说明实际方向与假设方向相反；应为负扭矩。

(3)作扭矩图

以平行轴线的横坐标轴为 x 轴，表示截面位置，纵坐标表示扭矩，按一定比例分别将 T_1、T_2 画在 x 轴的上、下方，得扭矩图如图 7-11(d)所示。

从扭矩图可以看出，在集中力偶作用处，其左右截面扭矩不同，此处发生突变，突变值等于集中力偶矩的大小。最大扭矩 $T|_{\max} = 114.6\text{N} \cdot \text{m}$，发生在 AC 段。

第四节　扭转杆件的应力和变形

一、薄壁圆筒扭转试验

通过扭转试验，可以找出切应力与切应变之间的关系，并确定极限切应力。为此取一薄壁圆筒，一端固定，在自由端受外力偶矩 T 作用，如图 7-14(a)所示。由于筒壁很薄，故圆筒扭转后，可认为横截面上的切应力 τ 沿壁厚均匀分布，如图 7-14(b)所示。

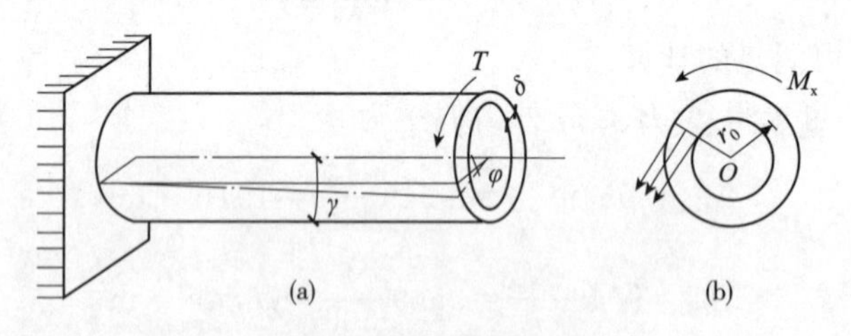

图 7-14　薄壁圆筒扭转

由静力学求合力的方法，可得

$$(\tau 2\pi r_0 \delta) r_0 = M_x = T$$

即

$$\tau = \frac{T}{2\pi r_0^2 \delta} \tag{7-7a}$$

圆筒扭转后，表面上的纵线转过角度 γ，此即切应变，它和扭转角 φ 的关系为

$$\gamma l = r_0 \varphi$$

即

$$\gamma = \frac{r_0}{l}\varphi \tag{7-7b}$$

扭转试验时逐渐增加外力偶矩，并测得与之相应的扭转角 φ，可画出 $T-\varphi$ 曲线；再通过式(7-7a)和式(7-7b)，可画出 $\tau-\gamma$ 曲线。

低碳钢的 $\tau-\gamma$ 曲线如图 7-15 所示。由图可见，当切应力不超过 a 点的切应力时，切应力 τ 与切应变 γ 之间成线关系，因此得到

$$\tau = G\gamma$$

a 点的切应力称为剪切比例极限，用 τ_p 表示。当切应力超过 τ_p 以后，材料将发生屈服，b 点的切应力称为剪切屈服极限，用 τ_s 表示。但低碳钢的薄壁圆筒扭转试验不易测得剪切屈服极限，因为在材料屈服前，圆筒壁可能会发生折断。

实心圆杆铸铁的 $\tau-\gamma$ 曲线如图 7-16 所示。曲线上没有成直线的一段，故一般用割线代替，而认为剪切胡克定律近似成立；此外，铸铁扭转时没有屈服阶段，但可测得剪切强度极限 τ_b。

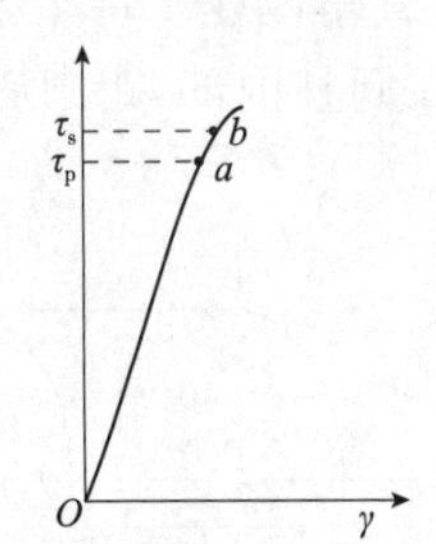

图 7-15　低碳钢的 $\tau-\gamma$ 曲线

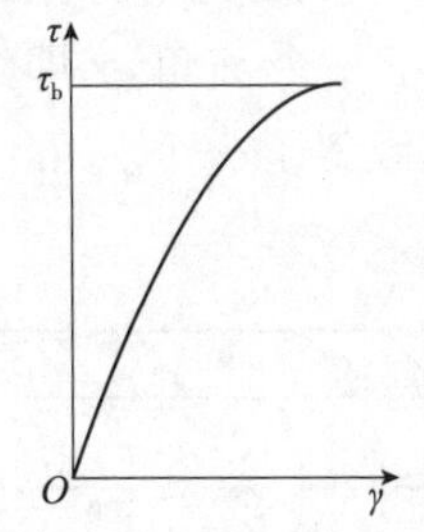

图 7-16　铸铁的 $\tau-\gamma$ 曲线

弹性模量 E、泊松比 u 和切变模量 G，是材料的三个弹性常数，经试验验证和理论证明，它们之间存在如下关系

$$G = \frac{E}{2(1-u)} \tag{7-8}$$

因此，这三个常数中，只有两个是独立的。只要知道其中两个常数，便可由式(7-8)求得第三个常数。

对于绝大多数各向同性材料，泊松比 u 一般大于 0 而小于 0.5，因此，G 的值为 E 的 1/3～1/2。

二、扭转圆杆横截面上的应力

圆杆扭转时，横截面上的内力为扭矩 T，扭矩只能由切向微内力 τdA 合成，

所以扭转圆杆横截面上只有切应力 τ。为了确定横截面上的切应力分布规律，首先也要通过实验观察扭转杆件的变形情况，并确定变形的几何关系，再利用物理方面和静力学方面的关系综合进行分析。

1. 几何方面

取一等直圆杆，在表面上画一系列的圆周线和垂直于圆周线的纵线，它们组成许多矩形网格，如图 7-17 所示。然后在其两端施加一对大小相等、转向相反的力偶矩，使其发生扭转。当变形很小时，可以观察到：①变形后所有圆周线的大小、形状和间距均未改变，只是绕杆的轴线作相对的转动；②所有的纵线都转过了同一角度 γ，因而所有的矩形网格都变成了平行四边形。

根据以上的表面现象去推测杆内部的变形，可作出如下假设：变形前为平面的横截面，变形后仍为平面，并如同钢片一样绕杆轴旋转。这样，横截面上任一半径始终保持为直线。这一假设称为平截面假设或平面假设。

在上述假设的基础上，再研究微体的变形。从图 7-17 所示的杆中，截取长为 dx 的一段轴，其扭转后的相对变形情况如图 7-18 所示。2-2 截面相对于 1-1 截面像刚性平面一样地绕杆轴线转动了一个角度 $d\varphi$，由图 7-17 可见，在圆杆表面上的矩形 $abcd$ 变为平行四边形，但边长不变，而直角改变了一个 γ 角，即 ac 纵向线倾斜了一个 γ 角，γ 即为 a 点处的切应变，在圆杆内部，距圆心为 ρ 处的 ef 纵向线也倾斜了一个 γ_ρ 角，即 e 点的切应变为 γ_ρ。

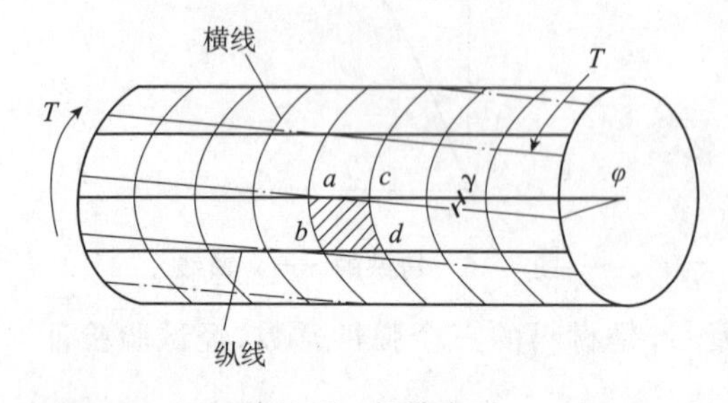

图 7-17　扭转变形

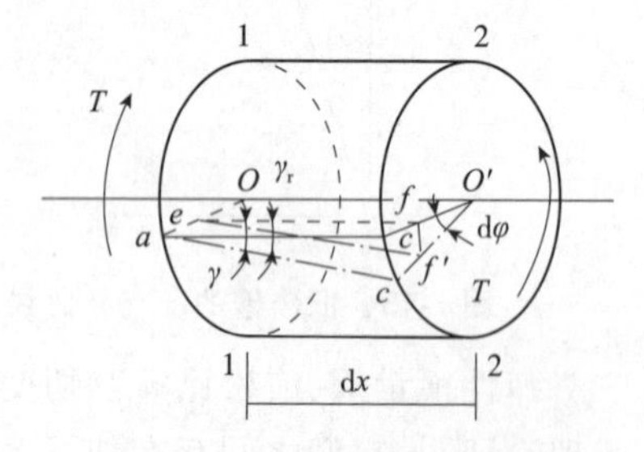

图 7-18　圆轴扭转变形分析

则由几何关系可以得到

$$\gamma_\rho \approx \tan\gamma_\rho = \frac{\overline{ff'}}{dx} = \frac{\rho d\varphi}{dx} = \rho\theta \tag{7-9}$$

式中 $\theta = \dfrac{d\varphi}{dx}$为单位长度杆的相对扭转角。对于同一横截面，$\theta$ 为一常量，故由式(7-9)可见，切应变 γ_ρ与 ρ 成正比。

2. 物理方面

切应变是由于矩形的两侧相对错动而引起的，发生在垂直于半径的平面内，

所以与它对应的切应力的方向也垂直于半径。由试验可知当杆只产生弹性变形时，切应力和切应变之间存在着如下关系

$$\tau=G\gamma \tag{7-10}$$

这一关系称为剪切胡克定律。式中 G 为切变模量，量纲与 E 相同，常用单位为 MPa 或 GPa。G 值的大小因材料而异，可由试验测定。

由式(7-9)和式(7-10)可得横截面上任一点处的切应力为

$$\tau_\rho=G\gamma_\rho=G_\rho\frac{\mathrm{d}\varphi}{\mathrm{d}x} \tag{7-11}$$

由此可知，横截面上各点处的切应力与 ρ 成正比，ρ 相同的圆周上各点处的切应力相同，切应力的方向垂直于半径。图 7-19 示出实心圆杆横截面上的切应力分布规律，在圆杆周边上各点处的切应力具有相同的最大值，在圆心处，$\tau=0$。

式(7-11)虽确定了切应力的分布规律，但 $\frac{\mathrm{d}\varphi}{\mathrm{d}x}$ 还不知道，故无法计算切应力。因此，还需利用静力学方法求解。

3. **静力学方面**

图 7-20 所示横截面上的扭矩 T，是由无数个微面积 $\mathrm{d}A$ 上的微内力 $\tau_\rho\mathrm{d}A$ 对圆心 O 点的力矩合成得到，即

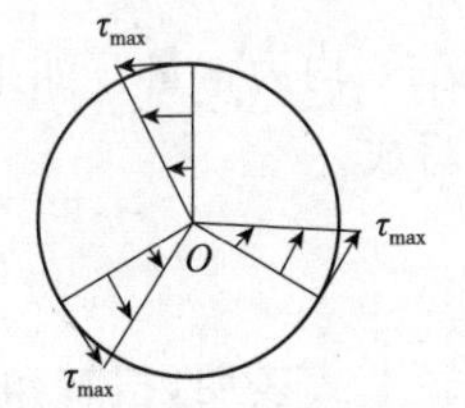

图 7-19　扭转圆杆横截面切应力分布图

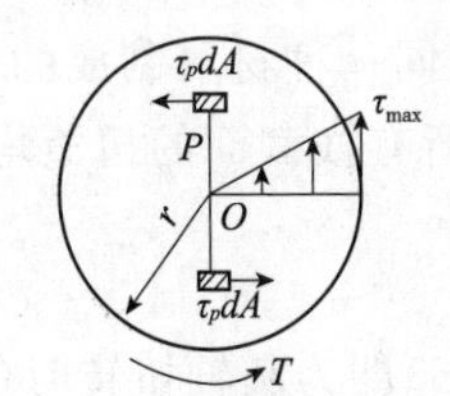

图 7-20　圆杆横截面应力的合成

$$T=\int_A \rho\tau_\rho\mathrm{d}A \tag{7-12}$$

式中 A 为横截面面积。将式(7-11)代入式(7-12)，得

$$T=\int_A G\rho^2\frac{\mathrm{d}\varphi}{\mathrm{d}x}\mathrm{d}A=G\frac{\mathrm{d}\varphi}{\mathrm{d}x}\int_A\rho^2\mathrm{d}A=G\frac{\mathrm{d}\varphi}{\mathrm{d}x}I_p$$

式中 $I_p=\int_A\rho^2\mathrm{d}A$ 为横截面对 O 点的极惯性矩故上式可写为

$$\frac{\mathrm{d}\varphi}{\mathrm{d}x}=\frac{T}{GI_\mathrm{p}} \tag{7-13}$$

将式(7-13)代入式(7-11)，得到等直圆杆横截面上任一点处的切应力公式

$$\tau_\rho=\frac{T\rho}{I_\mathrm{p}} \tag{7-14}$$

横截面上最大的切应力发生在 $\rho=r$ 处，其值为

$$\tau_{\max}=\frac{Tr}{I_p}$$

令
$$W_p=\frac{I_p}{\tau}$$

则
$$\tau_{\max}=\frac{T}{W_p} \tag{7-15}$$

式中：W_p——扭转截面系数，其量刚为 L^3，常用单位为 mm^3 或 m^3。

三、等直圆杆扭转时的变形

等直圆杆扭转时的变形是用两个横截面绕轴线发生的相对转角，即扭转角来度量的。

由公式(7-13)知，单位长度的扭转角为

$$\frac{d\varphi}{dx}=\frac{T}{GI_P}$$

式中，$d\varphi$ 代表相距为 dx 的两个横截面间的扭转角。因此，长度为 L 的圆轴，两端面间的相对扭转角 φ 为

$$\varphi=\int_L d\varphi=\int_o^L \frac{T}{GI_P}dx$$

对于用同一种材料制成的等截面圆轴，G 及 I_P 均为常量。如果在杆长为 L 的范围内，所有横截面的扭矩均相等，则上式可写成

$$\varphi=\frac{TL}{GI_P} \tag{7-16}$$

式(7-16)即为圆轴扭转时的变形计算公式。上式表明，扭转角 φ 与 GI_P 成反比，即当 GI_P 越大时，扭转角就越小，说明圆轴越不容易发生扭转变形。因此，GI_P 反映了圆轴抵抗扭转变形的能力，称为圆轴的抗扭刚度。扭转角 φ 的单位为 rad(弧度)。

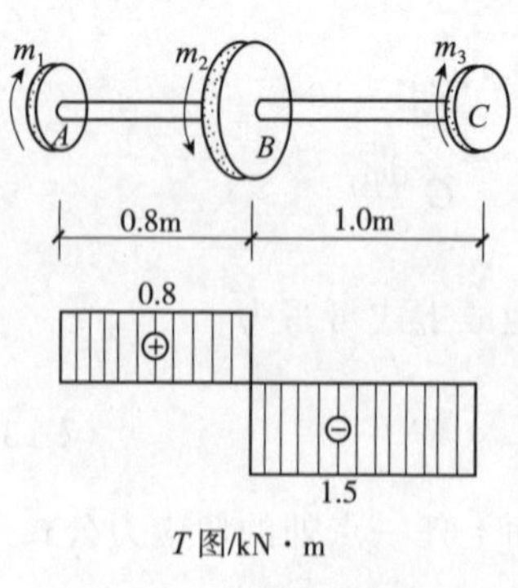

图 7-21　例 7-5 图

因为单位长度的扭转角的计算公式是在材料的剪应力不超过材料的剪切比例极限的条件下推导出来的，所以，该公式的使用范围是弹性范围。

【例 7-5】 如图 7-21 所示传动轴，已知外力偶矩 $m_1=0.8kN\cdot m$，$m_2=2.3kN\cdot m$，$m_3=1.5kN\cdot m$，AB 段的直径 $d_1=40mm$，BC 段的直径 $d_2=70mm$。已知材料的剪切弹性模量 $G=80GPa$，试计算 AC 圆轴的扭转角 φ_{AC}。

解：(1)计算扭矩并画扭矩图

AB 段：$T_1=0.8\text{kN}\cdot\text{m}$

BC 段：$T_2=-1.5\text{kN}\cdot\text{m}$

画扭矩图如图 7-21 所示。

(2)计算极惯性矩

AB 段：
$$I_{p1}=\frac{\pi d_1^4}{32}=\frac{\pi\times 40^4}{32}=25.13\times 10^4\text{mm}^2$$

BC 段：
$$I_{p2}=\frac{\pi d_2^4}{32}=\frac{\pi\times 70^4}{32}=235.72\times 10^4\text{mm}^2$$

(3)计算扭转角 φ_{AC}

由于 AB 段和 BC 段的扭矩不同，故应分别计算 AB 段和 BC 段的相对扭转角 φ_{AB} 和 φ_{BC}，取其代数和即得 φ_{AC}。

第五节　扭转杆件的强度和刚度校核

一、扭转杆件的强度条件

为了使圆轴在工作中不因强度不足而发生破坏，应使轴内的最大剪应力不超过材料的许用剪应力。因此，圆轴扭转时的强度条件为

$$\tau_{\max}=\frac{T_{\max}}{W_p}\leqslant[\tau] \tag{7-17}$$

式中，$T_{\max}$ 为整个圆轴内的最大扭矩。最大扭矩所在的截面称为危险截面。显然，圆轴内的最大剪应力发生在最大扭矩所在截面的圆轴表面上。$[\tau]$为材料的许用剪应力。各种材料的许用剪应力可从有关手册中查找。实验表明，在静荷载作用下，材料的许用剪应力$[\tau]$与材料的许用正应力$[\sigma]$存在如下关系：

塑性材料：$[\tau]=(0.5\sim0.6)[\sigma]$

脆性材料：$[\tau]=(0.8\sim1.0)[\sigma]$

二、扭转杆件的刚度条件

在工程中为了保证圆轴的正常工作，除了要满足强度条件外还要限制它的扭转变形。例如机器的传动轴如有过大的扭转角将会使机器在工作时产生较大的震动；精密机床上的转轴若变形过大将影响机床的加工精度等。通常这种变形是通过限制圆轴的最大单位长度扭转角不超过许用的单位长度扭转角来实现的，即

$$\frac{\varphi}{l}=\frac{T}{GI_p}\leqslant\left[\frac{\varphi}{l}\right]$$

上式即为圆轴扭转时的刚度条件。$\left[\frac{\varphi}{l}\right]$是许用单位长度扭转角，单位为°/m。$\left[\frac{\varphi}{l}\right]$是圆轴的最大单位长度扭转角，单位为 rad/m。为了使两边的单位一致，上式应为

$$\frac{\varphi}{l}=\frac{T}{GI_{\mathrm{P}}}\cdot\frac{180}{\pi}\leqslant\left[\frac{\varphi}{l}\right]$$

$\left[\frac{\varphi}{l}\right]$的数值，可从有关手册中查到。

三、扭转杆件的强度和刚度校核

【例 7-6】 图 7-22 所示为一胶带传动轴，马达带动胶带轮，通过 AB 轴带动另一胶带轮 B 转动，已知 A 轮输入功率 $N_A=20\mathrm{kW}$，B 轮输出功率 $N_B=20\mathrm{kW}$，轴的转速 $n=400\mathrm{r/min}$，轴的直径 $d=35\mathrm{mm}$，许用剪应力$[\tau]=70\mathrm{MPa}$。试校核轴的强度。

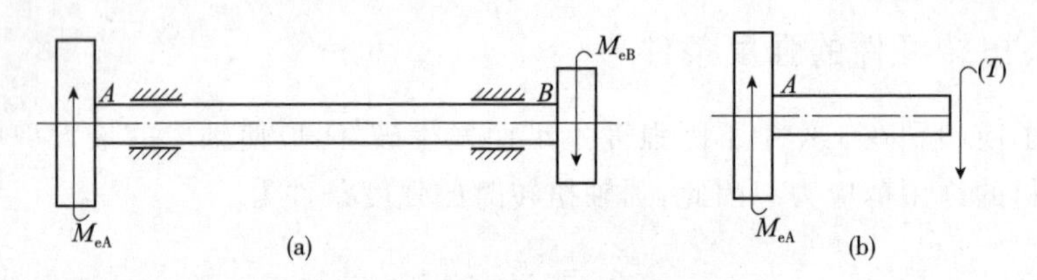

图 7-22 例 7-6 图

解：(1)计算扭矩

主动轮 A 输入的功率与被动轮 B 输出的功率都为 20kW。作用在 A 轮与 B 轮的外力偶矩相互平衡[图 7-22(a)]，其值为

$$M_{cA}=M_{cB}=9549\ \frac{N_A}{n}=9549\ \frac{20}{400}=477.5\mathrm{N\cdot m}$$

轴内横截面上的扭矩可由平衡条件求得[图 7-22(b)]

$$T-M_{eA}=0$$

$$T=M_{eA}=477.5\mathrm{N\cdot m}$$

(2)校核强度

轴的抗扭截面系数

$$W_P=\frac{\pi d^3}{16}=\frac{\pi\times35^3}{16}=8414\mathrm{mm}^3$$

由式(7-15)得

$$\tau_{\max}=\frac{T}{W_P}=\frac{477.5\times10^3}{8414}=56.8\mathrm{N/mm}^2=56.8\mathrm{MPa}<[\tau]=70\mathrm{MPa}$$

圆轴满足强度要求。

【例 7-7】 某传动轴，受到扭矩 $T=200\text{kN}\cdot\text{m}$ 的作用，若 $\left[\frac{\varphi}{l}\right]=0.3°/\text{m}$，$G=80\text{GPa}$，试根据刚度要求设计轴径 d。

解：由刚度条件

$$\frac{T}{GI_P}\leqslant\left[\frac{\varphi}{l}\right]$$

将 $I_\rho=\frac{\pi d^4}{32}$ 代入上式得

$$\frac{32T}{G\pi d^4}\leqslant\left[\frac{\varphi}{l}\right]$$

由此可得

$$d\geqslant\sqrt[4]{\frac{32M_D}{G\pi\left[\frac{\varphi}{l}\right]}}$$

许用单位长度扭转角为

$$\begin{aligned}\left[\frac{\varphi}{l}\right]&=0.3°/\text{m}=0.3\times\frac{\pi}{180°}\\&=5.24\times10^{-3}\,\text{rad/m}\\&=5.24\times10^{-6}\,\text{rad/mm}\end{aligned}$$

将上述 $\left[\frac{\varphi}{l}\right]$ 值和有关数据代入上式，得：

$$\begin{aligned}\text{d}&\geqslant\sqrt[4]{\frac{32\times200\times10^3\times10^3}{80\times10^9\times10^{-6}\times\pi\times5.24\times10^{-6}}}\\&=264\text{mm}\end{aligned}$$

取　　　　　　　　　　　$d=265\text{mm}$

【例 7-8】 一电机的传动轴直径 $d=40\text{mm}$，轴的传动功率 $P=30\ \text{kW}$，转速 $n=1400\text{r/min}$，轴的材料为 45 号钢，其 $G=80\text{GPa}$，$[\tau]=40\text{MPa}$，$\left[\frac{\varphi}{l}\right]=2°/\text{m}$，试校核此轴的强度和刚度。

解：(1)计算外力偶矩及横截面上的扭矩

$$M_x=T=9.55\ \frac{\text{P}}{\text{n}}=\left(9.55\times\frac{30}{1400}\right)kN\cdot m=204N\cdot m$$

(2)计算极惯性矩及抗扭截面系数

$$\text{I}=\frac{\pi\text{d}^4}{32}=\left(\frac{\pi\times40^4}{32}\right)mm^4=25.1\times10^{-8}m^4$$

$$\text{W}_\text{p}=\frac{\pi\text{d}^3}{16}=\left(\frac{\pi\times40^3}{32}\right)mm^3=12.55\times10^{-6}m^3$$

(3)强度校核

由式(7-15),得

$$\tau_{max}=\frac{M_x}{W_p}=\left(\frac{204}{12.55.1\times10^{-6}}\right)Pa=16.3MPa<[\tau]=40MPa$$

由此可见,该轴满足强度条件。

(4)刚度校核

由式(7-16),得

$$\theta_{max}=\frac{M_x}{GI_p}=\left(\frac{204}{8\times10^{10}\times25.1\times10^{-8}}\right)rad/m$$

$$=\left(\frac{204}{8\times10^{10}\times25.1\times10^{-8}}\times\frac{180}{\pi}\right)^{\circ}/m<\left[\frac{\varphi}{l}\right]=2^{\circ}/m$$

由此可见,该轴满足刚度条件。

第八章　梁的弯曲内力及弯曲应力

弯曲变形是工程中常见的一种基本变形。杆件受到垂直于杆件轴线的外力或在纵向平面内的力偶作用。在这些外力的作用下，杆件的轴线将由直线变成曲线，这种变形称为弯曲(图 8-1)。

凡以弯曲为主要变形的杆件通常均称为梁。例如房屋建筑中的楼面梁(图 8-3)。阳台的挑梁(图 8-4)等，都是以弯曲变形为主的构件。工程中最常用到的梁横截面一般都具有一根竖向对称轴，这根对称轴与梁的轴线所组成的平面称为纵向对称平面。如果梁上所有的外力均作用在纵向对称平面内，当梁变形时，其轴线即在该纵向平面内弯成一条平面曲线。这种弯曲称为平面弯曲或对称弯曲(图 8-2)。

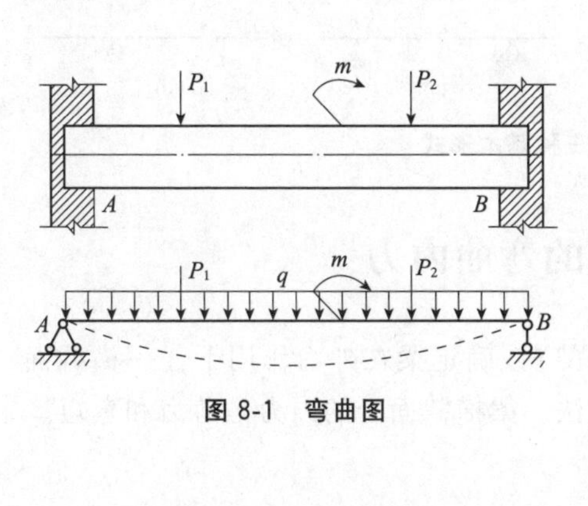

图 8-1　弯曲图

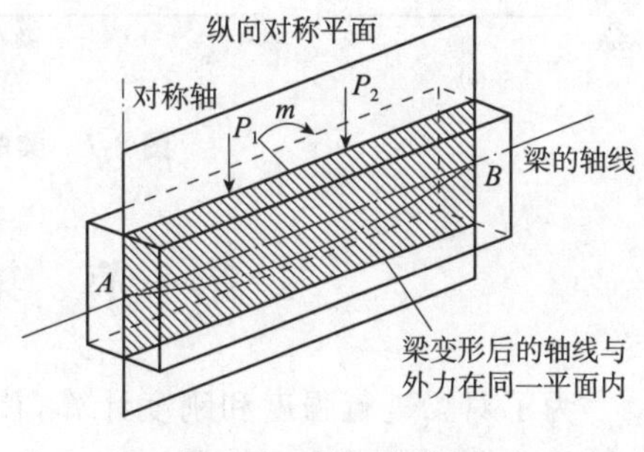

图 8-2　平面弯曲图

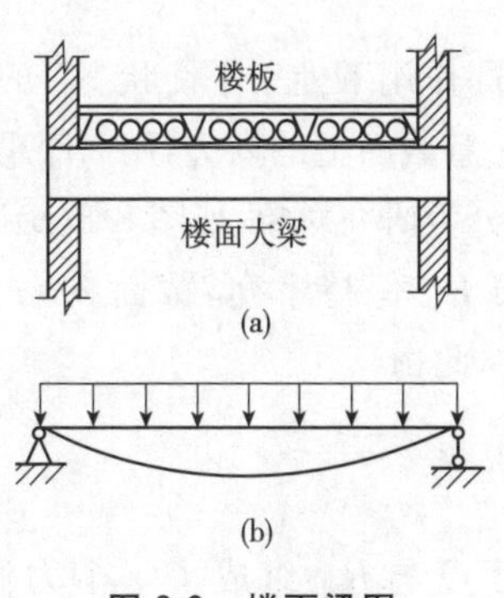

图 8-3　楼面梁图

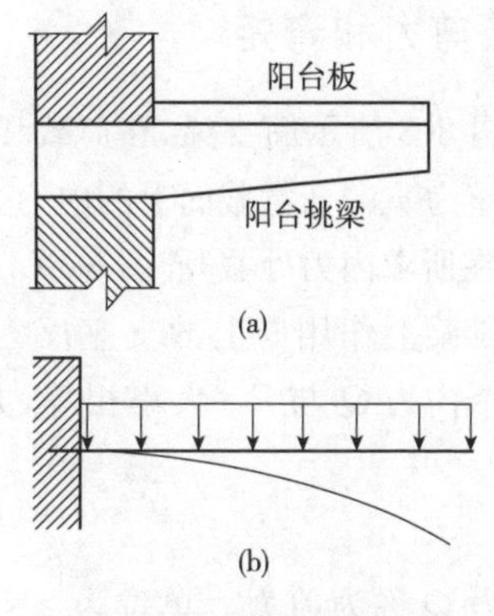

图 8-4　阳台挑梁图

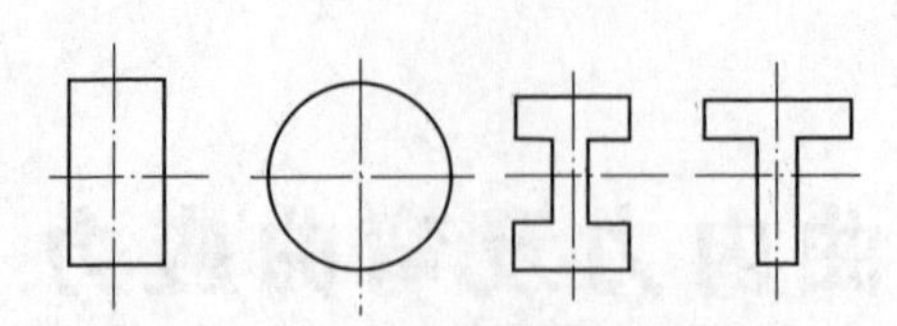

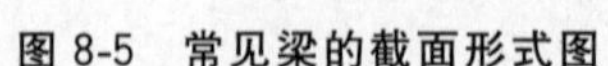

图 8-5 常见梁的截面形式图

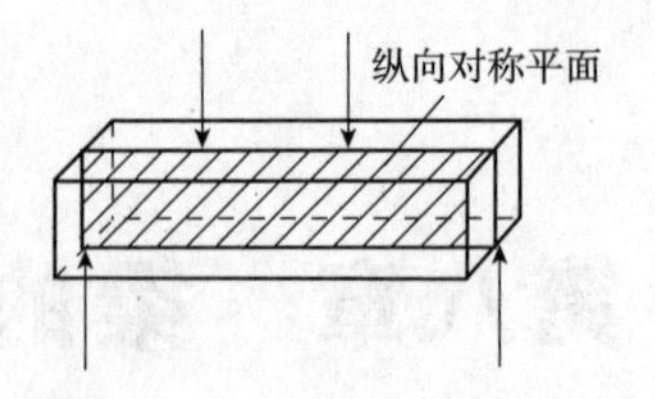

图 8-6 梁的纵向对称平面

这里研究的主要是等截面的梁，外力均作用在梁的纵向对称平面内。因此，在梁的计算简图中就用梁的轴线代表梁。全部支座反力可由平面力系的三个平衡方程求出，这种梁称为静定梁。工程中常见的单跨静定梁按支座情况可分为下列三种基本形式。

(1)简支梁：梁的一端为固定铰支座，另一端为可动铰支座，计算简图为图 8-7(a)。

(2)外伸梁：支座形式与简支梁相同，但一端或两端伸出支座的梁，计算简图为图 8-7(b)、(c)。

(3)悬臂梁：一端为固定端，另一端为自由端的梁，计算简图为图 8-7(d)。

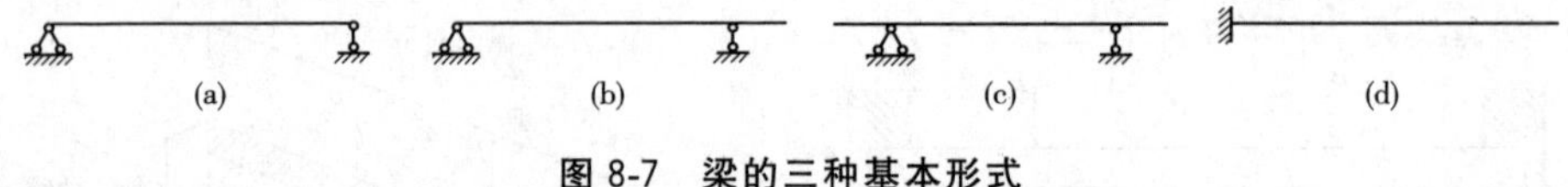

图 8-7 梁的三种基本形式

第一节 梁的弯曲内力

为了对梁进行强度和刚度计算，首先应该确定梁在外力作用下任一横截面上的内力。计算内力的方法仍然是截面法。梁横截面上的内力是剪力和弯矩。

一、剪力和弯矩

如图 8-8 所示简支梁，在荷载和支座反力共同作用下处于平衡状态。现计算距离 A 支座为 x 的任意截面上的内力。为了计算任意截面上的内力，用一个假想的截面 m-m 在所求内力处截开[图 8-8(a)]，取左边部分为研究对象，如图 8-8(b)所示。

左段梁上作用向上的支座反力 R_A，为了与 R_A 保持平衡，截面 m-m 上必然存在一个内力 Q 与 R_A 大小相等，方向相反。因此由

$$\sum Y=0 \qquad R_A-Q=0$$

得

$$Q=R_A$$

内力 Q 称为剪力。单位为 kN 或 N。剪力 Q 与 R_A 组成了一个力偶，根据力偶的性质，力偶只能跟力偶平衡，因此，为了与该力偶矩保持平衡，截面 m-m

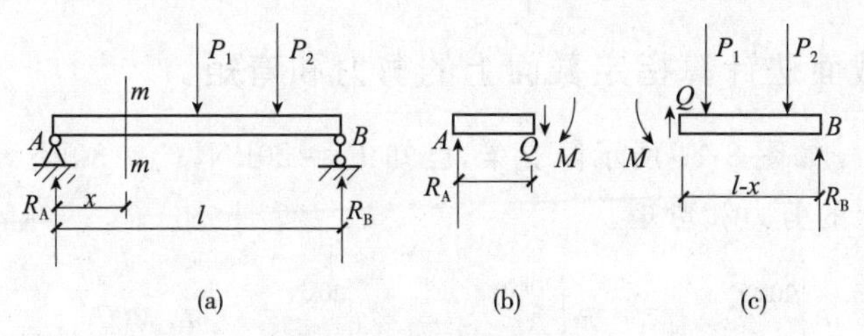

图 8-8　梁的内力分析

上必然存在一个内力偶矩 M 与该力偶矩大小相等、转向相反。因此由

$$\sum M_O=0 \qquad M-R_A X=0$$

得

$$M=R_A X$$

式中：矩心 O——横截面的形心；

内力偶矩 M——弯矩(kN·m)或(N·m)。

如果取右段梁为研究对象，同样可求得截面 m-m 上的剪力和弯矩。根据作用与反作用定律，右段梁在截面 m-m 上的剪力和弯矩与左段梁在同一截面上的剪力和弯矩应该大小相等，方向相反[图 8-8(c)]。

二、剪力和弯矩的正负号规定

为了使左、右两段梁在同一截面上的剪力 Q 和弯矩 M 具有一致的正负号，根据梁的变形情况，对其作如下规定。

1. 剪力的正负号

当横截面上的剪力使所选取的脱离体产生顺时针方向转动趋势时为正；反之为负，如图 8-9 所示。

2. 弯矩的正负号

当横截面上的弯矩使所选取的脱离体产生下凸上凹(即下部受拉、上部受压)的变形时为正；反之为负，如图 8-10 所示。

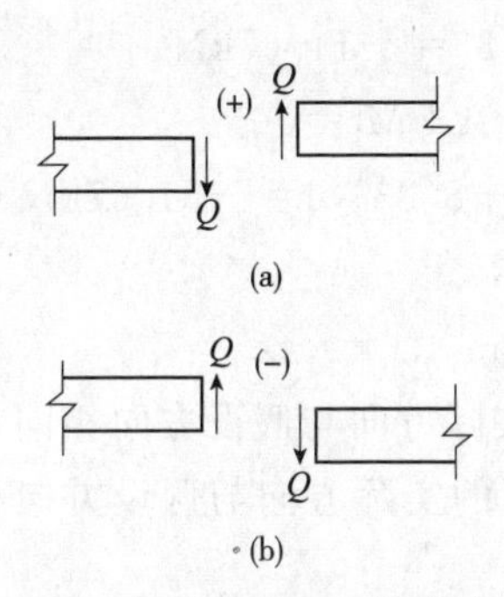

图 8-9　剪力的正负号规定

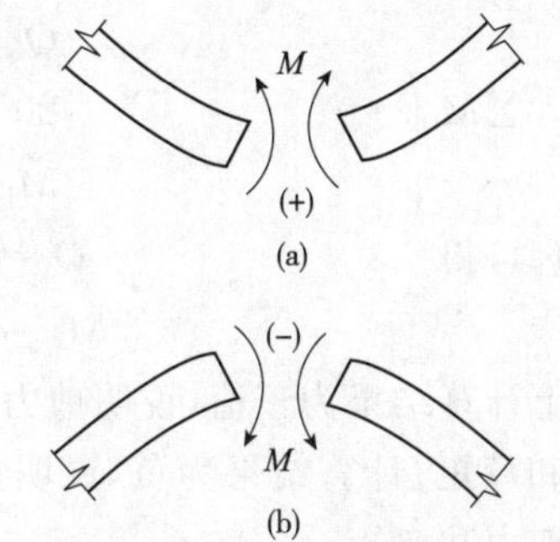

图 8-10　弯矩的正负号规定

三、用截面法计算指定截面上的剪力和弯矩

【例 8-1】 如图 8-11 所示简支梁，已知 $P_1=20\text{kN}$，$P_2=30\text{kN}$，试求截面 1-1 和截面 2-2 上的剪力和弯矩。

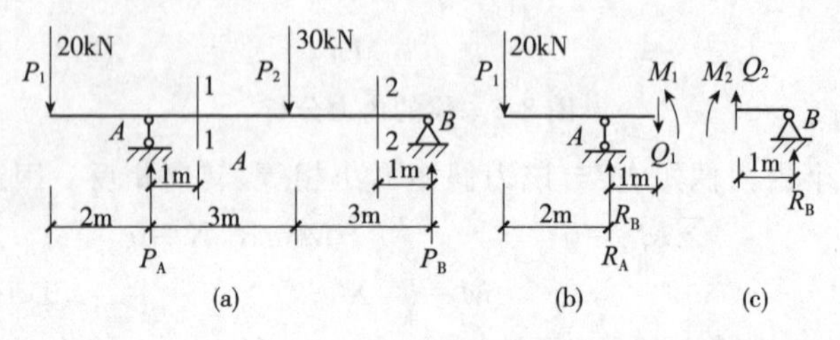

图 8-11 例 8-1 图

解：(1)求支座反力

选 AB 梁为研究对象，所画受力图如图 8-11(a)所示。

由 $$\sum M_A=0$$

得 $$20\times2-30\times3+R_B\times6=0$$

$$R_B=8.33\text{kN}$$

由 $$\sum M_B=0$$

得 $$20\times8+30\times3-R_A\times6=0$$

$$R_A=41.67\text{kN}$$

校核 $$\sum Y=8.33+41.67-20-30=0$$

故计算无误。

(2)计算内力

利用假想面 1-1 截取左段梁为研究对象[图 8-11(a)]，假设剪力和弯矩均为正值，根据平衡条件

$\sum Y=0$ $$-20-Q_1+8.33=0$$

$$Q_1=-20+8.33=-11.67\text{kN}$$

$\sum M_{O1}=0$ $$20\times3-8.33\times1+M_1=0$$

$$M_1=-20\times3+8.33\times1=-51.67\text{kN}\cdot\text{m}$$

同理可得 $$Q_2=-41.67\text{kN}$$

$$M_2=41.67\text{kN}\cdot\text{m}$$

以上计算结果为正值，说明剪力和弯矩的实际方向与假设方向相同，即为正的剪力和弯矩；计算结果为负，说明剪力和弯矩的实际方向与假设方向相反，即为负的剪力和弯矩。

由上述例题可知，用截面法求梁指定截面上的剪力和弯矩的计算步骤如下：

(1)求出支座反力；

(2)在欲求内力处用假想的截面将梁截为两段,任取一段为研究对象；

(3)画出研究对象的受力图(截面内力假设为正号)；

(4)列平衡方程,求出内力。

同时从上述例题可以看出,用截面法计算横截面上的内力时,截面上的剪力和弯矩与作出在梁上的外力之间存在着以下关系：

梁上任一截面的剪力,在数值上等于该截面一侧(左侧或右侧)所有外力沿截面方向投影的代数和;梁上任一截面的弯矩,在数值上等于该截面一侧(左侧或右侧)所有外力对截面形心力矩的代数和。

【例 8-2】 如图 8-12(a)所示的悬臂梁,试求 1-1 截面的剪力与弯矩。

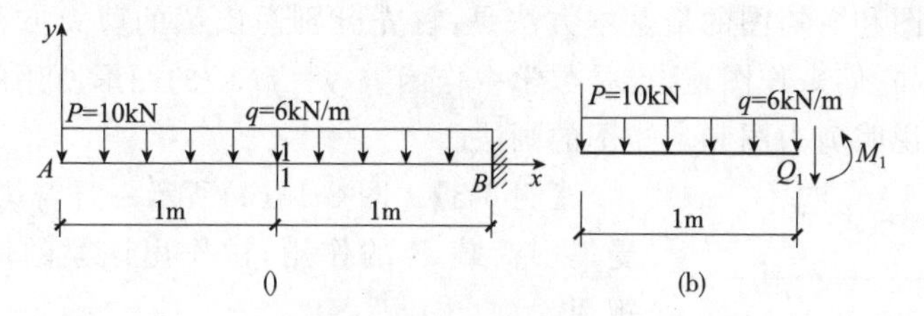

图 8-12　例 8-2 图

解:取 1-1 截面以左梁段为研究对象,受力图如图 8-12(b)所示。由平衡方程

$$\sum Y=0 \qquad -P-q\times1-Q_1=0$$

得 $$Q_1=-P-q\times1=-10-6\times1=-16\text{kN}$$

$$\sum M_1=0 \qquad P\times1+q\times1\times0.5+\mathrm{M}_1=0$$

得 $m_1=-P\times1-q\times1\times0.5=-10\times1-6\times1\times0.5=-13\text{kN}\cdot\text{m}$

Q_1、M_1 均为负值,说明与假设方向相反,是负剪力、负弯矩。

第二节　内力图

一、剪力方程和弯矩方程

由上节各例题可知,在一般情况下,梁横截面上的剪力和弯矩是随横截面位置而变化的。设横截面沿梁轴线的位置用坐标 x 表示,则梁的各个横截面上的剪力和弯矩可以表示为坐标 x 的函数,即

$$Q=Q(x) \tag{8-1a}$$

$$M=M(x) \tag{8-1b}$$

式(8-1a)、(8-1b)分别称为剪力方程和弯矩方程。

二、剪力图和弯矩图

在计算梁的强度和刚度时，必须知道最大剪力、弯矩及其所在截面位置。为此，还需了解剪力和弯矩沿梁轴线变化的规律。

为表示剪力和弯矩在全梁范围内的变化规律，常取平行于梁轴线的横坐标为基线表示横截面位置，以垂直于梁轴线的剪力或弯矩为纵坐标，按一定比例画出的图形分别叫做剪力图和弯矩图。

绘图时将正值的剪力画在基线的上侧，并标明正号；负值的剪力画在基线的下侧，并标明负号。正弯矩画在基线下侧，负弯矩画在基线上侧（即在土建工程中习惯将弯矩图画在梁受拉的一侧），不注正负号。

绘剪力图和弯矩图的最基本方法是：首先分别写出梁的剪力方程和弯矩方程，然后根据它们来作图，这也是数学中作函数 $y=f(x)$ 的图形所用的方法。下面通过例题说明剪力图和弯矩图的画法。

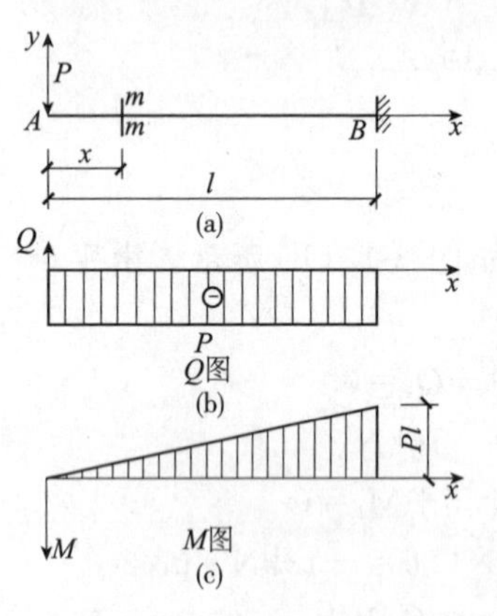

图 8-13　例 8-3 图

【例 8-3】　图 8-13(a)所示一悬臂梁，在自由端受集中荷载 P 的作用，试作出该梁的剪力图与弯矩图。

解：(1)列剪力方程与弯矩方程

如图 8-13(a)所示建立坐标体系。在距原点 A 为 x 处用一假想截面 m-m 将梁截开，取左段梁为研究对象，得到距原点 A 为 x 处截面的剪力方程和弯矩方程如下：

$$Q=Q(x)=-P \qquad (0\leqslant x\leqslant l) \qquad \text{(a)}$$

$$M=M(x)=-Px \qquad (0\leqslant x\leqslant l) \qquad \text{(b)}$$

(2)画剪力图与弯矩图

式(a)可知 $Q(x)$ 为常数，表明梁各横截面上的剪力均相同，其值为 $-P$ 所以剪力图为一条平行于 x 轴的直线[图 8-13(b)]，并标明负号。

式(b)可知 $M(x)$ 为 x 的一次函数，所以弯矩图为一倾斜直线，只要确定直线上的两个点，就可以画出此直线。

当 $x=0$ 时　　　　$m_A=0$

$x=l$ 时　　　　$m_B=-Pl$

由弯矩正负号规定，即可画出该梁的弯矩图[图 8-13(c)]，不标注负号。

【例 8-4】　图 8-14(a)所示一简支梁，在 C 点处受集中荷载 P 的作用，试作出该梁的剪力图与弯矩图。

解：(1)求支座反力

由平衡方程　　$\sum M_B=0$,可知　　$R_A=\frac{Pb}{l}(\uparrow)$

$$\sum M_A=0, R_B=\frac{Pa}{l}(\uparrow)$$

(2)列剪力方程与弯矩方程

如图 8-14(a)所示建立坐标体系。由于 C 截面处有集中力,使得 AC 段梁与 CB 段梁的内力方程不同,所以需分别列出。

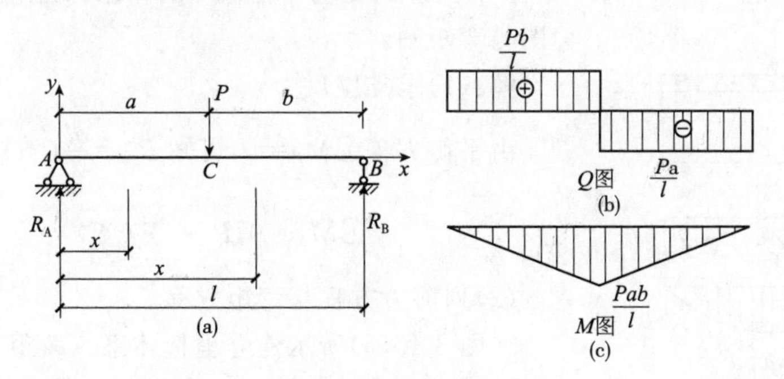

图 8-14　例 8-4 图

AC 段　　$Q(x)=RA=\frac{Pb}{l}\quad(0\leqslant x\leqslant a)$　　(a)

$$M(x)=RAx=\frac{Pb}{l}x\quad(0\leqslant x\leqslant a)\tag{b}$$

CB 段　　$Q(x)=\frac{Pb}{l}-P=-\frac{P(l-b)}{l}=-\frac{Pa}{l}\quad(a\leqslant x\leqslant l)$　　(c)

$$M(x)=\frac{Pb}{l}x-P(x-a)=\frac{Pa}{l}(l-x)\quad(a\leqslant x\leqslant l)\tag{d}$$

(3)画剪力图和弯矩图

由式(a)可知 $Q(x)$为常数,表明 AC 段梁各横截面上的剪力均相同,其值为 $\frac{Pb}{l}$,所以剪力图为一条平行于 x 轴的直线。

由式(c)可知 $Q(x)$为常数,表明 CB 段梁各横截面上的剪力均相同,其值为 $-\frac{Pa}{l}$,所以剪力图为一条平行于 x 轴的直线。

按此画出的剪力图见图 8-14(b)。

由式(b)可知 $M(x)$为 x 的一次函数,所以弯矩图为一倾斜直线,只要确定直线上的两个点,就可以画出此直线。

当　　$x=0$　　$m=0$

$$x=a\qquad M=\frac{Pab}{l}$$

由式(d)可知 $M(x)$ 为 x 的一次函数，所以弯矩图为一倾斜直线，只要确定直线上的两个点，就可以画出此直线。

当

$$x=a \qquad \frac{Pab}{l}$$

$$x=l \qquad m=0$$

按此画出的弯矩图如图 8-14(c)所示。

【例 8-5】 图 8-15(a)所示一简支梁，受均布荷载 q 的作用，试作出该梁的剪力图与弯矩图。

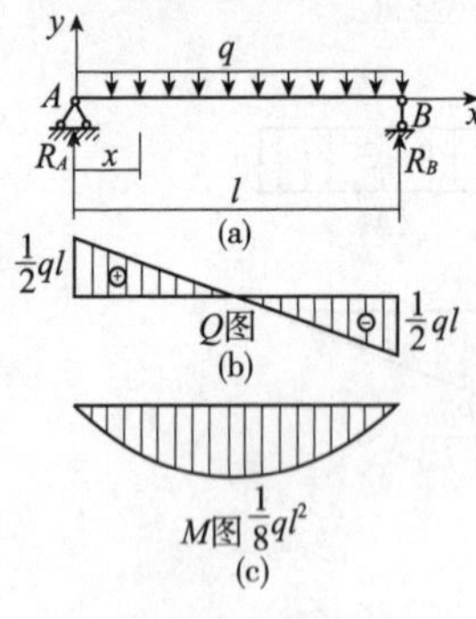

图 8-15 例 8-5 图

解:(1)求支座反力

由平衡方程 $\sum M_B=0$，可知 $R_A=\dfrac{ql}{2}(\uparrow)$

$$\sum M_A=0, R_B=\frac{ql}{2}(\uparrow)$$

(2)列剪力方程与弯矩方程

如图 8-15(a)所示建立坐标体系。取距左端(坐标原点 A 点所在处)为 x 的任意截面。此截面上梁的剪力和弯矩方程分别为

$$Q(x)=R_A-qx=\frac{ql}{2}-qx \qquad (0<x<l) \qquad (a)$$

$$M(x)=R_Ax-qx\,\frac{x}{2}=\frac{qlx}{2}-\frac{qx^2}{2} \qquad (0\leqslant x\leqslant l) \qquad (b)$$

由式(a)得知剪力图为一倾斜直线，故可取两个控制点作该直线

$$x=0 \qquad Q_A=\frac{ql}{2}$$

$$x=1 \qquad Q_B=-\frac{ql}{2}$$

该梁的剪力图为 8-15(b)。

由式(b)得知弯矩图为一条二次抛物线，故至少取三个控制点作该抛物线

$$x=0 \qquad M_A=0$$

$$x=\frac{1}{2} \qquad M_{中}=-\frac{ql^2}{8}$$

$$x=1 \qquad M_B=0$$

该梁的弯矩图为图 8-15(c)。

根据内力方程式作图，是绘制内力图的基本方法。表 8-1 列出了简单梁在单一荷载作用下的内力图。

表 8-1　静定梁在单一荷载作用下的 Q、M 图 Q 图

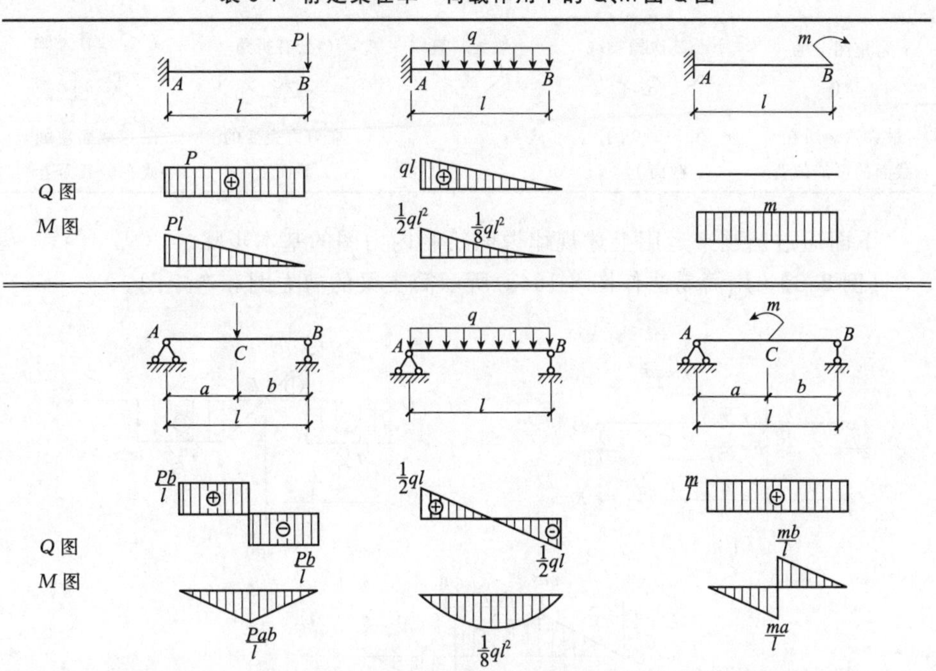

三、利用剪力、弯矩与荷载集度的关系画内力图

作图较困难的是剪力图和弯矩图，要列出梁的剪力和弯矩方程往往也比较麻烦，因此，在本节中将介绍一种不需列出剪力和弯矩方程，而直接作出梁的剪力图和弯矩图的简易方法，即利用剪力、弯矩与载荷集度间的关系来作梁的剪力图和弯矩图。

荷载可分为四种情况：无荷载区段、均布荷载区段、集中力和集中力偶。

利用上表绘制内力图时，只能从左至右进行，否则就会出现错误结果。

现将上述关于梁的剪力图与弯矩图的特征汇总整理为表 8-2，以供参考。

表 8-2　在几种荷载作用下剪力图和弯矩图的特征

一段梁上的外力情况	向下的均布荷载 q	无荷载	集中力 F，c	集中力偶 m，C
剪力图上的特征	向下倾斜的直线 ⊕ 或 ⊖	水平直线一般为 ⊕ 或 ⊖	在 C 处的突变 C	在 C 处无变化 C

（续）

弯矩图上的特征	下凸二次抛物线 或	一般为斜直线 或	C处有折角 或	在C处有突变 C m
最大弯矩所在截面的可能位置	在 $F_S=0$ 的截面上	—	在剪力突变的截面上	在C截面左侧或右侧截面上

下面通过例题来运用上述规律说明绘制内力图的基本步骤。

【例 8-6】 用简易法作图 8-16(a)所示简支梁的剪力图和弯矩图。

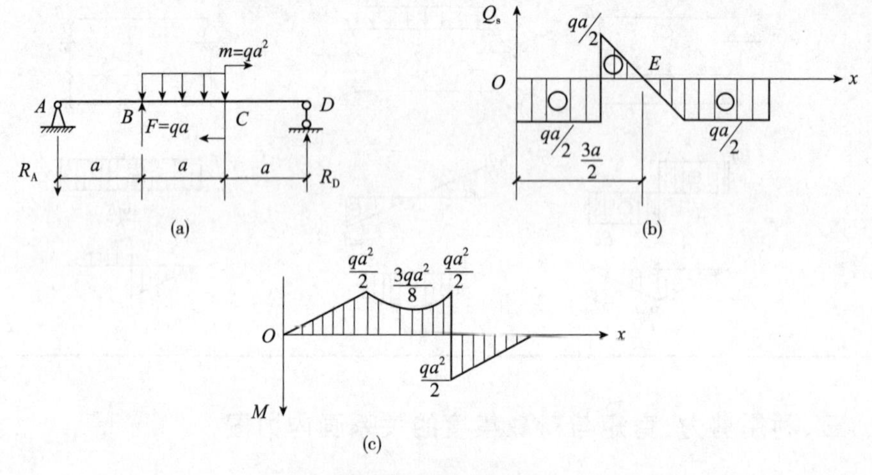

图 8-16 例 8-6 图

解:(1)求支座反力。利用整体的平衡条件可求得两支座的约束反力分别为

$$R_A=\frac{1}{2}qa(\downarrow) \qquad R_D=\frac{1}{2}qa(\uparrow)$$

(2)画剪力图。首先利用积分关系式(8-15)及突变规律计算出各控制截面上的剪力值

$$Q_A=-R_A=-\frac{1}{2}qa$$

$$Q_B\ 左=-F_{SA}=-\frac{1}{2}qa$$

$$Q_B\ 右=F_{SB左}+F=\frac{1}{2}qa$$

$$Q_C=F_{SB右}+(-qa)=-\frac{1}{2}qa$$

$$Q_D=F_{SC}=-\frac{1}{2}qa=-F_{RD}$$

由以上各控制截面上的剪力值，并结合由微分关系得出的剪力图图线形状规律，便可画出剪力图如图 8-16(b)所示(注意应在图中标出 $FS=0$ 的截面 E 的位置)

(3)画弯矩图。首先利用积分关系式及突变规律计算出各控制截面上的弯矩值

$$M_A=0$$

$$M_B=M_A+\left(-\frac{1}{2}qa\right)\times a=-\frac{1}{2}qa^2$$

$$M_E=M_B+\frac{1}{2}\times\left(\frac{1}{2}qa\right)\times\left(\frac{a}{2}\right)=-\frac{3}{8}qa^2$$

$$M_{c左}=M_E+\frac{1}{2}\times\left(-\frac{1}{2}qa\right)\times\left(\frac{a}{2}\right)=-\frac{1}{2}qa^2$$

$$M_{c右}=M_{c左}+m=\frac{1}{2}qa^2$$

$$M_D=0$$

由以上各控制截面上的弯矩值，并结合由微分关系得出的弯矩图图线形状规律，便可画出弯矩图 8-16(c)所示。

【例 8-7】 试作图 8-17(a)所示带有中间铰的梁的剪力图和弯矩图。

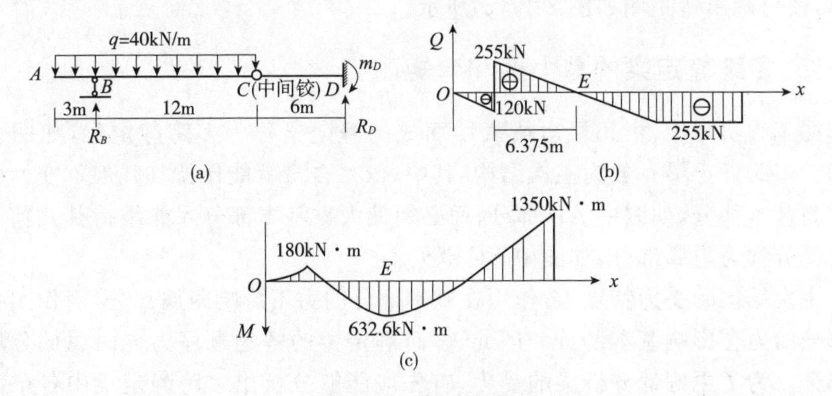

图 8-17　例 8-7 图

解：(1)求支座反力。先利用 AC 段的平衡条件 $\sum M_C=0$，可求得支座 B 的约束反力为

$$R_B=375\text{kN}(\uparrow)$$

再利用整体的平衡条件 $\sum F_y=0$，以及 CD 段的平衡条件 $\sum M_C=0$，可求得固定端 D 的约束反力及反力偶矩分别为

$$R_D=225\text{kN}(\uparrow),m_D=1350\text{kN}(\downarrow)$$

(2)画剪力图。先利用积分关系式及突变规律计算出各控制截面上的剪力值

$$Q_A=0$$

$$Q_{B左}=Q_A+(-40\times3)=-120\text{kN}$$

$$Q_{B右}=Q_{B左}+R_B=225\text{kN}$$

$$Q_C=Q_{B右}+(-40\times12)=255\text{kN}$$

$$Q_D=Q_C=-255\text{kN}$$

由以上各控制截面上的剪力值,并结合由微分关系得出的剪力图图线形状规律,即可画出剪力图如图 8-17(b)所示。为了画出弯矩图,还需求出 $Q=0$ 的截面 E 的位置示于图 8-17(b)中。

(3)画弯矩图。先求出各控制截面上的弯矩值

$$M_A=0$$

$$M_B=M_A+1\times(-120)\times3=-180\text{kN}\cdot\text{m}$$

$$M_E=M_B+\frac{1}{2}\times255\times6.375=632.6\text{kN}\cdot\text{m}$$

$$M_C=0\quad(\text{中间铰})$$

$$M_D=-M_D=-1350\text{kN}\cdot\text{m}$$

由以上各控制截面上的弯矩值,并结合由微分关系得出的弯矩图图线形状规律,便可画出弯矩图如图 8-17(c)所示。

四、多跨静定梁的剪力图和弯矩图

在工程实际中,由几根短梁联结而成的静定梁称为多跨静定梁,如图 8-18 所示。多跨静定梁一般为主次结构,其中,依靠自身就能保持其几何不变性的部分称为基本部分,如图中 AB 部分;而必须偏大靠基本部分才能维持其几何不变性的部分称为附属部分,如图中 BC 部分。

主次结构的受力特点为,作用在基本部分的力不影响附属部分,而作用在附属部分的力会影响基本部分。因此,多跨静定梁的解题顺序为先附属部分后基本部分。为了更好地分析梁的受力,首先应能够分析出多跨静定梁中各个部分的相互依赖关系,如图 8-18(b)所示。

因此,计算多跨静定梁时,应遵守以下原则:先计算附属部分后计算基本部分。将附属部分的支座反力反向指向,作用在基本部分上;把多跨梁拆成多个单跨梁,依次解决。将单跨梁的内力图连在一起,就是多跨梁的内力图。剪力图和弯矩图的画法与前述单跨梁相同。

【例 8-8】 画出图 8-18(a)所示多跨静定梁的剪力图和弯矩图。

解:(1)分析各个部分的相互依赖关系

此梁的组成顺序为先固定梁 AB,再固定梁 BC,其相互依赖关系如图 8-18(b)所示。

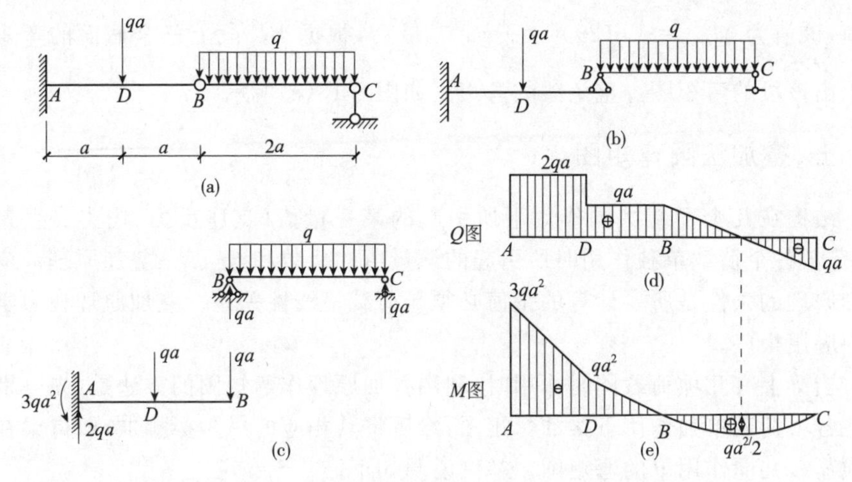

图 8-18　例 8-8 图

(2)计算各单跨梁的支座反力

根据上述关系，将梁拆成单跨梁进行计算，先附属部分后基本部分，按顺序依次进行，求得各个单跨梁的支座反力，如图 8-18(c)所示。

(3)画剪力图和弯矩图

可分别画出各个单跨梁的剪力图和弯矩图，再将它们组合到一起，便得到整个多跨静定梁的剪力图和弯矩图，也可以整个多跨静定梁为对象直接画出其剪力图和弯矩图。下面用后种方法画图。

在固定端 A 的右侧截面上，剪力为 $2qa$，截面 A 到截面 D 之间梁上无荷载，剪力图为水平线。截面 D 处有一向下的集中力 qa，剪力图将发生向下的突变，故截面 D 右侧的剪力将变为 qa。截面 D 到截面 B 之间梁上无荷载，剪力图也为水平线。截面 B 的左侧截面和右侧截面剪力无变化，均为 qa。从截面 B 到截面 C 之间梁上的荷载为均布荷载，剪力图为斜直线，且截面 C 左侧的剪力为 $qa-q\times 2a=-qa$，于是可确定这条斜直线，整个梁的剪力图即可全部画出，如图 8-18(d)所示。

截面 A 上弯矩为 $-3qa^2$。从截面 A 到截面 B 之间梁上无荷载，弯矩图为斜直线，算出截面 D 上的弯矩为 $-3qa^2+2qa\times a=-qa^2$。从截面 D 到截面 B 之间梁上也无荷载，弯矩图也是斜直线。算出截面 B 上的弯矩为 $-3qa^2+2qa\times a-qa\times a=0$。这也证明了在铰连接处弯矩为零。由于 AD 段和 DB 段上的剪力不相等，故这两段的弯矩图斜率也不同。从 B 截面到 C 截面梁上为均布荷载，弯矩图为抛物线。该抛物线可这样决定：首先判断出 C 截面的弯矩为零，这样，抛物线两端的数值均已确定；其次，根据该段梁上均布荷载的方向判断出抛物线的凹凸方向为下凸；再次，在 BC 段内中点截面上的剪力 $Q=0$，在此截面上的弯矩为极值,该值为 $M_{\max}=\frac{1}{8}q(2a)^2=\frac{1}{2}qa^2$。最后,根据 BC 段上三个截面的弯矩值描绘出该段的弯矩图。整个梁的弯矩图如图 8-18(e)所示。

五、叠加法画弯矩图

结构在几个荷载共同作用下所引起的某一量值(支座反力、内力、应力、变形)等于各个荷载单独作用时所引起的该量值的代数和,这就是叠加原理。应用叠加原理的条件是所要计算的量值必须与荷载呈线性关系。叠加原理在力学计算中应用很广。

当梁上有几项荷载同时作用时,利用叠加原理作弯矩图的方法是:先分别作出在各项荷载单独作用下梁的弯矩图,然后将其相应的纵坐标叠加,即得梁在这几项荷载共同作用下的弯矩图。举例说明如下。

【例 8-9】 试按叠加原理作图 8-19(a)所示悬臂梁的弯矩图。

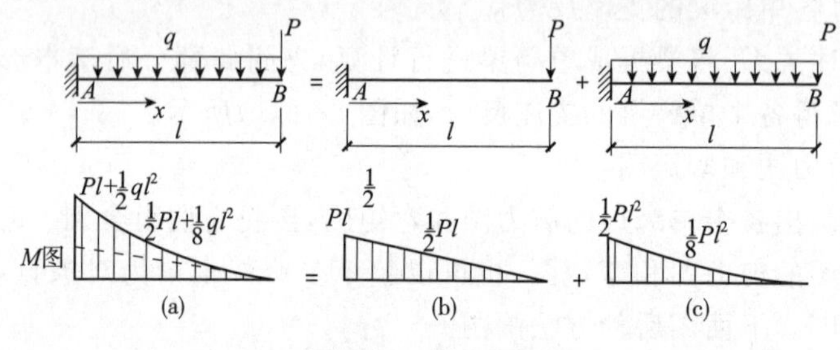

图 8-19　例 8-9 图

解:将荷载分成 P 和 q 单独作用两种情况,分别绘出在 P 和 q 单独作用下的弯矩图[图 8-19(b)、(c)],然后将各个截面对应的纵坐标叠加。由于在 P 作用下弯矩图为一条直线,在 q 作用下弯矩图为一条二次抛物线,故叠加时取三个截面的对应截面弯矩相加。

$$x=0 \qquad M_A=Pl+\frac{ql^2}{2}$$

$$x=\frac{1}{2} \qquad M_{中}=\frac{Pl}{2}+\frac{ql^2}{8}$$

$$x=l \qquad M_B=0$$

按照上述三点的弯矩值即可作出在 P 和 q 两种荷载共同作用下的弯矩[图 8-19(a)]。

【例 8-10】 试按叠加原理作图 8-20(a)所示简支梁的弯矩图。

解:将荷载分成 P 和 q 单独作用两种情况,分别绘出在 P 和 q 单独作用下得弯矩图[图 8-20(b)、(c)],然后将各个截面对应的纵坐标叠加。由于在 P 作

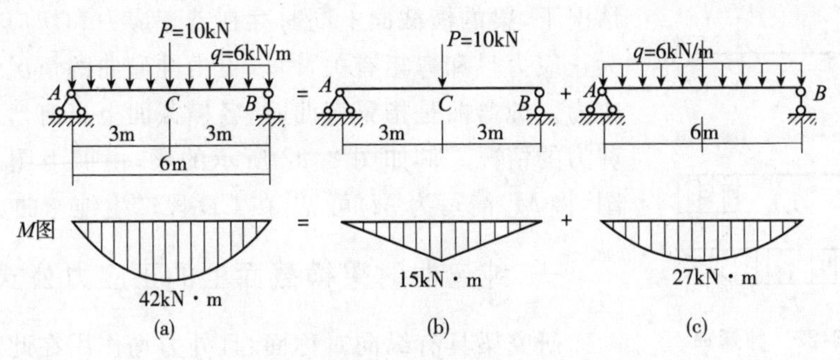

图 8-20　例 8-10 图

用下弯矩图为一条折线，在 q 作用下弯矩图为一条二次抛物线，故叠加时取三个截面的对应截面弯矩相加。

在 A 截面处　　　　　　$m_{A}=0$

跨中截面处　　　　　　$m_{中}=15+27=42\text{kN}\cdot\text{m}$

在 B 截面处　　　　　　$m_{B}=0$

按照上述三点的弯矩值即可作出在 P 和 q 两种荷载共同作用下的弯矩图[图 8-20(a)]。

【例 8-11】　试按叠加原理作图 8-21(a)所示外伸梁的弯矩图。

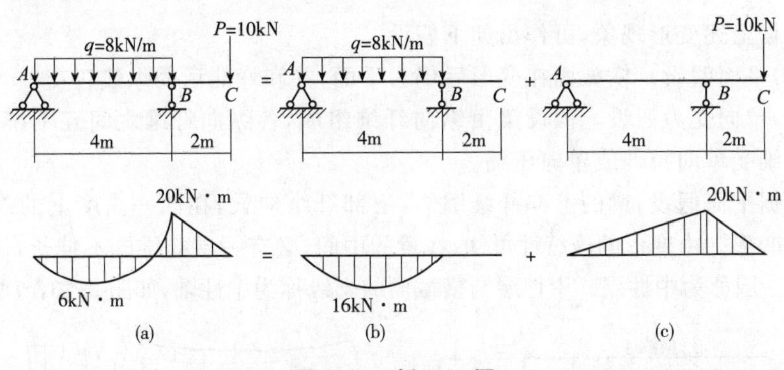

图 8-21　例 8-11 图

解：将荷载分成 P 和 q 单独作用两种情况，分别绘出在 P 和 q 单独作用下得弯矩图[图 8-21(b)、(c)]，然后将各个截面对应的纵坐标叠加，得到的弯矩图如图 8-21(a)所示。

第三节　梁的正应力及强度计算

由梁的内力分析可知，在一般情况下，梁的横截面上同时存在着剪力和弯矩。剪力只能由微内力 τdA 合成，而弯矩只能由微内力 σdA 合成。因此，一般

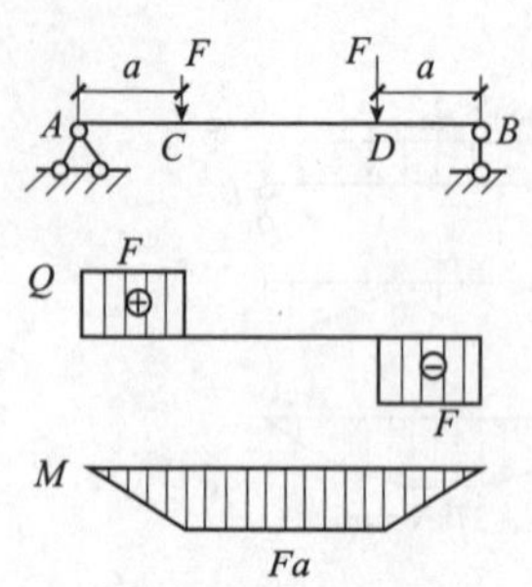

图 8-22 纯弯曲

情况下，梁的横截面上同时存在着正应力和切应力。因为正应力只和弯矩有关，所以可由纯弯曲的情况分析正应力。纯弯曲是指梁弯曲时，各横截面上只有弯矩而无剪力的情况。例如图 8-22 所示的梁，由剪力图和弯矩图（将 M_z 简写为 M）可见，在 CD 段产生纯弯曲。

一、纯弯曲时梁横截面上的正应力公式

研究梁具有纵向对称面、且外力均作用在此对称面内而发生纯弯曲这一种特殊情况。与杆在轴向拉压和扭转时分析横截面上应力的方法相同，分析梁的正应力也需要从几何、物理和静力学三个方面综合研究。

1. 几何方面

首先观察纯弯曲实验的变形现象。取一矩形横截面直梁，在其表面画许多横线和纵线如图 8-23(a)所示。当纯弯曲梁，发生弯曲变形后，如图 8-23(b)所示，可观察到以下变形现象。

横线在变形后仍为直线，但旋转了一个角度，并与弯曲后的纵线正交；梁上部的纵线缩短，下部的纵线伸长；梁上部的横向尺寸略有增加，下部的横向尺寸略有减小。

根据上述变形现象，可作出如下假设。

(1)平面假设。横截面在变形后仍为平面，并和弯曲后的纵线正交。

(2)单向受力假设。假设梁由纵向纤维组成，各纵向纤维之间互不挤压，即每根纤维受单向拉伸或单向压缩。

根据平面假设，梁的上部纤维缩短，下部纤维伸长，在同一高度上的纤维有相同的变形。由变形的连续性可知，在梁的中间，必有一层纤维既不伸长，也不缩短。这一层称为中性层。中性层与横截面的交线称为中性轴，如图 8-23(c)所示。

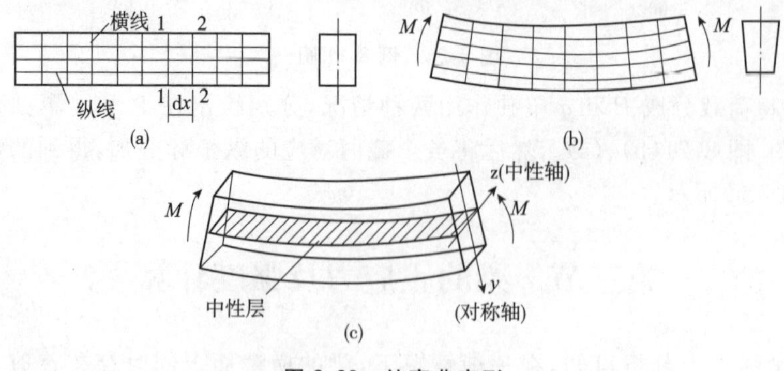

图 8-23 纯弯曲变形

由以上假设，可进一步找出纵向线应变的变化规律。取长为 dx 的一微段梁，如图 8-24(a)所示。其横截面如图 8-24(b)所示。取 y 轴为横截面的对称轴，z 轴为中性轴，中性轴的位置暂时还不知道。微段梁变形后如图 8-24(c)所示。现研究图 8-24(a)距中性层为 y 处的任一条纤维 ab 的变形。设图 8-24(c)中的 $d\theta$ 为 1-1 和 2-2 截面的相对转角，ρ 为中性层的曲率半径。

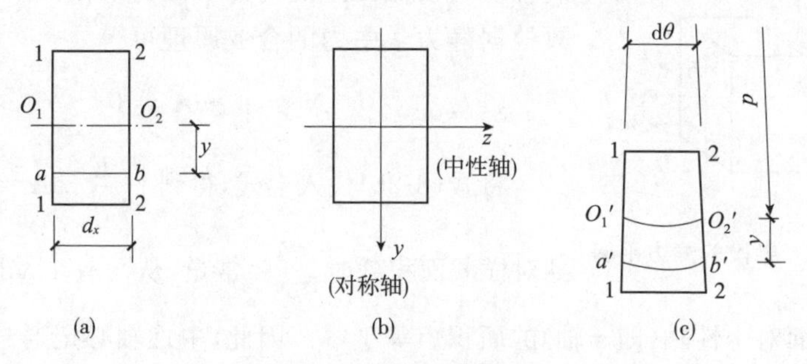

图 8-24　微段梁及其变形

由于$\overline{O_1O_1}$长度不变，即$\overline{ab}=\overline{O_1O_2}=\widehat{O_1'O_2'}=\rho d\theta$，微段变形后，$\overline{ab}$弯成$\widehat{a'b'}$，$\widehat{a'b'}=(\rho+y)\mathrm{d}\theta$，故纤维 ab 的线应变为

$$\varepsilon=\frac{\widehat{a'b'}-\overline{ab}}{\overline{ab}}=\frac{(\rho+y)\mathrm{d}\theta-\rho\mathrm{d}\theta}{\rho\mathrm{d}\theta}=\frac{y}{\rho} \tag{8-2a}$$

对同一横截面，ρ 是常量，故式(8-2a)表明，横截面上任一点处的纵向线应变与该点到中性轴的距离 y 成正比。

2. **物理方面**

因假设每根纤维受单向拉伸或压缩，利用胡克定律，并将式(8-2a)代入后，得到

$$\sigma=E\varepsilon=\frac{Ey}{\rho} \tag{8-2b}$$

由式(8-2b)可见，横截面上各点处的正应力与 y 成正比，而与 z 无关，即正应力沿高度方向呈线性分布，沿宽度方向均匀分布。为了清晰地表示横截面上的正应力分布状况，对横截面为矩形的梁，画出横截面上的正应力分布如图 8-25(a)所示。通常可简单地用图 8-25(b)或图 8-25(c)表示。

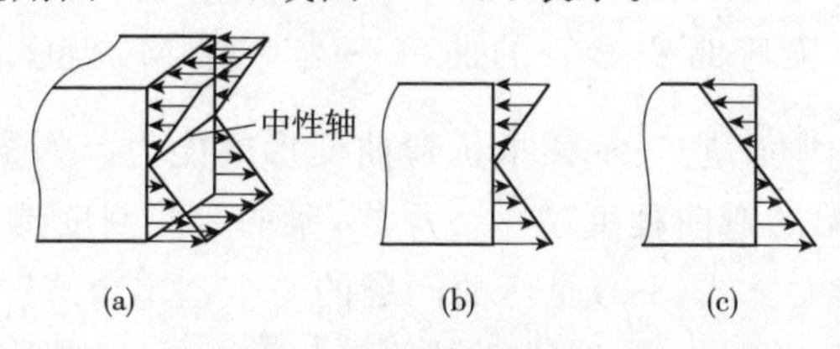

图 8-25　梁横截面正应力分布

但是，由式(8-2b)还不能计算出正应力，因曲率半径 ρ 和中性轴的位置还不知道，必须再从静力学方面分析。

3. **静力学方面**

横截面上各点处的法向微内力 $\sigma \mathrm{d}A$ 组成空间平行力系，如图 8-26 所示。它们合成为横截面上的内力。因为横截面上只有弯矩，故根据静力学中力的合成原理可得

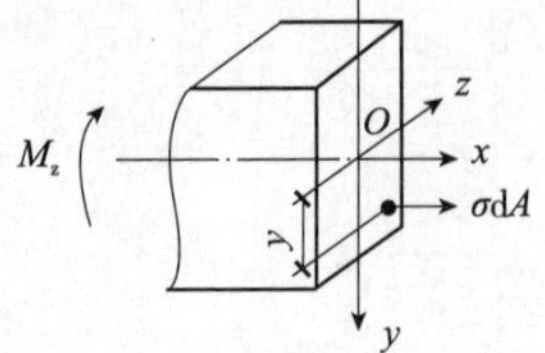

图 8-26 梁段的静力平衡

(1)
$$N = \int_A \sigma \mathrm{d}A = 0 \tag{8-2c}$$

将式(8-2b)代入上式，得到 $\int_A \frac{E}{\rho} y \mathrm{d}A = 0$，并注意到对横截面积分时，$\frac{E}{\rho}$ = 常量，从而有 $\int_A y \mathrm{d}A = 0$，此表示横截面对中性轴(即 z 轴)的面积矩等于零。因此，中性轴必定通过横截面的形心，这就确定了中性轴的位置。

(2)
$$M_y = \int_A z\sigma \mathrm{d}A = 0 \tag{8-2d}$$

将式(8-2b)代入上式得

$$\frac{E}{\rho}\int_A yz \mathrm{d}A = 0$$

上式中的积分即为横截面对 y、z 轴的惯性积 I_{yz}。因为 $\frac{E}{\rho}$ = 常量，故上式表明，当梁发生平面弯曲时，$I_{yz}=0$。这是梁产生平面弯曲的条件。对现在所研究的情况，因为 y 轴为对称轴，故这一条件必定满足。

(3)
$$M_z = \int_A y\sigma \mathrm{d}A = M \tag{8-2e}$$

将式(8-2b)代入上式，得

$$\frac{E}{\rho}\int_A y^2 \mathrm{d}A = M$$

上式中的积分即为横截面对中性轴 z 的惯性矩，I_z。故上式可写为

$$\frac{1}{\rho} = \frac{M}{EI_z} \tag{8-3}$$

式(8-3)表明，梁弯曲变形后的曲率 $\frac{1}{\rho}$ 与弯矩 M 成正比，与 EI_z 成反比。EI_z 称为梁的弯曲刚度，它表示梁抵抗弯曲变形的能力。如梁的弯曲刚度越大，则其曲率越小，即梁的弯曲程度越小。反之，梁的弯曲刚度越小，则其曲率越大，即梁的弯曲程度越大。式(8-3)是弯曲问题的一个基本公式。

将式(8-3)代入式(8-2b)，即得到梁的横截面上任一点处正应力的计算公式

$$\sigma=\frac{My}{I_z} \tag{8-4}$$

式中：M——横截面上的弯矩；

I_z——截面对中性轴 z 的惯性矩；

y——所求正应力的点到中性轴 z 的距离。

梁弯曲时，横截面被中性轴分为两个区域。在一个区域内，横截面上各点处产生拉应力，而在另一个区域内产生压应力。那么由式(8-4)所计算出的某点处的正应力究竟是拉应力还是压应力，有两种方法确定：①将坐标 y 及弯矩 M 连同正负号代入式(8-4)，如果求出的应力是正，则为拉应力，反之为压应力；②根据弯曲变形的形状确定，即以中性层为界，梁弯曲后，凸出边的应力为拉应力，凹入边的应力为压应力，通常按照后面这一方法确定比较方便。

二、正应力公式的适用条件

(1)纯弯曲的梁。正应力的计算公式是在纯弯曲的情况下推导出来的，但工程中的很多情况属于剪切弯曲，即梁的横截面上既有剪力，又有弯矩，由弹性力学的分析可知，当跨度与横截面的高度之比$\frac{l}{h}>5$时，剪应力的存在对正应力的影响很小，可以忽略不计。因此，该公式也适用于跨度与横截面的高度之比$\frac{l}{h}>5$的剪切弯曲的梁。

(2)梁上的最大正应力不超过材料的比例极限，即$\sigma\leqslant\sigma_p$。

(3)适用于所有具有纵向对称轴的横截面梁，例如：矩形、圆形、方形、工字形、T 形、槽形等。

【例 8-12】 如图 8-27 所示，一矩形截面简支梁受均布荷载作用。已知：$q=2\text{kN/m}$，梁的跨度 $l=4\text{m}$，$b=100\text{mm}$，$h=200\text{mm}$，试求：

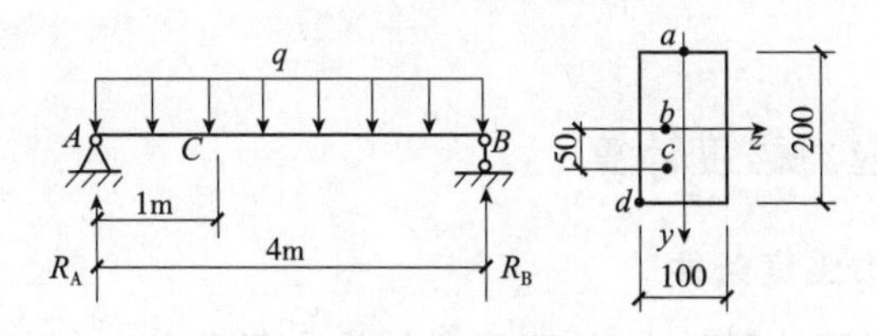

图 8-27　例 8-12 图

(1)C 截面上 a、b、c、d 四点处的正应力。

(2)梁上的最大正应力及其位置。

解：(1)计算 C 截面上 a、b、c、d 四点处的正应力

首先，计算支座反力。由于对称，因此可得

$$R_A = R_B = \frac{1}{2} \times 2 \times 4 = 4\text{kN}$$

计算 C 截面的弯矩

$$M_C = R_A \times 1 = \frac{1}{2} q l^2 = 4 \times 1 - \frac{1}{2} \times 2 \times 1^2 = 3\text{kN} \cdot \text{m}$$

计算横截面对中性轴的惯性矩

$$I_z = \frac{100 \times 200^3}{12} = \frac{2}{3} \times 10^8 \text{mm}^4$$

计算各点的正应力

$$\sigma_a = \frac{M_C \cdot y_a}{I_z} = \frac{3 \times 10^6 \times 100}{\frac{2}{3} \times 10^8} = 4.5\text{MPa(压)}$$

$$\sigma_b = \frac{M_C \cdot y_c}{I_z} = 0$$

$$\sigma_c = \frac{M_C \cdot y_a}{I_z} = \frac{3 \times 10^6 \times 50}{\frac{2}{3} \times 10^8} = 2.25\text{MPa(拉)}$$

$$\sigma_d = \frac{M_C \cdot y_d}{I_z} = \frac{3 \times 10^6 \times 100}{\frac{2}{3} \times 10^8} = 4.5\text{MPa(拉)}$$

(2)计算梁上的最大正应力

对于作用满跨均布荷载的简支梁,最大弯矩发生在跨中截面处,其值为

$$M_{\max} = \frac{1}{8} q l^2 = \frac{1}{8} \times 2 \times 4^2 = 4\text{kN}$$

梁的最大正应力发生在跨中截面的上下边缘处,上边缘处为最大压应力,下边缘处为最大拉应力。因横截面关于中性轴对称,最大拉压应力是相等的,其值为

$$\sigma_{\max} = \frac{M_{\max} \cdot y_{\max}}{I_z} = \frac{4 \times 10^6 \times 100}{\frac{2}{3} \times 10^8} = 6\text{MPa}$$

三、梁的正应力强度计算

1. 梁的正应力强度条件

在对梁进行强度计算时,必须确定梁的最大正应力。产生最大正应力的截面,称为危险截面。对于等截面直梁,弯矩最大的截面就是危险截面。危险截面上的最大正应力处称为危险点,它发生在距中性轴最远的上下边缘处。

对于中性轴为截面对称轴的梁,最大正应力为

$$\sigma_{\max} = \frac{W_{\max} \cdot y_{\max}}{I_z}$$

令 $W_z=\dfrac{I_z}{y_{max}}$,则

$$\sigma_{max}=\frac{M_{max}}{W_z} \tag{8-5}$$

式中,W_z 称为抗弯截面系数,它是一个与截面形状和尺寸有关的几何量。单位为 m^3 或 mm^3。对于高度为 h、宽度为 b 的矩形截面,其抗弯截面系数为

$$W_z=\frac{I_z}{y_{max}}=\frac{bh^3/12}{h/2}=\frac{bh^2}{6}$$

对于直径为 D 的圆形截面,其抗弯截面系数为

$$W_z=\frac{I_z}{y_{max}}=\frac{\pi D^4/64}{D/2}=\frac{\pi D^3}{32}$$

各种型钢的抗弯截面系数可从型钢表中查得。

对于中性轴不是截面对称轴的梁,例如 T 形截面梁,如图 8-28 所示,假如梁的下边受拉,上边受压,则最大拉应力发生在截面的下边缘处,最大压应力发生在截面的上边缘处,其值为

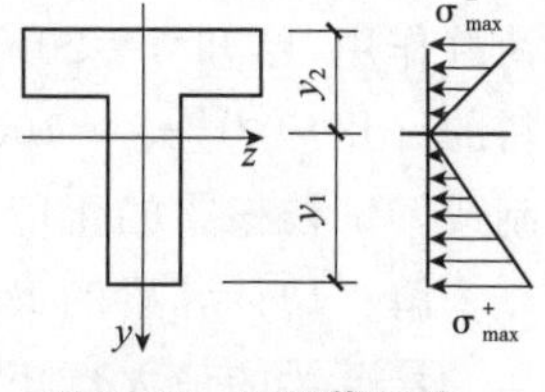

图 8-28　T 形截面的最大拉压应力

最大拉应力:　　$\sigma^+_{max}=\dfrac{My_1}{I_z}$

最大压应力:　　$\sigma^-_{max}=\dfrac{My_2}{I_z}$

令

$$W_1=\frac{I_z}{y_1},W_2=\frac{I_z}{y_2}$$

则

$$\sigma^+_{max}=\frac{M}{W_1},\sigma^-_{max}=\frac{M}{W_2}$$

为了保证梁的安全工作,必须使梁横截面上的最大正应力不超过材料的许用应力,而根据材料的性质不同,分为两种情况:

(1)当材料的抗拉压能力相同时,其正应力强度条件为

$$\sigma_{max}=\frac{M_{max}}{W_z}\leqslant[\sigma] \tag{8-6}$$

(2)当材料的抗拉压能力不相同时,其正应力强度条件为

$$\sigma^+_{max}=\frac{M_{max}}{W_z}\leqslant[\sigma+]$$

$$\sigma^-_{max}=\frac{M_{max}}{W_z}\leqslant[\sigma-] \tag{8-7}$$

2. 梁的正应力强度计算

根据梁的正应力强度条件,可以解决实际工程中三个方面的强度计算问题。

(1)强度校核。当已知梁的横截面形状和尺寸、材料及所受荷载时,可校核该梁是否满足强度要求。

(2)设计截面。当已知梁的材料和所受荷载时,可根据强度条件,先求出抗弯截面系数 W_z,即

$$W_z \geqslant \frac{M_{\max}}{[\sigma]}$$

然后,根据所选用的截面形状,确定截面的几何尺寸。

(3)确定许可荷载。当已知梁的材料、横截面形状和尺寸时,可根据强度条件,先计算出梁所能承受的最大弯矩,即

$$M_{\max} \leqslant W_z[\sigma]$$

然后,根据最大弯矩与荷载之间的关系,确定出该梁的许可荷载$[P]$。

【例 8-13】 如图 8-29 所示,一悬臂梁受均布荷载作用,已知 $q=20\text{kN/m}$,梁的跨度 $l=2\text{m}$,材料的许用应力$[\sigma]=160\text{MPa}$,梁由 20b 号工字钢制成。试校核梁的正应力强度。

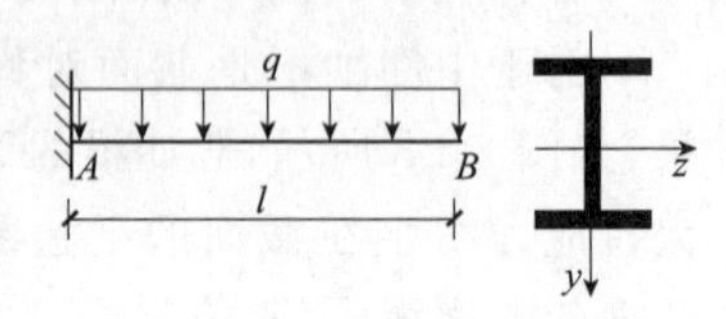

图 8-29 例 8-13 图

解:(1)计算梁的最大弯矩

悬臂梁的最大弯矩发生在固定端支座处,其值为

$$M_{\max}=\frac{1}{2}ql^2=\frac{1}{2}\times20\times2^2=40\text{kN}\cdot\text{m}$$

(2)查型钢表可知:20b 号工字钢的抗弯截面系数为

$$W_z=250\text{cm}^3$$

(3)校核梁的正应力强度

$\sigma_{\max}=\dfrac{M_{\max}}{W_z}=\dfrac{40\times10^6}{250\times10^3}=160\text{MPa}=[\sigma]$故满足正应力强度条件。

【例 8-14】 如图 8-30 所示,矩形截面简支松木梁。已知梁的跨度 $l=5\text{m}$,材料的许用应力$[\sigma]=10\text{MPa}$。试求:

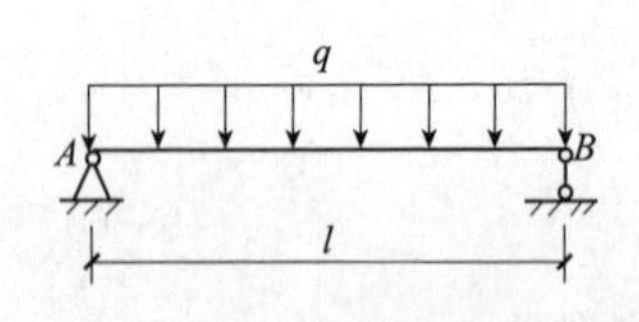

图 8-30 例 8-14 图

(1)设截面的高宽比为 $h/b=2$,$q=3.6\text{kN/m}$,试确定简支木梁的截面尺寸 b、h。

(2)若木梁采用 $b=140\text{mm}$,$h=210\text{mm}$ 的矩形截面,试计算作用在梁上的许可荷载$[q]$。

解:(1)设计木梁的截面尺寸

最大弯矩发生在跨中截面,即

$$M_{\max}=\frac{1}{8}ql^2=\frac{1}{8}\times3.6\times5^2=11.25\text{kN}\cdot\text{m}$$

根据正应力强度条件，可得所需要的抗弯截面系数为

$$W_z=\frac{M_{\max}}{[\sigma]}=\frac{11.25\times10^6}{10}=1.125\times10^6\text{mm}^3$$

由
$$h/b=2$$

得
$$W_z=\frac{bh^2}{6}=\frac{2}{3}b^3$$

即
$$\frac{2}{3}b^3\geqslant1.125\times10^6$$

于是
$$b\geqslant\sqrt[3]{1.125\times10^6\times\frac{3}{2}}=119\text{mm}$$

取
$$b=120\text{mm},h=240\text{mm}$$

(2)计算作用在梁上的许可荷载[q]

当 $b=140\text{mm}$，$h=210\text{mm}$ 时，抗弯截面系数为：

$$W_z=\frac{bh^3}{6}=\frac{140\times210^3}{6}=1.029\times10^6\text{mm}^3$$

木梁所能承受的最大弯矩为

$$M_{\max}\leqslant W_z[\sigma]=1.029\times106\times10=1.029\times107\text{N}\cdot\text{m}=10.29\text{kN}\cdot\text{m}$$

而
$$M_{\max}=\frac{1}{8}ql^2$$

即
$$\frac{1}{8}ql^2\leqslant10.29$$

所以
$$[q]=\frac{10.29\times8}{5^3}=3.29\text{kN/m}$$

【例 8-15】 如图 8-31 所示，T 形截面的外伸梁。已知材料的许用拉应力 $[\sigma^+]=120\text{MPa}$，许用压应力 $[\sigma^-]=150\text{MPa}$。试校核梁的正应力强度。

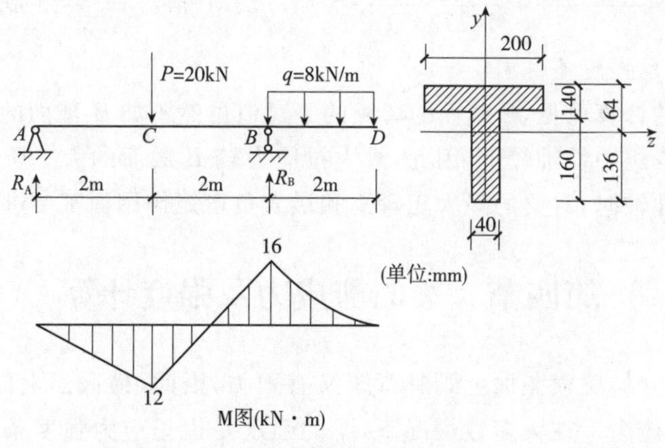

图 8-31　例 8-15 图

解:(1)计算支座反力

$$R_A = 6\text{kN}$$
$$R_B = 30\text{kN}$$

(2)画弯矩图如图 8-31 所示

$$M_B = -\frac{1}{2} \times 8 \times 2^2 = -16\text{kN} \cdot \text{m}$$

$$M_C = 6 \times 2 = 12\text{kN} \cdot \text{m}$$

由图可见,最大正弯矩发生在 C 截面处,最大负弯矩发生在 B 截面处。

(3)确定中性轴位置并计算截面对中性轴的惯性矩

截面形心距底边为 $y_c = 136\text{mm}$

$$I_z = \frac{200 \times 40^3}{12} + (20 + 160 - 136)^2 + \frac{40 \times 160^3}{12} + (136 - 80)^2 = 14.73 \times 10^6 \text{mm}^4$$

(4)强度校核

由于材料的抗拉压能力不同,且截面关于中性轴又不对称,因此,对梁的最大正变矩和最大负弯矩作用面都要进行强度校核。

C 截面:该截面的最大拉应力发生在下边缘,最大压应力发生在上边缘。即

$$\sigma_{\max}^{+} = \frac{M_C \cdot y_{\text{下}}}{I_z} = \frac{12 \times 10^6 \times 136}{14.73 \times 10^6} = 110.79\text{MPa} \leqslant [\sigma +] = 120\text{MPa}$$

$$\sigma_{\max}^{-} = \frac{M_C \cdot y_{\text{上}}}{I_z} = \frac{12 \times 10^6 \times 64}{14.73 \times 10^6} = 52.14\text{MPa} \leqslant [\sigma -] = 150\text{MPa}$$

B 截面:该截面的最大拉应力发生在上边缘,最大压应力发生在下边缘。即

$$\sigma_{\max}^{+} = \frac{M_B \cdot y_{\text{上}}}{I_z} = \frac{16 \times 10^6 \times 64}{14.73 \times 10^6} = 69.52\text{MPa} \leqslant [\sigma +] = 120\text{MPa}$$

$$\sigma_{\max}^{-} = \frac{M_B \cdot y_{\text{下}}}{I_z} = \frac{16 \times 10^6 \times 64}{14.73 \times 10^6} = 147.73\text{MPa} \leqslant [\sigma -] = 150\text{MPa}$$

因此,满足强度条件。

由以上的计算可见,C 截面的弯矩的绝对值虽然不如 B 截面的大,但由于截面的受拉边缘距中性轴较远,因此,最大拉应力较 B 截面的大。所以,当横截面不对称于中性轴时,对梁的最大正弯矩和最大负弯矩作用面都要进行强度校核。

第四节　梁的剪应力及强度计算

剪切弯曲时,梁横截面上既有弯矩又有剪力,因此,横截面上的应力除正应力外,还有剪应力。在大多数情况下,梁的强度是由正应力强度条件控制的,剪应力强度条件只是次要因素。

一、矩形截面梁的剪应力

梁横截面上的剪力是以剪应力的形式分布在横截面上的，经过研究分析，对于剪应力沿横截面宽度的变化规律及剪应力的方向，可作如下假设。

(1)在横截面上距中性轴等距离的各点处的剪应力大小相等，即剪应力沿截面宽度是均匀分布的。

(2)横截面上各点处的剪应力方向都与剪力的方向一致。

对于高度大于宽度的狭长矩形截面，横截面上任意一点处的剪应力计算公式为

$$\tau=\frac{QS_z^*}{I_zb} \tag{8-8}$$

单位为 MPa。

式中：Q——横截面上的剪力(N 或 kN)；

S_z^*——横截面上所求剪应力处水平线以下或以上部分面积 A^* 对中性轴的静矩(mm^3)；

I_z——横截面对中性轴的惯性矩(mm^4)；

b——矩形截面的宽度(mm)。

在应用该公式时，Q、S_z^* 均用绝对值代入，得到的是剪应力的大小。

下面分析剪应力沿横截面高度的分布规律。从式(8-8)可以看出，对于同一横截面，Q、I_z 和 b 均为常数，因此，剪应力沿横截面高度的分布规律只取决于静矩的变化规律。

如图 8-32(a)所示，矩形截面的高度为 h，宽度为 b，横截面上的任意点 m 到中性轴的距离为 y，则 m 点水平线以下(或以上)部分的面积 A^* 对中性轴的静矩为

$$S_z^*=A^*\cdot y^*=b\cdot\left(\frac{h}{2}-y\right)\cdot\left[y+\frac{1}{2}\left(\frac{h}{2}-y\right)\right]=\frac{bh^2}{8}\left(1-\frac{4y^2}{h^2}\right)$$

将 $I_z=\dfrac{bh^3}{12}$ 及上式代入式(8-8)，得

$$\tau=\frac{QS_z^*}{I_zb}=\frac{3}{2}\cdot\frac{Q}{bh}\cdot\left(1-\frac{4y^2}{h^2}\right)$$

上式表明，剪应力沿截面高度是按二次抛物线规律变化的如图 8-32(b)所示。当 $y=\pm\dfrac{h}{2}$ 时，即在横截面距中性轴最远的上下边缘处，剪应力为零；当 $y=0$ 时，即在横截面的中性轴各点处，剪应力达到最大值 τ_{max}，此时

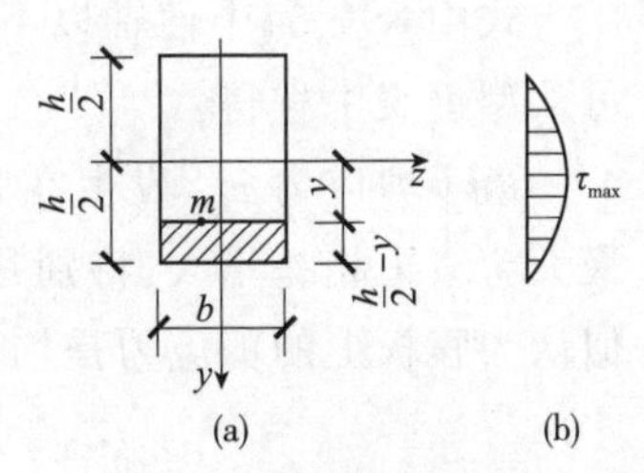

图 8-32　矩形截面上剪应力的分布规律

$$\tau_{\max}=\frac{3}{2}\cdot\frac{Q}{bh}$$

或
$$\tau_{\max}=\frac{3}{2}\cdot\frac{Q}{A} \tag{8-9}$$

式中,$A=bh$,为矩形截面的横截面面积。式(8-9)说明,矩形截面梁横截面上的最大剪应力是平均剪应力的1.5倍。

二、工字形截面梁的剪应力

对于工字形截面,其腹板是一个狭长的矩形,它的剪应力计算公式与矩形截面的剪应力计算公式相同,即

$$\tau=\frac{QS_z^*}{I_z d} \tag{8-10}$$

式中:d——腹板的厚度(mm);

S_z^*——横截面上所求剪应力处水平线以下或以上部分面积A^*对中性轴的静矩(mm³)。

式(8-10)表明:在腹板范围内,剪应力沿腹板高度同样是按二次抛物线规律变化,如图8-33所示。最大剪应力也发生在中性轴上,其值为

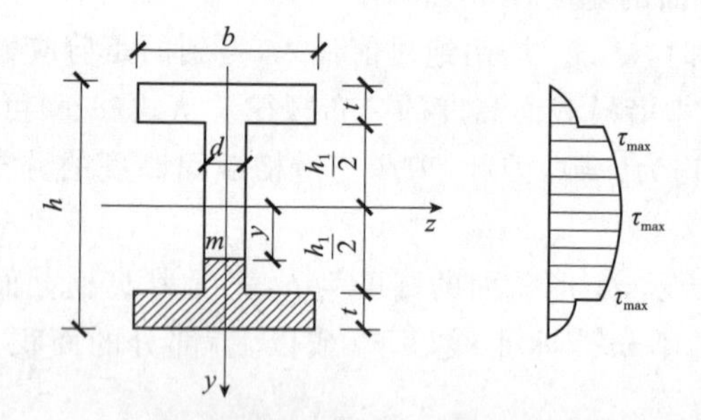

图 8-33　工字形截面上的剪应力沿腹板高度的分布规律

$$\tau=\frac{QS_{z\max}^*}{I_z d}=\frac{Q}{(I_z/S_{z\max}^*)\cdot d} \tag{8-11}$$

式中,S_z^*为中性轴以下或以上部分对中性轴的静矩;对于工字钢,$I_z/S_{z\max}^*$可从型钢表中查得。

最小剪应力$\tau_{\max}$发生在腹板与翼缘的交界处。由计算可知,最小剪应力与最大剪应力相差不大,特别是当腹板的宽度较小时,二者相差更小。因此,可近似认为腹板上的剪应力是均匀分布的,即

$$\tau_{\max}=\frac{Q}{h_1 d}$$

在计算精度要求不高的情况下,可认为工字形截面梁的最大剪应力近似等

于腹板上的平均剪应力。

在翼缘部分，剪应力的分布比较复杂，且数值较小，一般情况下不予考虑。由于翼缘部分离中性轴较远，各点处的正应力均较大，因此，负担了截面上的大部分弯矩。而腹板则负担了截面上的大部分剪力，占95%以上。

三、圆形截面和圆环形截面梁的最大剪应力

圆形截面和圆环形截面上的剪应力分布比较复杂。由理论分析可知，最大剪应力仍发生在中性轴上，且均匀分布，其方向与该截面上的剪力方向相同，如图8-34(a)、(b)所示。

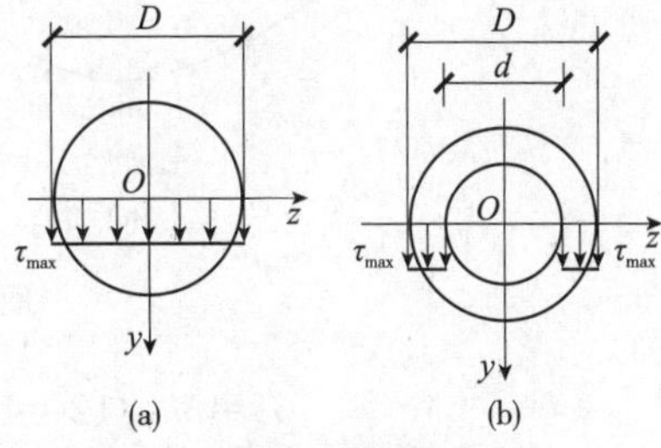

图8-34　圆形和圆环形截面上的最大剪应力

其最大剪应力分别为

圆形截面　$\tau_{max}=\frac{4}{3}\cdot\frac{Q}{A}$　(8-12)

式中：Q——横截面上的剪力；

A——圆形截面的面积，$A=\frac{\pi D^2}{4}$。

上式表明：圆形截面梁的最大剪应力是平均剪应力的$\frac{4}{3}$倍。

圆环形截面　$$\tau_{max}=2\cdot\frac{Q}{A} \tag{8-13}$$

式中：Q——横截面上的剪力；

A——圆环形截面的面积，$A=\frac{\pi D^2}{4}-\frac{\pi d^2}{4}$。

上式表明：圆环形截面梁的最大剪应力是平均剪应力的2倍。

【例8-16】　如图8-35(a)所示，矩形截面简支梁受均布荷载作用。已知$b=100$mm，$h=200$mm，荷载集度$q=2$kN/m，跨度$l=4$m。试求：

(1)截面m-m上距中性轴$y=50$mm处k点的剪应力；

(2)比较梁中的最大正应力和最大剪应力；

(3)若用32a号工字钢，求其最大剪应力。

解：(1)求截面m-m上k点的剪应力

计算支座反力

$$R_A=R_B=4\text{kN}$$

画梁的剪力图和弯矩图，如图8-35(b)、(c)所示。截面m-m上的剪力为：

$$Q_m=4\text{kN}$$

计算S_z^*和I_z

$$S_z^*=50\times100\times75=375\times10^3\text{mm}^3$$

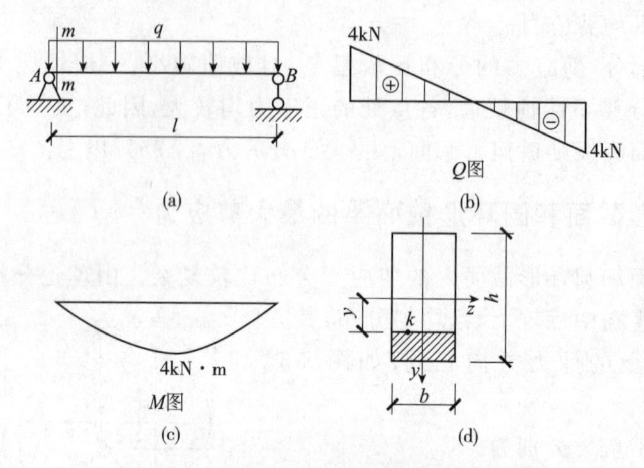

图 8-35　例 8-16 图

$$I_z = bh^3/12 = 100 \times 200^3/12 = \frac{2}{3} \times 10^8 \mathrm{mm}^4$$

计算 k 点的剪应力

$$\tau_k = \frac{QS_z^*}{I_z b} = \frac{4 \times 10^3 \times 375 \times 10^3}{\frac{1}{3} \times 10^8 \times 100} = 0.225\mathrm{MPa}$$

(2)比较梁中的最大正应力和最大剪应力

从剪力图和弯矩图上可以看出，$Q_{\max} = 4\mathrm{kN}$，$M_{\max} = 4\mathrm{kN \cdot m}$

梁上的最大剪应力为

$$\tau_{\max} = \frac{M_{\max}}{W_z} = \frac{M_{\max}}{\frac{1}{6}bh^2} = \frac{4 \times 10^6}{\frac{1}{6} \times 100 \times 200^2} = 6\mathrm{MPa}$$

故　　$$\sigma_{\max}/\tau_{\max} = 6/0.3 = 20$$

由此可见：梁中的最大正应力比最大剪应力大得多，所以，在梁的强度计算中，正应力强度条件起到控制作用。

(3)计算工字钢梁的最大剪应力

由型钢表查得：$I_z/S_z^* = 27.5\mathrm{cm} = 275\mathrm{mm}$，$\mathrm{d} = 9.5\mathrm{mm}$

最大剪应力为：$\tau_{\max} = \dfrac{Q_{\max}}{(I_z/S_{z\max}^*) \cdot d} = \dfrac{4 \times 10^3}{275 \times 9.5} = 1.53\mathrm{MPa}$

四、梁的剪应力强度计算

与梁的正应力强度条件一样，弯曲剪应力的强度条件也要求截面上的剪应力不能太大。如果剪应力超过材料的许可限度，就会导致发生剪切破坏，而不能正常使用。因此应加以验算。

梁截面上的最大剪应力与其剪力有关。剪应力是沿梁长度而变化的。在进行剪应力强度计算时，把剪力最大的截面称为危险截面。而剪应力的最大值又发生在截面的中性轴上。因此，剪应力强度计算的危险点是在剪力(绝对值)最大截面的中性轴上。

显然，对于任何形状截面的梁，弯曲剪应力的强度条件都应使危险点上的剪应力 τ_{max}不应大于材料的许用剪应力$[\tau]$，即：

$$\tau_{max} \leqslant [\tau] \tag{8-14}$$

必须指出，在一般情况下，梁很少发生剪切破坏，往往都是弯曲破坏。所以，在实际计算中，通常都是以梁的正应力强度条件去选择截面，再用剪应力强度条件进行校核。只有在少数情况下，比如梁的跨度较小而荷载又较大，或者在支座附近有很大的集中力，这时在靠近梁支座处可能被剪断。此外，使用某些抗剪能力较差的材料(木材料)制作梁时，梁的剪应力强度条件便成为主要条件。

还应指出，在某些薄壁梁的某些点处，例如：在工字形截面梁的腹板和翼缘的交界处，弯曲正应力和弯曲剪应力有时同时具有相当大的数值，虽然既不是最大正应力，也不是最大剪应力。但是在二者的共同作用下，此处也有可能发生强度不足的情况，这种在正应力和剪应力联合作用下的强度计算问题比较复杂，在此不再作研究。

【例 8-17】　图 8-36(a)所示简支梁，在截面 C、D 处分别受垂直集中力 P_1 和 P_2 作用。已知 $P_1=50\text{kN}$，$P_2=100\text{kN}$，$[\sigma]=160\text{MPa}$，$[\tau]=100\text{MPa}$。试选择工字钢型号。

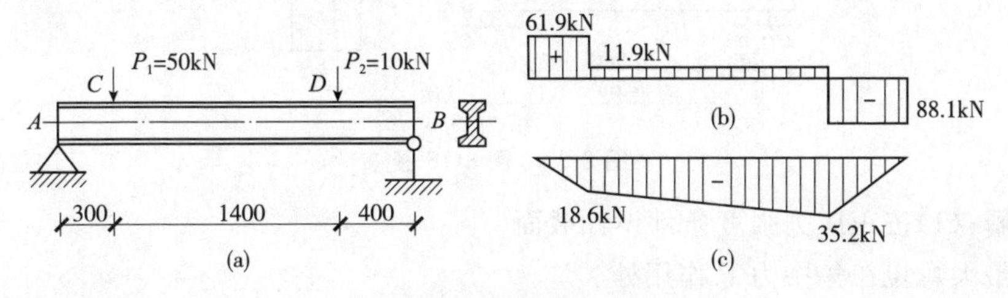

图 8-36　例 8-17 图

解：(1)画内力图

梁的剪力图和弯矩图分别如图 3-36(b)、(c)所示，由图可知：

$$|Q|_{max}=88.1\text{kN}$$

$$M_{max}=35.2\text{kN}\cdot\text{m}$$

(2)按梁弯曲时的正应力强度条件选择截面

根据正应力强度条件，得梁的抗弯截面模量为：

$$W_z \geqslant \frac{M_{max}}{[\sigma]}=\frac{35.2\times10^3\times10^3}{160}=220\times10^3\text{mm}^3$$

从型钢表中查得 20a 号工字钢的抗弯截面系数为 $W_z=237\times10^3\text{mm}^3$，与计算得到的 $W_z=220\times10^3\text{mm}^3$ 接近，且比计算数值大。所以，选择 20a 号工字钢作梁，符合弯曲正应力强度条件。

(3)按剪应力强度条件校核

由于荷载 P_1、P_2 靠近支座，梁的最大弯曲剪应力可能不小。因此，还应按剪应力强度条件进行校核。

从型钢表中查得：$I_z/S_z=172\text{mm}$，腹板厚度 $t=7\text{mm}$。将有关数据代入式(8-10)，得梁的最大弯曲剪应力为：

$$\tau_{\max}=\frac{Q\cdot S}{I_z\cdot t}=\frac{Q}{\dfrac{I_z\cdot t}{S_z}}$$

$$=\frac{22.1\times10^3}{172\times7}=73\text{MPa}<100\text{MPa}=[\tau]$$

可见，选择 20a 号工字钢作梁将同时满足弯曲正应力强度条件和弯曲剪应力强度条件。

【例 8-18】 试选择图 8-37 所示的枕木的矩形截面尺寸，已知截面的尺寸的比例为 $b:h=3:4$，许用拉应力为 $[\sigma+]=10\text{MPa}$，许用剪应力 $[\tau]=2.5\text{MPa}$，枕木跨度 $l=2\text{m}$，钢轨传给枕木的压力为 $P=98\text{kN}$，并且二钢轨间的间距(轨距)为 1.6m。

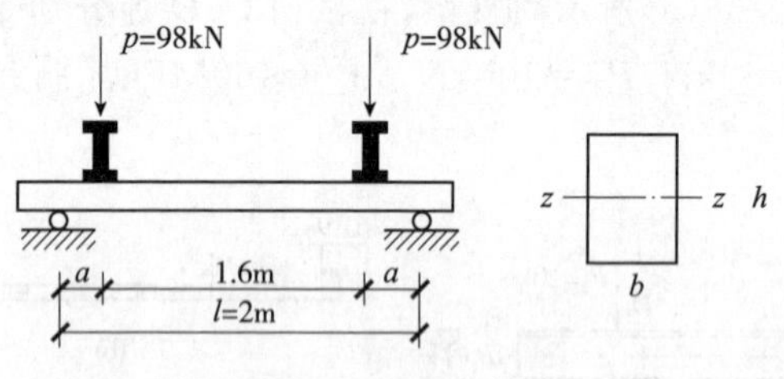

图 8-37　例 8-18 图

解：(1)按正应力强度条件设计截面

最大弯矩在集中力 P 作用处。

$$M_{\max}=P\cdot a=98\times10^3\times\frac{1}{2}(2-1.6)$$

根据梁弯曲的正应力强度条件，得梁的抗弯截面模量为：

$$W_z\geqslant\frac{M_{\max}}{[\tau]}=\frac{19600\times10^3}{10}$$

$$=1960\times10^3\text{mm}^3$$

$$=1960\text{cm}^3$$

对于矩形截面 $W_z=\dfrac{1}{6}bh^2$，而 $b:h=3:4$

则 $b=\frac{3}{4}h$ 所以得 $W_z=\frac{1}{6}\times\frac{3}{4}h\times h^2=\frac{1}{8}h^3$

因此

$$h\geqslant\sqrt[3]{8\times W_z}$$
$$=\sqrt[3]{8\times1960}$$
$$=25.03\text{cm}\qquad 取\ h=26\text{cm}$$

$$b=\frac{3}{4}h=19.5\text{cm}\qquad 取\ b=20\text{cm}$$

(2)按剪应力强度条件进行校核

由于钢轨靠近枕木支座，枕木弯曲时的剪应力将很大。因此，应按梁弯曲的剪应力强度条件进行校核。

最大剪应力为：$Q_{\max}=P=98\text{kN}$

根据式(8-14)得梁内最大剪应力为：

$$\tau_{\max}=\frac{3}{2}\frac{Q_{\max}}{A}=\frac{3}{2}\times\frac{98\times10^3}{0.26\times0.2}$$
$$=2.83\text{MPa}>2.5\text{MPa}=[\tau]$$

说明按梁弯曲的正应力强度条件设计的截面($h=26\text{cm}$，$b=20\text{cm}$)，其弯曲剪应力强度不足。

(3)再按剪应力强度条件重新设计截面尺寸

由剪应力强度条件，根据公式(8-14)，即：

$$\tau_{\max}=\frac{3}{2}\frac{Q_{\max}}{A}\leqslant[\tau]$$

可得

$$A\geqslant\frac{3}{2}\frac{Q_{\max}}{\tau}$$
$$=\frac{3\times98\times10^3}{2\times2.5\times10^6}$$
$$=0.0588\text{m}^2$$
$$=588\text{cm}^2$$

由

$$A=b\cdot h=\frac{3}{4}h\cdot h=\frac{3}{4}h^2=588\text{cm}^2$$

得

$$\text{h}=\sqrt{\frac{3}{4}\times588}=28\text{cm},b=21\text{cm}$$

最后枕木选用截面尺寸为：$h=28\text{cm}$，$b=21\text{cm}$。

此时梁弯曲的正应力强度条件一定满足。

第五节　提高梁强度的措施

在设计梁时，即要保证梁在荷载作用下安全正常地工作，又要充分发挥材料的潜能，节约材料，减轻自重，满足工程既安全又经济的要求。一般情况下，梁的弯曲强度主要是由正应力控制的，因此，提高梁抗弯强度的措施，应以弯曲正应力强度条件作为依据。等截面梁的正应力强度条件为

$$\sigma_{\max}=\frac{M_{\max}}{W_z}\leqslant[\sigma]$$

梁横截面上的最大正应力与最大弯矩成正比，与抗弯截面系数成反比。因此，一方面要合理安排梁的受力情况，降低最大弯矩值；另一方面要选择合理的截面形状，充分利用材料，提高抗弯截面系数的数值。

一、合理安排梁的受力情况

1. 合理布置梁的支座

例如，一简支梁承受满跨均布荷载作用，如图 8-38(a)所示，跨中截面的最大弯矩值为

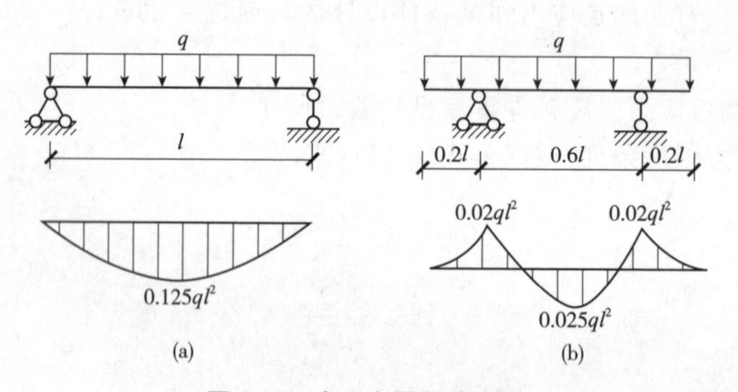

图 8-38　合理布置梁的支座

$$M_{\max}=\frac{1}{8}ql^2\leqslant 0.125ql^2$$

若两端支座各向中间移动 $0.2l$，如图 8-38(b)所示，则最大弯矩将减小为

$$M_{\max}=\frac{1}{40}ql^2\leqslant 0.025ql^2$$

仅为原来的$\frac{1}{5}$倍，因此，梁的截面尺寸就可大大减小。

2. 适当增加梁的支座

由于梁的最大弯矩与梁的跨度有关，因此，适当增加梁的支座，可减小梁

的跨度，达到降低最大弯矩的目的。例如，在简支梁中间增加一个支座，如图 8-39 所示，绝对最大弯矩值 $|M_{\max}|=0.03125ql^2$，只是原来的$\frac{1}{5}$。

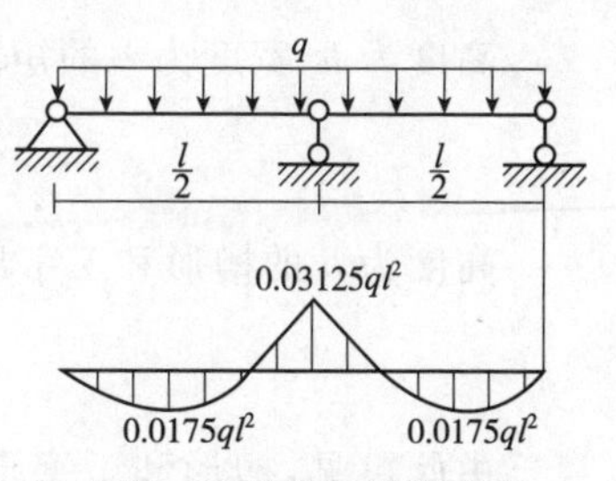

图 8-39　适当增加梁的支座

3. 改善荷载的布置情况

在条件允许的情况下，合理安排梁上的荷载，可降低最大弯矩值。例如，简支梁在跨中受一集中力 P 作用，如图 8-40(a)所示，最大弯矩值为 $M_{\max}=\frac{1}{4}Pl$。

若在梁上安置一根辅梁，如图 8-40(b)所示，则梁的最大弯矩值为 $M_{\max}=\frac{1}{8}Pl$，仅为原来的 1/2 倍。

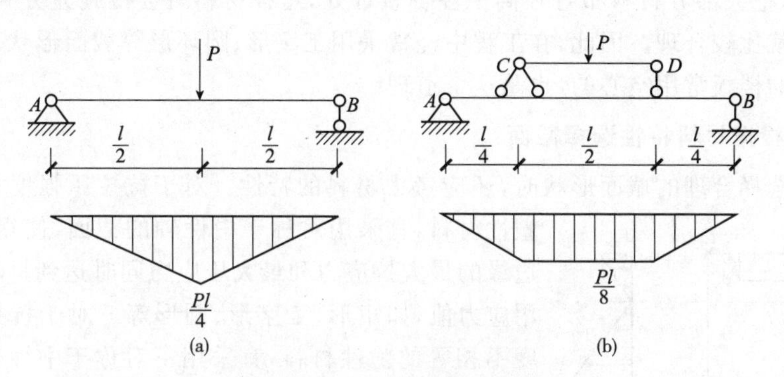

图 8-40　改善荷载的布置情况

二、选择合理的截面形状

1. 根据抗弯截面系数与梁横截面面积的比值$\frac{W_z}{A}$选择截面

由弯曲正应力强度条件可知，在弯矩不变的情况下，梁横截面上的正应力与抗弯截面系数成反比，而用料的多少又与横截面面积成正比，因此，合理的截面形状应是在横截面面积相同的情况下具有较大的抗弯截面系数，即比值$\frac{W_z}{A}$大的截面形状合理。

下面对同高度不同形状截面的$\frac{W_z}{A}$值作一比较。

直径为 h 的圆形截面

$$\frac{W_z}{A}=\frac{\pi h^3/32}{\pi h^2/4}=0.125h$$

高度为 h、宽度为 b 的矩形截面

$$\frac{W_z}{A}=\frac{bh^2/6}{bh}=0.167h$$

高度为 h 的槽形和工字形截面

$$\frac{W_z}{A}=(0.27\sim0.31)h$$

由此可见，槽形和工字形截面比矩形截面合理，而矩形截面又比圆形截面合理。

2. 根据正应力的分布选择截面

由正应力的计算公式可知，弯曲正应力沿截面高度呈直线规律分布，中性轴附近正应力很小，这部分材料没有得到充分利用。如果把中性轴附近的材料尽量减少，把大部分材料布置在离中性轴较远处，这样材料就会得到充分利用，截面形状就比较合理。因此，在工程中经常采用工字形、圆环形等截面形状。建筑工程中的楼板常用空心的，也是这个道理。

3. 根据材料特性选择截面

在选择合理的截面形状时，还应考虑材料的特性。对于抗拉压强度相等的塑性材料，宜采用对称于中性轴的截面，使得上、下边缘的最大拉应力和最大压应力同时达到材料的许用应力值，如矩形、工字形、圆形等。对于抗拉压强度不相等的脆性材料，宜采用不对称于中性轴的截面，使得受拉、受压最外边缘到中性轴的距离与材料的许用拉、压应力成正比，这样，横截面的最大拉、压应力将同时达到许用应力，材料的利用最为合理。例如，如图 8-41 所示的 T 形截面有

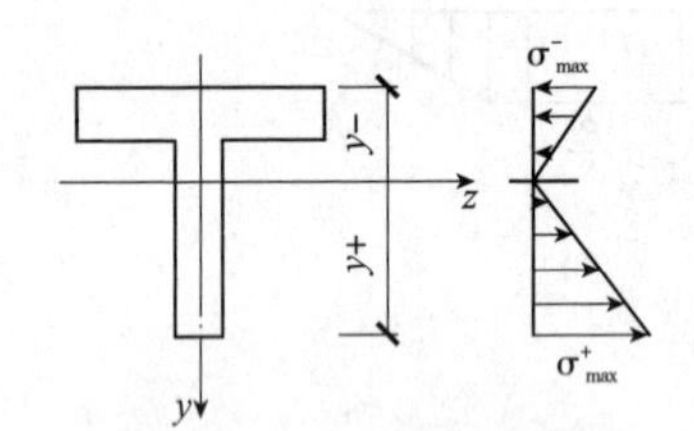

图 8-41　T 形截面的最大拉、压应力

$$\frac{y^+}{y^-}=\frac{\sigma+}{\sigma+}$$

三、采用变截面梁和等强度梁

梁的正应力强度条件是根据产生最大弯矩截面上的最大拉、压应力达到材料的许用应力而建立的，这时，梁内其他截面的弯矩值都小于最大弯矩值，因此，这些截面的材料均得不到充分利用，造成材料的浪费。为了充分利用这些材料，应该在弯矩较大处采用较大的截面，在弯矩较小处采用较小的截面。这种横截面沿轴线变化的梁称为变截面梁。若使每一横截面上的最大正应力都恰好等于材料的许用正应力，即 $\sigma_{\max}=\frac{M_{\max}}{W_z}[\sigma]$，这样的梁称为等强度梁。

从强度方面看，等强度梁最合理，但截面变化较大，给施工造成一定的困难。工程中往往采用形状比较简单而接近等强度梁的变截面梁。如房屋建筑中的阳台挑梁及雨篷梁，如图 8-42 所示。

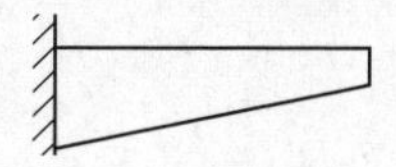

图 8-42　雨篷及阳台的挑梁

第九章　应力状态和强度理论简介

第一节　应力状态简介

一、应力状态的概念

不同材料在各种荷载作用下的破坏实验表明，杆件的破坏并不总是沿横截面发生，有时是沿斜截面发生的。就杆件中的一点而言，通过该点的截面可以有不同的方位，或者说，受力杆件中的任一点，既可以看作是横截面上的点，也可看作是任意斜截面上的点。前面所讨论的与横截面垂直的正应力或沿横截面方向的切应力，称为横截面上的应力。在一般情况下，受力杆件中任一点处各个方向面上的应力情况是不相同的。一点处各方向面上的应力的集合，称为该点的应力状态。研究应力状态，对全面了解受力杆件的应力全貌，以及分析杆件的强度和破坏机理都是必须的。

为了研究一点处的应力状态，通常是围绕该点取一个无限小的长方体，即单元体。因为单元体无限小，所以可认为其每个面上的应力都是均匀分布的，且相互平行的一对面上的应力对应相等。因此，单元体三对平行平面上的应力就代表通过所研究点的三个相互垂直截面上的应力，只要知道了这三个面上的应力，则其他任意截面上的应力都可通过截面法求出，该点的应力状态也就完全确定了。因此，可用单元体的三个相互垂直平面上的应力来表示一点的应力状态。

若单元体某个面上不存在切应力，这个面称为主平面。主平面上的正应力称为主应力。若在单元体的三对面上都不存在切应力，即单元体的三对面均为主平面，这样的单元体称为主单元体。可以证明，受载体上任意一点处总可以切出一个主单元体。主单元体上的三个主应力分别记为 σ_1、σ_2 和 σ_3，其中 σ_1 表示代数值最大的主应力，σ_3 表示代数值最小的主应力。例如某点处的三个主应力为 60MPa、－20MPa 和 0，则 $\sigma_1=60\text{MPa}$、$\sigma_2=0$、$\sigma_3=-20\text{MPa}$。

一点处的三个主应力中，若一个不为零，其余两个为零，这种情况称为单向应力状态；有两个主应力不为零，而另一个为零的情况称为二向应力状态；三个主应力都不为零的情况称三向应力状态。单向和二向应力状态合称为平面应力状态，三向应力状态称为空间应力状态。二向及三向应力状态又统称为复杂应力状态。

在工程实际中，平面应力状态最为普遍，空间应力状态问题虽也大量存在，但全面分析较为复杂。本章主要研究平面应力状态的基本理论，应力、应变间的一般关系，以及应变能的分析计算，并以此为基础，介绍材料在复杂应力状态作用下的破坏或失效规律，建立复杂应力状态下的强度理论。

二、应力状态实例

1. 直杆轴向拉伸

围绕杆内任一点 A[图 9-1(a)]以纵横六个截面取出单元体[图 9-1(b)]，其平面图则表示在图 9-1(c)中，单元体的左右两侧面是杆件横截面的一部分，其面上的应力皆为 $\sigma=F/A$。单元体的上、下、前、后四个面都是平行于轴线的纵向面，面上皆无任何应力。根据主单元本的定义，知此单元体为主单元体，且三个垂直面上的主应力分别为

$$\sigma_1=\frac{F}{A},\sigma_2=0,\sigma_3=0$$

围绕 A 点也可用与杆轴线成 $\pm45°$ 的截面和纵向面截取单元体[图 9-1(d)]，前、后面为纵向面，面上无任何应力，而在单元体的外法线与杆轴线成 $\pm45°$ 的斜面上既有正应力又有切应力。因此，这样截取的单元体不是主单元体。

由此可见，描述一点的应力状态按不同的方位截取的单元体，单元体各面上的应力也就不同，但它们均可表示同一点的应力状态。

2. 圆轴的扭转

围绕圆轴上 A 点[图 9-2(a)]仍以纵横六个截面截取单元体[图 9-2(b)]。单元体的左、右两侧面为横截面的一部分，正应力为零，而切应力为

$$\tau=\frac{T}{W_p}$$

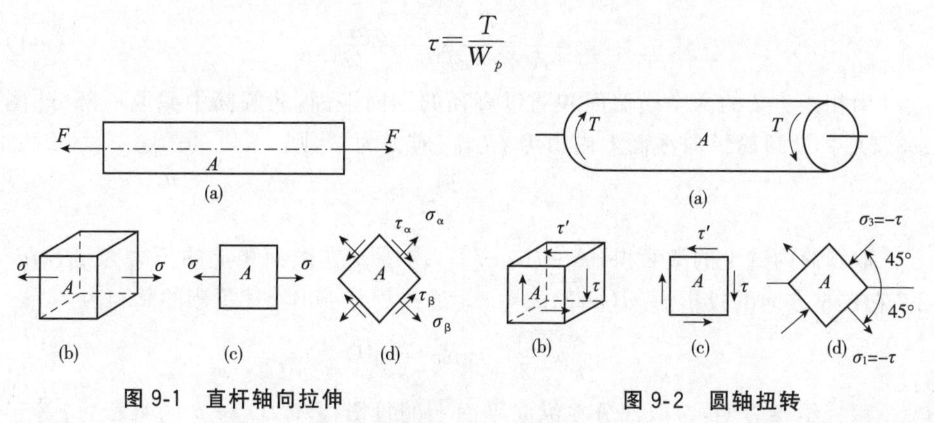

图 9-1　直杆轴向拉伸　　　　图 9-2　圆轴扭转

由切应力互等定理，知在单元体的上、下面上，有 $\tau'=\tau$。因为单元体的前面为圆轴的自由面，故单元体的前、后面上无任何应力。单元体面受力如图 9-2(c)所示。由此可见，圆轴受扭时，A 点的应力状态为纯剪切应力状态。

进一步的分析表明若围绕着 A 点沿与轴线成 $\pm45°$ 的截面截取一单元体[图 9-2(d)]，则其 $\pm45°$ 斜截面上的切应力皆为零。在外法线与轴线成 $45°$ 的截面上，有压应力，其值为 $-\tau$。在外法线与轴线成 $-45°$ 的截面上有拉应力，其值为 $+\tau$。考虑到前、后面两侧面无任何应力，故图 9-2(d)所示的单元体为主单元体，其主应力分别为

$$\sigma_1=\tau, \sigma_2=0, \sigma_3=-\tau$$

可见，纯剪切应力状态为二向应力状态。

3. 圆筒形容器承受内压作用时任一点的应力状态

当圆筒形容器[图 9-3(a)]的壁厚 t 远小于它的直径 D 时(例如，$t=D/20$)，称为薄壁圆筒。若封闭的薄壁圆筒承受的内压力为 p，则沿圆筒轴线方向作用于筒底的总压力为 F[图 9-3(b)]，且

$$F=p\cdot\frac{\pi D^2}{4}$$

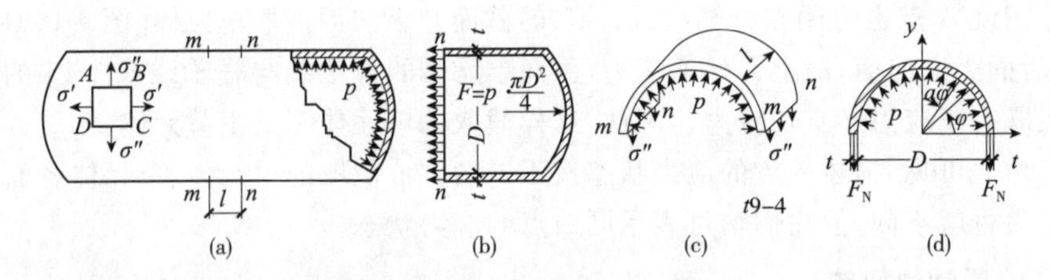

图 9-3 圆筒形容器的应力状态

薄壁圆筒的横截面面积近似为 πDt，因此圆筒横截面上的正应力 σ' 为

$$\sigma'=\frac{F}{A}=\frac{p\cdot\frac{\pi D^2}{4}}{\pi Dt}=\frac{pD}{4t} \tag{9-1}$$

用相距为 l 的两个横截面和通过直径的纵向平面，从圆筒中截取一部分[图 9-3(c)]。设圆筒纵向截面上内力为 F_N，正应力为 σ''，则

$$\sigma''=\frac{F_N}{tl}$$

取圆筒内壁上的微面积 $dA=lDd\varphi/2$。内压 p 在微面积上的压力为 $plDd\varphi/2$。它在 y 方向的投影为 $pl(D/2)d\varphi\sin\varphi$。通过积分求出上述投影的总和为

$$\int_0^{\pi} pl\,\frac{D}{2}d\varphi\sin\varphi = plD$$

积分结果表明：截取部分在纵向平面上的投影面积 lD 与 p 的乘积，应等于

内压力在 y 方向投影的合力。考虑截取部分在 y 方向的平衡[图 9-3(d)]。

$$\sum F_y=0, F_N-plD=0$$

$$F_N=\frac{plD}{2}$$

将 F_N 代入 σ''表达式中，得

$$\sigma''=\frac{F_N}{tl}=\frac{pD}{2t} \tag{9-2}$$

从式(9-1)和(9-2)看出，纵向截面上的应力 σ''是横截面上应力 σ'的两倍。

由于内压力是轴对称载荷，所以在纵向截面上没有切应力。又由切应力互等定理，知在横截面上也没有切应力。围绕薄壁圆筒任一点 A，沿纵、横截面截取的单元体为主平面。此外，在单元体 $ABCD$ 面上，有作用于内壁的内压力 p 或作用于外壁的大气压力，它们都远小于 σ'和 σ''。可以认为等于零[式(9-1)和式(9-2)，考虑到 $t\leqslant D$，易得上述结论]。由此可见，A 点的应力状态为二向应力状态，其三个主应力分别为

$$\sigma_1=\frac{pD}{2t}, \sigma_2=\frac{pD}{4t}, \sigma_3=0$$

4. 在车轮压力下，车轮与钢轨接触点 A 处的应力状态

围绕着车轮与钢轨接触点[图 9-4(a)]，以垂直和平行于压力 F 的平面截取单元体，如图 9-4(b)所示。

在车轮与钢轨的接触面上，有接触应力 σ_3。由于 σ_3 的作用，单元体将向四周膨胀，于是引起周围材料对它的约束压应力 σ_1 和 σ_2（理论计算表明，周围材料对单元体的约束应力的绝对值小于由 F 引起的应力绝对值 $|\sigma_3|$，因为是压应力，故用 σ_1 和 σ_2 表示）。所取单元体的三个相互垂直的面皆为主平面，且三个主应力皆不等于零，因此，A 点的应力状态为三向应力状态。

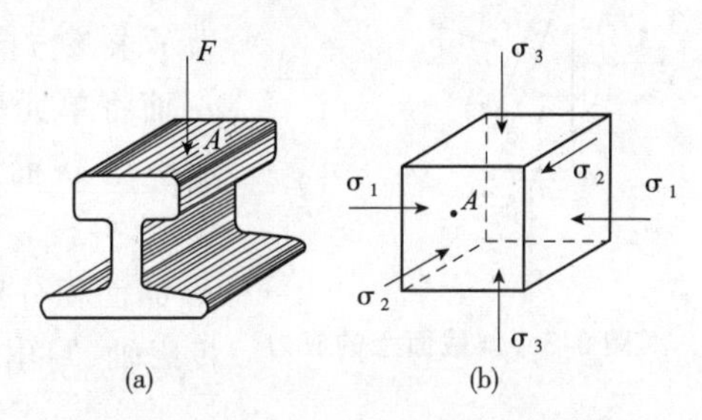

图 9-4　车轮与钢轨接触点应力状态

第二节　平面应力状态分析

一、任意方向面上的应力

现在来讨论在二向应力状态下，已知通过一点的某个单元体上各个面的应力后，如何确定通过这一点的其他截面上的应力。

如图 9-5(a)所示单元体,左、右两个方向面的外法线和 x 轴重合,称为 x 面,x 面上的正应力和切应力分别用 σ_x 和 τ_x 表示;上、下两个方向面的外法线和 y 轴重合,称为 y 面,y 面上的正应力和切应力分别用 σ_y 和 τ_y 表示;前、后两个方向面上没有应力。所有的应力均在同一平面(xy 平面)内,是平面应力状态的一般情况。现用图 9-5(b)所示的平面图形表示该单元体。应力正负号的规定与本书前述一致。根据这些已知的应力,可求出任意方向面(其法线在 xy 平面内)上的应力。

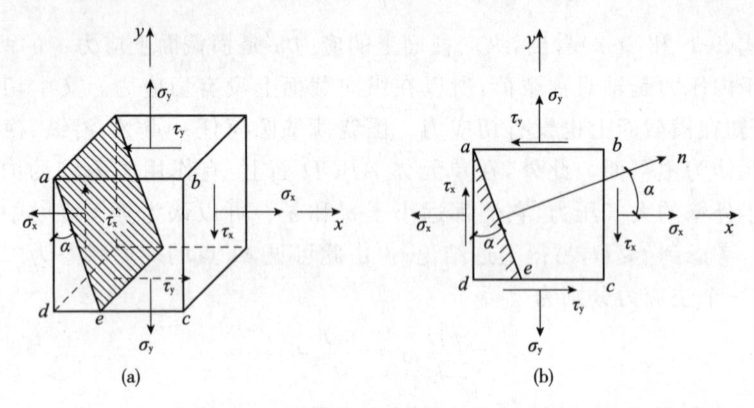

图 9-5　平面应力状态下的单元体

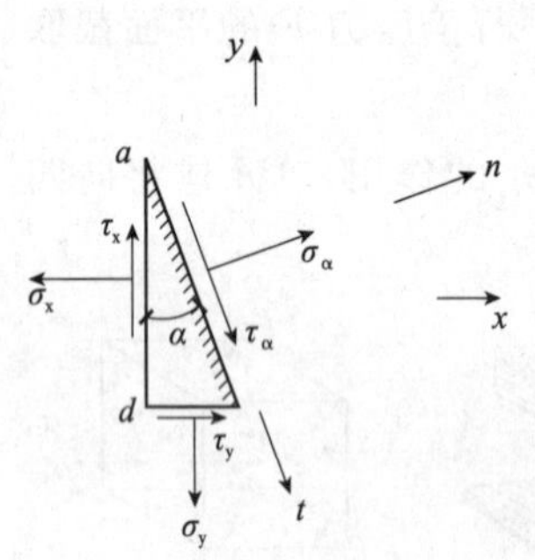

图 9-6　斜截面上的应力

设 ae 为任一方向面,其外法线和 x 轴夹角 α,称为 α 面,如图 9-5(b)所示,α 角自正 x 轴起,转到斜面外法线 n 止,以逆时针转向为正,顺时针转向为负。为了求该方向面上的应力,可以应用截面法。假设沿 ae 面将单元体截开,取左部分进行研究,如图 9-6 所示。在 ae 面上一般作用有正应力和切应力,用 σ_α 及 τ_α 表示,并设 σ_α 及 τ_α 为正。设 ae 的面积为 dA,则 ad 和 de 的面积分别是 $\mathrm{d}A\cos\alpha$ 和 $\mathrm{d}A\sin\alpha$。取 n 轴和 t 轴为投影轴,写出该部分的平衡方程

$$\begin{cases}\sum F_{\mathrm{n}}=0\\ \sum F_{\mathrm{t}}=0\end{cases}$$

即
$$\begin{cases}\sigma_\alpha \mathrm{d}A-(\sigma_x \mathrm{d}A\cos\alpha)\cos\alpha+(\tau_x \mathrm{d}A\cos\alpha)\sin\alpha-(\sigma_y \mathrm{d}A\sin\alpha)\sin\alpha=\\ (\tau_y \mathrm{d}A\sin\alpha)\cos\alpha=0\\ \tau_\alpha \mathrm{d}A-(\sigma_x \mathrm{d}A\cos\alpha)\sin\alpha-(\tau_x \mathrm{d}A\cos\alpha)\cos\alpha+(\sigma_y \mathrm{d}A\sin\alpha)\cos\alpha=\\ (\tau_y \mathrm{d}A\sin\alpha)\sin\alpha=0\end{cases}$$

整理得
$$\begin{cases}\sigma_\alpha=\sigma_x\cos^2\alpha+\sigma_s\sin^2\alpha-2\tau_x\sin\alpha\cos\alpha\\ \tau_\alpha=(\sigma_x-\sigma_y)\sin\alpha\cos\alpha+\tau_x(\cos^2\alpha-\sin^2\alpha)\end{cases}$$

由切应力互等定理可知,τ_x 和 τ_y 大小相等,再对上式进行三角变换,得到

$$\sigma_\alpha=\frac{\sigma_x+\sigma_y}{2}+\frac{\sigma_x-\sigma_y}{2}\cos2\alpha-\tau_x\sin2\alpha \quad (9\text{-}3)$$

$$\tau_\alpha=\frac{\sigma_x-\sigma_y}{2}\sin2\alpha+\tau_x\cos2\alpha \quad (9\text{-}4)$$

式(9-3)和式(9-4)就是平面应力状态下求任意方向面上正应力和切应力的公式。

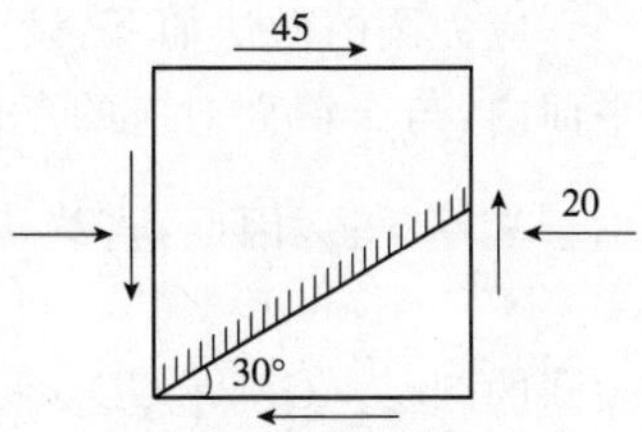

(单位：MPa)

图 9-7　例 9-1 图

【例 9-1】 求图 9-7 所示单元体中指定斜截面上的正应力和切应力。

解:由图可得,$\sigma_x=-20\text{MPa}$,$\sigma_y=0$,$\tau_x=-45\text{MPa}$,$\alpha=-60°$,代入式(9-3)、(9-4)可得

$$\begin{aligned}\sigma_\alpha&=\frac{\sigma_x+\sigma_y}{2}+\frac{\sigma_x-\sigma_y}{2}\cos2\alpha-\tau_x\sin2\alpha\\&=\left[\frac{-20+0}{2}+\frac{-20-0}{2}\cos(-120°)-(-45)\sin(-120°)\right]\text{MPa}\\&=\left(-10+10\times\frac{1}{2}-45\times\frac{\sqrt{3}}{2}\right)\text{MPa}=-43.97\text{MPa}\end{aligned}$$

$$\begin{aligned}\tau_\alpha&=\frac{\sigma_x-\sigma_y}{2}\sin2\alpha+\tau_x\cos2\alpha\\&=\left[\frac{-20-0}{2}\sin(-120°)-45\cos(-120°)\right]\text{MPa}\\&=\left(10\times\frac{\sqrt{3}}{2}+45\times\frac{1}{2}\right)\text{MPa}=31.16\text{MPa}\end{aligned}$$

二、应力图

以上是用解析公式对一点的应力状态进行分析,该分析也可利用图解法即应力圆法进行。由式(9-3)和式(9-4)可见,当 σ_x、σ_y 和 τ_x 已知时,σ_α 和 τ_α 都是以 2α 为参变量的参数方程。将式(9-3)改写为

$$\sigma_\alpha=\frac{\sigma_x+\sigma_y}{2}+\frac{\sigma_x-\sigma_y}{2}\cos2\alpha-\tau_x\sin2\alpha$$

将上式与式(9-4)两边分别平方后相加,消去参变量 2α,得到

$$\left(\sigma_\alpha-\frac{\sigma_x+\sigma_y}{2}\right)^2+\left(\frac{\sigma_x-\sigma_y}{2}\right)^2+\tau_x^2 \quad (9\text{-}5)$$

若以直角坐标系的横轴为 σ 轴,纵轴为 τ 轴,则上式是以 σ_α 和 τ_α 为变量的圆方程,称为应力圆或莫尔圆。应力圆的圆心坐标为 $\left(\frac{\sigma_x+\sigma_y}{2},0\right)$,半径为 $\sqrt{\left(\frac{\sigma_x-\sigma_y}{2}\right)^2+\tau_x^2}$。

应力圆的做法如下：设一单元体及各面上的应力如图 9-8(a)所示。在 $\sigma-\tau$ 平面内，与 x 截面对应的点位于 $D_1(\sigma_x,\tau_x)$，与 y 截面对应的点位于 $D_2(\sigma_y,\tau_y)$。由于 $\tau_x=-\tau_y$，因此，直线 D_1D_2 与 σ 轴的交点 C 的坐标为 $\left(\frac{\sigma_x-\sigma_y}{2},0\right)$，即为应力圆的圆心。$CD_1=CD_2=\sqrt{\left(\frac{\sigma_x-\sigma_y}{2}\right)^2+\tau_x^2}$，它等于应力圆的半径。于是，以 C 为圆心，$CD_1$ 或 CD_2 为半径作圆，即为相应的应力圆，如图 9-8(b)所示。

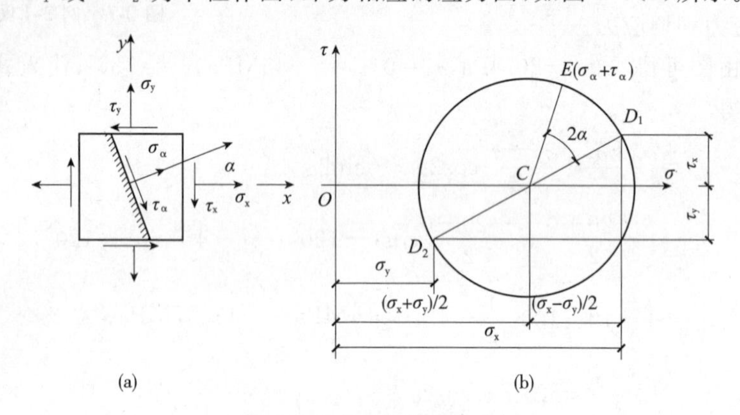

图 9-8 平面应力状态应力圆

由上述作图过程不难看出，平面应力状态单元体相互垂直的一对面上的应力与应力圆上点的坐标值之间有如下对应关系。

(1)点面对应：应力圆上某点的坐标值对应着单元体某方向面上的正应力和切应力值。

(2)两倍角对应：单元体某方向面转过某个角度到另一个方向面时，应力圆上对应点的半径转过该角度的 2 倍到达与另一个方向面对应的点。

例如，利用应力圆求任意 α 方向面上的应力时，由于 α 角是从 x 面的外法线量起的，所以取 CD_1 为起始半径，按 α 的转运方向量取 2α 角，得到半径 CE。则 E 点对应于 α 方向面，E 点的横坐标和纵坐标就代表 α 方向面上的正应力和切应力，如图 9-8(b)所示。

【例 9-2】 用应力圆法求解例 9-1。

解：由图 9-9(a)可得：

$\sigma_x=-20\text{MPa},\tau_x=-45\text{MPa},\sigma_y=0,\tau_y=45\text{MPa},\alpha=-60°$

(1)画应力圆

在 $\sigma-\tau$ 坐标系中，按选定的化例尺，由坐标(−20，−45)与(0,45)分别确定 D_1 点 D_2 点，以线段 D_1D_2 为直径作圆，即得相应的应力圆如图 9-9(b)所示。

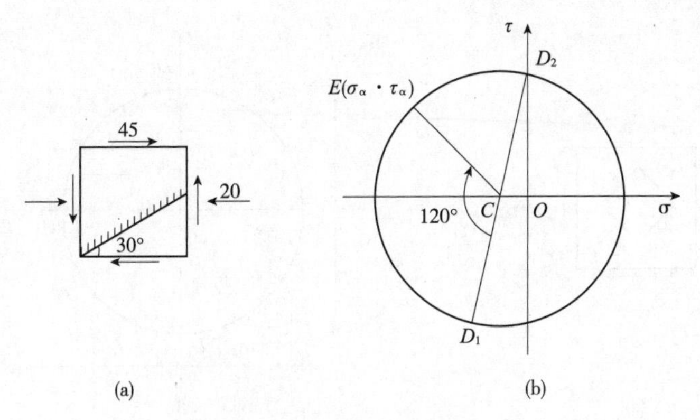

图 9-9　例 9-2 图(单位:MPa)

(2)求 $\alpha=-60°$方向面上的应力

因单元体上的 α 是由 x 轴顺时针量得,故在应力圆上以 CD_1 为起始半径,顺时针转 $|2\alpha|=120°$,在圆上得到 E 点,E 点对应于 $\alpha=-60°$的方向面,量 E 点的横坐标及纵坐标,即为 $\alpha=-60°$方向面上的正应力和切应力,它们分别为

$$\sigma_\alpha=-44.0\text{MPa},\tau_\alpha=31.2\text{MPa}$$

三、主应力、主平面和主切应力

对任意给定的应力状态,可以根据式(9-3)、式(9-4),或者通过应力圆计算出通过该点的任意斜截面上的应力 σ_α 和 τ_α。但是对杆的强度计算来说,更关心的是杆件中的最大正应力和最大切应力及其所在的位置,这实际上就是主应力、主平面和主切应力的问题。

1. 主平面、主应力

图 9-10(a)表示一平面应力状态单元体,相应的应力圆如图 9-10(b)所示。由应力圆可以清楚地看出,该圆与坐标轴 σ 的交点 A_1 和 A_2 为正应力极值点,说明这两点对应面的正应力达到极值,其正应力的大小分别为

$$\left.\begin{matrix}\sigma_{\max}\\ \\ \sigma_{\min}\end{matrix}\right\}=\overline{OC}\pm\overline{CA_1}=\frac{\sigma_x-\sigma_y}{2}\pm\sqrt{\left(\frac{\sigma_x-\sigma_y}{2}\right)+\tau_x^2} \tag{9-6}$$

同时,A_1 和 A_2 点的纵坐标为零,表明这两点对应面的切应力为零,这两个面就是主平面,而上述两个正应力极值即为主应力。将上式中的 $\sigma_{\max}$、$\sigma_{\min}$ 及第三方向主应力(为零)按代数值从大到小排列,即为 σ_1、σ_2 和 σ_3。

主平面的方位角 α_0 可由下式确定

$$\tan 2\alpha_0=-\frac{\overline{D_1F}}{\overline{CF}}=-\frac{\tau_x}{\dfrac{\sigma_x-\sigma_y}{2}}=\frac{2\tau_x}{\sigma_x-\sigma_y} \tag{9-7}$$

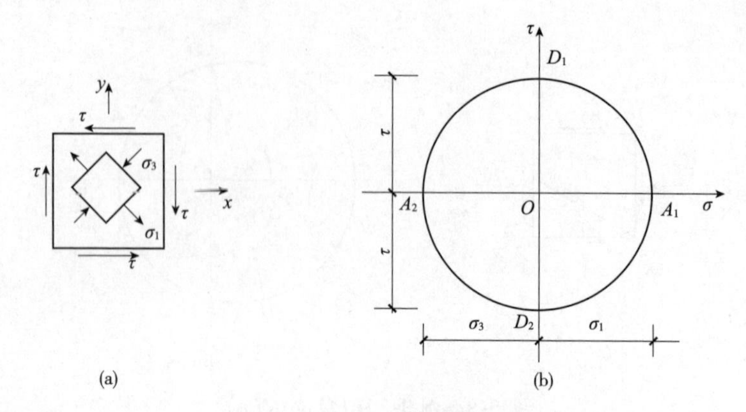

图 9-10 主平面和主应力

或
$$2\alpha_0=\arctan\left(\frac{2\tau_x}{\sigma_x-\sigma_y}\right) \tag{9-8}$$

式中，负号表示由 x 面转至最大正应力面为顺时针方向，如图 9-10(b)所示。由此式可求出两个相差 90°的 α_0（α_0、$\alpha_0+90°$），即相互垂直的两个主平面。

由图 9-10(b)中可以看出，直线 A_2D_1'所示方向即最大正应力 $\sigma_{\max}$的方向，因此，方位角 α_0也可由下式确定

$$\tan2\alpha_0=-\frac{\overline{FD_1'}}{\overline{A_2F}}=-\frac{\tau_x}{\sigma_x-\sigma_{\min}}=\frac{\tau_x}{\sigma_{\max}-\sigma_y} \tag{9-9}$$

求出主应力及主平面后，即可将主应力单元体画于原始单元体内，以便直观地表示一点的应力状态，如图 9-10(a)所示。

2. 主切应力

由图 9-10(b)所示应力圆还可以看出，应力圆上存在 B_1、B_2 两个极值点。这表明，在垂直于 xy 平面的各截面中，最大与最小切应力分别为

$$\left.\begin{matrix}\tau_{\max}\\ \tau_{\min}\end{matrix}\right\}=\pm\sqrt{\left(\frac{\sigma_x-\sigma_y}{2}\right)^2+\tau_x^2} \tag{9-10}$$

由切应力互等定理可知，$\tau_{\max}$与 $\tau_{\min}$大小相等，只是符号相反，称为主切应力，其所在截面也相互垂直，并与正应力极值截面相差 45°夹角。

【例 9-3】 图 9-11(a)所示为一单元体。试求：(1)主应力的大小；(2)主平面的位置；(3)最大切应力的值。

解：根据正应力和切应力的正负号规定，有

$$\sigma_x=20\text{MPa},\sigma_y=-10\text{MPa},\tau_x=20\text{MPa}$$

(1)将 σ_x、σ_y 及 τ_x 的数值代入式(9-6)得

$$\left.\begin{matrix}\sigma_{\max}\\ \sigma_{\min}\end{matrix}\right\}=\left[\frac{20-10}{2}\pm\sqrt{\left(\frac{20-(-10)}{2}\right)^2+20^2}\right]\text{MPa}=\begin{cases}30\\-20\end{cases}\text{MPa}$$

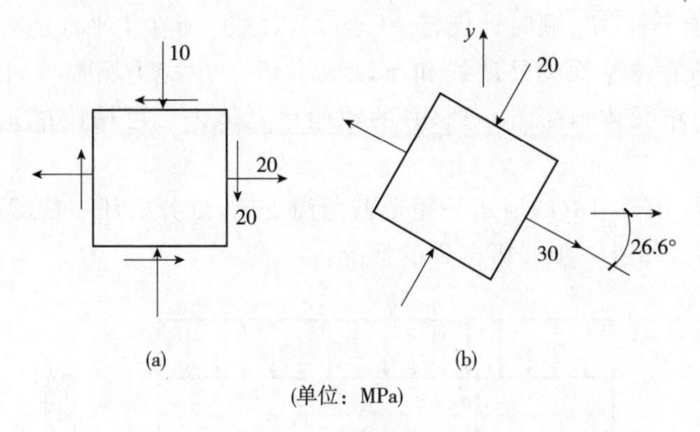

(单位：MPa)

图 9-11　例 9-3 图

于是可得

$$\sigma_1=30\text{MPa},\sigma_2=0,\sigma_3=-20\text{MPa}$$

(2)由式(9-9)，主应力的作用面的方位角 α_0 为

$$\alpha_0=\arctan\left(-\frac{\tau_x}{\sigma_{\max}-\sigma_y}\right)=\arctan\left(-\frac{20}{30+10}\right)=-26.6°$$

其相应的主应力状态的单元体如图 9-11(b)所示。

(3)由式(9-10)可求出最大切应力为

$$\tau_{\max}=\sqrt{\left(\frac{\sigma_x-\sigma_y}{2}\right)^2+\tau_x^2}=\sqrt{\left(\frac{20-(-10)}{2}\right)^2+20^2}=25\text{MPa}$$

【例 9-4】　纯切应力状态的单元体如图 9-12(a)所示。试用应力圆法求主应力的大小和方向。

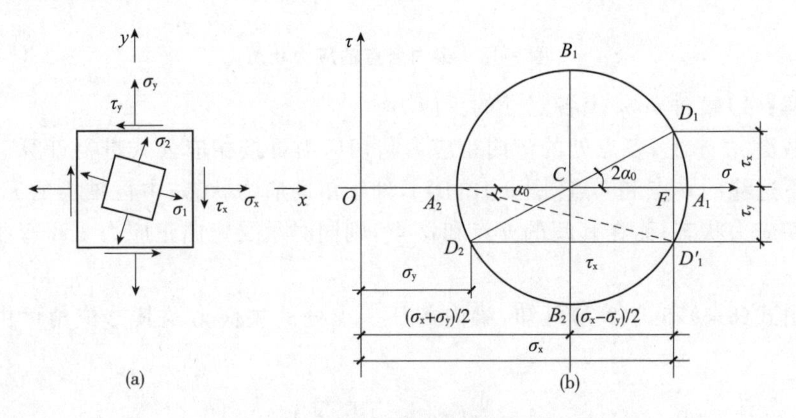

图 9-12　例 9-4 图

解：在 $\sigma-\tau$ 坐标系中，按选定的比例尺，由坐标$(0,\tau)$与$(0,-\tau)$分别确定 D_1 点和 D_2 点，以线段 D_1D_2 为直径作圆，即得相应的应力圆，如图 9-12(b)所示。

因为起始半径$\overline{OD_1}$顺时针旋转 90°至$\overline{OA_1}$，故σ_1 所在主平面的外法线和 x 轴成$-45°$，σ_3 所在主平面的外法线和 x 轴成$+45°$。由应力圆显然可见，$\sigma_1=\tau$，$\sigma_3=-\tau_\alpha$主应力单元体画在图 9-12(a)的原始单元体内。可见该单元体为二向应力状态。

【例 9-5】 图 9-13(a)所示一矩形截面简支梁，试分析任一横截面 m-m 上各点处的主应力，并进一步分析全梁的情况。

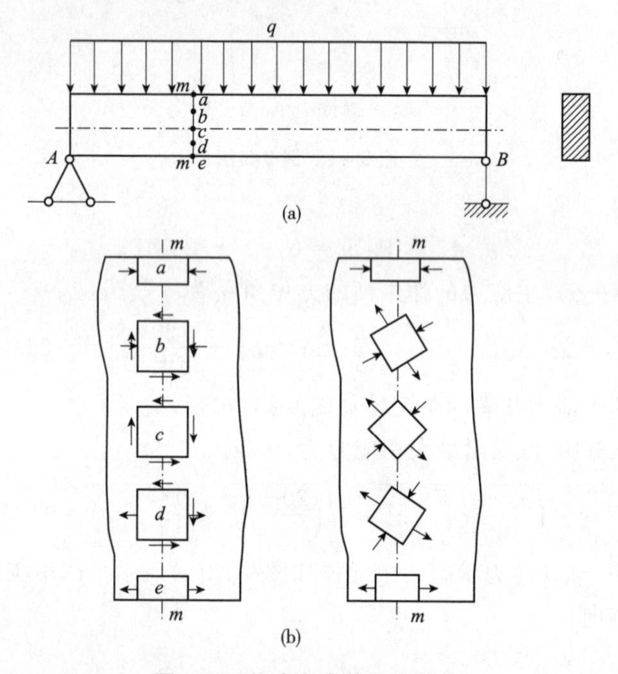

图 9-13 梁内各点的应力状态

解：(1)截面 m-m 上各点处的主应力

截面 m-m 上，各点处的弯曲正应力与切应力可按相应公式进行计算。在截面上下边缘的 a 点和 e 点[图 9-13(b)]，处于单向应力状态；中性轴上的 c 点，处于纯切应力状态；而在其间的 b 点和 d 点，则同时承受弯曲正应力 σ 和弯曲切应力 τ。

由式(9-6)和式(9-7)可知，梁内部任一点处的主应力及其方位角可由下式确定

$$\sigma_1=\frac{1}{2}(\sigma+\sqrt{\sigma_2+4\tau_2})>0 \tag{a}$$

$$\sigma_3=\frac{1}{2}(\sigma-\sqrt{\sigma_2+4\tau_2})<0 \tag{b}$$

$$\sigma_2=0$$

$$\tan2\alpha_0=-\frac{2\tau}{\sigma}$$

本题式(a)和式(b)表明，在梁内部任一点处的最大和最小主应力中，其一必为拉应力，而另一则必为压应力。

(2)主应力迹线

根据梁内各点处的主应力方向，可在梁的平面内绘制两组曲线。其中一组曲线上各点的切向即为该点的主拉应力方向，而在另一组曲线上各点的切向则为该点的主压应力方向。由于各点处的主拉应力与主压应力相互垂直，所以上述两组曲线相互正交，上述曲线族称为梁的主应力迹线。

均布荷载作用下梁的主应力迹线如图 9-14 所示。图中，实线代表主拉应力迹线，虚线代表主压应力迹线。在梁的轴线上，所有迹线与梁轴线均成 45°夹角，而在梁的上、下边缘，由于该处弯曲切应力为零，因而主应力迹线与边缘相切或垂直。

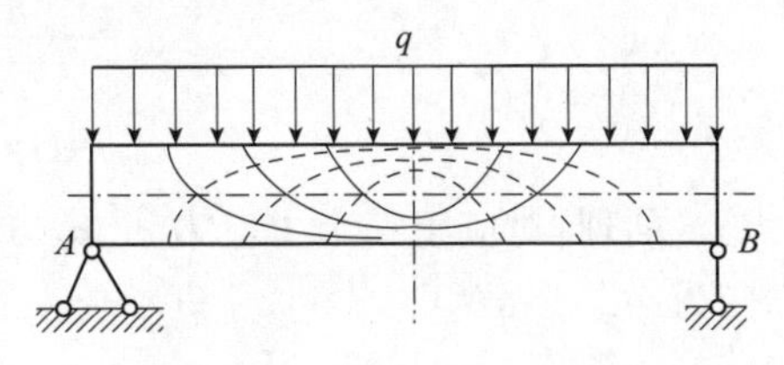

图 9-14　梁的主应力迹线

主应力迹线在工程中是非常有用的。在钢筋混凝土梁中，主要承力钢筋均大致沿主应力迹线配置，以使钢筋承担拉应力，从而提高混凝土梁的承载能力。

四、平面应力状态下的应力—应变关系

对于图 9-15(a)所示的平面一般应力状态，为研究在 x，y 方向产生的正应变以及剪应变，在线弹性和小变形的前提下，可以分解为图 9-15(b)、(c)、(d)三种情形的叠加。

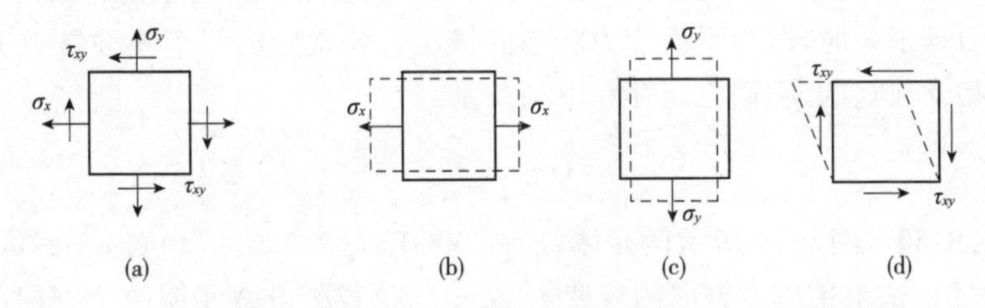

图 9-15　应力状态叠加图

从图 9-15 中不难看出，σ_x、σ_y 不仅在沿它们各自的作用方向会产生正应变，而且在与之垂直方向上也会产生正应变，且满足 $\varepsilon_x=\mu\varepsilon_y$，$\varepsilon_y=-\mu\varepsilon_x$ 的关系。在小变形的情况下，图 9-15(d)中所示的剪应力也会产生剪应变，但不会在 x、y 方向产生正应变。

于是，利用叠加原理，可得到下列应力—应变关系

$$\left.\begin{aligned}\varepsilon_x &= \frac{\sigma_x}{E} - \mu\frac{\sigma_y}{E} \\ \varepsilon_y &= \frac{\sigma_y}{E} - \mu\frac{\sigma_x}{E} \\ \gamma_{xy} &= \frac{\tau_{xy}}{G}\end{aligned}\right\} \tag{9-11}$$

若 ε_x、ε_y、γ_{xy} 已知,则有

$$\left.\begin{aligned}\sigma_x &= \frac{E}{1-\mu^2}(\varepsilon_x + \mu\varepsilon_y) \\ \sigma_y &= \frac{E}{1-\mu^2}(\varepsilon_y + \mu\varepsilon_x) \\ \tau_{xy} &= G\gamma_{xy}\end{aligned}\right\} \tag{9-12}$$

同理,对应于三个主应力 σ_1、σ_2、σ_3 表示的应力状态,三个主应力方向的正应变为

$$\varepsilon_1 = \frac{\sigma_1}{E} - \mu\frac{\sigma_2}{E} - \mu\frac{\sigma_3}{E} = \frac{1}{E}[\sigma_1 - \mu(\sigma_2 + \sigma_3)]$$

$$\varepsilon_2 = \frac{\sigma_2}{E} - \mu\frac{\sigma_1}{E} - \mu\frac{\sigma_3}{E} = \frac{1}{E}[\sigma_2 - \mu(\sigma_1 + \sigma_3)]$$

$$\varepsilon_3 = \frac{\sigma_3}{E} - \mu\frac{\sigma_1}{E} - \mu\frac{\sigma_2}{E} = \frac{1}{E}[\sigma_3 - \mu(\sigma_1 + \sigma_2)] \tag{9-13}$$

上述三式均称为广义胡克定律。表示了应力不超过比例极限时空间应力状态下应力与应变之间的物理关系。计算时应力与应变均为代数值,若计算结果为正,表示是拉应变;为负,则表示是压应变。ε_1、ε_2、ε_3 是分别与主应力 σ_1、σ_2、σ_3 方向对应的主应变。在小变形情况下剪应力对线应变不产生影响。当其中有一个主应力等于零时,即为平面应力状态的情况。公式中的三个弹性常数 E、G、μ 并不是相互独立的,它们之间存在下列关系:

$$G = \frac{E}{1-\mu^2} \tag{9-14}$$

【例 9-6】 图 9-16 所示微元体,$E=200\text{GPa}$,$\mu=0.3$。(1)若 $\sigma_1=100\text{MPa}$,$\sigma_2=50\text{MPa}$,试求主应力方向的应变 ε_1 及 ε_2;(2)若测得微元体两个方向的线应变分别为 $\varepsilon_1=0.00075$,$\varepsilon_2=0.00075$,试计算此时的主应力 σ_1 与 σ_2。

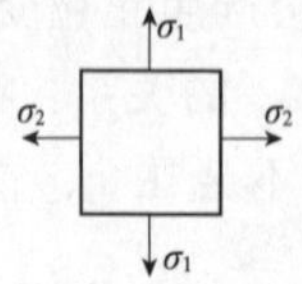

σ_1 σ_2 σ_2 σ_1

图 9-16 例 9-6 图

解:(1)计算 ε_1 与 ε_2

$$\varepsilon_1 = \frac{1}{E}(\sigma_1 - \mu\sigma_2) = \frac{1}{200\times10^3}\times(100-0.3\times50) = 0.000425$$

$$\varepsilon_2 = \frac{1}{E}(\sigma_2 - \mu\sigma_1) = \frac{1}{200\times10^3}\times(50-0.3\times100) = 0.0001$$

(2)计算主应力 σ_1 与 σ_2

处于平面应力状态时，有：

$$\sigma_1=\frac{E}{1-\mu^2}(\varepsilon_1+\mu\varepsilon_2)=\frac{200\times10^3}{1-0.3^2}\times(0.00075-0.3\times0.00065)=122\text{MPa}$$

$$\sigma_2=\frac{E}{1-\mu^2}(\varepsilon_2+\mu\varepsilon_1)=\frac{200\times10^3}{1-0.3^2}\times(-0.00065+0.3\times0.00075)=-93.5\text{MPa}$$

第三节　强度理论简介

一、构件失效的形式及强度理论概念

1. 构件失效的形式

基本变形时构件的强度条件是建立在实验的基础上。杆件轴向拉、压时，材料处于单向应力状态，它的强度条件为

$$\sigma_{\max}=\frac{N}{A}\leqslant[\sigma]$$

式中，材料的许用应力$[\sigma]$是直接通过拉伸实验测出材料的失效应力再除以安全系数 n 获得的。圆轴扭转时，材料处于纯剪切应力状态，它的强度条件为

$$\tau_{\max}=\frac{T_{\max}}{W_{\text{p}}}\leqslant[\tau]$$

式中许用应力$[\tau]$也是直接通过扭转实验测出材料的失效应力再除以安全系数 n 获得的。

至于横力弯曲时，弯曲正应力和弯曲切应力的强度条件之所以可以分别表示为

$$\sigma_{\max}=\frac{M_{\max}}{W}\leqslant[\sigma],\tau_{\max}=\frac{Q_{\max}S_{z,\max}^{*}}{I_z b}\leqslant[\tau]$$

是由于弯曲正应力的危险点和弯曲切应力的危险点分别是单向应力状态和纯剪切应力状态。故横力弯曲时对这种危险点所列的强度条件仍是以实验为基础。从例 9-6 可知，横力弯曲时有的点横截面上既有正应力，又有切应力，轴同时受弯曲和扭转时也遇到横截面上既有正应力，又有切应力的情况。还可能遇到更加复杂的应力状态的情况。对这种复杂应力状态列强度条件时，就没有办法都直接进行实验了。

进行复杂应力状态的实验，要比单向拉伸或压缩实验困难得多。常用的方法是把材料加工成薄壁圆筒(图 9-17)在内压力 p 作用下，筒壁为二向应力状态。如再配以轴向拉力 F，可使两个主应力之比等于各种预定的数值。除

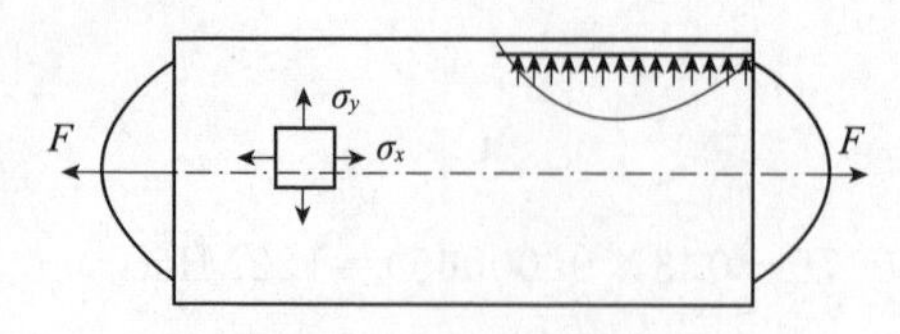

图 9-17 薄壁圆筒应力状态

此之外，有时还在筒壁两端作用扭转力偶矩，这样还可得到更普遍的情况。尽管如此，也不能说利用这种方法可以获得任意的二向应力状态(例如周向应力为压应力的情况)。此外，虽还有一些实现复杂应力状态的其他实验方法，但完全实现实际中遇到的各种复杂应力状态，并不容易。

复杂应力状态下单元体的三个主应力可以具有任意的比值 $\sigma_1:\sigma_2:\sigma_3$。在某一种比值下得出的实验结果对于其他比值的情况并不适用。因此，由实验来确定失效状态，建立强度条件，则必须对各种应力比值一一进行实验，然后建立强度条件。这种方法是行不通的。

如上所述，不能直接由实验的方法来建立复杂应力状态下的强度条件。因此，解决这类问题，就出现了以失效的形式分析，提出材料失效原因的假说，而建立强度条件的理论。

不同材料的失效形式是不同的。对于塑性材料，如低碳钢，以发生屈服出现塑性变形作为失效的标志，相应的失效应力为 σ_s(轴向拉、压)或 τ_s(圆轴扭转)。对于脆性材料，则是以断裂作为标志，相应的失效应力为 σ=(轴向拉、压)或 τ_b(圆轴扭转)。对于复杂应力状态，材料的失效现象虽然比较复杂，但是，因强度不足引起的失效现象仍然可以分为两类，即：一是屈服，二是断裂。同时，衡量危险点受力和变形的量又有应力($\sigma_1,\sigma_2,\sigma_3$ 和 τ_{max})，应变($\varepsilon_1,\varepsilon_2,\varepsilon_3$ 和 γ_{max})和应变能密度($\upsilon_\varepsilon,\upsilon_\upsilon,\upsilon_d$)等。因此，某种材料以某种形式失效(屈服或断裂)与以上提到的应力、应变和应变能密度这些因素中的一个或几个因素有关。

2. 强度理论的概念

强度理论是材料在复杂应力状态下关于强度失效原因的理论。

人们在长期的生产实践中，综合分析材料强度的失效现象，提出了各种不同的假说。各种假说尽管各有差异，但他们都认为：材料之所以按某种方式失效(屈服或断裂)，是由于应力、应变或应变能密度等诸因素中的某一因素引起的。按照这种假说，无论单向或复杂应力状态，造成失效的原因是相同的，即引起失效的因素是相同的且数值是相等的。通常也就把这类假说称为强度假说。强度假说的正确与否，在什么情况下适用，必须通过实践来检验。

由于轴向拉、压的实验最容易实现，且又能获得失效时的应力、应变和应变能密度等数值，所以，利用强度理论便可由简单应力状态的实验结果，来建立复杂应力状态的强度条件。

推测强度失效的原因之假说，被实验证实后就成为理论。目前还没有万能理论。强度理论根据它所解释的失效是断裂还是屈服分为两大类。关于断裂的理论有第一、第二强度理论，关于屈服有第三、第四强度理论。

本节介绍的四种强度理论都是在常温、静载荷下，适用于均匀、连续、各向同性材料的强度理论。

强度失效的形式主要有两种，即屈服与断裂。故强度理论也应分成两类：一类是解释断裂失效的，其中有最大拉应力理论和最大伸长线应变理论。另一类是解释屈服失效的，其中有最大切应力理论和形状改变应变能密度理论。莫尔理论建立在广泛的实验基础之上，同时可以用于解释断裂失效和屈服失效。

二、常用的强度理论

1. 最大拉应力理论(第一强度理论)

这一理论认为，不管材料处在何种应力状态下，引起材料破坏的主要因素是最大拉应力。即：只要危险点的最大拉应力($\sigma_{max}=\sigma_1$)达到材料轴向拉伸破坏时的拉应力极限值 σ^0，就引起断裂破坏。

破坏条件为
$$\sigma_1=\sigma^0$$

于是，强度条件为
$$\sigma_1\leqslant[\sigma] \tag{9-15}$$

式中：σ_1——材料在复杂应力状态下的最大拉应力($\sigma_1=\sigma_b$)；

$[\sigma]$——材料在轴向拉伸时的许用应力，$[\sigma]=\dfrac{\sigma^0}{K}$。

试验结果表明，这一准则只适用于脆性材料在各种应力状态下发生脆性断裂的情形，而对塑性材料并不符合。同时，这一理论没有考虑其他两个主应力的影响，对只有压应力而没有拉应力状态无法应用。

2. 最大拉应变理论(第二强度理论)

这一理论认为：引起材料破坏的主要因素是最大拉应变，即材料在复杂应力状态下，只要危险点处最大拉应变($\varepsilon_{max}=\varepsilon_1$)达到材料单向拉伸断裂时的极限拉应变 ε_0，材料就发生断裂破坏。

其破坏条件是

$$\varepsilon_1=\varepsilon^0$$

根据广义胡克定律，复杂应力状态下的应变可由主应力表达

$$\varepsilon_1=\frac{1}{E}[\sigma_1-\mu(\sigma_2+\sigma_2)]$$

轴向拉伸破坏的线应变为
$$\varepsilon_1=\frac{\sigma^0}{E}$$

由主应力表达的破坏条件是 $\sigma_1-\mu(\sigma_2+\sigma_3)=\sigma^0$

于是按第二强度理论建立的强度条件是

$$\sigma_1-\mu(\sigma_2+\sigma_3)\leqslant[\sigma] \tag{9-16}$$

第二强度理论只对部分脆性材料适用，此理论认为：单向受拉要比二向受拉及三向受拉更易破坏。这与实际结果不相符合，故目前很少应用。

3. 最大剪应力理论(第三强度理论)

这一理论认为：引起材料破坏的主要因素是最大剪应力。即：不论材料处于什么应力状态，只要危险点的最大剪应力 τ_{max} 达到材料在单向应力状态下屈服时的极限值 τ^0，材料就发生塑性破坏。

破坏条件为

$$\tau_{max}=\tau^0$$

材料在复杂应力状态下的最大剪应力为 $\tau_{max}=\dfrac{\sigma_1-\sigma_3}{2}$

材料在单向拉伸时，当横截面上的正应力达到屈服极限 σ_s 时，与轴线成 45° 角的斜截面上的剪应力达到材料的极限值，此时最大剪应力为

$$\tau^0=\frac{\sigma^0}{2}(\sigma^0=\sigma_s)$$

破坏条件由主应力可表达为

$$\sigma_1-\sigma_3=\sigma^0$$

$$\sigma_1-\sigma_3\leqslant[\sigma] \tag{9-17}$$

实践证明这一理论对塑性材料比较符合，理论表达的强度条件形式简明，在对塑性材料制成的构件进行强度计算时，经常被采用。但这一理论没有考虑中间主应力 σ_2 对材料屈服的影响，计算结果有误差。

4. 状态改变比能理论(第四强度理论)

构件受力变形后，外力所做的功转变为物体的“弹性变形能”，单位体积的变形能称为“变形比能”，它包括两部分：只引起体积改变的和只引起形状改变的变形比能。后者称为“形状改变比能”，用 μ_d 表示。形状改变比能理论认为：形状改变比能是引起材料破坏的主要因素，即材料无论处于什么应力状态下，只要最大形状改变比能 μ_d 达到轴向拉伸破坏时的形状改变比能 μ_d^0，就会引起塑性破坏。

破坏条件为

$$\mu_d=\mu_d^0$$

复杂应力状态下的形状改变比能为

$$\mu_d=\frac{1+\mu}{6E}[(\sigma_1-\sigma_2)^2+(\sigma_2-\sigma_3)^2+(\sigma_3-\sigma_1)^2]$$

轴向拉伸破坏时的形状改变比能

$$\mu_{\mathrm{d}}^{0}=\frac{1+\mu}{6E}2(\sigma^{0})^{2}=\frac{1+\mu}{3E}(\sigma^{0})^{2}$$

破坏条件用主应力表达为

$$\sqrt{\frac{1}{2}[(\sigma_1-\sigma_2)^2+(\sigma_2-\sigma_3)^2+(\sigma_3-\sigma_1)^2]}=\sigma^{0}$$

故强度条件为

$$\sqrt{\frac{1}{2}[(\sigma_1-\sigma_2)^2+(\sigma_2-\sigma_3)^2+(\sigma_3-\sigma_1)^2]}\leqslant[\sigma] \tag{9-18}$$

试验结果表明:第四强度理论能较好地符合塑性材料,比第三强度理论更接近实际,因而在工程上得到广泛应用。

综合上述四种强度理论的强度条件,表达式可写成统一形式

$$\sigma_{\mathrm{r}}\leqslant[\sigma] \tag{9-19}$$

式中 σ_{r} 称为相当应力。上述四种强度理论的相当应力分别为

第一强度理论:$\sigma_{r1}=\sigma_1$

第二强度理论:$\sigma_{r2}=\sigma_1-u(\sigma_2+\sigma_3)$　　(9-20)

第三强度理论:$\sigma_{r3}=\sigma_1-\sigma_3$

第四强度理论:$\sigma_{r4}=\sqrt{\frac{1}{2}[(\sigma_1-\sigma_2)^2+(\sigma_2-\sigma_3)^2+(\sigma_3-\sigma_1)^2]}$

各相当应力只是杆件危险点处主应力的组合。

有了强度理论的强度条件,就可对危险点处于任意应力状态的杆件进行强度计算。但必须注意,在进行强度计算时,一方面要保证所用强度理论与在这种应力状态下发生的破坏形式(脆性断裂或塑性屈服)相对应;另一方面要求用来确定许用应力$[\sigma]$的极限应力,也必须是相应于该破坏形式(脆性断裂或塑性屈服)的极限值。否则理论应用失去依据,所算结果也将失去实际意义。

第四节　强度理论的适用范围及应用

上述四种强度理论,只是对确定的破坏形式(屈服或断裂)才适用,对于受力杆件处于复杂应力状态下的危险点进行强度计算时,应先根据材料的性能(塑性还是脆性)和应力状态,判断构件可能发生的破坏形式,再选择合适的强度理论。

四种强度理论,一类是说明断裂破坏的,一类是说明塑性破坏的。一般情况下,脆性材料抗断裂的能力比抗剪能力低,破坏时表现为脆性断裂,因此常采用第一或第二强度理论;塑性材料抗剪能力比抗断裂能力低,破坏时常表现为屈服或剪断的形式,因此第二、第四强度理论较适用。

上述情况是对材料在常温、静载条件下而言的。事实上，不同性质的材料固然会发生不同形式的破坏，就是同一种材料在不同的条件或不同的应力状态下也会发生不同形式的破坏。实验结果表明，塑性材料在一定的条件下(例如低温或三向等拉)，会发生脆性断裂，而脆性材料在特定的应力状态下(例如静水压力)，会发生塑性屈服或剪断。

计算应力或相当应力只是为了计算方便而引入的名词和符号，它们本身并不具有应力的含义；强度准则并不包括强度计算的全过程，而只是确定了危险点及其应力状态之后的计算过程。因此，在对构件进行强度计算时，要根据受力分析绘制构件的内力图；由内力图判断可能的危险截面；再由危险截面上的内力分量引起的内力分布，确定可能的危险点及其应力状态；最后根据可能的失效形式选择合适的准则进行强度计算。

一般情况下，梁的危险点在截面的上、下边缘的正应力最大点处，作正应力的强度校核可满足要求；在下列情况下需考虑作主应力的校核：

(1)梁截面为工字钢、槽钢等有翼缘的薄壁截面，腹板与翼缘板交接处正应力与剪应力均接近该截面的最大值；

(2)梁在同一截面上的弯矩和剪力均为全梁的最大值，且剪力数值很大。

应用强度理论对处于复杂应力状态下的构件进行强度计算时，可按下列步骤进行：

1)分析构件危险点处的应力，计算危险点处微元体上的主应力 σ_1、σ_2、σ_3；

2)选用合适的强度理论，应用式(9-20)确定相当应力；

3)建立强度条件，进行强度计算。

【例 9-7】 某危险点的应力微元体如图 9-18 所示，试按四个强度理论分别建立强度条件。

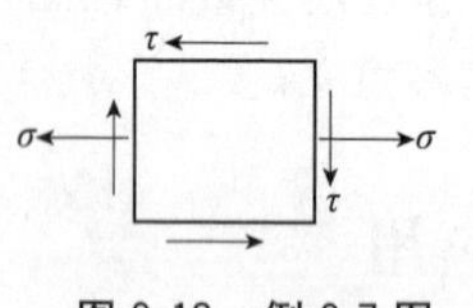

图 9-18 例 9-7 图

解：(1)计算微元体的主应力

$$\sigma_1=\frac{\sigma}{2}+\sqrt{\left(\frac{\sigma}{2}\right)^2+\tau^2}$$

$$\sigma_3=\frac{\sigma}{2}-\sqrt{\left(\frac{\sigma}{2}\right)^2+\tau^2}$$

(2)计算相当应力 σ_r，并列强度条件

$$\sigma_{r1}=\sigma_1=\frac{\sigma}{2}+\sqrt{\left(\frac{\sigma}{2}\right)^2+\tau^2}\leqslant[\sigma]$$

$$\sigma_{r2}=\sigma_1-\mu(\sigma_2+\sigma_3)=\left[\frac{\sigma}{2}+\sqrt{\left(\frac{\sigma}{2}\right)^2+\tau^2}\right]-\mu\left[\frac{\sigma}{2}-\sqrt{\left(\frac{\sigma}{2}\right)^2+\tau^2}\right]$$

$$=\frac{1-\mu}{2}\sigma+\frac{1+\mu}{2}\sqrt{\sigma^2+4\tau^2}\leqslant[\sigma]$$

$$\sigma_{r3}=\sigma_1-\sigma_3=\sqrt{\sigma^2+4\tau^2}\leqslant[\sigma]$$

$$\sigma_{r4}=\sqrt{\frac{1}{2}[(\sigma_1-\sigma_2)^2+(\sigma_2-\sigma_3)^2+(\sigma_3-\sigma_1)^2]}=\sqrt{\sigma^2+3\tau^2}\leqslant[\sigma]$$

【例 9-8】 已知铸铁构件上的危险点的应力状态如图 9-19 所示,若铸铁抗拉的许用应力$[\sigma]=30\text{MPa}$,试校核该点的强度是否安全。

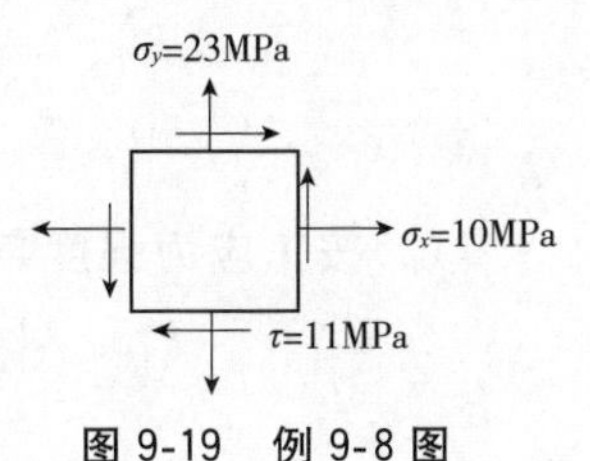

图 9-19　例 9-8 图

解:根据所给的危险点的应力状态,微元体各面上只有拉应力而无压应力,故可以认为铸铁将发生脆性断裂,故采用第一强度理论校核。

$$\sigma'=\frac{\sigma_x+\sigma_y}{2}+\frac{1}{2}\sqrt{(\sigma_x-\sigma_y)^2+4\tau_{xy}^2}$$

$$=\frac{10+23}{2}+\frac{1}{2}\sqrt{(10-23)^2+4(-11)^2}=29.3\text{MPa}$$

$$\sigma''=\frac{\sigma_x+\sigma_y}{2}-\frac{1}{2}\sqrt{(\sigma_x-\sigma_y)^2+4\tau_{xy}^2}$$

$$=\frac{10+23}{2}-\frac{1}{2}\sqrt{(10-23)^2+4(-11)^2}=3.7\text{MPa}$$

因是平面应力状态,故主应力为:$\sigma'''=0$

$$\sigma_1=\sigma'=29.3\text{MPa},\sigma_2=\sigma''=3.7\text{MPa},\sigma_3=\sigma'''=0$$

$$\sigma_{r1}=\sigma_1=29.3\text{MPa}<[\sigma]=30\text{MPa}$$

该危险点是安全的。

【例 9-9】 工字钢简支梁受力如图 9-20 所示,已知$[\sigma]=160\text{MPa}$,$[\tau]=100\text{MPa}$。试按强度条件选择工字钢的型号,并作主应力校核。

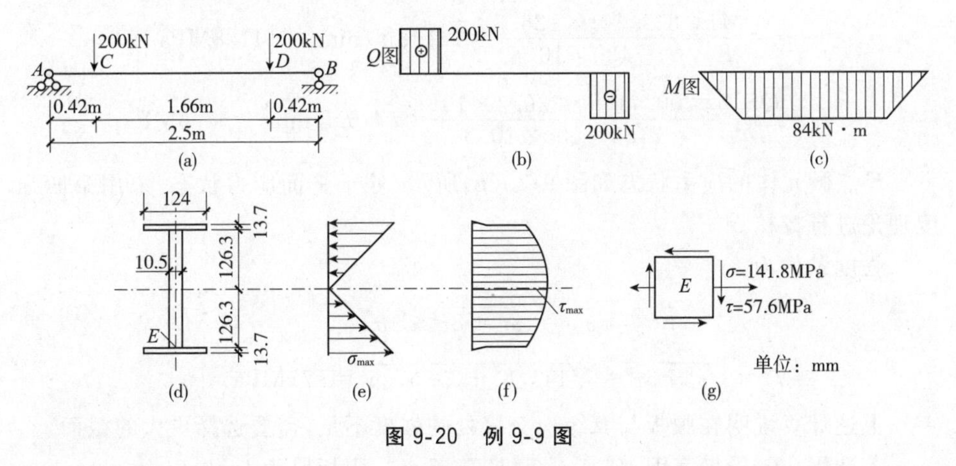

图 9-20　例 9-9 图

解：(1)绘制梁的内力图

梁的剪力图和弯矩图如图 9-20(b)、(c)所示，由内力图可以看出，截面 C 与 D 处弯矩与剪力均为最大，故此两个截面为危险截面。

$$M_C = M_{max} = 84\text{kN} \cdot \text{m}$$

$$Q_C = Q_{max} = 200\text{kN}$$

(2)按正应力强度条件选择截面

$$W \geqslant \frac{M_{max}}{[\sigma]} = \frac{84 \times 10^6}{160} = 5.25 \times 10^5 \text{mm}^3 = 525\text{cm}^3$$

选用 28b 号工字钢，截面尺寸如图 9-20(d)所示，查型钢表可得

$I = 7480\text{cm}^4$，$I/S_z^* = 24.2\text{cm}$，$W = 534.3\text{cm}^3$，腹板厚为 $b = 10.5\text{mm}$ 梁内实际最大正应力为

$$\sigma_{max} = \frac{M_{max}}{W} = \frac{84 \times 10^6}{534.3 \times 10^3} = 157.2\text{N/mm}^2 = 157.2\text{MPa}$$

(3)剪应力校核

$$\tau_{max} = \frac{Q_{max} S_z^*}{Ib} = \frac{Q_{max}}{(I/S_z^*)b} = \frac{200 \times 10^3}{24.2 \times 10 \times 10.5} = 78.7\text{N/mm}^2 = 78.7\text{MPa} < [\tau]$$

故所选的截面满足剪应力要求。

(4)主应力校核

由于 C、D 截面上具有 M、Q 最大值，在截面腹板和翼缘板交接处(E 点处)正应力与剪应力都接近最大值，两者的组合作用使 E 点处的主应力也相应较大，应选择合适的强度理论对 E 点作主应力校核。

$$S_z^* = 12.4 \times 1.37 \times \left(12.63 + \frac{1.37}{2}\right) = 226.2\text{cm}^3$$

$$\sigma_E = \frac{M_y}{I} = \frac{84 \times 10^6 \times 126.3}{7480 \times 10^4} = 141.8\text{N/mm}^2 = 141.8\text{MPa}$$

$$\tau_E = \frac{QS_z^*}{Ib} = \frac{200 \times 10^3 \times 226.2 \times 10^3}{7480 \times 10^4 \times 10.5} = 57.6\text{N/mm}^2 = 57.6\text{MPa}$$

E 点微元体的应力状态如图 9-20(g)所示，处于平面应力状态，采用第四强度理论进行校核。

强度条件为

$$\sigma_{r4} = \sqrt{\sigma^2 + 3\tau^2} \leqslant [\sigma]$$

$$\sigma_{r4} = \sqrt{\sigma^2 + 3\tau^2} = \sqrt{141.8^2 + 3 \times 57.6^2} = 173\text{MPa} > [\sigma]$$

上述计算说明在腹板与翼缘板交接处的强度不足，需要选择更大的截面。

若选用 32a 号工字钢，则有：$I = 11075.5\text{cm}^4$，腹板厚为 $b = 9.5\text{mm}$

根据截面尺寸可计算 E 点处的参数为

$$S_z^* = 13 \times 1.5 \times \left(14.5 + \frac{1.5}{2}\right) = 298\text{cm}^3$$

$$\sigma_E = \frac{My}{I} = \frac{84 \times 10^6 \times 145}{11075.5 \times 10^4} = 110\text{N/mm}^2 = 110\text{MPa}$$

$$\tau_E = \frac{QS_z^*}{Ib} = \frac{200 \times 10^3 \times 298 \times 10^3}{11075.5 \times 10^4 \times 9.5} = 56.6\text{N/mm}^2 = 56.6\text{MPa}$$

$$\sigma_{r4} = \sqrt{\sigma^2 + 3\tau^2} = \sqrt{110^2 + 3 \times 56.6^2} = 147\text{MPa} < [\sigma]$$

由上述计算可知选用 32a 号工字钢满足要求。

第十章　组合变形杆件的强度计算

第一节　组合变形的概念和叠加原理

在工程实际中，在载荷作用下，许多杆件将产生两种或两种以上的基本变形。杆件在外力作用下同时产生两种或两种以上的同数量级的基本变形的情况称为组合变形。例如，图 10-1(a)的烟囱，在自重和风载荷的共同作用下产生的是轴向压缩和弯曲的组合变形；图 10-1(b)所示的齿轮传动轴在外力的作用下，将同时产生扭转变形及在水平平面和垂直平面内的弯曲变形；图 10-1(c)中的排架柱在偏心载荷的作用下将产生轴向压缩和弯曲的组合变形。

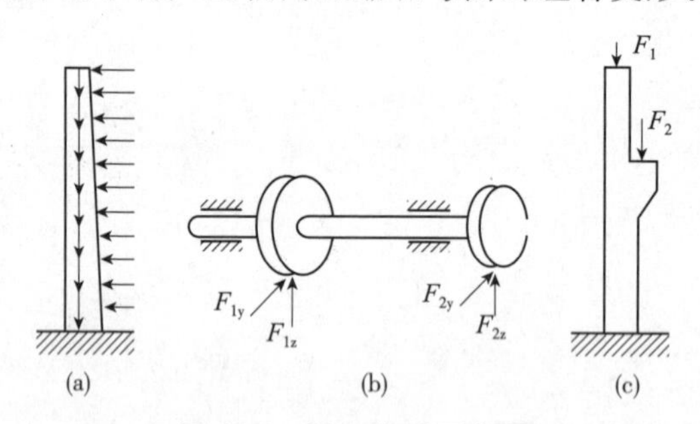

图 10-1　组合变形示意图

求解组合变形的关键有以下几点。

(1)搞清楚基本变形公式的应用范围。这是将组合变形情况分解为几种基本变形的关键。

(2)学会应用叠加原理。

先总结一下基本变形的应用范围。

拉压：外力过截面形心，且平行于轴线，截面形状可以任意。

扭转：外扭矩的作用面垂直于轴线，截面为圆形。

弯曲：①中性轴过形心；②外力作用于主惯性平面（对称面必为主惯性平面），且垂直于轴线；③外力过剪心。

叠加原理的前提。

①材料服从胡克定律。属于物理线性。

②小变形情况，初始尺寸原理成立。属于几何线性。

在材料服从胡克定律且产生小变形的前提下，杆件的内力、应力、变形、位移与外力是线性关系。其控制方程是线性(代数或微分)方程，所以其解答可以叠加。

也就是说，可以将杆件所受的载荷分解为几个简单载荷，使每个简单载荷只产生一种基本变形，分别计算每一种基本变形引起的应力和变形，然后根据具体情况进行叠加，就得到组合变形情况下的应力和变形。据此来确定杆件的危险截面和危险点，并进行强度计算和刚度计算。

叠加原理也叫独立作用原理。因为杆件虽然同时产生几种基本变形，但在上述条件下，每一种基本变形都可以认为是各自独立的，互相不影响。这种情况下可应用叠加原理求解组合变形问题。

第二节　斜　弯　曲

在前面研究的弯曲问题中，外力作用在梁的纵向对称平面内，梁发生平面弯曲，梁变形后轴线位于外力作用平面内。但工程中常有一些梁，外力不作用在纵向对称平面(或形心主惯性平面)内，梁变形后轴线不位于外力作用平面内，这种弯曲称为斜弯曲。

现以图 10-2 所示矩形截面悬臂梁为例，研究具有两个相互垂直的对称面的梁在斜弯曲情况下的应力和强度计算。

一、正应力计算

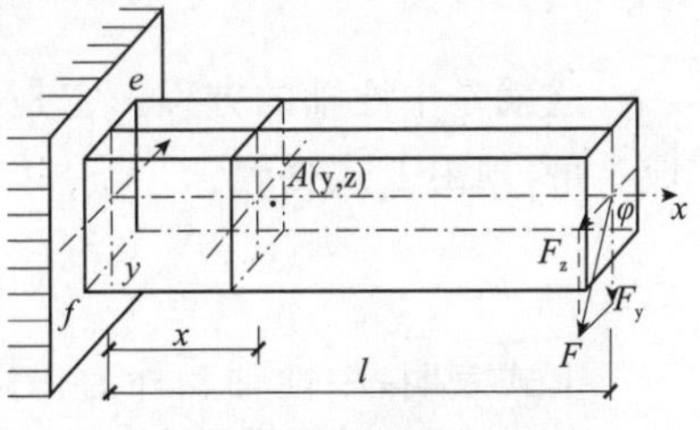

设力 F 作用在梁自由端截面的形心，并与竖向形心主轴夹角为 φ。现将力 F 沿两形心主轴分解，得

图 10-2　斜弯曲梁

$$F_y = F\cos\varphi \quad F_z = F\sin\varphi$$

杆在 F_y 和 F_z 单独作用下，分别在 xy 平面和 xz 平面内产生平面弯曲。由此可见，斜弯曲是两个相互正交的平面弯曲的组合。

在距固定端为 x 的横截面上，由 F_y 和 F_z 引起的弯矩为

$$M_z = F_y(l-x) = F(l-x)\cos\varphi = M\cos\varphi$$

$$M_y = F_z(l-x) = F(l-x)\sin\varphi = M\sin\varphi$$

式中 $M=F(l-x)$，表示力 F 引起的弯矩。

为了分析横截面上正应力及其分布规律，现考察 x 截面上第一象限内任一点 $A(y,z)$ 处的正应力。由 F_y 和 F_z 在 A 点处引起的正应力分别为

$$\sigma' = \frac{M_z y}{I_z} = -\frac{M\cos\varphi}{I_z}y$$

$$\sigma''=-\frac{M_y z}{I_y}=-\frac{M\sin\varphi}{I_y}z$$

显然，σ'和σ''分别沿高度和宽度是线性分布的。至于σ'和σ''这两种正应力的正负号，由杆的变形情况确定比较方便。在这一问题中，由于 F_z 的作用，横截面上 y 轴以右的各点处产生拉应力，以左的各点处产生压应力；由于 F_y 的作用，横截面上 z 轴以上的各点处产生拉应力，以下的各点处产生压应力。所以 A 点处由 F_y 和 F_z 引起的正应力分别为压应力和拉应力。由叠加法，得 A 点处的正应力为

$$\sigma=\sigma'+\sigma''=M\left(-\frac{\cos\varphi}{I_z}y+\frac{\sin\varphi}{I_y}z\right) \tag{10-1}$$

二、中性轴的位置、最大正应力和强度条件

由式(10-1)可见，横截面上的正应力是 y 和 z 的线性函数，即在横截面上，正应力为平面分布。因此，为了确定最大正应力，首先要确定中性轴的位置。设中性轴上任一点的坐标为 y_0 和 z_0。因中性轴上各点处的正应力为零，所以将 y_0 和 z_0 代入式(10-1)后，可得

$$\sigma=M\left(-\frac{\cos\varphi}{I_z}y_0+\frac{\sin\varphi}{I_y}z_0\right)=0$$

因 $M\neq 0$，故

$$-\frac{\cos\varphi}{I_z}y_0+\frac{\sin\varphi}{I_y}z_0=0$$

这就是中性轴的方程。它是一条通过横截面形心的直线。设中性轴与 z 轴成 α 角，则由上式得到

$$\tan\alpha=\frac{y_0}{z_0}=\frac{I_z}{I_y}\tan\varphi \tag{10-2}$$

上式表明，中性轴和外力作用线在相邻的象限内，如图 10-3(a)所示。由式(10-2)可见，对于像矩形截面这类 $I_y\neq I_z$ 的截面，$\alpha\neq\varphi$，即中性轴与力 F 作用方向不垂直。这是斜弯曲的一个重要特征。但是对圆形、正多边形等截面，由于任意一对形心轴都是主轴，且截面对任一形心轴的惯性矩都相等，所以 $\alpha=\varphi$，即中性轴与力 F 作用方向垂直。这表明，对这类截面，通过截面形心的横向力，不管作用在什么方向，梁只产生平面弯曲，而不可能发生斜弯曲。

横截面上的最大正应力，发生在离中性轴最远的点。对于有凸角的截面由应力分布图可见，角点 b 产生最大拉应力，角点 c 产生最大压应力，由式(10-1)可得

$$\sigma_{\mathrm{tmax}}=M\left(-\frac{\cos\varphi}{I_z}y_{\max}+\frac{\sin\varphi}{I_y}z_{\max}\right)=\frac{M_z}{W_z}+\frac{M_y}{W_y} \tag{10-3a}$$

$$\sigma_{\max}=-\left(\frac{M_z}{W_z}+\frac{M_y}{W_y}\right) \tag{10-3b}$$

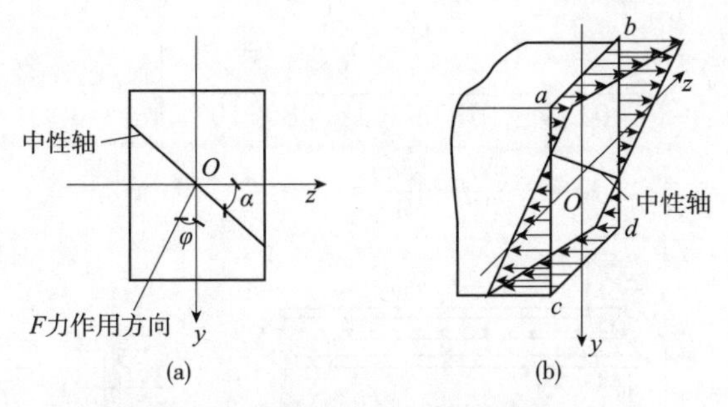

图 10-3 有凸角截面的中性轴与应力分布

实际上,对于有凸角的截面,例如矩形、工字形截面,根据斜弯曲是两个平面弯曲组合的情况,最大正应力显然产生在角点上,如图10-3(b)所示。根据变形情况,即可确定产生最大拉应力和最大压应力的点。对于没有凸角的截面,可用作图法确定产生最大正应力的点。例如图 10-4 所示的椭圆形截面,当确定了中性轴位置后,作平行于中性轴并切于截面周边的两条直线,切点 D_1 和 D_2 即为产生最大正应力的点。以该点的坐标代入式(10-1),即可求得最大拉应力和最大压应力。

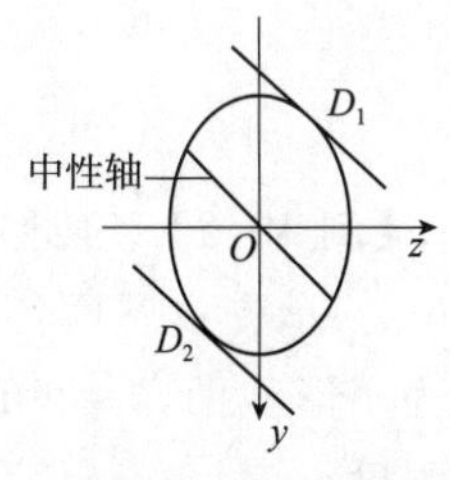

图 10-4 无凸角截面的最大正应力点的位置

图 10-5 所示的悬臂梁,在固定端截面上,弯矩最大,为危险截面,该截面上的角点 e 和 f 为危险点。由于角点处切应力为零,故危险点处于单向应力状态。因此,强度条件为

$$\begin{aligned}\sigma_{\mathrm{tmax}}&\leqslant[\sigma_{\mathrm{t}}]\\ \sigma_{\mathrm{cmax}}&\leqslant[\sigma_{\mathrm{c}}]\end{aligned} \tag{10-4}$$

据此,就可进行斜弯曲梁的强度计算。

【例 10-1】 图 10-5(a)所示悬臂梁,采用 25a 号工字钢。在竖直方向受均布荷载 $q=5\text{kN/m}$ 作用,在自由端受水平集中力 $F=24\text{kN}$ 作用。已知截面的几何性质为:$I_z=5023.54\text{cm}^4$,$W_z=401.9\text{cm}^3$,$I_y=280.0\text{cm}^4$,$W_y=48.28\text{cm}^3$。试求:梁的最大拉应力和最大压应力。

解:均布荷载 q 使梁在 xy 平面内弯曲,集中力 F 使梁在 xz 平面内弯曲,故为双向弯曲问题。两种荷载均使固定端截面产生最大弯矩,所以固定端截面是危险截面。由变形情况可知,在该截面上的 A 点处产生最大拉应力,B 点处产生最大压应力,且两点处应力的数值相等。由式(10-3)

$$\sigma_A=\frac{M_z}{W_z}+\frac{M_y}{W_y}=\frac{\frac{1}{2}ql}{W_z}+\frac{Fl}{W_y}$$

$$=\left(\frac{\frac{1}{2}\times5\times10^{3}\times2^{2}}{401.9\times10^{-6}}+\frac{2\times10^{3}\times2}{48.28\times10^{-6}}\right)\text{N/m}^{2}=107.7\text{MPa}$$

$$\sigma_B=-\frac{M_y}{W_y}-\frac{M_z}{W_z}=-107.7\text{MPa}$$

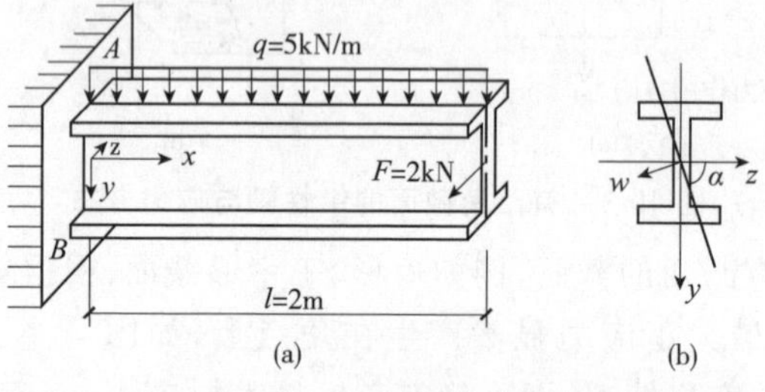

图 10-5 例 10-1 图

【例 10-2】 某屋面构造如图 10-6 所示，木檩条简支在屋架上，其跨距为 3.6m。承受由屋面传来的竖向均布荷载 $q=1\text{kN/m}$。屋面的倾角 $\varphi=26°34'$，檩条为矩形截面，$b=90\text{mm}$，$h=140\text{mm}$，材料的许用应力$[\sigma]=10\text{MPa}$。试校核檩条强度。

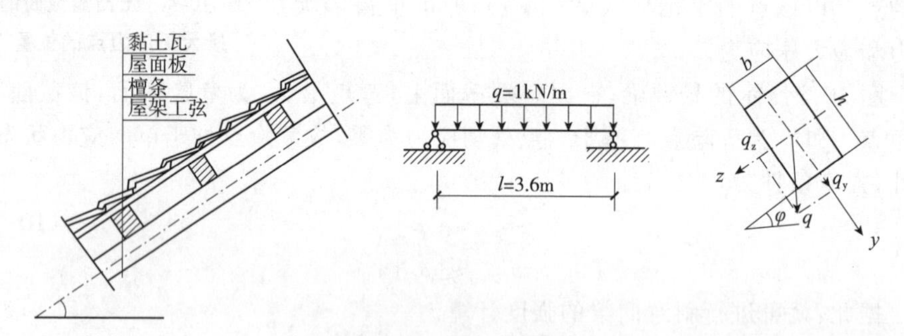

图 10-6 例 10-2 图

解：(1)荷载分解

荷载 q 与 y 轴间的夹角 $\varphi=26°34'$，将均布荷载 q 沿 y、z 轴分解，得

$$q_y=q\cos\varphi=1\times0.894=0.894\text{kN/m}$$

$$q_z=q\sin\varphi=1\times0.447=0.447\text{kN/m}$$

(2)内力计算

檩条在荷载 q_y 和 q_z 作用下，最大弯矩发生在跨中截面，其值分别为

$$M_{z\max}=\frac{q_yl^2}{8}=\frac{0.894\times3.6^2}{8}=1.448\text{kN/m}$$

$$M_{y\max}=\frac{q_zl^2}{8}=\frac{0.447\times3.6^2}{8}=0.724\text{kN/m}$$

(3)强度校核

截面对 z 和 y 轴的抗弯截面系数分别为：

$$W_z=\frac{bh^2}{6}=\frac{90\times140^2}{6}=2.94\times10^5\,\text{mm}^3$$

$$W_y=\frac{bh^2}{6}=\frac{140^2\times90}{6}=1.89\times10^5\,\text{mm}^3$$

根据强度条件式(10-3)校核。

$$\sigma_{\max}=\frac{M_{z\max}}{W_z}+\frac{M_{y\max}}{W_y}=\frac{1.448\times10^6}{2.94\times10^5}+\frac{0.724\times10^6}{1.89\times10^5}$$

$$=4.93+3.83=8.76\text{N/mm}^2=8.76\text{MPa}<[\sigma]=10\text{MPa}$$

所以檩条强度满足要求。

第三节　轴向拉压与弯曲的组合变形

当杆受轴向力和横向力共同作用时，将产生拉伸(压缩)和弯曲组合变形。例如图 10-1(a)中的烟囱就是一个实例。

如果杆的弯曲刚度很大，所产生的弯曲变形很小，则由轴向力所引起的附加弯矩很小，可以略去不计。因此，可分别计算由轴向力引起的拉压正应力和由横向力引起的弯曲正应力，然后用叠加法即可求得两种荷载共同作用引起的正应力。现以图 10-7(a)所示的杆受轴向拉力及横向均布荷载的情况为例，说明拉伸(压缩)和弯曲组合变形下的正应力及强度计算方法。

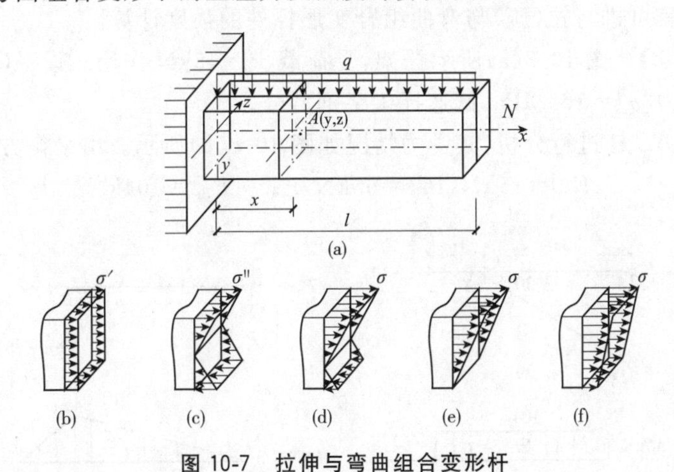

图 10-7　拉伸与弯曲组合变形杆

该杆受轴向力 N 拉伸时，任一横截面上的正应力为

$$\sigma'=\frac{N}{A}$$

杆受横向均布荷载作用时，距固定端为 x 的任意横截面上的弯曲正应力为

$$\sigma''=-\frac{M(x)y}{I_z}$$

叠加得 x 截面上第一象限中一点 A(y,z)处的正应力为

$$\sigma=\sigma'+\sigma''=\frac{N}{A}-\frac{M(x)y}{I_z}$$

显然，固定端截面为危险截面。该横截面上正应力 σ'和 σ''的分布如图 10-7(b)、(c)所示。由应力分布图可见，该横截面的上、下边缘处各点可能是危险点。这些点处的正应力为

$$\left.\begin{matrix}\sigma_{\mathrm{tmax}}\\ \sigma_{\min}\end{matrix}\right.=\frac{N}{A}\pm\frac{M(x)y_{\max}}{I_z} \tag{10-5}$$

当 $\sigma''_{\max}>\sigma'$时，该横截面上的正应力分布如图 10-7(d)所示，上边缘的最大拉应力数值大于下边缘的最大压应力数值。当 $\sigma''_{\max}=\sigma'$时，该横截面上的应力分布如图 10-7(e)所示，下边缘各点处的正应力为零，上边缘各点处的拉应力最大。当 $\sigma''_{\max}<\sigma'$时，该横截面上的正应力分布如图 10-7(f)所示，上边缘各点处的拉应力最大。在这三种情况下，横截面的中性轴分别在横截面内、横截面边缘和横截面以外。

杆在拉伸(压缩)和弯曲组合变形下的强度条件为

$$\begin{matrix}\sigma_{\mathrm{tmax}}\leqslant[\sigma_{\mathrm{t}}]\\ \sigma_{\mathrm{cmax}}\leqslant[\sigma_{\mathrm{c}}]\end{matrix} \tag{10-6}$$

据此，就可进行拉(压)与弯曲组合变形杆件的强度计算。

【例 10-3】 图 10-8(a)所示托架，受荷载 $P=45\text{kN}$ 作用。设 AC 杆为工字钢，许用应力$[\sigma]=160\text{MPa}$，试选择工字钢型号。

解：取 AC 杆进行分析，其受力情况如图 10-8(b)所示。由平衡方程，求得

$$P_{Ay}=15\text{kN},P_{By}=60\text{kN},P_{Ax}=P_{Bx}=104\text{kN}$$

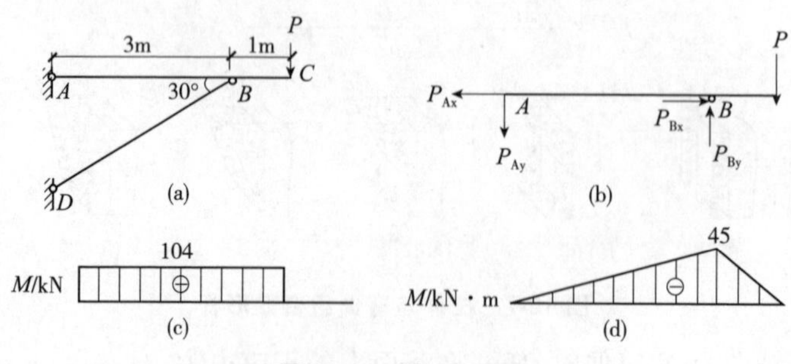

图 10-8 例 10-3 图

AC 杆在轴向力 P_{Ax} 和 P_{Bx} 作用下，在 AB 段内受到拉伸；在横向力作用下，AC 杆发生弯曲。故 AB 段杆的变形是拉伸和弯曲的组合变形。AC 杆的轴力

图和弯矩图如图 10-8(c)、(d)所示。由内力图可见，B 点左侧的横截面是危险截面。该横截面的上边缘各点处的拉应力最大，是危险点。强度条件为

$$\sigma_{\mathrm{tmax}}=\frac{N}{A}+\frac{M_{\max}}{W_z}\leqslant[\sigma]$$

因为 A 和 W_z 都是未知量，无法由上式选择工字钢型号，通常是先只考虑弯曲应力，求出 W_z 后，选择 W_z 略大一些的工字钢，再考虑轴力的作用进行强度校核。

由弯曲正应力强度条件，求出

$$W_z\geqslant\frac{M_{\max}}{[\sigma]}=\left(\frac{45\times10^3}{160\times10^6}\right)\mathrm{m}^3=2.81\times10^{-4}\mathrm{m}^3=281\mathrm{cm}^3$$

由型钢表，试选 22a 号工字钢，$W_z=309\mathrm{cm}^3$，$A=42.0\mathrm{cm}^2$。考虑轴力后，最大拉应力为

$$\sigma_{\mathrm{tmax}}=\frac{N}{A}+\frac{M_{\max}}{W_z}=\left(\frac{104\times10^3}{42\times10^{-4}}+\frac{45\times10^3}{309\times10^{-6}}\right)\mathrm{N/m^2}$$

$$=170.4\times10^6\mathrm{N/m^2}=170.4\mathrm{MPa}>[\sigma]$$

最大拉应力超过许用应力，不满足强度条件，可见 22a 号工字钢截面还不够大。现重新选择 22b 号工字钢，$W_z=325\mathrm{cm}^3$，$A=46.6\mathrm{cm}^2$。此时的最大拉应力为

$$\sigma_{\mathrm{tmax}}=\frac{N}{A}+\frac{M_{\max}}{W_z}=\left(\frac{104\times10^3}{46.4\times10^{-4}}+\frac{45\times10^3}{325\times10^{-6}}\right)\mathrm{N/m^2}$$

$$=160.9\times10^6\mathrm{N/m^2}=160.9\mathrm{MPa}>[\sigma]$$

此时，最大拉应力虽然超过许用应力，但超过不到 5%，工程上认为仍能满足强度要求。

第四节　偏心压缩或拉伸

作用在杆件上的外力，当其作用线与杆的轴线平行但不重合时杆件就受到偏心压缩或拉伸。偏心压缩属于平面弯曲和轴向压缩(拉伸)的组合变形。如图 10-9 所示的柱子受到上部结构传来的荷载 P，作用线与柱轴线间的距离为 e，就使柱子产生偏心压缩的变形。荷载 P 称为偏心力，e 称为偏心距。

另外，如挡土墙、烟囱这类构件，同时受到轴向力和横向力的作用，也属于平面弯曲和轴向压缩的组合变形。对这一类构件，在工程实际中，习惯上也称为“偏心受压”问题。对这一类问题只通过例题说明就可以了。本节着重讨论偏心压力作用下的组合变形问题。

一、单向偏心压缩(拉伸)时的应力和强度条件

图 10-9(a)所示的柱子，偏心力 P 通过截面一根形心主轴时，称为单向偏心

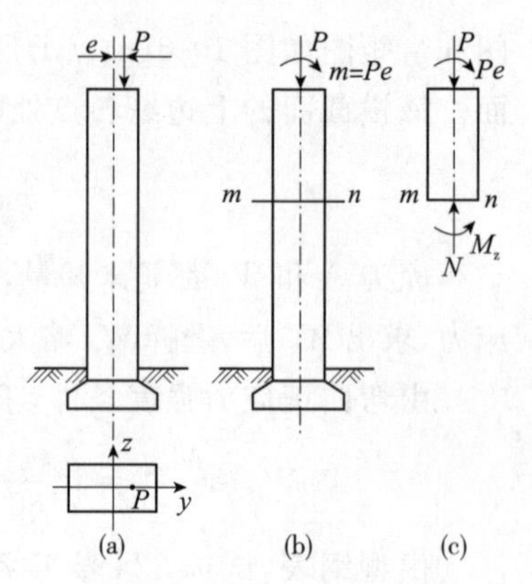

图 10-9　偏心压缩杆件

压缩。

首先将偏心力 P 向截面形心平移，得到一个通过形心的轴向压力 P 和一个力偶矩为 $m=Pe$ 的力偶[图 10-9(b)]。即偏心压缩实际上是轴向压缩和平面弯曲的组合变形。

运用截面法可求得任意横截面 m-n 上的内力。显然，在这种情况下，所有横截面上的内力是相同的。由图 10-9(c)可知，横截面 m-n 上的内力为轴力 $N(N=P)$和弯矩 $M_z(M_z=P\cdot e)$。

1. 应力计算和强度条件

现求横截面 m-n 上任一点 k（坐标为 y、z）的应力(图 10-10)。

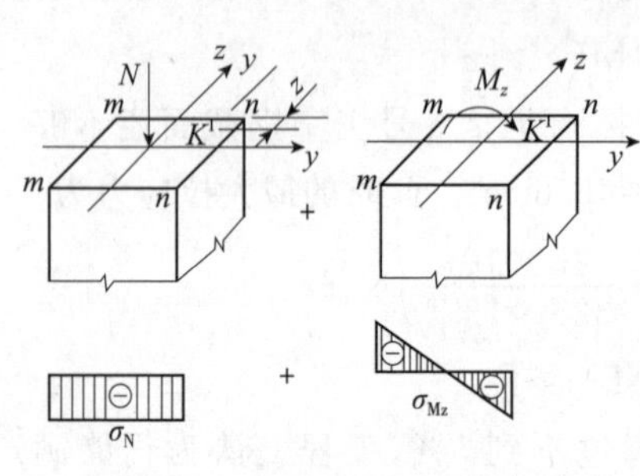

图 10-10　单向偏心压缩应力计算

由轴力 N 引起的 K 点的正应力为 $\sigma_N=\dfrac{P}{A}$

由弯矩 M_z 引起的 K 点的正应力为 $\sigma_{M_z}=\dfrac{M_z\cdot y}{I_z}$

则根据叠加原理，K 点的总应力为

$$\sigma=\frac{P}{A}\pm\frac{M_z\cdot y}{I_z} \tag{10-7}$$

应用式(10-7)计算正应力时，由弯矩引起的正应力的正负号可根据 K 点的位置来判定，当 K 点处于弯曲变形的受压区时取负号，处于受拉区时取正号。

显然，横截面上的最大正应力和最小正应力分别发生在截面的边线 m-m 和 n-n 上，其值分别为

$$\left.\begin{aligned}\sigma_{\max}&=\sigma_{\max}^{+}=-\frac{P}{A}+\frac{M_z}{W_z}\\\sigma_{\min}&=\sigma_{\max}^{-}=-\frac{P}{A}-\frac{M_z}{W_z}\end{aligned}\right\} \tag{10-8}$$

截面上各点都处于单向拉压状态，所以强度条件为

$$\left.\begin{aligned}\sigma_{\max}&=-\frac{P}{A}+\frac{M_z}{W_z}\leqslant[\sigma+]\\\sigma_{\min}&=\left|-\frac{P}{A}-\frac{M_z}{W_z}\right|\leqslant[\sigma-]\end{aligned}\right\} \tag{10-9}$$

2. 最大正应力和偏心距 e 之间的关系

现在来讨论矩形截面偏心受压柱，截面边缘线上的最大正应力和偏心距 e

之间的关系。如图 10-11(a)所示的偏心受压柱，$A=bh$，$W_z=\frac{bh^2}{6}$，$M_z=Pe$，将各值代入式(10-8)得

$$\sigma_{\max}=-\frac{P}{bh}+\frac{Pe}{\frac{bh^2}{6}}=-\frac{P}{bh}\left(1-\frac{6e}{h}\right) \tag{10-10}$$

边缘 A-D 上的正应力 $\sigma_{\max}$ 的正负号，由上式中 $\left(1-\frac{6e}{h}\right)$ 的符号决定，可能出现三种情况。

(1)当 $1-\frac{6e}{h}>0$，即 $e<\frac{h}{6}$ 时，$\sigma_{\max}$ 为压应力。截面全面受压，应力分布如图 10-11(c)所示。

(2)当 $1-\frac{6e}{h}=0$，即 $e=\frac{h}{6}$ 时，$\sigma_{\max}$ 为零。截面全部受压，而边缘 A-D 上的正应力正好为零。应力分布如图 10-11(d)所示。

(3)当 $1-\frac{6e}{h}<0$，即 $e>\frac{h}{6}$ 时，$\sigma_{\max}$ 为拉应力。截面部分受拉，部分受压，应力分布如图 10-11(e)所示。

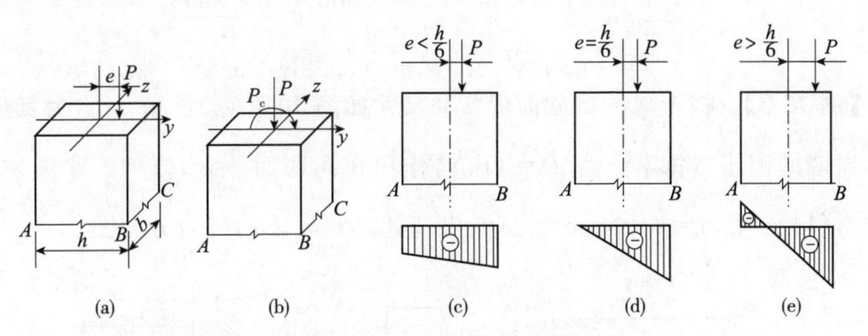

图 10-11　单向偏心压缩

可见，截面上应力分布情况随偏心距 e 而变化，与偏心力 P 的大小无关。当偏心距 $e<\frac{h}{6}$ 时，截面上出现受拉区；当偏心距 $e\geqslant\frac{h}{6}$ 时截面全部受压。

【例 10-4】　如图 10-12 所示矩形截面柱，柱顶有屋架传来的压力 $P_1=100\text{kN}$，中腿上承受吊车梁传来的压力 $P_2=45\text{kN}$，P_2 与柱轴线的偏心距 e 等于已知柱宽，$b=200\text{mm}$，求：

(1)若 $h=300\text{mm}$，则柱截面中的最大拉应力和最大压应力各为多少？

(2)要使柱截面不产生拉应力，截面高度应为多大？在所选的 h 尺寸下，柱截面中的最大压应力为多少？

解：(1)求 $\sigma_{\max}^{+}$ 和 $\sigma_{\max}^{-}$ 将作用力向截面形心简化，柱的轴向压力为

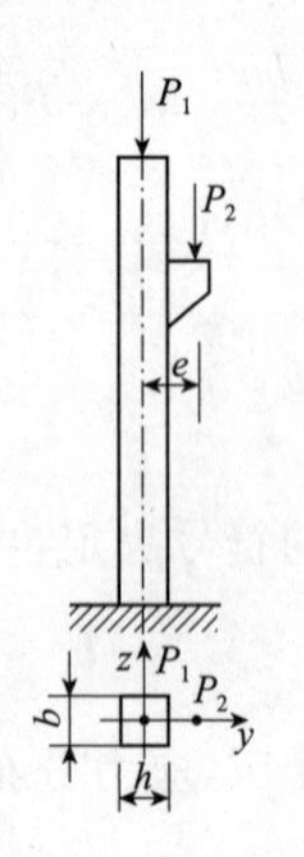

图 10-12　例 10-4 图

$$P=P_1+P_2=145\text{kN}\cdot\text{m}$$

截面的弯矩为　$m_z=P_{2e}=45\times0.2=9\text{kN}\cdot\text{m}$

由式(10-8)得

$$\sigma_{\max}^{+}=-\frac{P}{A}+\frac{M_z}{W_z}=\frac{145\times10^3}{200\times300}+\frac{9\times10^6}{\frac{200\times300^2}{6}}$$

$$=-2.42+3=0.58\text{N/mm}^2=0.58\text{MPa}$$

$$\sigma_{\max}^{-}=-\frac{P}{A}+\frac{M_z}{W_z}=-2.42-3=-5.42\text{MPa}$$

(2)求 h 及 $\sigma_{\max}^{-}$,要使截面不产生拉应力,应满足

$$\sigma_{\max}^{-}=-\frac{P}{A}+\frac{M_z}{W_z}\leqslant0$$

即　$$-\frac{145\times10^3}{200h}+\frac{9\times10^6}{\frac{200h^2}{6}}\leqslant0$$

解得 $h\geqslant372\text{mm}$

当取 $h=380\text{mm}$ 时,截面的最大压应力为

$$\sigma_{\max}^{-}=-\frac{P}{A}-\frac{M_z}{W_z}=-\frac{145\times10^3}{200\times380}-\frac{9\times10^6}{\frac{20\times380^2}{6}}$$

$$=-1.908-1.870=-3.78\text{N/mm}^2=-3.78\text{MPa}$$

【例 10-5】　挡土墙的横截面形状和尺寸如图 10-13(a)所示,C 点为其形心。土壤对墙的侧压力每米长为 $P=30\text{kN}$,作用在离底面 $\frac{h}{3}$ 处,方向水平向左。挡土墙材料的容重 $\gamma=23\text{kN/m}^3$。试画出基础面 m-n 上的应力分布图。

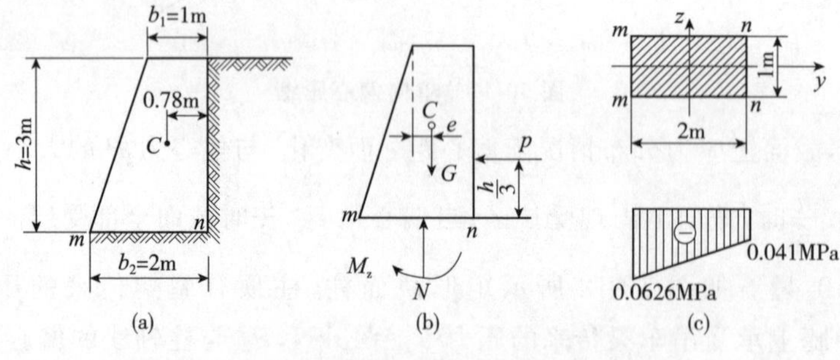

图 10-13　例 10-5 图

解:(1)内力计算挡土墙很长,且是等截面的,通常取 1m 长度来计算每 1m 长墙自重为

$$G=\frac{1}{2}(b_1+b_2)h\cdot y=\frac{1}{2}(1+2)\times3\times23=103.5\text{kN}$$

土壤侧压力为

$$P=30\text{kN}$$

用截面法求得基础面的内力[图 10-13(b)]为

$$N=G=103.5\text{kN}$$

弯矩

$$M_z=P\times\frac{h}{3}-G\times e$$

$$=30\times\frac{3}{3}-103.5\times(1-0.78)=7.23\text{kN}\cdot\text{m}$$

(2)应力计算及画应力分布图

基础面的面积

$$A=b_2\times10^3=2\times106\text{mm}^2$$

$$W_z=\frac{1}{6}\times10^3\times b_2^2=\frac{1}{6}\times10^3\times(2\times10^3)^2=667\times10^6\text{mm}^2$$

基础面 m-m 边上的应力为

$$\sigma_\text{m}=-\frac{N}{A}-\frac{M_z}{W_z}=-\frac{103.5\times10^3}{2\times10^6}-\frac{7.23\times10^6}{667\times10^6}$$

$$=-0.0518-0.0108=-0.0626\text{N/mm}^2=-0.0626\text{MPa}$$

n-n 边上的应力为

$$\sigma_\text{n}=-\frac{N}{A}+\frac{M_z}{W_z}$$

$$=-0.0518+0.0108=-0.041\text{N/mm}^2=-0.041\text{MPa}$$

画出基础面的正应力分布图如图 10-13(c)所示。

二、双向偏心压缩(拉伸)时的应力和强度条件

如图 10-14 所示，当偏心压力 P 的作用线与柱轴线平行，但不通过截面任一形心主轴时，称为双向偏心压缩。

设压力 P 至 z 轴的偏心距为 e_y，至 y 轴的偏心距为 e_z[图 10-14(a)]。用力的平移定理先将压力 P 平移到 z 轴上，产生附加力偶矩 $m_y=P\cdot e_z$，它是绕 z 轴作用的，再将力 P 从 z 轴上平移到截面的形心，又产生一个附加力偶矩 $m_z=P\cdot e_z$，它是绕 y 轴作用的。偏心力 P 经过两次平移后，得到轴向压力 P 和两个力偶 m_z、m_y[图 10-14(b)]，即双向偏心压缩是轴向压缩和两个相互垂直的平面弯曲的组合，由此而产生的截面上任一点的应力，等于这三种基本变形下应力的叠加。

由截面法可求得任一横截面 $ABCD$ 上的内力为

$$N=Pm_z=P\cdot e_y m_y=P\cdot e_z$$

现求横截面 $ABCD$ 上任一点 K(坐标为 y、z)的应力。

由轴力 N 引起的 K 点的压应力为　$\sigma_N=-\dfrac{P}{A}$

由弯矩 M_z 引起的 K 点的应力为　$\sigma_{M_z}=\pm\dfrac{M_z\cdot y}{I_z}$

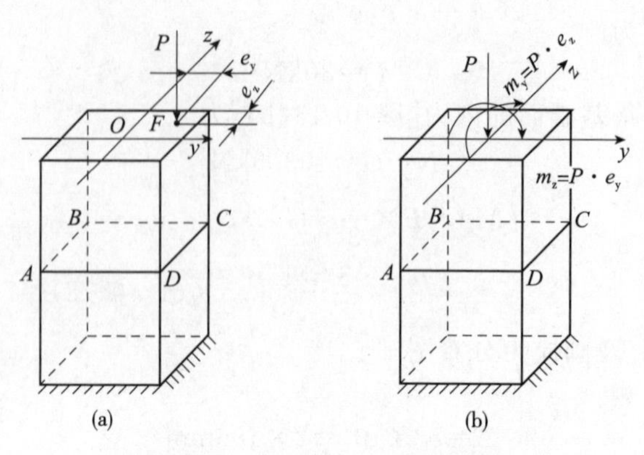

图 10-14　双向缩心压缩示例图

由弯矩 M_y 引起的 K 点的应力为　　$\sigma_{M_y}=\pm\dfrac{M_y\cdot z}{I_y}$

则，根据叠加原理，K 点的正应力为

$$\sigma=\sigma_N+\sigma_{M_z}+\sigma_{M_y}$$

即

$$\sigma=-\frac{P}{A}\pm\frac{M_z\cdot y}{I_z}\pm\frac{M_z\cdot z}{I_y}\tag{10-11}$$

应用上式计算时，由弯矩 M_z、M_y 引起的正应力的正负号仍然可根据 K 点的位置来判定，当 K 点处于弯曲变形的受压区时取负号，处于受拉区时取正号。

由图 10-15 可见，最小正应力（最大压应力）σ_{max} 发生在 C 点，最大正应力 σ_{max} 发生在 A 点，其值分别为

$$\left.\begin{aligned}\sigma_{max}&=-\frac{P}{A}+\frac{M_z}{W_z}+\frac{M_y}{W_y}\\ \sigma_{min}&=-\frac{P}{A}-\frac{M_z}{W_z}-\frac{M_y}{W_y}\end{aligned}\right\}\tag{10-12}$$

危险点 A、C 都处于单向应力状态，所以强度条件为

$$\left.\begin{aligned}\sigma_{max}&=-\frac{P}{A}+\frac{M_z}{W_z}+\frac{M_y}{W_y}\leqslant[\sigma+]\\ \sigma_{min}&=\left|-\frac{P}{A}-\frac{M_z}{W_z}-\frac{M_y}{W_y}\right|\leqslant[\sigma-]\end{aligned}\right\}\tag{10-13}$$

三、截面核心

从图 10-11(e)可以看出，当偏心距 e 大于某一特定值($h/6$)时，横截面部分受压，部分受拉。而土建工程中大量使用的砖、石、混凝土等受压材料，其抗拉强度比抗压强度要低得多，如果截面上产生拉应力，往往会使构件产生拉裂。因此，对此类材料做成的偏心受压构件，要求偏心压力的作用点至截面形心的距离不能太大，

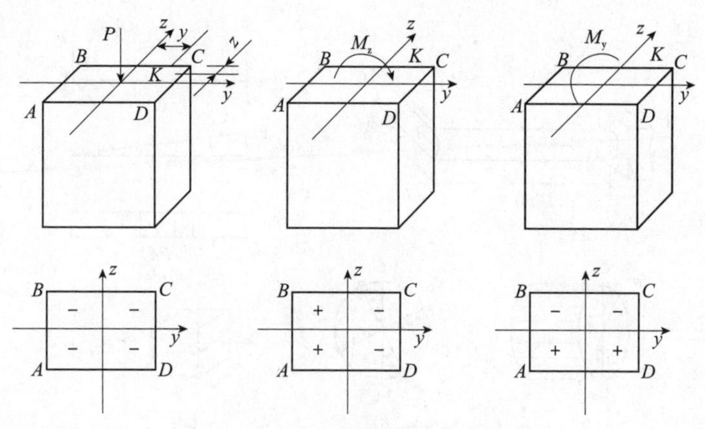

图 10-15　双向偏心压缩应力计算

即截面上不能产生拉应力。当荷载作用在截面形心周围的一个区域内时，杆件横截面只产生压应力而不产生拉应力，这个荷载作用的区域就称为截面核心。

常见的矩形、圆形、工字形截面核心如图 10-16 所示。

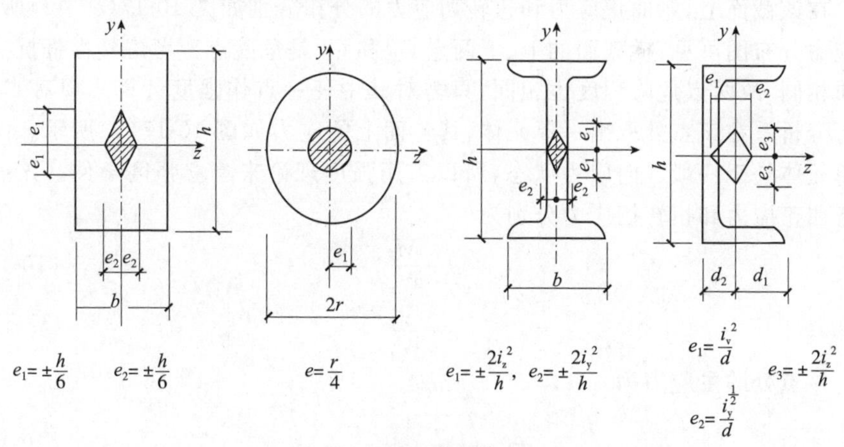

图 10-16　截面核心

第五节　弯曲与扭转的组合

弯曲与扭转的组合是机械工程中常见的一种组合变形。现以图 10-17(a)所示的钢制直角曲拐中的圆杆 AB 为例，研究杆在弯曲和扭转组合变形下，应力和强度计算的方法。

首先，将力 F 向 AB 杆 B 端截面形心简化，得到一横向力 F 及力偶矩 $M=Fa$，如图 10-17(b)所示。力 F 使 AB 杆弯曲，力偶矩 M 使 AB 杆扭转，故 AB 杆产生弯曲和扭转两种变形。AB 杆的弯矩图和扭矩图如图 10-17(c)、(d)所示。

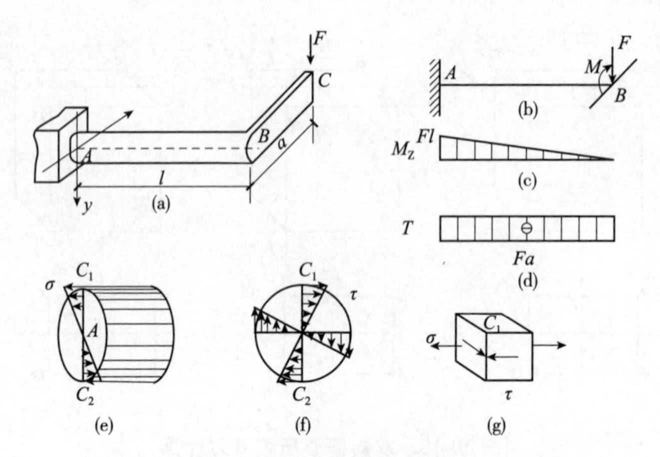

图 10-17 弯扭组合变形杆

由内力图可见,固定端截面 A 截面是危险截面,其弯矩和扭矩值分别为

$$M_z = Fl, \quad T = Fa$$

在该截面上,弯曲正应力和扭转切应力的分布分别如图 10-17(e)、(f)所示。从应力分布图可见,横截面的上、下两点 C_1 和 C_2 是危险点。考虑塑性杆抗拉压性质相同,故两点危险程度也相同,只需对其中任一点作强度计算。现对 C_1 点进行分析。在该点处取出一单元体,其各面上的应力如图 10-17(g)所示。由于该单元体处于一般二向应力状态,所以需用强度理论来建立强度条件。该点处的弯曲正应力和扭转切应力分别为

$$\sigma = \frac{M_z}{W_z} \tag{10-14a}$$

$$\tau = \frac{T}{W_p} \tag{10-14b}$$

该点处的主应力为

$$\left.\begin{matrix}\sigma_1\\ \sigma_3\end{matrix}\right\} = \frac{\sigma}{2} \pm \sqrt{\left(\frac{\sigma}{2}\right)^2 + \tau^2}, \quad \sigma_2 = 0 \tag{10-14c}$$

将其代入相当应力的计算式,经简化可得第三强度理论和第四强度理论的强度条件分别为

$$\sigma_{r3} = \sqrt{\sigma^2 + 4\tau^2} \leqslant [\sigma] \tag{10-15}$$

$$\sigma_{r4} = \sqrt{\sigma^2 + 3\tau^2} \leqslant [\sigma] \tag{10-16}$$

在工程实际中,对产生弯曲和扭转组合变形的圆截面杆,常用弯矩和扭矩表示强度条件。将式(10-14a)和式(10-14b)代入式(10-15)和式(10-16),并注意到圆截面的 $W_p = 2W_z$,则第三强度理论和第四强度理论的强度条件又分别为

$$\sigma_{r3} = \frac{1}{W_z}\sqrt{M_z^2 + T^2} \leqslant [\sigma] \tag{10-17}$$

$$\sigma_{r4}=\frac{1}{W_z}\sqrt{M_z^2+0.75T^2}\leqslant[\sigma] \qquad (10\text{-}18)$$

【例 10-6】 一钢质圆轴，直径 $d=8$cm，其上装有直径 $D=1$m、重为 5kN 的两个带轮，如图 10-18(a)所示。已知 A 处轮上的传动带拉力为水平方向，C 处轮上的传动带拉力为竖直方向。设钢的$[\sigma]=160$MPa，试按第三强度理论校核轴的强度。

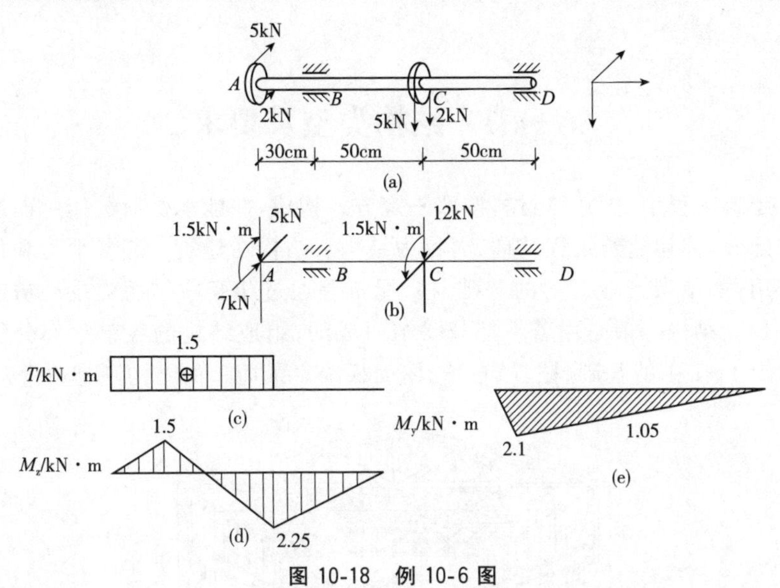

图 10-18　例 10-6 图

解：将轮上的传动带拉力向轮心简化后，得到作用在圆轴上的集中力和力偶；此外，圆轴还受到轮重作用。简化后的外力如图 10-18(b)所示。

在力偶作用下，圆轴的 AC 段内产生扭转，扭矩图如图 10-18(c)所示。在横向力作用下，圆轴在 xy 和 xz 平面内分别产生弯曲，两个平面内的弯矩图如图 10-18(d)、(e)所示。因为轴的横截面是圆形，不会发生斜弯曲，所以应将两个平面内的弯矩合成而得到横截面上的合成弯矩。由弯矩图可见，可能危险的截面是 B 截面和 C 截面。现分别求出这两个截面的合成弯矩为

$$M_B=\sqrt{M_{By}^2+M_{Bz}^2}=(\sqrt{2.1^2+1.5^2})\text{kN}\cdot\text{m}=2.58\text{kN}\cdot\text{m}$$

$$M_C=\sqrt{M_{Cy}^2+M_{Cz}^2}=(\sqrt{1.05^2+2.25^2})\text{kN}\cdot\text{m}=2.48\text{kN}\cdot\text{m}$$

因为 $M_B>M_C$，且 B、C 截面的扭矩相同，故 B 截面为危险截面。将 B 截面上的弯矩和扭矩值代入式(10-17)，得到第三强度理论的相当应力为

$$\sigma_{r2}=\frac{1}{W_z}\sqrt{M_B^2+T^2}=\left(\frac{1}{\frac{\pi}{32}\times8^3\times10^{-6}}\times\sqrt{2.58^2+1.5^2}\right)\text{N/m}^2$$

$$=59.3\times10^6\text{N/m}^2=59.3\text{MPa}<[\sigma]=160\text{MPa}$$

所以圆轴是安全的。

第十一章　结构力学基础

第一节　结构类型及要求

在建筑工程中，由建筑材料按照一定方式构成，并能承受荷载作用而起骨架作用的部分，称为建筑工程结构，简称为结构。结构在建筑中起着承受和传递荷载的作用，如单层工业厂房的基础、柱、屋架等通过相互联结而构成厂房的结构(图 11-1)。结构一般是由若干部分联结而成的，组成结构的各单独部分称为构件。如图 11-1 中的基础、柱、吊车顶、屋面板等。最简单的结构则是单个构件。

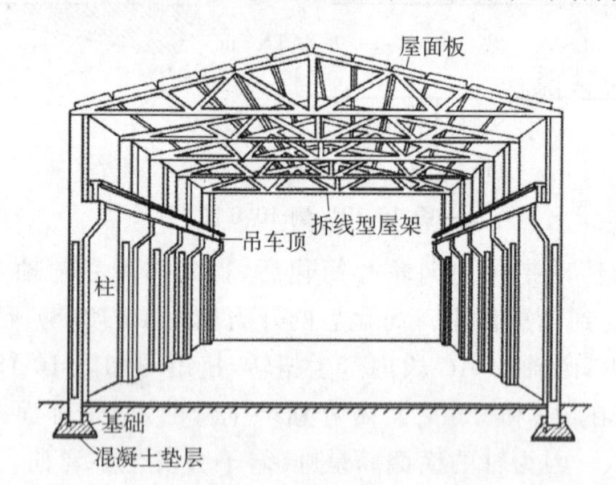

图 11-1　单层工业厂房结构

一、结构的类型

结构一般有按几何特征分类和按受力特点分类两种方法。

1. 按几何特征分类

(1)杆系结构。组成杆系结构的构件是杆件。杆件的几何特征是其长度远大于横截面的宽度和高度。

(2)薄壁结构。组成薄壁结构的构件是薄板或薄壳。薄壁结构特征是其厚度远小于其他两尺度的结构。

(3)实体结构。是指三个方向的尺寸大约为同一量级的结构。

2. 按受力特点分类

(1)静定结构。是指处用静力平衡,可以完全确定其支座反力和内力的结构。

(2)超静定结构。指只应用静力平衡不能完全确定支座反力和内力的结构。此结构支座反力和内力计算还必须考虑结构的变形条件,补充变形协调方程才能求解。

二、结构或构件的基本要求

1. 强度要求

强度是指抵抗破坏的能力。如房屋中的梁、板、柱,在房屋使用时,都不允许发生断裂现象。解决强度问题的关键是作构件应力分析。

2. 刚度要求

刚度是指抵抗变形的能力。一些构件,虽然强度满足要求,但如果变形过大,仍会影响正常使用。如屋面梁弯曲太大会使板面上下的防水层、抹灰层开裂、脱落;屋面檩条变形过大,会引起屋面漏水等,所以构件应满足刚度要求,使构件变形限制在一定的范围内。

3. 稳定性要求

稳定性是指结构或构件的原有形状保持稳定的平衡状态。一些细长的构件,在压力不大时,保持着直线。当压力增加到一定数值时,直杆就会突然弯曲甚至折断,丧失稳定,导致结构破坏。如房屋中的承重柱、屋架中的压杆就有可能由于丧失稳定而使整个结构倒塌,所以构件就应满足稳定性的要求。

4. 经济节约的要求

结构、构件在满足强度、刚度、稳定性要求的基础上,应选择合适的材料,确定合理的截面形状和尺寸,达到经济节约的目的。

第二节　荷载的分类

荷载通常是指主动作用在结构上的外力,例如:结构自重、人群和货物的重量、土压力、水压力、风和雪的压力等。此外,还有其他因素可以使结构产生内力和变形,如温度变化、地基沉陷、材料收缩等。从广义上说,这些因素也可看作荷载。

对结构进行计算以前,需先确定结构所受的荷载。荷载的确定是结构设计中极为重要的工作。荷载估计过大,则设计的结构会过于笨重,造成浪费;荷载估计过低，则设计的结构将不够安全。在结构设计中所要考虑的各种荷载，国家都有具体规定，可查阅《建筑结构荷载规范》(GB 50009—2012)和《建筑抗震设计规范》(GB 50011—2010)。

建筑结构中常遇到的荷载，按其不同的特征来分类，主要有以下几种类别。

1. 按作用时间的长短分类

永久荷载：在结构使用期间，其值不随时间变化或其变化与平均值相比可以忽略不计或其变化单调的并能趋于限值的荷载 。例如：结构自重、土压力、预应力等。

可变荷载：在结构使用期间，其值随时间变化且其变化与平均值相比不可以忽略不计的荷载 。例如：楼面活荷载、屋面活荷载和积灰荷载、吊车荷载、风荷载、雪荷载、温度作用等。

偶然荷载：在结构设计使用年限内不一定出现，而一旦出现其量值很大，且持续时间很短的荷载。例如：爆炸力、撞击力等。

2. 根据荷载作用的性质分类

静力荷载是缓慢地加到结构上的荷载，其大小及其位置的变化极为缓慢，不致引起显著的结构振动，因而可略去惯性力的影响。如构件的自重、土压力都属静荷载。

动力荷载是荷载的大小与位置却随时间迅速变化着，使结构产生显著振动，因而必须考虑惯性力的影响。如动力机械产生的荷载、地震荷载都属动荷载。计算时要考虑动力效应。

3. 荷载按分布形式可分为以下几种

1)集中荷载是荷载的分布面积远小于物体受荷面积时，为简化计算，可近似地看成集中作用在一点上，这种荷载称为集中荷载。

2)均布荷载是荷载连续作用，且大小各处相等，这种荷载称为均布荷载。单位面积上承受的均布荷载称为均布面荷载，单位长度上承受的均布荷载称为均布线荷载。

工程设计中，恒载和大多数活荷载都作为静力荷载处理。但对那些动力效应显著的荷载，如机械振动、爆炸冲击、地震等引起的荷载，则须按动力荷载来处理。

第三节　结构的计算简图

一、结构体系的简化

结构体系的简化包含了平面简化、杆件的简化及结点的简化等内容。

1. 平面简化

杆系结构可分为平面杆系结构和空间杆系结构两大类。实际结构一般都是空间结构，这样才能抵御来自各个方面的荷载。但在多数情况下常可以忽略一些次要的空间约束或是将这种空间约束作用转化到平面内，从而将实际结构简化为平面结构，使计算大大简化。

2. 杆件简化

杆系结构的杆件在计算简图中均用杆件的轴线来表示，轴线的长度一般可用轴线交点间的距离表示。

3. 结点的简化

杆件间相互连接处称为结点。尽管实际结构的结点构造是复杂的、多样化的，但一般可简化为铰接点、刚结点和组合结点三种类型。

(1)铰结点。铰结点的特征是所连接各杆可以绕该结点作自由转动，但不能相对移动，同时假定不存在转动摩擦。铰结点能传递力但不能传递力矩。这种理想情况在实际工程中并不存在，例如图 11-2(a)所示为木屋架下弦中间结点构造图，显然各杆并不能完全自由地转动，但是由于杆件间的联结对于相对转动的约束不强，受力时杆件发生微小的转动还是可能的，其变形、受力特征与此近似。因此，把这种结点近似地作为铰结点处理后[图 11-2(b)]，不致引起大的误差。

(2)刚结点。刚结点的特征是与刚结点相连接的各杆件在连接处既不能相对转动，也不能相对移动，各杆件之间的夹角在变形前后保持不变。刚接点既能传递力，也能传递力矩。如图 11-3(a)所示现浇混凝土框架结点，由于柱子与横梁间为整体浇筑，同时横梁的受力钢筋伸入柱内并满足锚固长度的要求，这样就保证了柱子与横梁能相互牢固地联结在一起，构成了刚结点，其计算简图如图 11-3(b)所示。

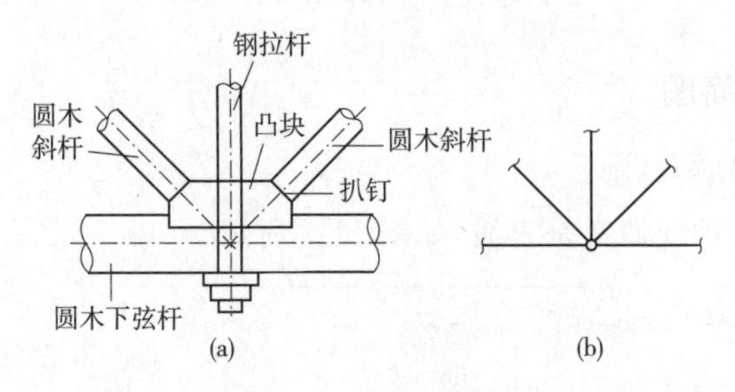

图 11-2　铰结点图

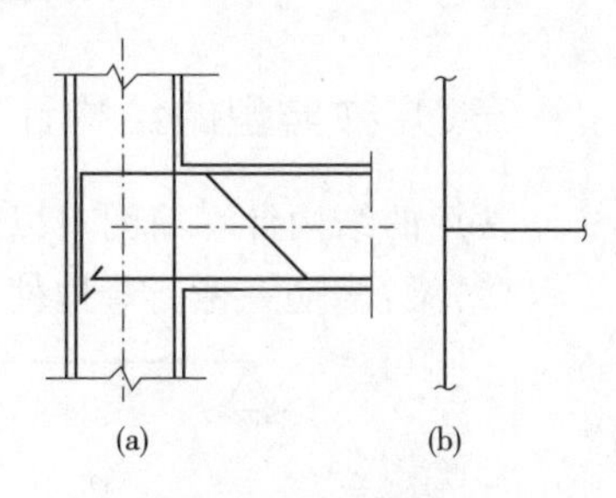

图 11-3　刚结点

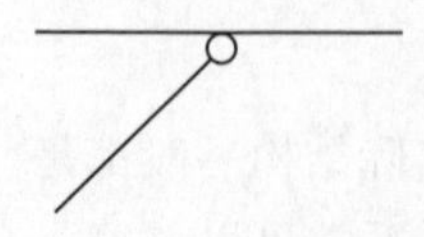

图 11-4　组合结点

(3)组合结点。如图 11-4 所示是组合结点的计算简图。它同时具有以上两种结点的几何特征。图中水平杆与竖杆铰接,但水平杆保持本身完整性,没有被铰分截开来。

二、支座的简化

在前面的内容中,我们已经介绍了几种常见的支座类型,如可动铰支座、固定铰支座、固定支座等,实际结构中,还会遇到定向支座(亦称为滑动支座)如图 11-5(a)所示,其特点是能限制结构的转动和沿一个方向上的移动,但允许结构在另一个方向上滑动。支座反力为一约束力矩 M_A 和垂直于支承面的约束反力 F_{Ay}。可将定向支座简化为两根平行的支杆,如图 11-5(b)所示。

上述四种支座均建立在支座本身是不能变形的假设之上,计算简图中相应的支杆也被认为其本身是不能变形的刚性链杆,这类支座称为刚性支座。若考虑支座本身的变形,如井字楼盖的交叉梁系之间及桥梁结构的纵梁支承于横梁上的情况,这时支座主要约束结构的某种位移,同时其本身又要产生一定的位移,这类支座称为弹性支座,其约束反力与位移有关。

实际结构构件受到的荷载当作用面积很小时可简化为集中荷载;把荷载集度变化不大的分布荷载可简化为均布荷载;把动效应不大的动力荷载,简化为静力荷载,如图 11-6 所示。

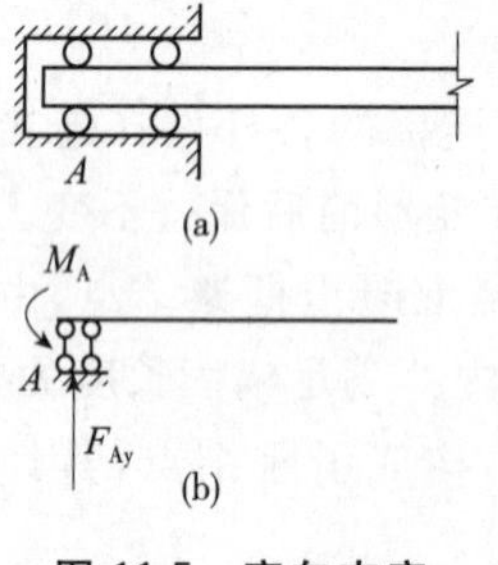

图 11-5　定向支座

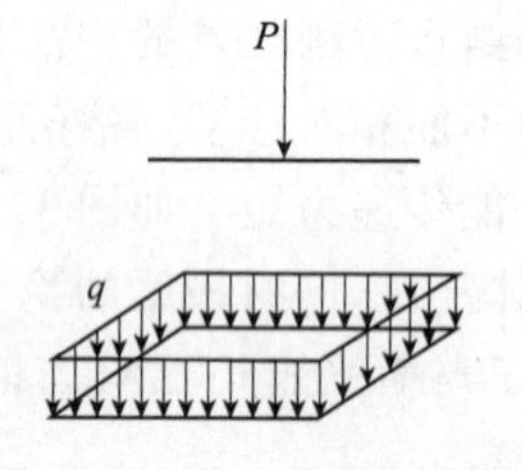

图 11-6　静力荷载示意图

三、几种典型的结构计算简图

常用的结构计算简图有以下几种类别。

(1)梁:梁是一种受弯构件,其轴线通常是直线,如图 11-7 所示。

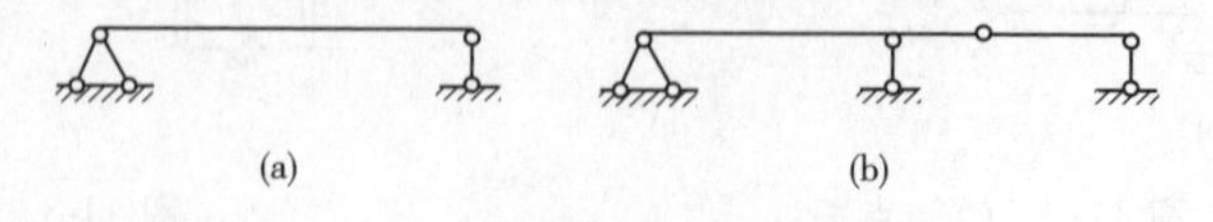

图 11-7　梁

(2)拱:拱的轴线是曲线,其力学特征是在竖向荷载作用下不仅支座处有竖向反力产生,而且有水平反力产生。拱以受轴向压力为正,如图 11-8 所示。

(3)刚架:刚架是由梁和柱组成的,其结点为刚性结点。刚性结点的特征在于当结构发生变形时,相交于该结点的各杆端之间夹角始终保持不变,如图 11-9 所示。

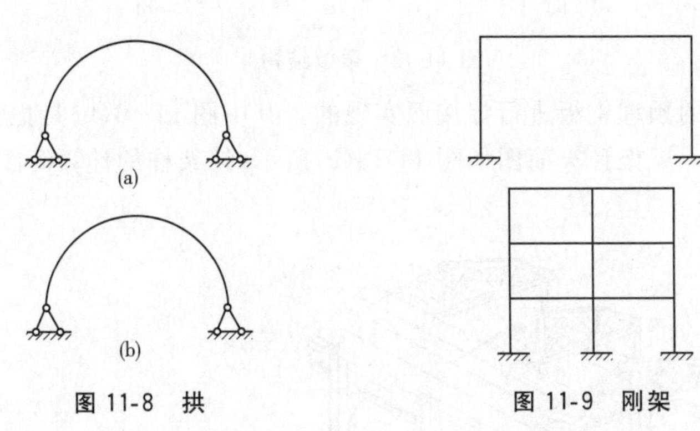

图 11-8　拱　　　　图 11-9　刚架

(4)桁架:桁架是由若干杆件在两端用理想铰联结而成的结构,各杆的轴线一般都是直线,只有受到结点荷载时,各杆将只产生轴力,如图 11-10 所示。

(5)混合结构:混合结构是部分由桁架中链杆,部分由梁或刚架组合而成的,其中含有混合结点。因此,有些杆件只承受轴力,而另一些杆件同时承受弯矩和剪力,如图 11-11 所示。

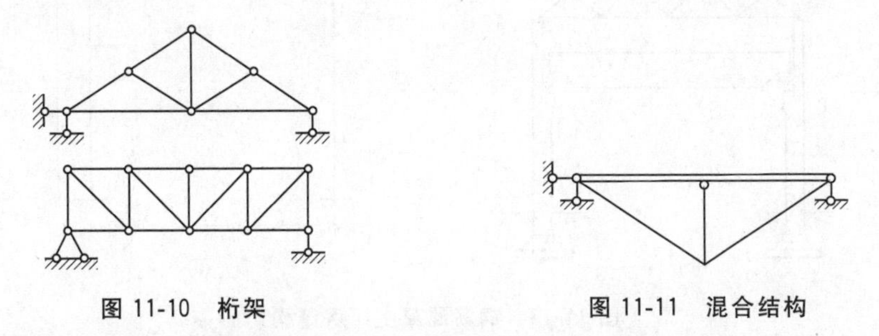

图 11-10　桁架　　　　图 11-11　混合结构

如何选取合适的计算简图,是一个重要的问题,不仅要掌握选取的原则,而且还要有较多的实践经验和更多的专业课知识,对新的结构形式往往通过反复试验和实践才能确定。

下面是一些简图实例。

(1)如图 11-12(a)所示房屋建筑的楼面中常见到的梁板结构。一单跨梁两端支承在砖墙上,梁上放板以支持楼面荷载。梁的计算简图如图 11-12(b)所示。

(2)如图 11-13(a)所示一钢筋混凝土厂房结构,屋架和柱都是预制的。柱子下端插入基础的杯口内,然后用细石混凝土填实。屋架与柱的连接是通过将屋

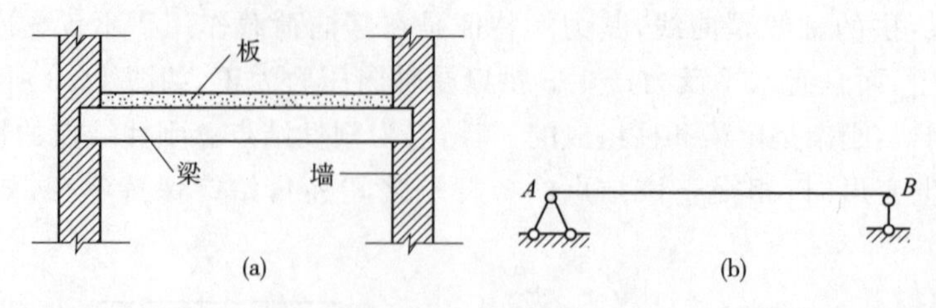

图 11-12 梁板结构

架端部和柱顶的预埋钢板进行焊接而实现的。其中图 11-13(b)是把空间结构简化为平面结构。屋架计算简图如图 11-13(c)所示,排架柱的计算简图如图 11-13(d)所示。

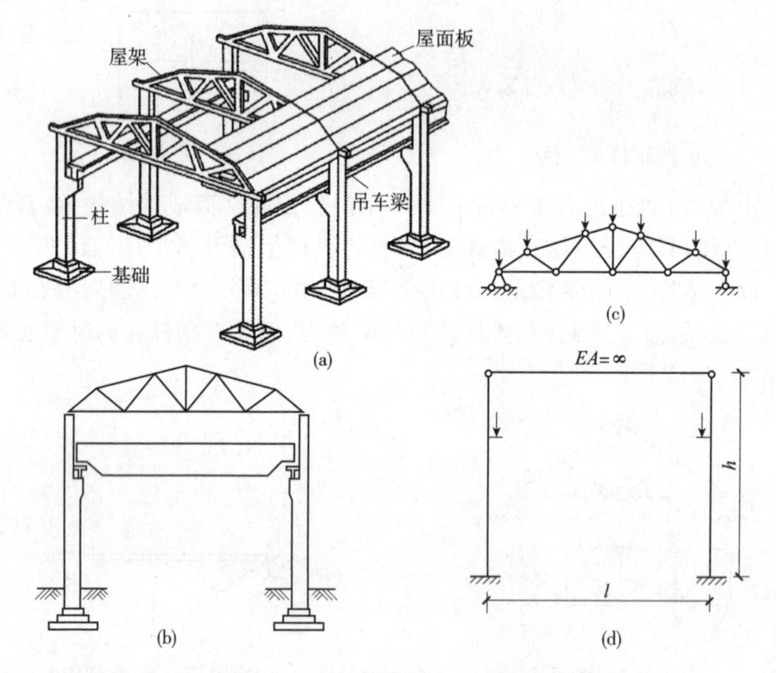

图 11-13 钢筋混凝土厂房结构

(3)如图 11-14(a)所示是一钢屋顶桁架,所有结点都用焊接连接。按理想桁架考虑时,屋架的计算简图如图 11-14(b)所示。

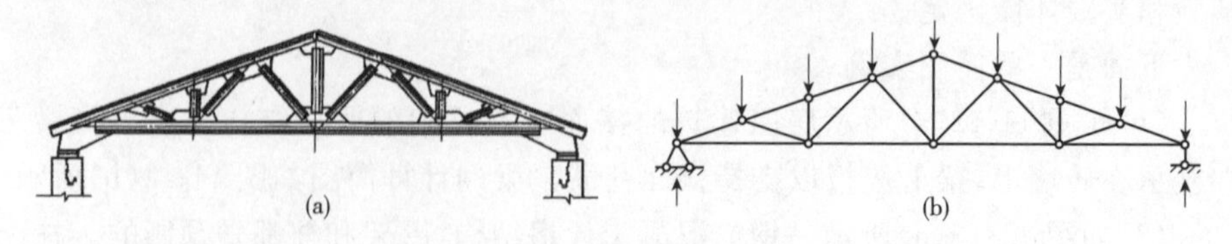

图 11-14 钢屋顶桁架

(4)图 11-15(a)是一现浇钢筋混凝土刚架的构造示意图。柱底与基础的连接可看作固定铰支座,刚架的计算简图如图 11-15(b)所示,这种刚架称双铰刚架。

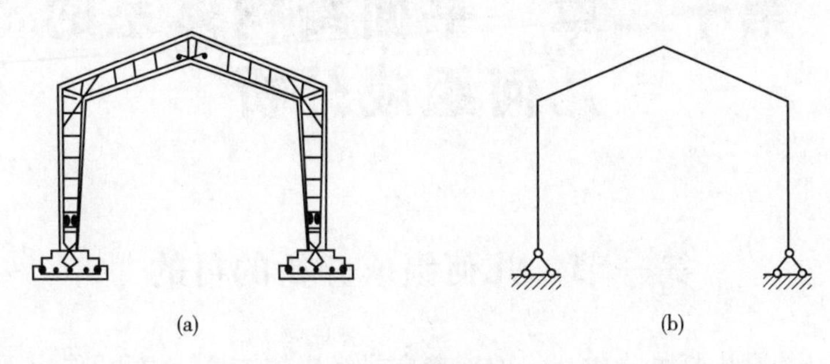

图 11-15　钢筋混凝土刚架

(5)图 11-16(a)是现浇多层多跨刚架。其中所有结点都是刚结点,这种结构为框架。图 11-16(b)是其计算简图。

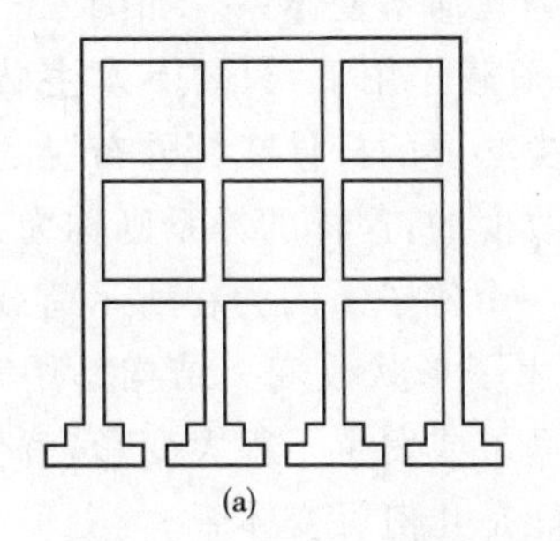

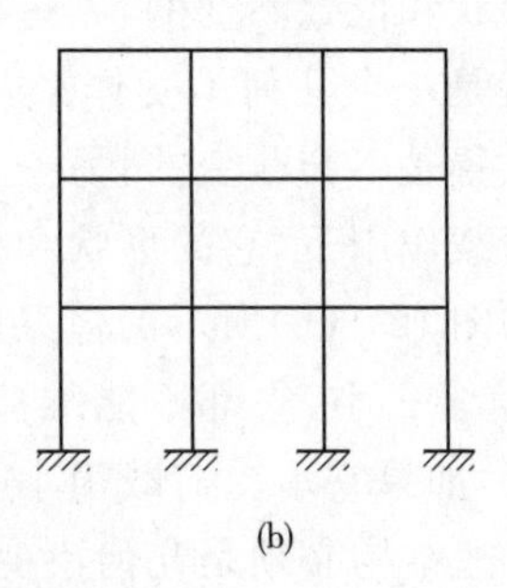

图 11-16　现浇多层多跨刚架

第十二章　平面结构体系的几何组成分析

第一节　几何组成分析的目的

建筑结构是由杆件通过一定的连接方式组成的体系，在荷载作用下，只要不发生破坏，它的形状和位置是不能改变的。杆系通过不同的连接方式可以组成的体系可分为两类。一类是几何不变体系，即体系受到任意荷载作用后，能维持其几何形状和位置不变的，则这样的体系称为几何不变体系。如图 12-1(a)所示的体系就是一个几何不变体系，因为在所示荷载作用下，只要不发生破坏，它的形状和位置是不会改变的；另一类是由于缺少必要的杆件或杆件布置的不合理，在任意荷载作用下，它的形状和位置是可以改变的，这样的体系则称为几何可变体系。如图 12-1(b)所示的体系就是这样的一个例子。因为在所示荷载作用下，不管 P 值多么小，它都不能维持平衡，而发生了形状改变。结构是用来承受荷载的体系，如果它承受荷载很小时结构就倒塌了或发生了很大变形，就会造成工程事故。故结构必须是几何不变体系，而不能是几何可变体系。

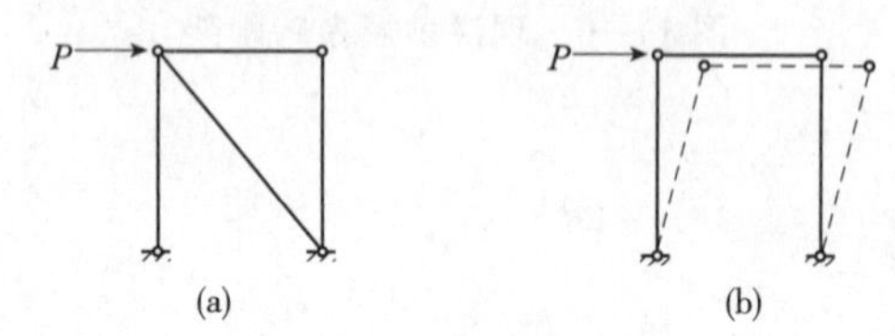

图 12-1　几何体系

我们在对结构进行计算时，必须首先对结构体系的几何组成进行分析研究，考察体系的几何不变性，这种分析称为几何组成分析或几何构造分析。

对体系进行几何组成分析的目的如下。

(1)检查给定体系是否是几何不变体系，以决定其是否可以作为结构，或设法保证结构是几何不变的体系；

(2)在结构计算时，还可根据体系的几何组成规律，确定结构是静定的还是超静定的结构，以便选择相应的计算方法。

第二节　平面体系的自由度及约束

一、刚片

在结构体系中，任何一个杆件(构件)在外力(荷载)作用下，都会发生或大或小的变形。但在对体系进行几何组成分析时，并不考虑材料的变形，因此每个杆件都是刚体，整个体系也是刚体。当该体系为平面体系时，将刚体称为刚片。如图 12-2 所示。

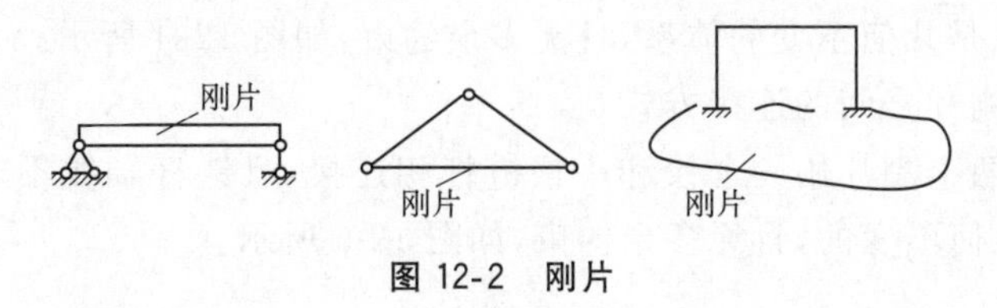

图 12-2　刚片

二、自由度

体系在运动时，用以完全确定其在平面内位置所需的独立坐标的数目，称为结构体系的自由度，简称为自由度。例如，平面内有一动点 A，如图 12-3(a)所示，它的位置只需两个坐标 x 和 y 就能确定，由此可知一个动点在平面内的自由度 2。再如，平面内有一个刚片 AB，如图 12-3(b)所示，若先固定 A 点，则需 x 和 y 两个坐标，但此时，刚片 AB 可以 A 点为轴心自由转动，若再固定刚片上 AB 直线的倾角，则整个刚片 AB 的位置就可完全确定。由此可知，一个刚片在平面内的自由度是 3。

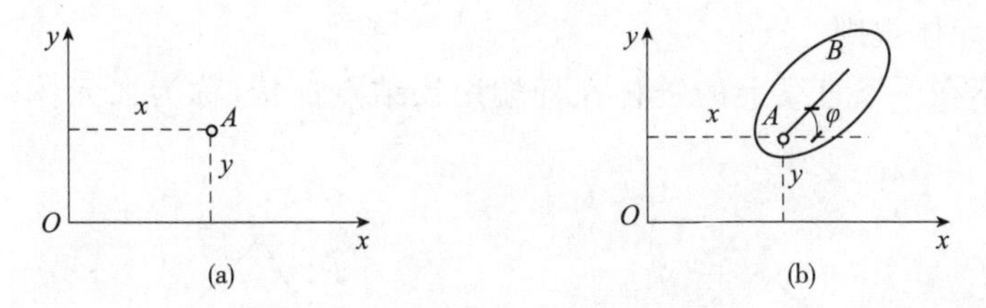

图 12-3　平面上点和刚片的自由度

三、约束

约束是体系中构件之间或体系与基础之间的联结装置，约束又称联系。约束可使刚片之间的相对运动受到限制，因此，约束的存在将会使体系的自由度减少，合理地设置约束，就可保证体系的几何不变性。

第三节　几何不变体系的组成规则

一、组成规则

为了确定平面体系是否几何不变，首先要了解几何不变体系的组成规则。本节将研究组成几何不变体系的一些简单规律。

(1)一个点与一个刚片之间的连接方式

规律一：一个刚片与一个点用两根链杆相连，且两个链杆不在同一直线上，则组成的体系是几何不变的体系，且无多余约束，如图 12-4 所示。

(2)两个刚片之间的连接方式

规律二：两个刚片用一个铰和一根链杆相连接，且链杆轴线不通过铰，则组成的体系是几何不变的，且无多余约束，如图 12-5 所示。

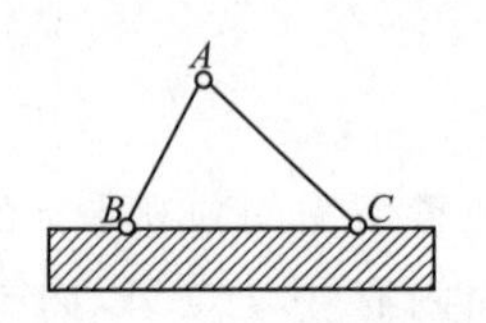

图 12-4　点与刚片连接

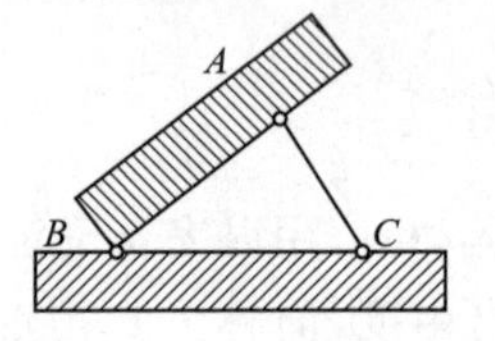

图 12-5　两个刚片连接

(3)三个刚片之间的连接方式

规律三：三个刚片用三个铰两两相连，且三个铰不在一条直线上，则组成的体系是几何不变的，并且无多余约束。通常又称为铰接三角形几何不变规则，如图 12-6 所示。所以铰接三角形就是一个几何不变体系。

(4)二元体规则

两根不在一条直线上的链杆在杆端用铰结点连接，称为二元体，如图 12-7 所示。

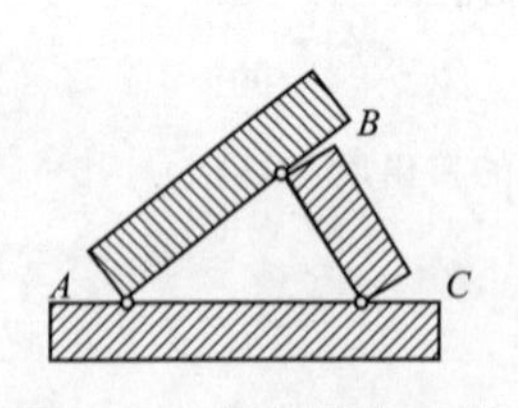

图 12-6　三个刚片连接

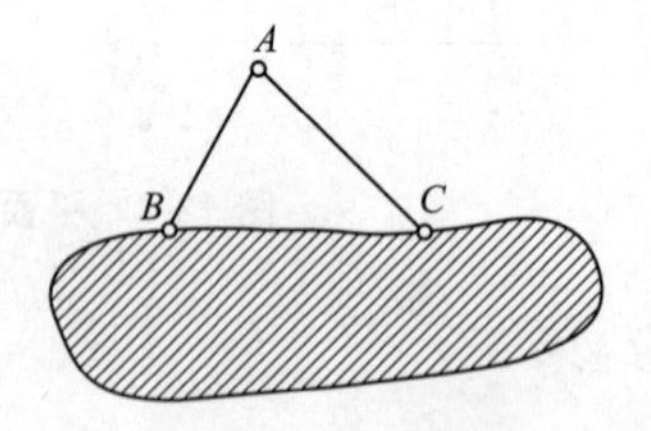

图 12-7　二元体

规律四：在一个已知体系上依次加入或撤出二元体，不会改变原体系的自由度数目，也不会影响原体系的几何组成性质。

如果原来是几何不变体系，加上二元体后，新的体系依然是不变体系。如图12-7所示在刚片上增加二元体 AB、AC，显然 A 点是不能相对于刚片运动的。显然在刚片上增加一个二元体或拆除一个二元体不会影响原体系的几何不变。换句话说，加在体系上的一个二元体结构既不增加也不减少体系的自由度。二元体规则与规律一相同，但它应用很广，且利用二元体规则可以使体系几何构造分析得到简化。

图12-8所示桁架体系，它就是在铰接三角形 ABC（刚片Ⅰ）上逐一增加二元体 BDC、CED、EFD、EGF 而构成。所以此桁架为几何不变体系，且无多余约束。亦可将二元体逐一拆去，拆二元体 EGF、EFD、CED、CDB，得到铰接三角形成为几何不变体系，且无多余约束。

二、常变体系和瞬变体系

在平面体系中，不满足上述规则的体系称为几何可变体系。几何可变体系又可分为常变体系和瞬变体系。

如图12-9(a)所示，刚片Ⅰ和地基Ⅱ用三根等长且相互平行的链杆相连，刚片Ⅰ可相对地基平行运动；图12-9(b)所示体系，刚片Ⅰ始终可绕 O 点任意转动，这类体系称为常变体系。

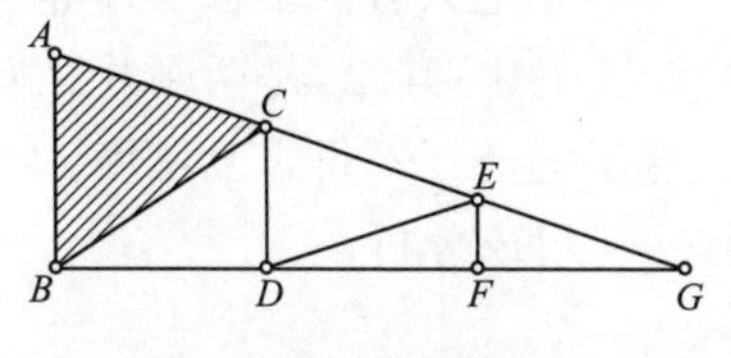

图12-8　桁架体系

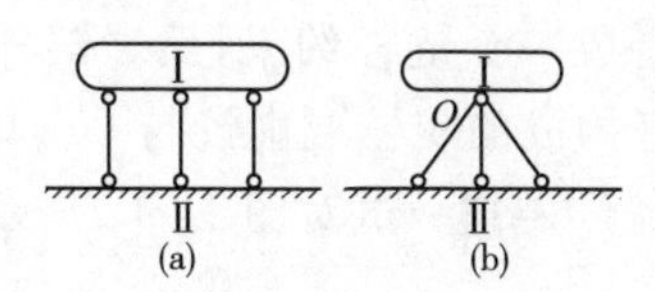

图12-9　几何常变体系

图12-10(a)所示两刚片用三根链杆相连的体系，三杆延长线交于 O 点，不满足两刚片规则，体系是几何可变的。当刚片绕 O 点作微小转动后，三杆延长线不再交于 O 点，此时体系为几何不变，把这种原为几何可变，产生微小位移后变为几何不变的体系称为瞬变体系。如图12-10(b)、(c)所示体系也是瞬变体系。

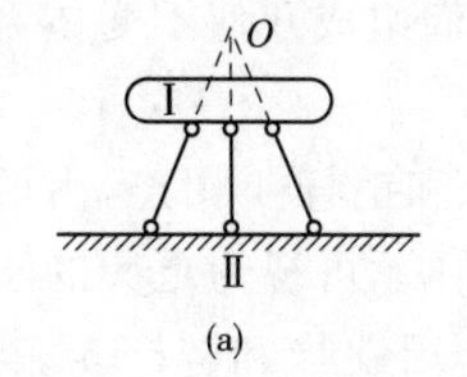

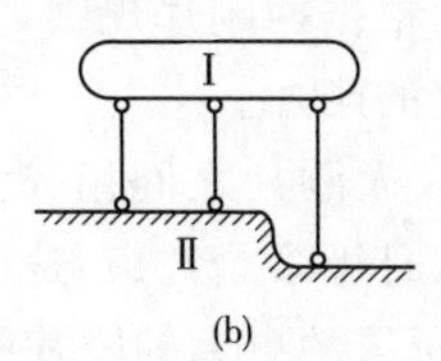

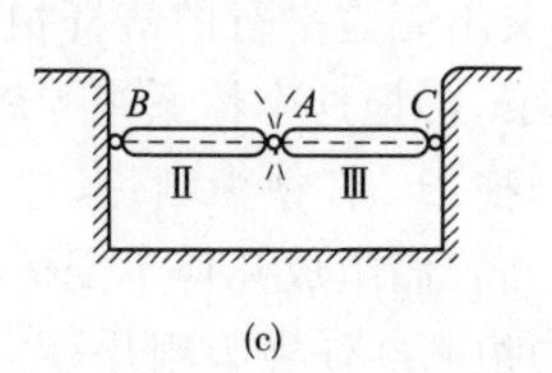

图12-10　几何瞬变体系

从瞬变体系的定义可以看出，瞬变体系在产生微小移动后，即成为几何不变体系。那么瞬变体系是否可以作为结构呢？我们通过一简单问题来加以讨论。

图 12-11 所示体系，因为 A 点位移微小，所以角 θ 也很小，由 A 点力的平衡条件很容易得到链杆 AB、AC 的内力为 $N=F_P/2\sin\theta$ 当 $\theta\approx0$ 时，内力 N 将趋于无穷大。因此工程中不允许采用瞬变体系作为结构，也不允许采用接近瞬变体系的几何不变体系作为结构使用。

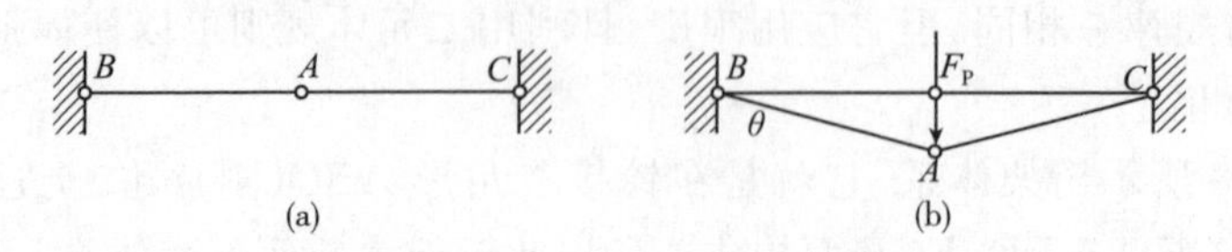

图 12-11 瞬变体系内力分析

三、平面体系几何组成分析举例

对体系进行组成分析时，可按下列思路进行。

(1)对简单体系可直接用几何组成规则进行分析。

(2)对稍微复杂的体系，先对体系进行简化。简化的方法：一是可拆除或增加二元体再进行体系几何分析；二是将已确定为几何不变的部分视为一个刚片。

(3)凡体系只通过三根既不完全平行也不完全交于一点的支座链杆与基础相联结，可只对体系进行几何组成分析来判定其是否几何不变。

(4)注意应用一些约束等价代换关系。其一，是把只有两个铰与外界联结的刚片看成一个链杆约束，反之链杆约束也可看成刚片；其二，是两刚片之间的两根链杆构成的实铰或虚铰与一个单铰等价。这里的链杆不得重复使用。

【例 12-1】 试对图 12-12 所示体系进行几何组成分析。

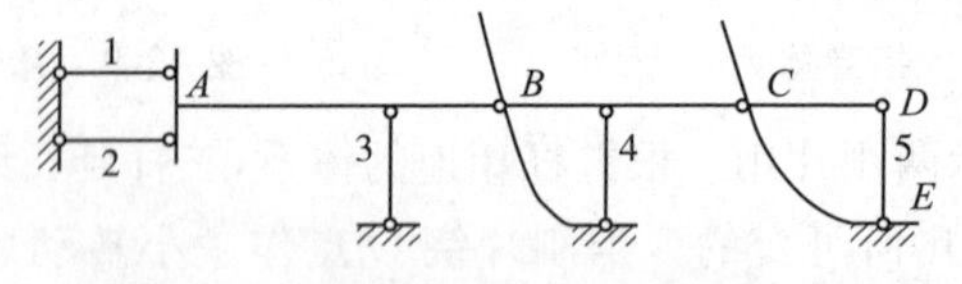

图 12-12 例 12-1 图

解：(1)把基础视为刚片，AB 杆亦视为刚片，两刚片间用 1、2、3 三根既不交于一点又不完全平行的链杆相连，根据两刚片规则，它们组成几何不变体系且无多余约束，再把这个体系视为较大的刚片。

(2)把 BC 杆视为刚片，它与较大刚片之间用铰 B 和链杆 4 相连，由两刚片规则可知它们组成几何不变体系，且无多余约束，这个体系可视为更大的刚片。

(3)把 CD 杆视为刚片，它与所得的更大的刚片间，用铰 C 和链杆 5 相连，再用两刚片法则，可知它们组成几何不变体系，且无多余约束。

由此可以看出图 12-12 所示的体系为几何不变体系且无多余约束。

本题也可看成依次拆除二元体后得到刚片 AB 和基础由两刚片规则判断为

几何不变体系且无多余约束。实际上,无论用什么规则分析得到的结论都是一致的。

【例 12-2】 分析图 12-13 中体系的几何构造。

解:桁架中 $ABCDE$ 是由三个铰接的三角形组成,FGH 也是一个铰接三角形,因此各自是几何不变的,可当作刚片Ⅰ和刚片Ⅱ,这两个刚片仅用链杆 EF 和 DG 来连接时,由规律二可知缺少一个联系,所以此桁架是一个几何可变体系。

【例 12-3】 上题如在 DF 之间加链杆 DF,分析体系几何构造,如图 12-14 所示。

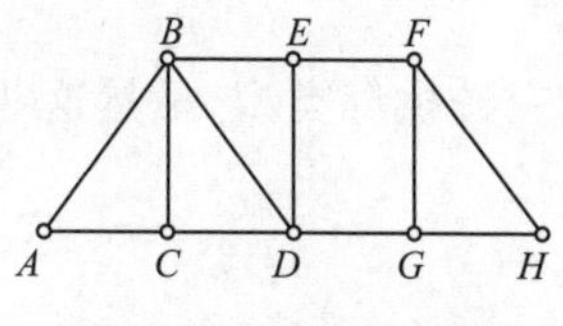

图 12-13 例 12-2 图

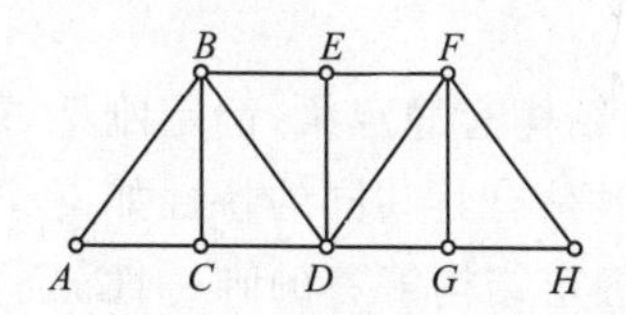

图 12-14 例 12-3 图

解 1:刚片Ⅰ和刚片Ⅱ之间的连接是由链杆 EF 和 DF 组成的铰与链杆 DG,满足规律二的两刚片之间的连接方式,所以该体系是几何不变体系。

解 2:此题也可根据二元体规则来分析几何构造,根据加减二元体不改变原体系的几何性质,分别拆二元体 FHG、FGD、EFD、BED、BDC,剩下铰接三角形 ABC,成为几何不变体系且无多余约束。

结论:体系是几何不变的,且无多余约束。

第十三章　静定结构的内力分析

从静力学计算方面判定:如果研究对象的未知量数目等于对应的平衡方程数目时,未知量均可由平衡方程求得,这类结构称为静定结构。从几何构造方面来判定:如果体系是几何不变体系,且无多余约束,这样的几何不变体系是静定结构。

静定结构有静定梁、静定刚架、静定桁架、三铰拱等类型,虽然这些结构的形式各异,但是有其共同的特性如下。

(1)静定结构解答的唯一性。

在几何组成方面,静定结构是无多余约束的几何不变体系;在静力分析方面,静定结构的全部反力均可由静力平衡方程求解,而且得到的解答是唯一的。这是静定结构的基本静力特性,这一静定特性称为静定结构解答的唯一性定理。

(2)在静定结构中温度改变、支座移动、制造误差及材料收缩等均不会引起内力和反力。

如图 13-1(a)所示受温度改变影响的悬臂梁,图 13-1(b)所示受支座下沉影响的简支梁,均不产生任何内力和反力。

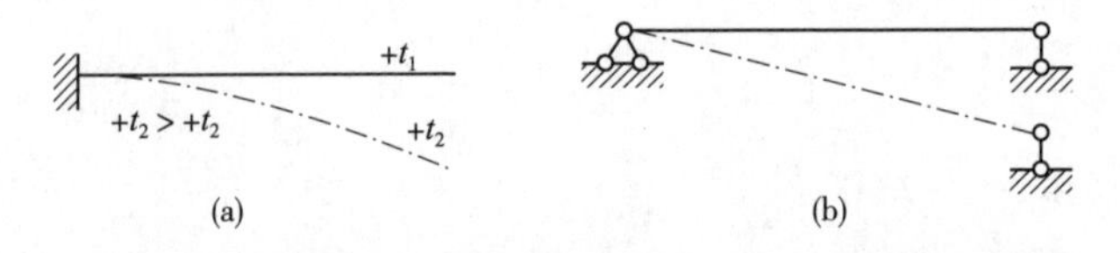

图 13-1　温度改变及支座移动对静定结构的影响

(3)静定结构的内力和反力与结构的材料、构件的截面形状和尺寸无关。

由于静定结构的反力和内力只用静力平衡条件就可以确定,而不需考虑结构的变形条件,平衡方程中不包含这方面有关的物理量,因此,静定结构的反力和内力只与荷载及结构的几何形状及尺寸有关,而与构件所用的材料以及截面的形状、尺寸无关。

(4)当平衡力系加在静定结构的某一内部几何不变部分时,结构中只有该部分受力,其余部分无内力和反力产生。

由这一特性可知,对静定结构,作用在基本部分的荷载,只会使基本部分受力,而附属部分不受影响,因为基本部分与基础组成一几何不变体系,能维持所作用的荷载与支座反力之间的平衡。作用在附属部分的荷载，将使基本部分和附属部分同时受力，因为附属部分必须依靠基本部分才能维持其几何不变性。如图 13-2(a)中 CD 部分和图 13-2(b)中三角形 CDE 部分均为内部几何不变部分，作用有平衡力系，则只有该部分受力，其余部分均无内力和支座反力产生。

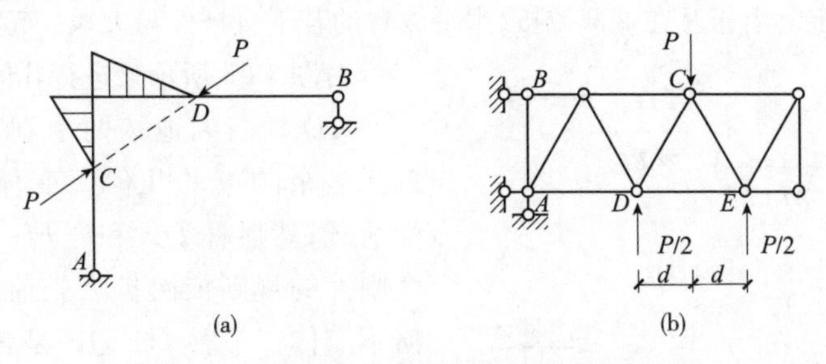

图 13-2　静定结构某几何不变部分受力图

(5)当静定结构的某一内部几何不变部分上的荷载作等效变换时，只有该部分的内力发生变化，其余部分的内力和反力均保持不变。

如图 13-3(a)所示简支梁在 P 作用下，若把 P 等效变换成图 13-3(b)所示情况。那么除 CD 范围内的受力有变化外，其余部分的内力和反力均保持不变。

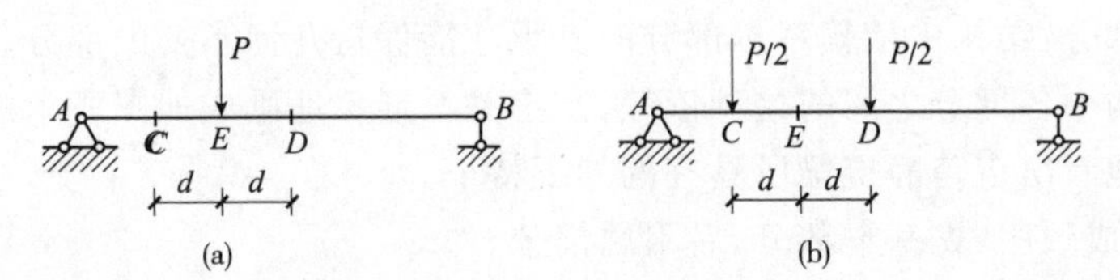

图 13-3　静定结构某一内部几何不变部分上的荷载作等效变换图

(6)当静定结构的某一个内部几何不变部分作组成上的局部改变时，只在该部分的内力发生变化，其余部分的内力和反力均保持不变

如图 13-4(a)所示的桁架，若把 AB 杆换成图 13-4(b)所示的小桁架，而其他不变，则只有 AB 部分的内力发生变化，其余部分的内力和反力均保持不变。

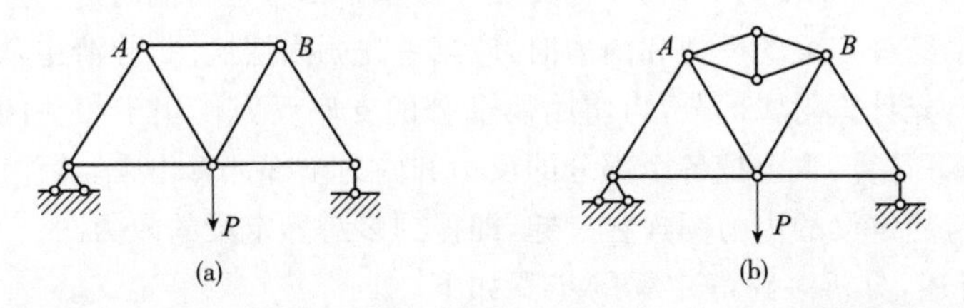

图 13-4　静定结构某一内部几何不变部分作组成上的局部改变图

第一节　多跨静定梁

一、多跨静定梁的组成

多跨静定梁由相互在端部铰接、水平放置的若干直杆件与大地一起构成的结构。

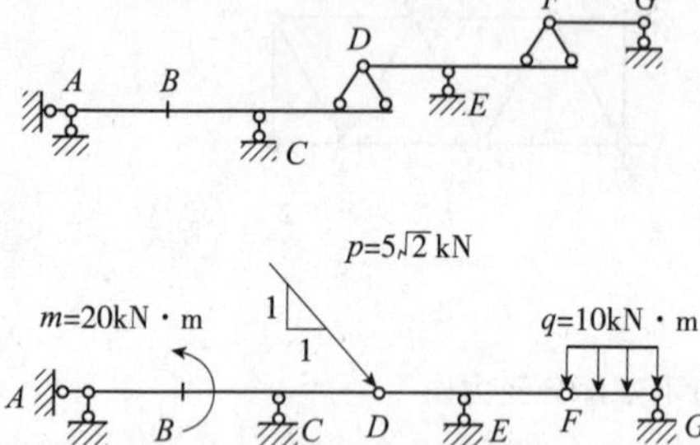

图 13-5　多跨梁

对图 13-5 所示梁进行几何组成分析：

AD 杆与大地按两个刚片的规则组成无多余约束的几何不变体，可独立承受荷载；然后杆 DF 和杆 FG 也分别按两个刚片的规则依次扩大先前已形成的几何不变体。显然，杆 DF 是依赖于 D 以右的部分才能承受荷载，而杆 FG 是依赖于 F 以右的部分才能承受荷载的。或者说，杆 FG 被杆 DF 支承，杆 DF 被杆 AD 支承。根据各杆之间这种依赖、支承关系，引入以下两个概念。

基本部分：结构中不依赖于其他部分而独立于大地形成几何不变的部分。

附属部分：结构中依赖基本部分的支承才能保持几何不变的部分。

把结构中各部分之间的这种依赖、支承关系形象地画成如图所示的层叠图，可以清楚地看出多跨静定梁所具有的如下特征。

(1)组成顺序：先基本部分，后附属部分。

(2)传力顺序：先附属部分，后基本部分。

二、多跨静定梁的计算

如前所述，多跨静定梁是由若干短梁相互用铰连接起来的结构，其中有基本部分和附属部分。从受力分析来看，当荷载仅作用在基本部分时，只有该基本部分受力，而与其相连的附属部分不会产生反力和内力；当荷载作用在附属部分时，非但使该附属部分会产生反力和内力，与其相关的基本部分也将同时产生反力和内力。因此，计算多跨静定梁的反力和内力时，应当首先画出层次图，分清主从关系，然后根据层次图，先计算附属部分，再将附属部分的支座反力作用于相关的基本部分，如此逐层往下计算，直至把各个部分的反力和内力全部计算出来，并作出相应的内力图，各单跨静定梁的内力图连在一起，即得到多跨静定梁的内力图。

由上所述，分析多跨静定梁的步骤如下。

(1)按照主从关系画出力的层次图。

(2)根据层次图,先算附属梁,后算基本梁。依次计算各梁的反力(包括支座反力和铰接处的约束力),反向作用在支承梁上。

(3)按照绘制单跨内力图的方法,分别作出各根梁的内力图,然后再将其连在一起,就是所求多跨静定梁的内力图。

(4)校核,即利用整体平衡条件校核反力,利用微分关系校核内力图。

【例 13-1】　试作图 13-6(a)所示多跨静定梁的内力图。

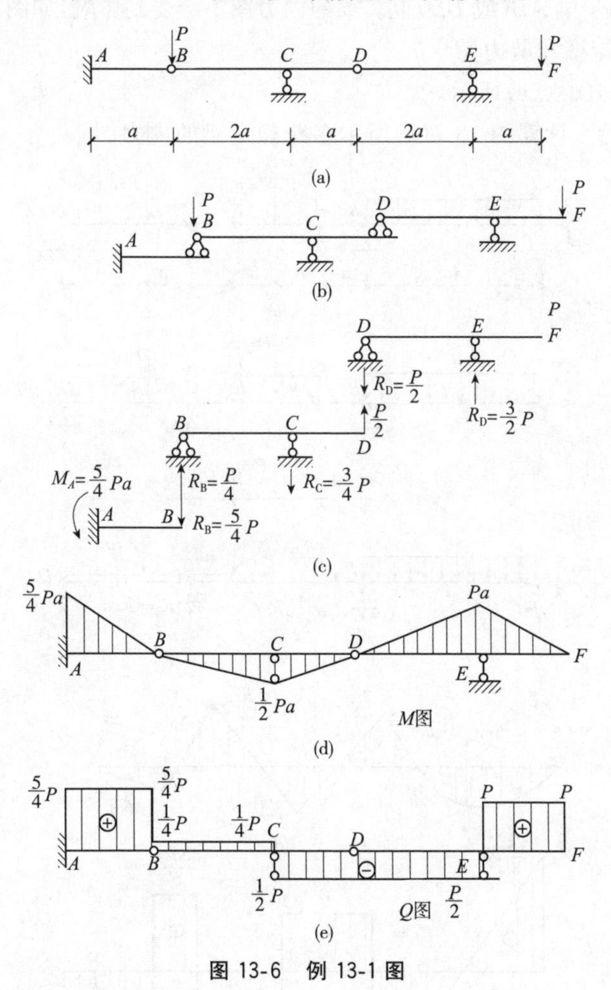

图 13-6　例 13-1 图

解:(1)绘层次图

由梁的几何组成次序可见,先固定 AC 梁,然后依次固定 BD、DF 各梁段。由此得层次图,如图 13-6(b)所示。

(2)计算各单跨梁的支座反力

先算附属部分,后算基本部分。从 DF 梁开始

$$R_D=\frac{P}{2}(\downarrow),\qquad R_E=\frac{3P}{2}(\uparrow)$$

然后将 R_D 反方向作用于 BD 梁上得

$$R_B=\frac{P}{4}(\uparrow),\qquad R_C=\frac{3P}{4}(\downarrow)$$

同样 R_B 反方向作用于 AB 梁上，其中作用于铰 B 上的荷载 P，可假想它略偏左(或右)作用于梁 AB(或 BD)上。梁的内力图不会受到影响，如图 13-6(c)所示。

(3)画弯矩图和剪力图

如图 13-6(d)、(e)所示。

【例 13-2】 计算图 13-7(a)所示多跨静定梁的内力图。

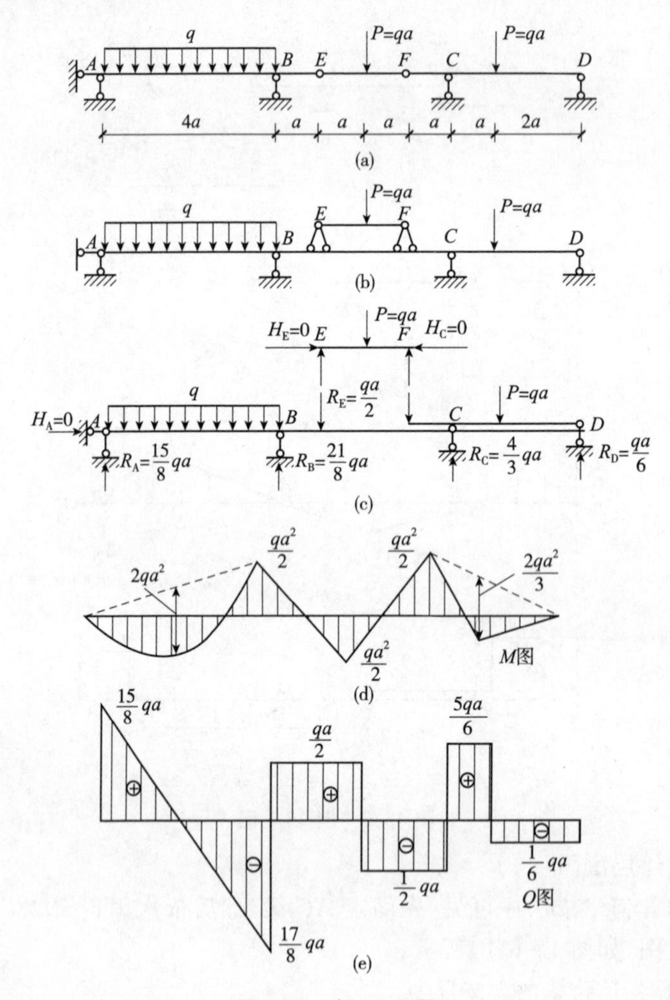

图 13-7 例 13-2 图

解:(1)绘层次图

由前面已知,AE 梁和 FD 梁为基本部分,EF 梁为附属部分,层次图如图 13-7(b)所示。

(2)计算各部分的支座反力

从附属部分 EF 开始,依次求出各根梁的支座反力,如图 13-7(c)所示。

(3)画弯矩图和剪力图

画弯矩图和剪力图如图 13-7(d)、(e)所示。

三、多跨静定梁的受力特性

在多跨静定梁的设计中,基本部分与附属部分之间的连接铰对内力分布有较大的影响。铰的安放位置适当可以减小弯矩图的峰值,使弯矩分布较均匀,达到受力合理和节约材料的目的。下面用一个例题来简单说明。

【例 13-3】 如图 13-8(a)所示两跨静定梁,承受均布荷载 q。试确定 D 铰的位置使支座 B 的弯矩与跨中附属部分简支梁的跨中弯矩相等。

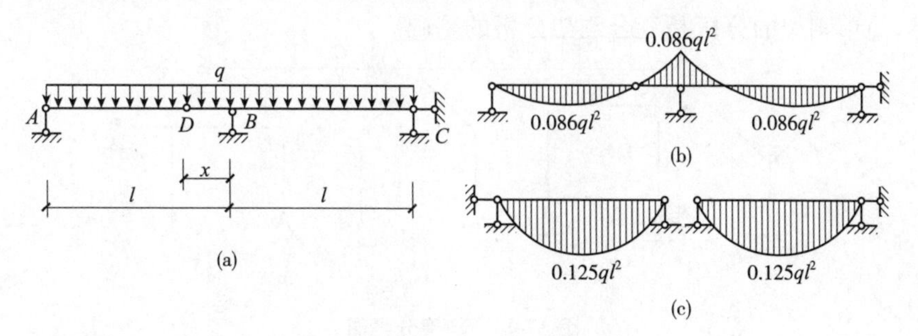

图 13-8　例 13-3 图

解:(1)铰结点 D 到 B 支座的距离为 x。在均布荷载作用下,不难证明 AB 和 BC 两跨的弯矩图是对称的。于是按题要求确定 D 铰位置

$$x=0.173l$$

(2)求弯矩。

铰的位置确定后,即可画出内力图,如图 13-8(b)所示。弯矩最大值为

$$M=0.086ql^2$$

(3)求两个跨度为 l 的简支梁的弯矩图,如图 13-8(c)所示。

$$M=0.125ql^2$$

(4)结构比较。

若采用两跨独立的简支梁,最大的弯矩要比多跨梁最大弯矩值大 1.45 倍。即经优选 D 铰的位置后,最大弯矩值减少 45%。多跨静定梁弯矩最大值小,用料节省,但是多跨静定梁的构造复杂一些。

第二节　静定平面刚架

一、刚架的结构特点及常见类型

刚架一般指由若干横(梁或斜梁)杆、竖(柱)杆构成的,可围成较大空间的结构形式。

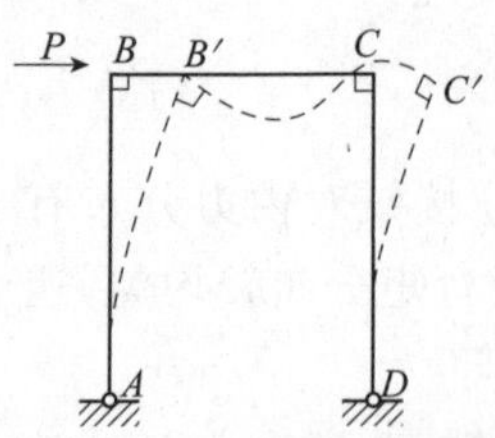

图 13-9　刚架变形图

刚架的杆件是以弯曲变形为主的梁式杆如图 13-9 所示。刚架的特点在于它的刚结点。

刚架可按支座形式和几何构造特点分为:简支刚架、悬臂刚架、三铰刚架和复合刚架。如图 13-10 所示。前三类是可仅用一次两个刚片或三个刚片的规律组成的几何不变体,可统称为简单刚架;而最后一类是多次用两个刚片或三个刚片的规律确定的几何不变体,将其称为复合刚架。显然,简单刚架的分析是复合刚架分析的基础。

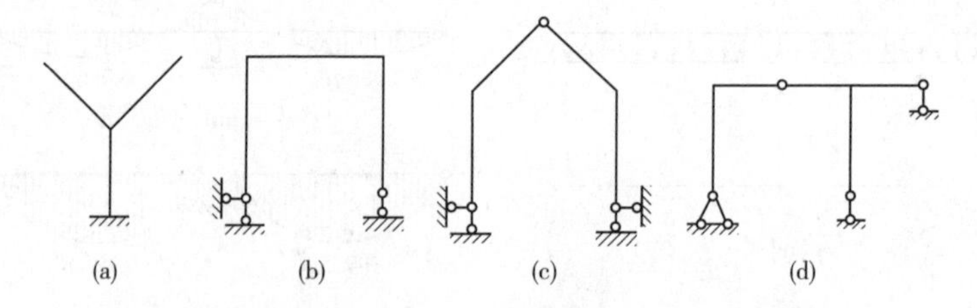

图 13-10　刚架分类图

二、刚架的内力计算

从力学观点来看,刚架可以认为是梁的组合,静定刚架和静定梁的受力分析类似,但刚架内力中一般还存在轴力。按静定梁的分析方法,可把刚架的计算步骤归纳如下。

1. 求支座反力

可根据刚架形式不同,分别用不同的方法去求支座反力。

2. 求杆端截面的内力

静定刚架可以看成是若干个杆件的组合,每一个杆件的受力又和单跨梁(简支梁、悬臂梁)相似,所以只要把杆端截面的内力求出,即可按单跨梁的方法逐杆绘制内力图。

在刚架中,弯矩图规定绘在杆件受拉的一侧,图中不标正负号。剪力与轴力正负号的规定与梁相同，而剪力图与轴力图可以绘制在杆件的任一侧，但必须标明正负号。

在计算内力时对杆件的杆端内力，常在其右下方加两个角标；第一个表示内力所属截面；第二个表示该截面所属杆的另一端，以区别内力所属杆件的杆端。例如，MAB 和 MBA 分别表示 AB 杆的 A 端和 B 端的弯矩。

【例 13-4】　求图 13-11(a)所示静定悬臂刚架的内力图。

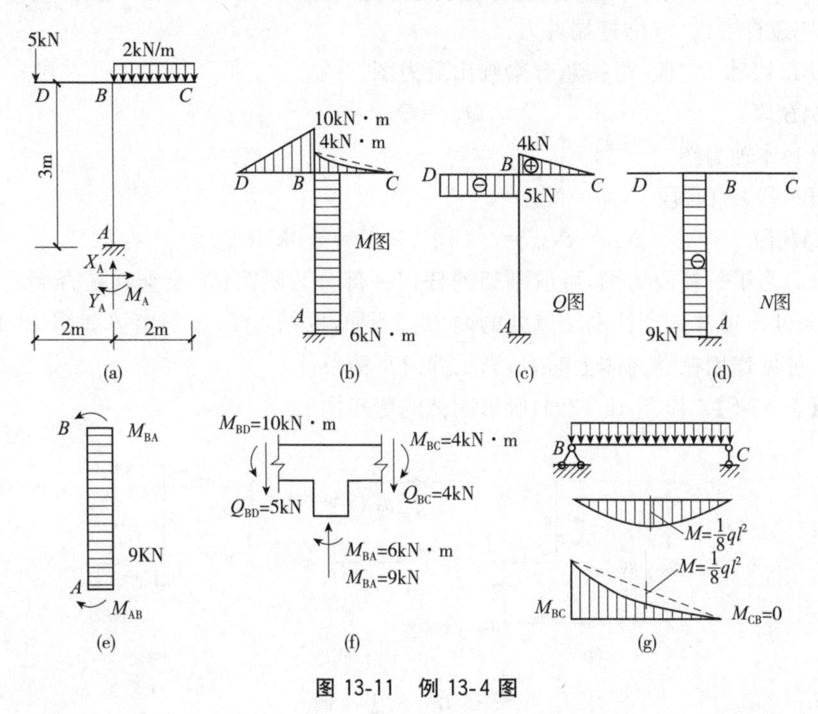

图 13-11　例 13-4 图

解：此刚架可以看成三个杆件组成，分别是 BD 段、BC 段、AB 段。B 结点为刚结点。可把 BD 段、BC 段看成悬臂梁计算，AB 段看成单跨梁。

(1)求支座反力

取整个刚架为隔离体，受力如图 13-11(a)所示。根据平衡条件得

$$\sum X=0 \qquad X_A=0$$

$$\sum Y=0 \qquad Y_A=5+2\times 2=9\text{kN}$$

$$\sum M=0 \qquad 2\times 2\times 1-5\times 1+M_A=0 \qquad m_A=6\text{kN}\cdot\text{m}$$

(2)作弯矩图

应逐杆考虑，算出杆端弯矩。

BD 段：$M_{DB}=0$　　　$m_{BD}=10\text{kN}\cdot\text{m}$（上侧受拉）

BC 段：$M_{CB}=0$　　　$m_{BC}=2\times 2\times 1=4\text{kN}\cdot\text{m}$（上侧受拉）

AB 段：$M_{AB}=M_A=6\text{kN}\cdot\text{m}$（右侧受拉）　$m_{BA}=5\times2-2\times2\times1=6\text{kN}\cdot\text{m}$

将以上杆端弯矩值画在受拉侧，如对无荷载区段，只要定出两个弯矩竖标，即可连成直线图形；而对于承受荷载的区段，还要利用相应简支梁的弯矩图进行叠加求得，如图 13-11(g)所示。对 BD 段、BC 段也可按悬臂梁直接画出弯矩图，如图 13-11(b)所示。

(3)作剪力图

应逐杆考虑，求出杆端剪力。

BD 段和 BC 段：可按悬臂梁画出剪力图。

AB 段　$Q_{AB}=Q_{AB}=0$

(4)作轴力图

BC 段和 BC 段：$N_{BD}=N_{BC}=0$

AB 段　$N_{AB}=N_{BA}=-(5+2\times2)=-9\text{kN}$（受压）

(5)为了校核内力图，可取刚架的任何一部分为隔离体，检查其是否满足静力平衡条件。通常是校核刚结点处的内力。例如，取结点 D 为隔离体如图 13-11(f)所示，可见作用在隔离体上的力，满足静力平衡条件。

【例 13-5】 作图 13-12(a)所示刚架的弯矩图

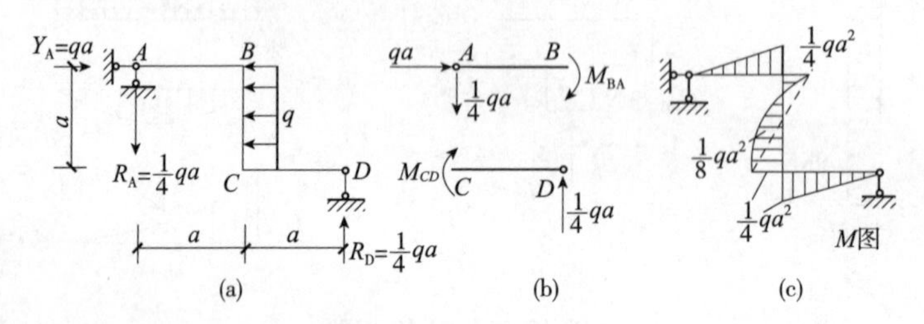

图 13-12　例 13-5 图

解：(1)求支座反力

考虑整体平衡条件，

由 $\sum X=0$ 得　$R_A=qa(\rightarrow)$

由 $\sum M_A=0$ 得　$R_D=\dfrac{1}{4}qa(\uparrow)$

由 $\sum Y=0$ 得　$R_A=\dfrac{1}{4}qa(\downarrow)$

AB 杆：有 $\sum M_A=0$，再取 AB 杆为脱离体[图 13-12(b)]，由 $\sum M_B=0$，得

$$M_{BA}=\frac{qa^2}{4}\text{（上侧受拉）}$$

CD 杆：有 $\sum M_{DC}=0$，再取 CD 杆为脱离体[图 13-12(b)]，由 $\sum M_C=0$，得

$$M_{CD}=\frac{qa^2}{4}\text{（下侧受拉）}$$

结点 B、C 均为无集中力偶作用的两杆刚结点，所以

$$M_{BC}=M_{BA}=\frac{qa^2}{4}\text{（右侧受拉）}$$

$$M_{CB}=M_{CD}=\frac{qa^2}{4}\text{（左侧受拉）}$$

将各杆端弯矩竖标画在杆件受拉边，由于 AB、CD 杆上无荷载作用，故将弯矩竖标顶点直线相连即可。BC 杆上有均布荷载作用，所以应将弯矩竖标顶点以虚线相连，再叠加上均布荷载在 BC 上产生的简支弯矩。最后弯矩图如图 13-12(c)所示。

三、刚架内力计算的简易方法

静定刚架的内力计算，是重要的内容，它不仅是静定刚架强度计算的依据，而且是位移计算和分析超静定刚架的基础。尤其是弯矩图的绘制，以后将用得很多。绘制弯矩图时应注意以下事项。

(1)刚结点处力矩应平衡。

(2)铰结点处若无集中力偶作用弯矩必为零。

(3)无荷载作用的区段弯矩图为直线。

(4)有均布荷载作用的区段，弯矩图为曲线，曲线的凸向与均布荷载指向一致。

(5)集中力偶处弯矩图发生突变，突变的值等于集中力偶的大小；集中力作用处，弯矩图发生转折。

(6)运用叠加法。

熟练的运用上述几条注意事项，可以在不求或仅求出个别少数支座反力的情况下，快速绘出弯矩图。

如左图 13-13(a)所示刚架的弯矩图，先从悬臂端开始画。

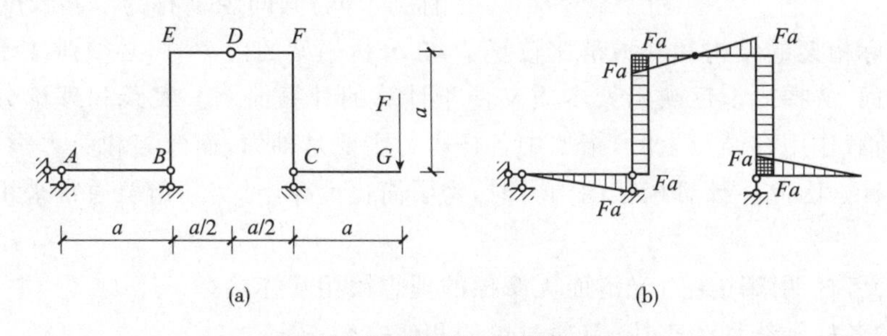

图 13-13　快速作刚架弯矩图

CG 段为悬臂端，易求得 $M_{GC}=0$，$M_{CG}=Fa$（上拉）无载区弯矩图为直线。

CF 段：由刚结点 C 弯矩平衡，得 $M_{CF}=M_{CG}=Fa$（右拉）；由于 F 平行于 CF

杆轴，使 CF 杆各截面弯矩为常量。

EF 段：由刚结点 F 弯矩平衡得 $M_{FD}=M_{FC}=Fa$（上拉）；且铰 D 处弯矩为零。整个 EF 段为无载区，弯矩图为直线。

EB 段：由刚结点 E 弯矩平衡得 $M_{EB}=M_{ED}=Fa$（右拉）；且 BE 段 M 为常数，弯矩图为平行与杆轴的线。

AB 段：由结点 B 弯矩平衡得 $M_{BA}=Fa$（下拉）；A 铰处 M 为零。无载区弯矩图为直线。

整个刚架的弯矩图如图 13-13(b)所示。

此题反复利用刚结点弯矩平衡和铰结点弯矩为零的条件，未求支座反力而直接画出了弯矩图。

第三节　静定平面桁架

一、桁架的组成及分类

桁架是工业与民用建筑屋盖的主要承重结构之一，还广泛用于桥梁、塔架等结构物上。

桁架是由若干直杆在其两端用铰连接而成的结构，是大跨度结构常用的一种结构形式。桁架的杆件，依其所在位置的不同，可分为弦杆和腹杆两类，如图 13-14 所示。弦杆是指构成桁架上下外轮廓的杆件，上边缘杆件称为上弦杆，下边缘的杆件称为下弦杆。桁架上弦杆和下弦杆之间的杆称为腹杆，腹杆又分为竖杆和斜杆。各杆端的连接点称为结点（节点）。弦杆上相邻两结点之间称为节间，其间距 d 称为节间长度。

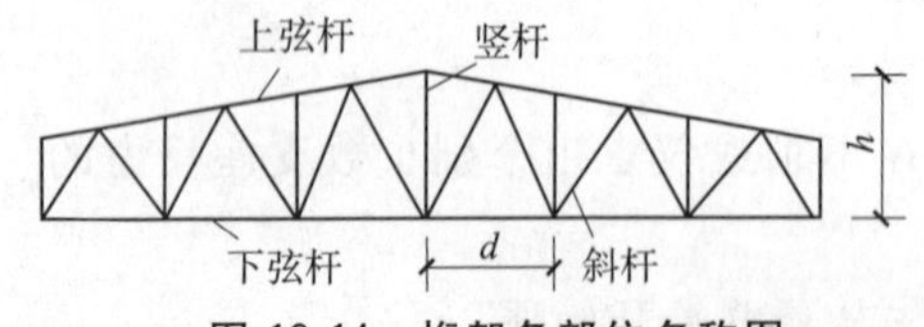

图 13-14　桁架各部位名称图

实际桁架的结构和受力都比较复杂，在分析桁架的内力时，必须抓住矛盾的主要方面，选择既能反映桁架本质又便于计算的计算简图。实践和理论分析表明，当荷载作用在结点上时，桁架中各杆内力主要是轴力，而弯矩和剪力很小，可忽略不计。因此在计算桁架的内力时，为了简化计算，对实际桁架通常采用如下假定：

(1)各杆两端用绝对光滑而无摩擦的理想铰相互连接；

(2)各杆轴线均为直线，且通过铰的几何中心；

(3)荷载和支座反力都作用在结点上。

在上述假定的理想情况下，桁架各杆均为两端铰接的直杆，仅在两端受约束反力作用，为二力杆，只产生轴力，这种桁架称为理想桁架。

桁架的内力计算与几何组成有密切联系。根据其几何组成的特点，平面桁架可分为以下三类。

简单桁架。它是由一个基本铰接三角形开始，逐次增加二元体所组成的几何不变且无多余联系的静定结构，如图 13-15(a)、(b)、(c)所示。

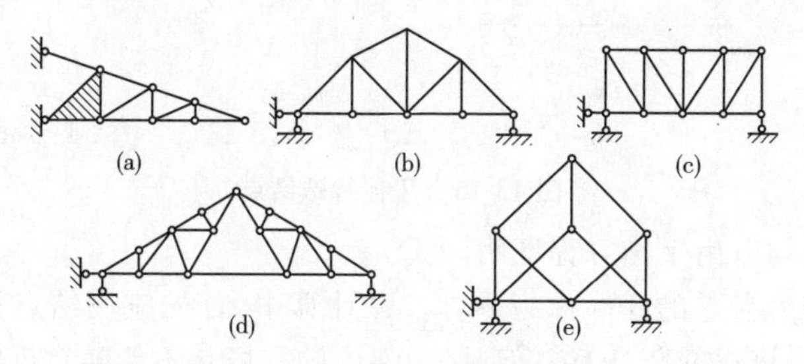

图 13-15　桁架分类

联合桁架。它是由几个简单桁架，按两刚片或三刚片所组成的几何不弯且无多余联系的静定结构，如图 13-15(d)所示。

复杂桁架。是指凡不按上述两种方式组成的，几何不变且无多余联系的静定结构，如图 13-15(e)所示。

二、平面桁架的内力计算

静定平面桁架内力的计算方法，主要有结点法和截面法。另外，根据桁架各种的不同组成特点，灵活运用这两种基本方法，还可派生出其他一些方法。这里，主要介绍结点法和截面法。

1. 结点法

截取桁架的一个结点为脱离体计算杆件内力的方法称为结点法。由于结点上荷载、反力和杆件内力作用线都汇交于一点，组成了一个平面汇交力系。根据其平衡条件可以计算未知力，但注意所取结点的未知力个数不能超过两个。

用结点法计算桁架内力时，利用某些结点平衡的特殊情况，可以使计算简化。常见的特殊情况有如下几种。

(1)不共线的两杆结点，当无荷载作用时，则两杆内力均为零，如图 13-16(a)所示。

(2)由三杆构成的结点，有两杆共线，当无荷载作用时，则不共线的第三杆的内力必为零，共线的两杆内力相等，符号相同，如图 13-16(b)所示。

(3)由四根杆构成的 K 形结点，其中两杆共线，另两杆在同一侧边且夹角相等，如无荷载作用时，则非共线的两杆内力相等，符号相反，如图 13-16(c)所示。

(4)由四根杆构成的 X 形结点，各杆两两共线，如无荷载作用时，则共线的两杆内力相等，符号相同，如图 13-16(d)所示。

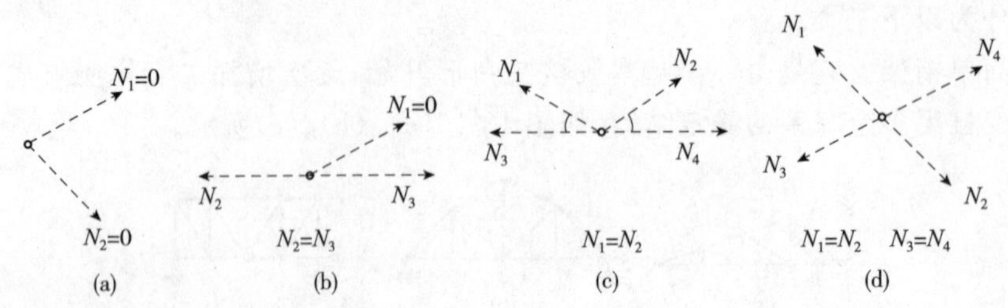

图 13-16　几种特殊结点

以上各条均可由平衡方程证明。

桁架中内力为零的杆件称为零杆。在计算中，首先应用结点平衡的特殊情况判断出零杆，可以简化计算。但是，桁架中的零杆是不能随意拆除的。

【例 13-6】　试用结点法求如图 13-17(a)所示桁架各杆的内力。

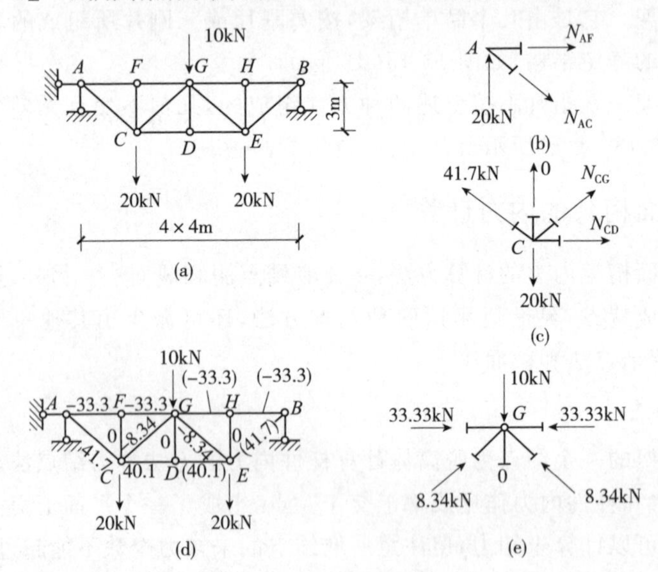

图 13-17　例 13-6 图

解：由于桁架和荷载都对称，只需计算桁架一半内力，另一半利用对称关系即可确定。

(1)求支座反力

由于结构和荷载都对称，故 $R_A=R_B=25\text{kN}(\uparrow)$　　　$X_A=0$

(2)求内力

首先判别零杆和其他特殊杆的内力。由结点 F、结点 H 和结点 D 可知，杆 CF、EH 和 DG 均为零杆，且 $M_{AF}=N_{FG}$，$N_{HG}=N_{HB}$。因此，只需计算结点 A 和结点C,便可求得各杆内力。

结点A:受力如图13-17(b)所示,由$\sum Y=0$得

$$-N_{AC}\times\frac{3}{5}+25=0 \qquad N_{AC}=41.7\text{kN}(拉)$$

由$\sum X=0$得 $\quad N_{AF}+41.7\times\frac{4}{5}=0 \qquad N_{AF}=-33.3\text{kN}(压)$

结点C:受力如图13-17(c)所示,由$\sum X=0$得

$$N_{CG}\times\frac{3}{5}-20+41.7\times\frac{3}{5}=0$$

$$N_{CG}=-8.34\text{kN}(压)$$

由$\sum X=0$得 $\quad N_{CD}-41.7\times\frac{4}{5}-8.34=0 \qquad N_{CD}=41.7\text{kN}(拉)$

右半结构的内力可以对称得到,如图13-17(d)所示。

(3)校核

取结点G,受力如图13-17(e)所示。

$$\sum X=8.34\times\frac{4}{5}+33.3-8.34\times\frac{4}{5}-33.3=0$$

$$\sum Y=8.34\times\frac{3}{5}+8.34\times\frac{3}{5}-10=0$$

说明计算无误

2. 截面法

截取两个结点以上部分作为脱离体计算杆件内力的方法称为截面法。此时,脱离体上的荷载、反力及杆件内力组成一个平面一般力系,可以建立三个平衡方程,解算三个未知力。所以,使用截面法时,脱离体上的未知力个数最好不多于三个。

现举例说明截面法的应用。

【13-7】 试求图示13-18(a)所示桁架中a、b、c各杆的内力。

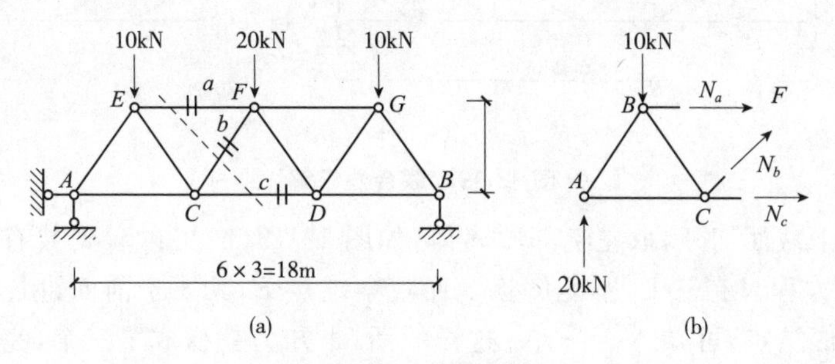

图13-18　例13-7图

解:(1)求支座反力

由于对称，　　故 $R_A=R_B=20\text{kN}(\uparrow)$　　　$X_A=0$

(2)求内力

若求指定三杆的内力,可以用结点法,逐次求得,但有些繁琐,如果用截面法,可直接从欲求内力的杆处切开,取脱离体便可求出杆的内力。可见,结点法适宜计算桁架全部杆件的内力,截面法在求指定杆件的内力时比较方便。

作截面Ⅰ-Ⅰ切断三杆,取截面以左部分为脱离体,画受力图如图 13-18(b)所示。

由 $\sum M_C=0$ 得　　$N_a\times4+20\times6-10\times3=0$　　$N_a=-22.5\text{kN}$(压)

由 $\sum M_F=0$ 得　　$N_c\times4+10\times6-20\times9=0$　　$N_c=30\text{kN}$(拉)

由 $\sum X=0$ 得　　$N_b\times35+30-22.5=0$　　$N_b=-12.5\text{kN}$(压)

(3)校核

利用图 13-18(b)中曾用过的 $\sum M_E=0$ 进行校核。

$$\sum M_E=20\times3+12.5\times\frac{3}{5}\times4+12.5\times\frac{4}{5}\times3-30\times4=0\qquad\text{计算无误}$$

3. 结点法和截面法的联合应用

结点法和截面法是计算桁架内力的两个基本方法。由于桁架的形式多种多样,变化无穷,因此在具体应用时,需灵活运用,并且有时需要两种方法的同时应用才能解决问题。

例如图 13-19(a)所示桁架,若求两杆的内力,单用结点法工作量太大,单用截面法又不能一次解出,联合应用结点法和截面法可以较为简便地解决。

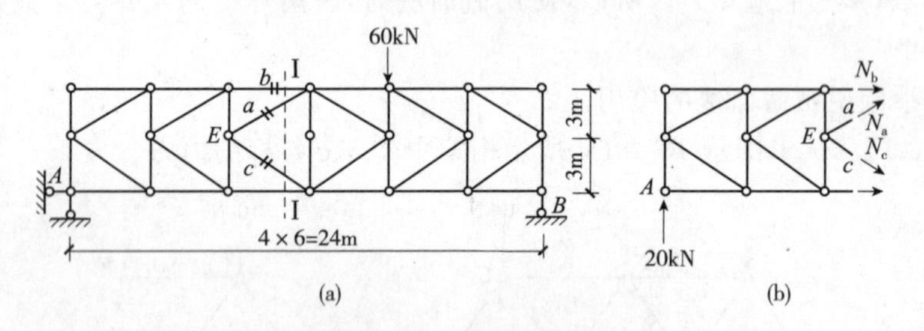

图 13-19　联合法求解

取Ⅰ-Ⅰ截面切开,取左半部脱离体,如图 13-19(b)可以看到共有四个未知力,而平衡方程只有三个,不能解算。而观察结点 E,其属于前面讲过的特殊结点中的 K 形结点,可知 $N_a=-N_c$ 这样的话,未知力就变成了三个,完全可以根据一般力系的静力平衡方程求解。

对于具体问题，巧妙选择合适的截面，可以简捷地求得欲求杆件的内力。例如欲求图 13-20 桁架指定杆的内力 S_1、S_2，当求得支座反力后，可先用 1-1 截面取上部为脱离体，这时虽然截断四根杆，但其中三根为彼此平行的竖杆，其内力在 x 轴的投影均为 0，因此可利用$\sum X=0$ 求得 $S_1=0$，然后再利用 2-2 截面取右半部为脱离体，用$\sum Y=0$ 便可求得 S_2。

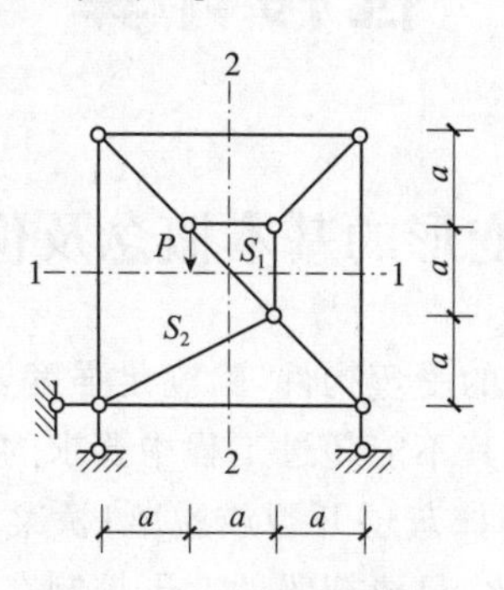

图 13-20　选取合适截面

第十四章　静定梁的弯曲变形和位移计算

第一节　弯曲变形的基本概念及位移计算的目的

在工程中，对于梁一类的受弯构件，除满足强度要求外，还应满足刚度要求，即要控制梁的弯曲变形，使其不能超过工程中要求的允许值。例如，楼板梁弯曲变形过大，就会使梁下面的抹灰层开裂或脱落；桥梁的变形过大，会使机车在运行中引起较大振动等。因此，只要把梁的变形控制在规定的范围之内，就能够保证梁的正常工作。

下面以图 14-1 所示简支梁为例，说明平面弯曲变形的有关概念。以变形前梁的轴线 AB 为 x 轴，并规定 x 轴以向右为正；支座 A 为坐标原点，y 轴以向下为正。A_{xy} 平面即为梁的纵向对称平面，外力和支座反力都作用在该平面内，梁轴线也在该平面内弯曲。

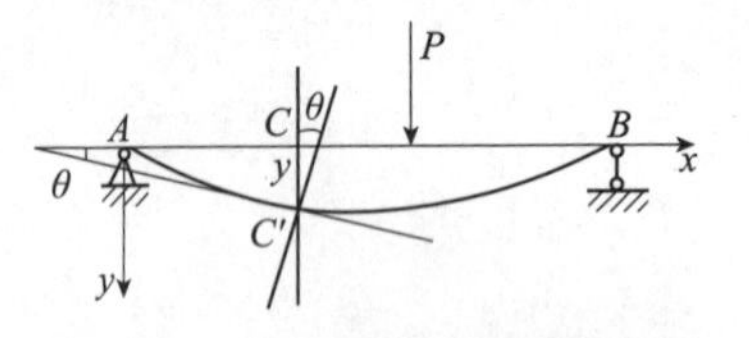

图 14-1　梁的挠度和转角图

由图 14-1 可以看出，梁的横截面产生了两种位移。

(1)挠度。梁任一横截面的形心沿 y 轴方向的线位移 CC'，称为该截面的挠度，用 y 表示，并规定以向下为正，单位为 m 或 mm。

(2)转角。梁弯曲变形以后的横截面相对于变形之前的横截面所转过的角度，称为该截面的转角，用 θ 表示，并规定以顺时针转向为正，逆时针转向为负。单位为弧度，即 rad。

结构在外界因素作用下，产生应力和应变，从而导致杆件尺寸和形状的改变，称之为变形。变形使结构各点的位置产生相应的变化，称为结构的位移。结构位移，一般分为线位移和角位移。线位移是指结构上某点沿直线方向移动的距离。结构位移，一般分为线位移和角位移。线位移是指结构上某点沿直线方向移动的距离，在计算中用截面形心处的移动表示。角位移是指结构上某截面旋转的角度，在计算中杆轴上一点的切线方向的变化来表示。图 14-2 所示悬臂梁，在荷载作用下，产生的变形如虚线所示。截面 B 的形心由 B 至 B'，即 B 点的线位移。同时 AB 杆轴上 B 点的切线产生转角 θ_B，即为 B 截面的有位移。

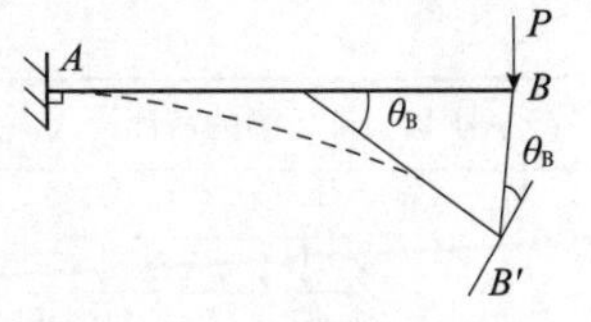

图 14-2　悬臂梁的变形

除荷载引起结构产生位移外，还有其他因素如支座移动、温度变化、材料收缩和制造误差等因素，也能使结构产生位移。

在计算结构位移时，为了使计算简化，通常采用如下假设。

(1)结构材料服从胡克定律，应力应变呈线性关系。

(2)结构的变形很小，不影响力的作用。即在计算结构的支力和内力时，可以认为结构的几何形状和尺寸以及荷载的位置和方向均保持不变。

在工程结构设计和施工中，位移计算是非常重要的，计算结构位移的目的主要有两个。

(1)验算结构的刚度。在结构设计中，除要满足强度条件外，还必须要求结构具有足够的刚度，以保证结构的位移在允许的范围内。

(2)为超静定结构的内力计算打下基础。由于超静定结构具有多余约束，仅用静力平衡方程无法唯一确定其内力，还必须补充以位移为条件的方程，因此位移计算是超静定结构内力分析计算的基础。

此外在结构的动力计算和稳定计算中，也需要计算结构的位移。

第二节　查表和叠加法计算梁的变形

通常对一些梁在单一荷载作用下的变形可应用积分法计算，一般可将计算结果汇集成表(表 14-1)，供计算时使用。如跨度为 l 在均布荷载 q 作用下的简支梁的最大挠度发生在跨中，其值为 $y_{max}=\frac{5ql^4}{384EI}$，其中 E 为材料的弹性模量，I 为梁横截面对中性轴的惯性矩，而 EI 为梁的抗弯刚度。

表 14-1　梁在单一荷载作用下的变形

序号	梁的简图	挠曲线方程	梁端转角	最大挠度
1		$y=\frac{Px^2}{6EI}(3l-x)$	$\varphi_B=\frac{Pl^2}{2EI}$	$y_B=\frac{Pl^3}{3EI}$
2		$y=\frac{Px^2}{6EI}(3a-x)$ $(0\leqslant x\leqslant a)$ $y=\frac{Px^2}{6EI}(3x-a)$ $(a\leqslant x\leqslant l)$	$\varphi_B=\frac{Pa^2}{2EI}$	$y_B=\frac{Pa^3}{6EI}(3l-a)$

（续）

序号	梁的简图	挠曲线方程	梁端转角	最大挠度
3	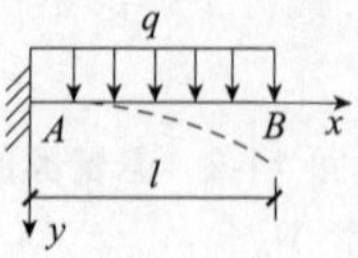	$y=\frac{qx^2}{24EI}$ $(x^2-4lx+-6l^2)$	$\varphi_B=\frac{ql^3}{6EI}$	$y_B=\frac{ql^4}{8EI}$
4	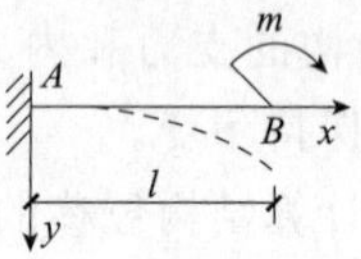	$y=\frac{mx^3}{2EI}$	$\varphi_B=\frac{ml}{EI}$	$y_B=\frac{ml^2}{2EI}$
5	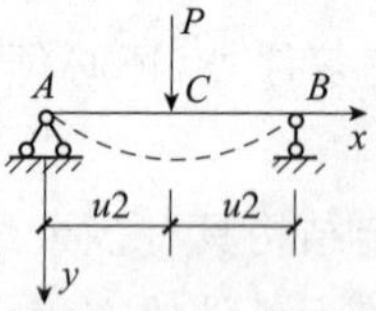	$y=\frac{Px}{48EI}(3l^2-4x^2)$ $\left(0\leqslant x\leqslant\frac{1}{2}\right)$	$\varphi_A=-\varphi_B=\frac{Pl^2}{16EI}$	$y_c=\frac{Pl^3}{48EI}$
6	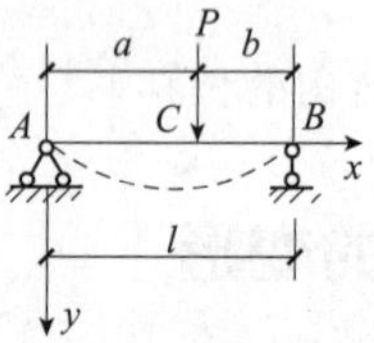	$y=\frac{Pbx}{6lEI}(l^2-x^2-b^2)$ $(0\leqslant x\leqslant a)$ $y=\frac{Pa(l-x)}{6lEI}$ $(2lx-x^2-a^2)$ $(a\leqslant x\leqslant l)$	$\varphi_A=\frac{Pab(l+b)}{6lEI}$ $\varphi_B=\frac{Pab(l+a)}{6lEI}$	设 $a>b$ 在 $x=\sqrt{\frac{l^2-b^2}{3}}$ 处 $y_{max}=\frac{\sqrt{3}Pb}{27lEI}(l^2-b^2)^{3/2}$
7	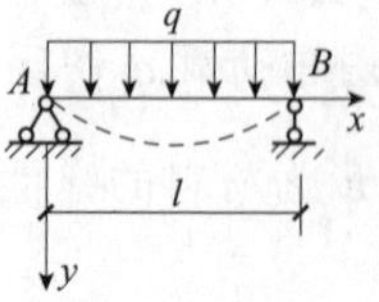	$y=\frac{qx}{24EI}(l^3-2lx^2+x^3)$	$\varphi_A=-\varphi_B=\frac{ql^3}{24EI}$	$y_{max}=\frac{5ql^4}{384EI}$
8	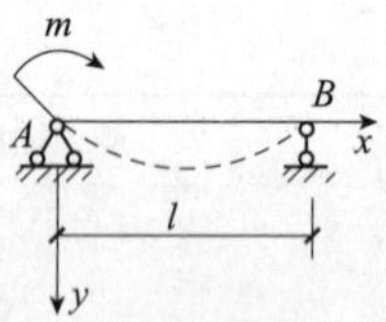	$y=\frac{mx}{6lEI}(l-x)(2l-x)$	$\varphi_A=\frac{ml}{3EI}$ $\varphi_B=-\frac{ml^2}{9\sqrt{3}EI}$	在 $x=\left(1-\frac{1}{\sqrt{3}}\right)l$ 处 $y_{max}=\frac{ml^2}{9\sqrt{3}EI}$

由于梁的变形微小，在变形后其跨长的改变忽略不计。在弹性范围内且为小变形情况下，梁的挠度与转角均与荷载呈线性关系。因此，对于梁上有几个竖向荷载同时作用时求梁的变形可采用叠加法计算。即先分别计算每个荷载所引起的位移（挠度或转角），然后算出它们的代数和，从而得到在这些荷载共同作用下梁的位移，这就是计算梁变形的叠加法。下面将通过例题来进一步了解这种方法。

【例 14-1】 如图 14-3(a)所示简支梁，在梁上作用有均布荷载 q 和集中荷载 P，试求该梁的最大挠度 y_{max} 和支座 A 处的转角 φ_A。

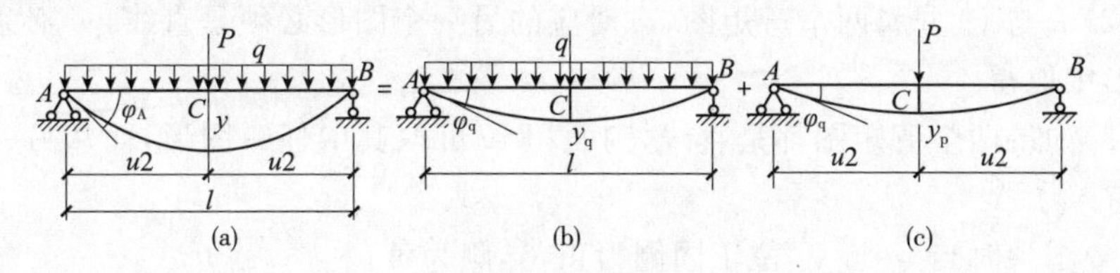

图 14-3　例 14-1 图

解：由于均布荷载 q 和集中荷载 P 对称作用于梁上，故最大挠度发生在跨度中点 C 点处。应用叠加法，将梁分解为单独受均布荷载 q 和集中荷载 P 作用下的两个梁，如图 14-3(a)、(b)、(c)所示。

查表 8-2 得：在均布荷载 q 作用下跨中 C 点处的挠度为

$$y_q=\frac{5ql^4}{384EI}(\downarrow)$$

支座 A 处的转角为　$$\varphi_q=\frac{ql^3}{24EI}(\curvearrowright)$$

在集中荷载 P 作用下跨中 C 点处的挠度为

$$y_p=\frac{Pl^3}{48EI}(\downarrow)$$

支座 A 处的转角为　$$\varphi_p=\frac{Pl^3}{16EI}(\curvearrowright)$$

同时在均布荷载 q 和集中荷载 P 作用下

跨中 C 点处的挠度为

$$y_{max}=y_q+y_P=\frac{5ql^4}{384EI}+\frac{Pl^3}{48EI}(\downarrow)$$

支座 A 处的转角为

$$\varphi_A=\varphi_q+\varphi_P=\frac{ql^3}{24EI}+\frac{Pl^2}{16EI}(\curvearrowright)$$

第三节　图乘法计算梁的位移

图乘法公式为

$$\Delta_K=\frac{w\cdot y_C}{EI} \tag{14-1}$$

这种将积分运算转化为图形相乘计算的方法称为图乘法。利用图乘法计算位移，应注意下列问题。

(1)应用图乘法必须同时满足条件:EI=常数,杆段为直杆,$\overline{M}$ 图和 M_P 图至少有一个是直线图形。

(2)w 与 y_c 分属两个弯矩图,w 对应的另一个图形必须是直线,y_c 必须从直线图形中取得。

(3)如果两个弯矩图都是直线,则面积 w 可取其中任一图形,而从另一个图形中取 y_c。

(4)图乘时当 w 与 y_c 位于同侧为正,异侧为负。

为了方便,图 14-4 给出了几种常见弯矩图图形面积和形心的位置,以备查用。其中抛物线图形的面积"顶点"是指切线平行于底边的点,而顶点在中点或端点的抛物线则称为标准抛物线。

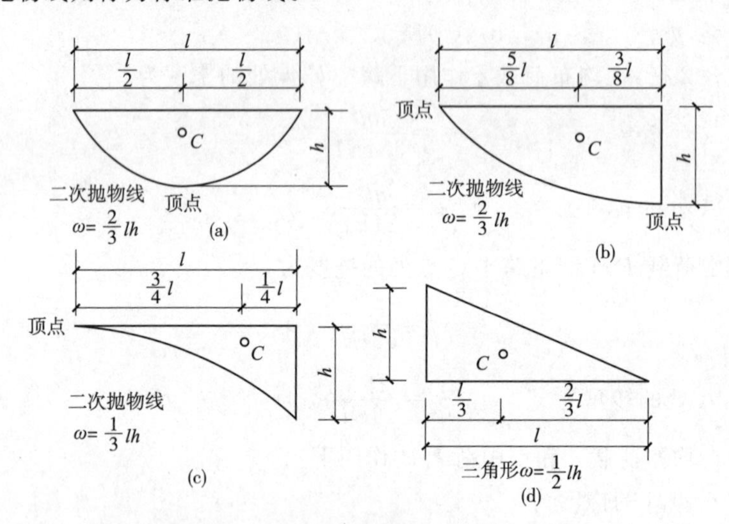

图 14-4　常见弯矩图图形面积和形心位置

利用图乘法计算结构位移的步骤可归纳为:

(1)作出结构在荷载作用下的 M_P 图;

(2)作出结构在单位荷载作用下的 M 图;

(3)代入式(14-1)计算位移。

【例 14-2】 用图乘法计算图 14-5(a)所示简支梁中点 C 的挠度,EI=常数。

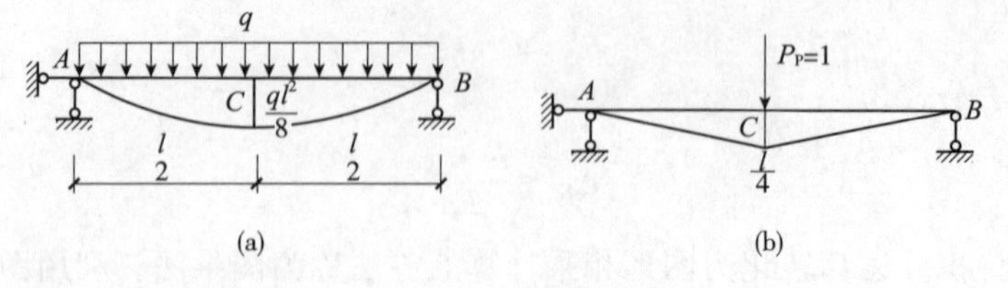

图 14-5　例 14-2 图

解：(1)作简支梁在荷载 q 作用下的弯矩图 M_P，如图 14-5(a)所示。

(2)在 C 点加单位竖向力 $P_P=1$，并作弯矩 M，如图 14-5(b)所示。

(3)计算挠度 ΔC。

由于 M_P 图是曲线图形，所以应在 M_P 图上取面积 A，由于 M 是由两段直线组成，所以对 M_P 应分为 AC 和 CB 两段，决不可用图 14-5(a)的整个面积 A 和形心处对应的纵标 $y=\dfrac{l}{4}$ 相乘来计算位移。由于对称，计算一半再乘以两倍。

$$A=\frac{2}{3}\times\frac{1}{2}\times\frac{1}{8}ql^2=\frac{ql^3}{24}$$

$$y=\frac{5}{8}\times\frac{l}{4}=\frac{5}{32}l\text{（}A\text{ 和 }y\text{ 在杆轴的同一侧）}$$

$$\Delta_C=\sum\int\frac{\overline{M}M_P}{EI}\mathrm{d}x=2\times\frac{1}{EI}\times\frac{ql^3}{24}\times\frac{5l}{32}=\frac{5ql^4}{384EI}(\downarrow)$$

【例 14-3】　用图乘法求图 14-6 简直梁跨中截面 C 的挠度 Δcx 和支座 B 端的转角 φB。简支梁 EI 为常数。

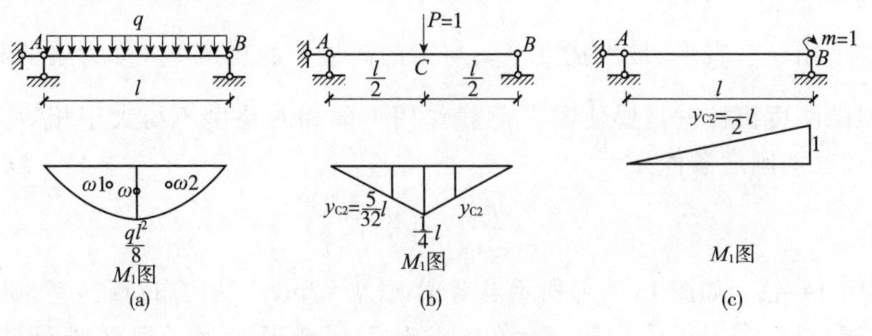

图 14-6　例 14-3 图

解：(1)求 Δ_{cx}

作荷载作用下的弯矩图 M_P［图 14-6(a)］和简支梁跨中截面 C 施加一个单位力 P 时的弯矩图$\overline{M}$［图 15-6(b)］。由于 AB 段 M_P 图为抛物线，而 M 图为两段直线组成的折线，因此应该分两段（AD 段和 CB 段）分别图乘，然后将其计算结果相加，即

$$\Delta_{cx}=\sum\int\frac{\overline{M}M_P}{EI}\mathrm{d}x=\sum\frac{1}{EI}\omega y_C=\frac{1}{EI}\omega_1y_{C1}+\frac{1}{EI}\omega_2y_{C2}$$

由于 M_P 图和 $\overline{M}$ 图都是对称的，则

$$\Delta_{cx}=2\frac{1}{EI}\omega_1y_{C1}=\frac{2}{EI}\left(\frac{2}{3}\times\frac{l}{2}\times\frac{ql^2}{8}\times\frac{5l}{32}\right)$$

$$=\frac{5ql^4}{384EI}(\downarrow)$$

计算结果为正，说明位移与单位力 P 方向一致。

(2)计算支座 B 端转角 φ_B

作简支梁支座 B 端施加一个单位为 m 时的弯矩图 M[图 14-6(c)]。由于 AB 段 M 图为直线,则

$$\varphi_B=\sum\frac{1}{EI}wy_C=\frac{1}{EI}wy_C=\frac{1}{EI}\left(\frac{2}{3}\times l\times\frac{ql^2}{8}\times\frac{1}{2}\right)$$

$$=\frac{ql^3}{34EI}(\downarrow)$$

计算结果为正,说明位移与单位力 $\overline{m}$ 的方向一致。

第四节　梁的刚度校核及提高梁刚度的措施

一、梁的刚度校核

梁在荷载作用下,除应满足强度要求外,还需要满足刚度的要求,即梁产生的最大变形不得超过某一限值,以保证梁的正常使用。在土建工程中,一般梁的最大挠度用 $f_{\max}$ 表示,最大挠度 $f_{\max}$ 与梁的跨度 l 的比值 $\frac{f_{\max}}{l}$ 称为梁的相对挠度。梁的刚度校核就是要使梁在荷载作用下的相对挠度不得大于相对允许挠度,因此梁的刚度条件为

$$\frac{f_{\max}}{l}\leqslant\left(\frac{f}{l}\right)$$

【例 14-4】 如图 14-7(a)所示悬臂梁,长 $l=2\text{m}$,承受均布荷载 $q=30\text{kN/m}$,在悬臂端同时作用集中荷载 $P=20\text{kN}$,若采用普通工字形型钢截面,规则为 I_{32a},已知 $E=2.1\times10^5\text{MPa}$,$I=11075.5\times10^4\text{mm}^4$,$\left(\frac{f}{l}\right)=\frac{1}{250}$,试校核该梁的刚度。

解:在均布荷载 q 和集中荷载 P 作用下,梁的最大挠度发生在悬臂端 B 点处。应用叠加法,将梁分解为单独受均布荷载 q 和集中荷载 P 作用下的两个梁,如图 14-7(b)、(c)所示。

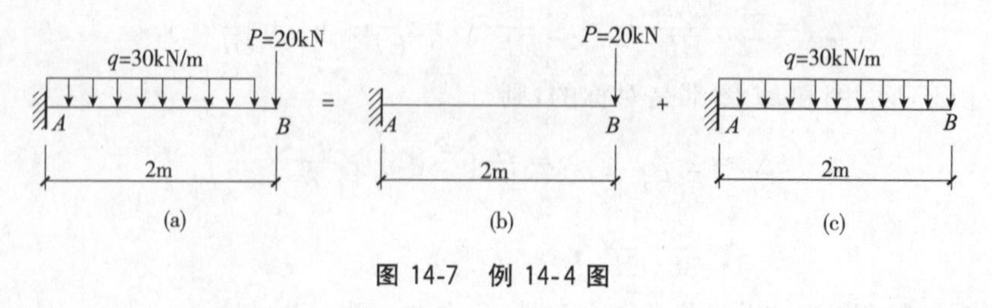

图 14-7　例 14-4 图

查表 14-1 得到：

$$y_q=\frac{ql^4}{8EI}=\frac{30\times(2\times10^3)4}{8\times2.0\times10^5\times11075.5\times10^4}=2.7\text{mm}$$

$$y_P=\frac{Pl^3}{3EI}=\frac{20\times10^3\times(2\times10^3)3}{3\times2.0\times10^5\times11075.5\times10^4}=2.4\text{mm}$$

在悬臂端 B 点处的最大挠度为

$$y_{max}=y_q+y_P=2.7+2.4=5.1\text{mm}$$

根据刚度条件：　$$\frac{y_{max}}{l}=\frac{5.1}{2000}=\frac{1}{392}<\left(\frac{f}{l}\right)=\frac{1}{250}$$

故梁的刚度满足要求。

二、提高梁刚度的措施

由于梁的变形与其抗弯刚度成反比，因此，为了减小梁的变形，可以设法增加其抗弯刚度。一种方法是采用弹性模量 E 大的材料，例如钢梁就比铝梁的变形小。但对于钢梁来说，用高强度钢代替普通低碳钢并不能减小梁的变形，因为二者弹性模量相差不多。另一种方法是增大截面的惯性矩 I_z，即在截面积相同的条件下，使截面面积分布在离中性轴较远的地方，如工字形截面、空心截面等，以增大截面的惯性矩。

调整支座位置以减小跨长，或增强辅助梁，都可以减小梁的变形。增加梁的支座，也可以减小梁的变形，并可减小梁的最大弯矩。例如在悬臂梁的自由端或简支梁的跨中增加支座，都可以减小梁的变形，并减小梁的最大弯矩。但增加支座后，原来的静定梁就变成了超静定梁。

对扭转杆件，用空心截面取代同面积的实心截面，可以提高抗扭刚度，从而可提高承载能力。

第十五章　超静定结构

第一节　超静定结构概述

一、超静定结构的概念及其特性

从静力学计算方面判定:如研究对象的未知量数目多余对应的平衡方程数,或结构的支承反力和内力只用静力平衡方程是不能求出的,这类结构称为超静定结构。从几何构造分析方面:超静定结构是具有多余联系的几何不变体系。

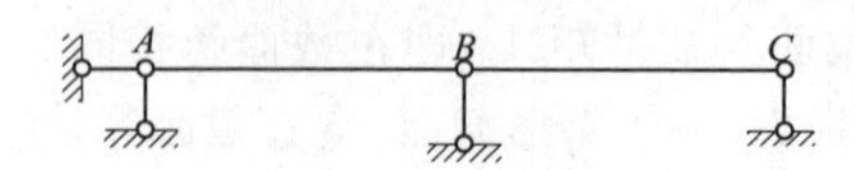

图 15-1　超静定结构

如图 15-1 所示,刚片 AB 与基础刚片之间由铰 A 和链杆 C 连接已经是几何不变体系,又多加链杆 B,此结构为几何不变体系,且有多余约束,为超静定结构,又因多余约束为一个,所以为超一次静定结构。

在几何组成方面,超静定结构与静定结构一样,必须是几何不变的,但是超静定结构是具有多余联系的几何不变体系,与多余联系相应的支承反力和内力称为多余反力或多余内力。

静定结构无多余联系,即在任一联系遭到破坏后,结构就变成几何可变体系,不能承受荷载。

超静定结构有多余联系,在其多余联系破坏后,仍能保持其几何的不变性,并具有一定的承载力。可见,超静定结构是具有一定的抵抗突然破坏的防护能力。

超静定结构即使不受外荷作用,如发生温度变化、支座移动、材料收缩或构件制造误差等情况,也会引起支承反力和构件内力。

在超静定结构中各部分的内力和支承反力与结构各部分的材料,截面尺寸和形状都有关系;而静定结构的反力或内力与材料及截面形状无关。

从结构内力的分布情况来看,超静定结构比静定结构受力均匀,内力峰值也相应偏小。

工程中应根据具体条件,如施工条件、经济条件、工程性质、工程大小等采用相应的结构形式。

二、超静定结构的类型

超静定结构的应用范围很广，根据不同的需要，可有不同的形式，概括起来主要有以下五种类型。

1. 梁

超静定梁有单跨的也有多跨的。单跨的超静定梁常见的形式有三种：一种是两端固定的，一种是一端固定另一端为铰支，还有一种为一端固定另一端是滑动支座。实用上常见的多跨静定梁，大都是由若干跨连成一体中间不间断的，称为连续梁，如图 15-2 所示。

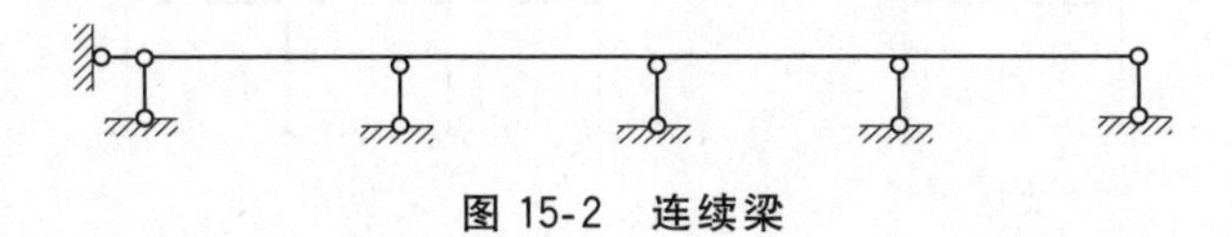

图 15-2 连续梁

2. 拱

工程上常用的超静定拱主要有两铰拱和无铰拱两种形式，如图 15-3(a)和图 15-3(b)所示。在两铰拱中，有时为了避免基础和柱子顶部承受水平推力，常在两个趾铰之间或提高一些设置一根拉杆，如图 15-3(c)和图 15-3(d)所示。

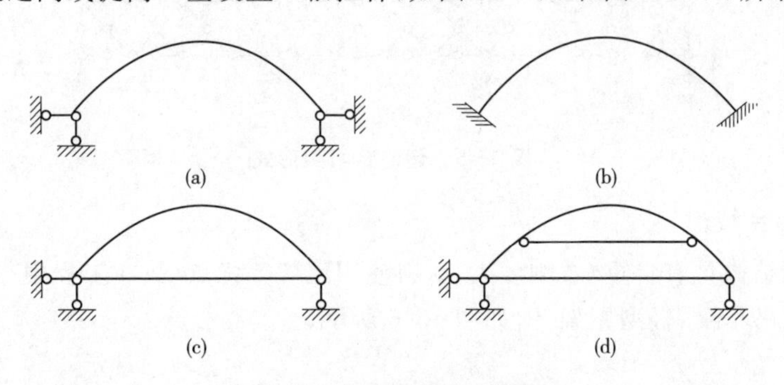

图 15-3 两铰拱和无铰拱

3. 刚架

根据不同的需要，超静定刚架可以做成多种多样的形式，但概括起来，可以归纳为四种形式，即单跨单层、多跨单层、单跨多层及多跨多层，如图 15-4 所示。一般的刚架都是由梁和柱组成，其几何不变性主要依靠结点的刚性连接来保证，空间较大。同时，在确保结点刚性连接的构造措施上，采用钢筋混凝土材料也并不是很复杂，因而目前在建筑领域内，钢筋混凝土的刚架使用非常普遍，造价低，维护也简便。

4. 桁架

超静定桁架的形式各种各样，大体可分为内部超静定和内外都是超静定两种类型，如图 15-5 所示。

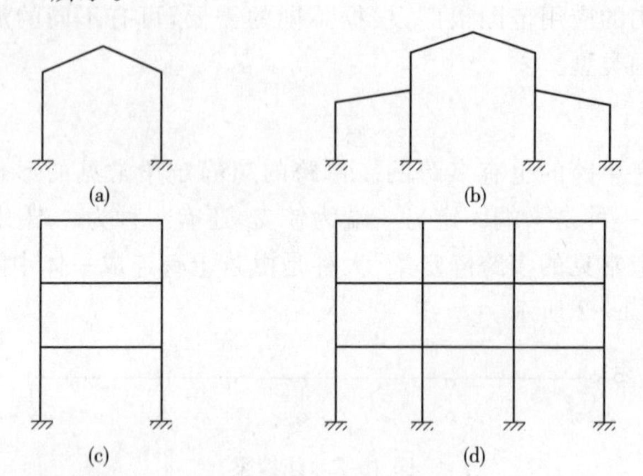

图 15-4　超静定刚架形式

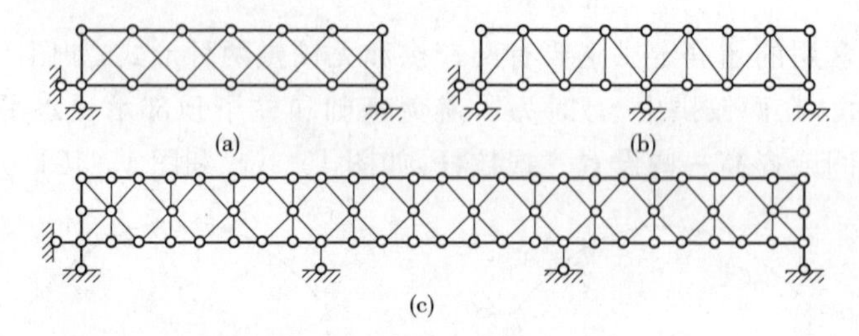

图 15-5　超静定桁架形式

5. 组合结构

组合结构具有自重轻、刚度大、材料使用经济等优点，故在工程中亦常采用，如桁架式吊车梁、轻型屋架等，如图 15-6 所示。

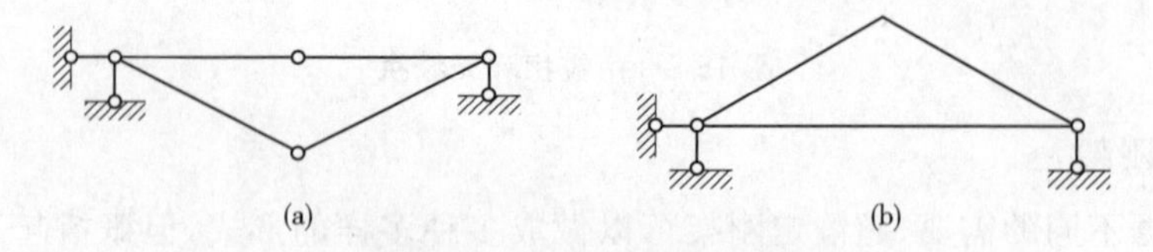

图 15-6　超静定组合结构形式

三、超静定次数的确定

超静定结构存在多余约束，多余约束的数目称为原结构的超静定次数。有多少多余的约束，相应地便有多少个多余约束力。将超静定结构的多余约束去掉，就可变为相应的静定结构。结构去掉约束的方式通常有下列几种。

(1)去掉一根支杆或切断一根链杆，等于去掉一个约束。如图 15-7(a)所示连续梁，去掉一个支杆后，便得到图 15-7(b)、(c)、(d)所示静定梁，可见图 15-7(a)所示连续梁是一次超静定梁。

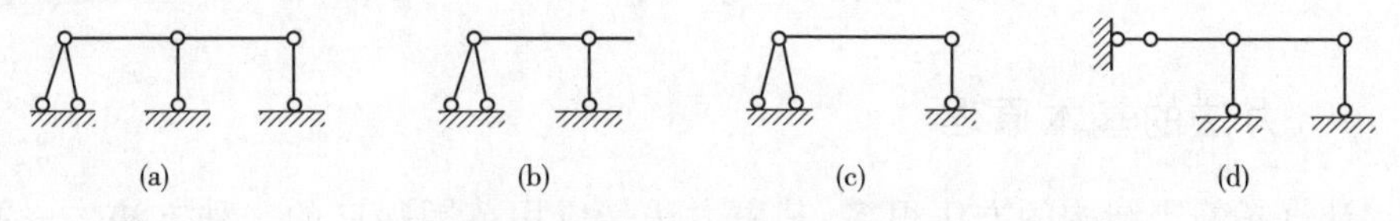

图 15-7 超静定次数的确定(一)

(2)去掉一个固定铰支座或拆去一个单铰等于去掉两个约束。如图 15-8(a)所示，去掉铰得图 15-8(b)所示两片静定刚架，所以图 15-8(a)所示为二次超静定刚架。

(3)将刚性连接改成单铰连接，相当于去掉一个约束。如图 15-8(c)所示刚架，在截面 C 处将刚性连接改成单铰后得图 15-8(d)所示静定三铰刚架，所以图 15-8(c)所示为一次超静定刚架。

(4)去掉一个固定端支座或把刚性连接切开，等于去掉三个约束。如图 15-8(e)所示刚架，在 C 截面切断刚性连接，得图 15-8(f)所示静定悬臂刚架，所以图 15-8(e)所示为三次超静定刚架。

对于同一个超静定结构，由于采用不同方式去掉多余的约束，可以得到不同的静定结构，但解除的约束的数目是相同的，得到的超静定次数也是相同的。如图 15-8(e)所示刚架，可以在截面处切断刚性连接构成如图 15-8(f)所示悬臂刚架，也可以把刚性连接改成单铰连接再将固定端支座改为固定铰支座，得到如图 15-8(g)所示的三铰刚架。它们都是去掉三个约束而得到的静定结构。

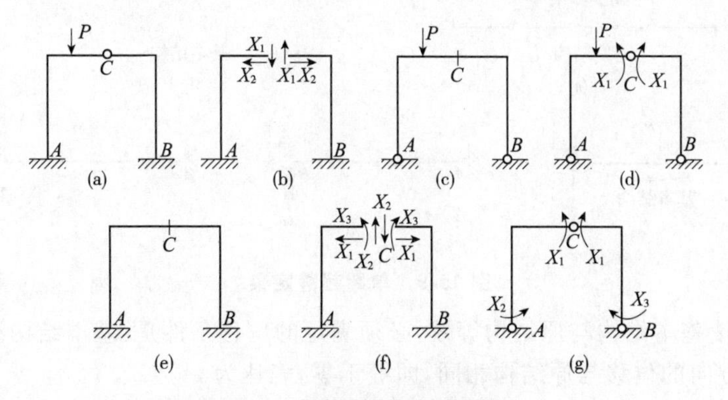

图 15-8 超静定次数的确定(二)

在去掉超静定结构的约束时，应当特别注意：

(1)去掉多余约束后的结构,必须是几何不变体系,前面已说明;

(2)去掉多余约束后的结构,必须是静定结构,即应该把多余约束全部拆除。

第二节　用力法计算超静定结构的内力

一、力法的基本原理

计算超静定结构的方法很多,其中力法是应用范围很广的一种方法。一般来说,所有的超静定结构都可以用力法来分析,它是分析超静定结构的一个基本方法。

图 15-9(a)所示的单跨超静定梁,超静定次数为一次。现在撤除支座 B 处的链杆,代之以约束力 X_1,如图 15-9(b)所示。这种将原超静定结构撤除多余约束后所得到的静定结构,称为原结构的基本结构;被撤除的多余约束处加上的多余未知力 X_1 就是静定结构内力计算的基本未知量;基本结构在原有荷载和多余未知力共同作用下的体系,称为力法的基本体系。

由于力与变形之间有一定的协调关系,只要使基本结构的变形状态与原结构的变形状态相同,则两者的受力状态必然相同。根据这个条件,比较图 15-9(a)所示的原结构与图 15-9(b)所示的基本结构,可知原结构在支座 B 处不可能有竖向位移,而基本结构在原有荷载和多余未知力的分别作用下,B 点处都产生了竖向位移 Δ_{1P} 和 Δ_{11},如图 15-9(c)所示。

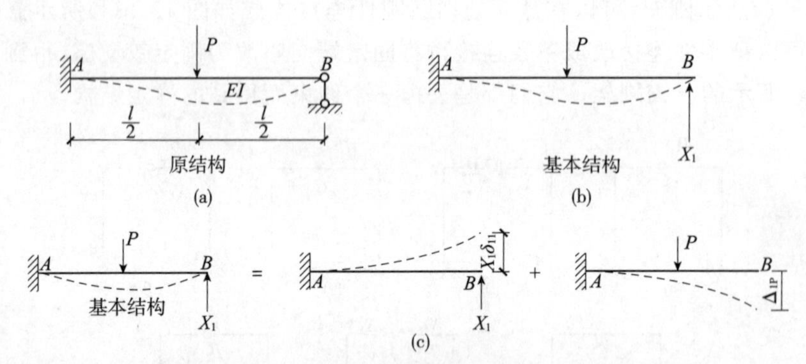

图 15-9　单跨超静定梁

为了使基本结构与原结构等效,必须满足的位移条件是:基本结构沿多余未知力 X_1 方向的位移与原结构相同,即等于零,表达为

$$\Delta_1 = \Delta_{1P} + \Delta_{11} = 0$$

式中:Δ_1——基本结构在荷载 P 及多余未知力 X_1 共同作用下,在 X_1 作用点沿 X_1 方向的位移;

Δ_{1P}——基本结构在荷载 P 单独作用下，在 X_1 作用点沿 X_1 方向的位移；

Δ_{11}——基本结构在多余未知力 X_1 单独作用下，在 X_1 作用点沿 X_1 方向的位移。

位移符号中采用的两个下标，第一个下标表示产生位移的地点和方向；第二个下标表示产生位移的原因。

若以 δ_{11} 表示单位力 $X_1=1$ 的作用下，则 Δ_{11} 可表示为 $\Delta_{11}=X_1\cdot\delta_{11}$，于是上式可写为

$$\delta_{11}X_1+\Delta_{1P}=0 \tag{15-1}$$

上式称为力法求解一次超静定结构的力法方程。

这一表达式，将结构位移条件转变为以多余未知力 X_1 为未知数的补充方程，这样该一次超静定结构的静力平衡方程数与补充方程数之和等于超静定结构的未知力个数，就可以求解出全部未知力。同样，n 个多余未知力，就根据多余未知力处多余约束的位移条件补充 n 个方程，这样就可以先求解出多余未知力，进而求解超静定结构内力。

为了求 δ_{11} 和 Δ_{1P}，分别作出荷载 P 及 $X_1=1$ 作用下在基本结构上的弯矩图 M_P 和 $\overline{M}$，如图 15-10(a)、(b)所示。

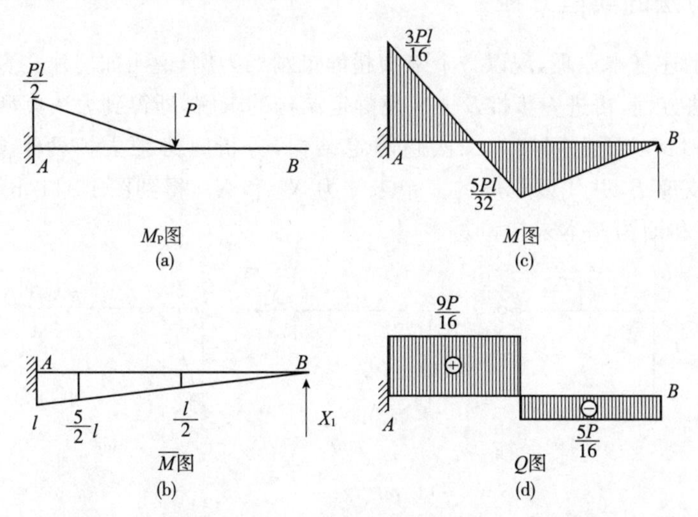

图 15-10　荷载 P 及 X_1 作用下基本结构上的弯矩图、剪力图

根据单位荷载法可知，$\overline{M}_1$ 与 $\overline{M}_1$ 图乘得

$$\delta_{11}=\frac{1}{EI}\left(\frac{1}{2}\times l\times l\times\frac{2}{3}l\right)=\frac{l^3}{3EI}$$

$\overline{M}_1$ 与 M_P 图乘得

$$\Delta_{1P}=\frac{1}{EI}\left(\frac{1}{2}\times\frac{l}{2}\times\frac{Pl}{2}\times\frac{5}{6}l\right)=\frac{5Pl^3}{48EI}$$

将 δ_{11} 和 Δ_{1P} 代入式(15-1)，可得

$$X_1=\frac{\Delta_{1P}}{\delta_{11}}=-\left(-\frac{5Pl^3}{48EI}\right)\cdot\frac{3EI}{l^3}=\frac{5}{16}P(\uparrow)$$

计算结果为正值，表明 X_1 真正的方向与原假设相同，即向上。如果是负值，说明与假设方向相反。

多余未知力 X_1 求出后，其余约束反力、内力的计算均可用平衡条件求解。实际应用中，我们一般是利用 $\overline{M}$ 图和 M_P 图的叠加来求弯矩图 M，得

$$M=\overline{M}X_1+M_P$$

绘出 M 图后，可以再进一步绘出 Q 图。最后的 M、Q 图如图 15-10(c)、(d) 所示。

简而言之，力法就是计算超静定结构时，以多余未知力作为基本未知量的方法。计算中，在超静定结构上撤除多余约束后，以多余未知力代替被去掉约束，得到静定的基本结构，双多余未知力为基本未知量，并根据基本结构与原结构的变形相同的位移条件建立力法方程，求出多余未知力，然后应用叠加原理计算结构的内力并作内力图。这也就是力法的基本原理。

二、力法的典型方程

根据上述基本原理，现以一个二次超静定刚架为例，说明如何建立多次超静定结构的力法方程，再进一步推及 n 次超静定结构的求解，即得到力法典型方程。

图 15-11(a)所示刚架为二次超静定结构，分析时必须去掉两个多余约束。现撤除铰支座 B，并代以相应的多余未知力 X_1 和 X_2，得到图 15-11(b)所示的基本体系，而和即为基本未知量。

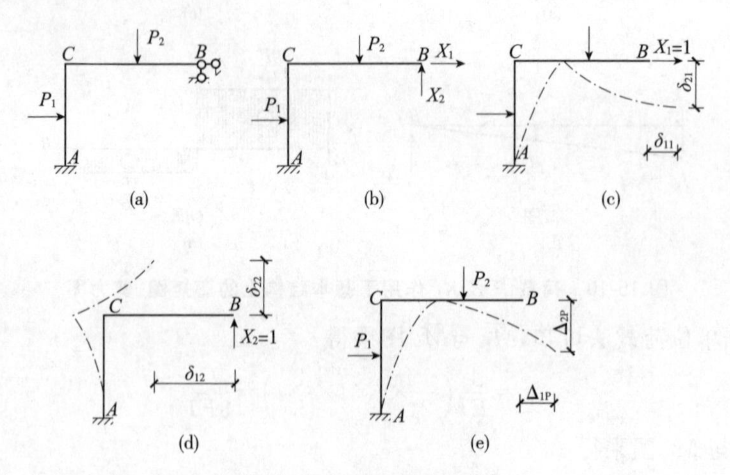

图 15-11　两次超静定结构

由于原结构在支座 B 处没有水平线位移和竖向线位移，因此，基本结构在荷载和多余未知力 X_1、X_2 共同作用下，必须保证同样的变形条件。即 B 点沿 X_1 和 X_1 方向的位移 Δ_1、Δ_2 都应等于零，即

$$\left.\begin{aligned}\Delta_1=0\\ \Delta_2=0\end{aligned}\right\} \qquad (15\text{-}2)$$

式中：Δ_1——基本结构在 X_1、X_2 和荷载共同作用下在 X_1 处、沿 X_1 方向的位移，即 B 点的水平位移；

Δ_2——基本结构在 X_1、X_2 和荷载共同作用下在 X_2 处、沿 X_2 方向的位移，即 B 点的竖向位移。

在线性变形体系中，利用叠加原理，将式(15-2)中的 Δ_1、Δ_2 展开，表示为

$$\left.\begin{aligned}\Delta_1=\delta_{11}X_1+\delta_{12}X_2+\Delta_{1P}\\ \Delta_2=\delta_{21}X_1+\delta_{22}X_2+\Delta_{2P}\end{aligned}\right\} \qquad (15\text{-}3)$$

将式(15-3)代入式(15-2)，得

$$\left.\begin{aligned}\delta_{11}X_1+\delta_{12}X_2+\Delta_{1P}=0\\ \delta_{21}X_1+\delta_{22}X_2+\Delta_{2P}=0\end{aligned}\right\} \qquad (15\text{-}4)$$

这就是根据位移条件建立的求解多余未知力 X_1、X_2 的联立方程式，即为二次超静定结构的力法方程式。

式(15-4)中的各项系数与自由项的意义如下：

δ_{11}、δ_{21}——基本结构仅在 $X_1=1$ 单独作用时，分别在 X_1 处、沿 X_1 方向和在 X_2 处、沿 X_2 方向的位移，如图 15-11(c)所示；

δ_{12}、δ_{22}——基本结构仅在 $X_2=1$ 单独作用时，分别在 X_1 处、沿 X_1 方向和在 X_2 处、沿 X_2 方向的位移，如图 15-11(d)所示；

Δ_{1P}、Δ_{2P}——基本结构仅在荷载单独作用时，分别在 X_1 处、沿 X_1 方向和在 X_2 处、沿 X_2 方向的位移，如图 15-11(e)所示。

力法方程中的系数 δ 和自由项 Δ 都是基本结构的位移，即静定结构的位移，均可利用单位荷载法求出，然后利用式(15-4)求出多余未知力 X_1 和 X_2，进而可应用静力平衡条件求出原结构的其余支座反力和全部杆件内力。此外，也可利用叠加原理求内力，如任一截面弯矩 M 的叠加计算公式为

$$M=\overline{M}_1X_1+\overline{M}_2X_2+M_P \qquad (15\text{-}5)$$

式中：M_P——荷载在基本结构中任一截面上所产生的弯矩；

$\overline{M}_1$——单位力 $X_1=1$ 在基本结构中相应截面上所产生的弯矩；

$\overline{M}_2$——单位力 $X_2=1$ 在基本结构中相应截面上所产生的弯矩。

同一结构可以按不同的方式选取力法的基本结构和基本未知量。如图 15-11(a)所示的结构，也可选用图 15-12(a)或图 15-12(b)所示的静定结构作为基本

结构。此时,由于所撤除的多余约束不同,其相应的多余未知力也不同,力法方程在形式上虽与式(15-4)相同,但因 X_1 和 X_2 的含义不同,方程的意义也不同。如图 15-12(b)中,X_2 为刚结点 C 处两侧截面的内力矩,此时 $\Delta_2=0$ 为原结构在点 C 处两侧截面的相对转角等于零。此外,还应注意力法的基本结构一定是几何不变的静定结构,不能将几何可变体系作为基本结构。如图 15-12(a)所示的体系就是几何可变体系,不能作为基本结构。

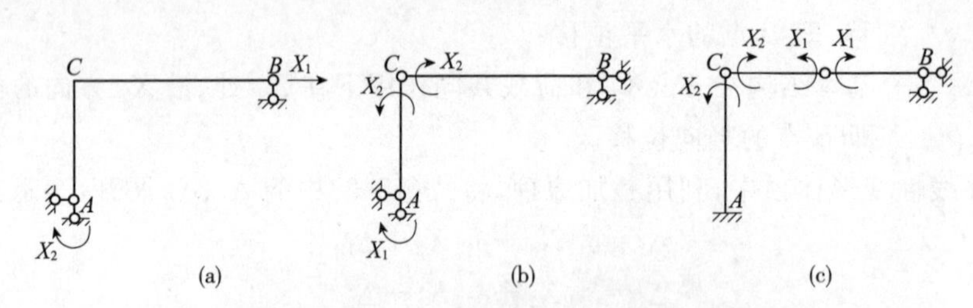

图 15-12 基本结构的选取

对于一个 n 次超静定结构,相应的有 n 个多余未知力,力法的基本体系是从原结构中去掉 n 个多余未知力后所得到的一个静定结构,而每一个多余未知力处两个结构都有一个已知的变形条件相互对应,故可按已知变形条件建立一个含 n 个未知量的代数方程组,从而可解出 n 个多余未知力。在线性变形体系中,根据叠加原理,这 n 个变形条件可写为

$$\left.\begin{array}{l}\delta_{11}X_1+\delta_{12}X_2+\cdots+\delta_{1n}X_n+\Delta_{1P}=0\\ \delta_{21}X_1+\delta_{22}X_2+\cdots+\delta_{2n}X_n+\Delta_{2P}=0\\ \cdots\cdots\cdots\cdots\cdots\cdots\cdots\cdots\cdots\cdots\cdots\cdots\\ \delta_{n1}X_1+\delta_{n2}X_2+\cdots+\delta_{nn}X_n+\Delta_{nP}=0\end{array}\right\}\qquad(15\text{-}6)$$

上式为 n 次超静定结构在荷载作用下力法方程的一般形式,通常称为力法典型方程。力法典型方程的物理意义是:基本结构在多余未知力和荷载的共同作用下,多余约束处的位移与原结构相应的位移相一致(位移协调)。

在式(15-6)中,系数与自由项的意义如下:

δ_{ii}——主系数。基本结构仅在单位力置 $X_i=1$ 单独作用时,在 X_i 处沿 X_i 自身方向上所引起的位移,其值恒为正,不会等于零;

$\delta_{ij}(i\neq j)$——副系数。基本结构由于单位力 $X_j=1$ 的作用,而在 X_i 处沿 X_i 方向所产生的位移,其值可为正、负或为零;

Δ_{iP}——自由项。基本结构由荷载产生的在 X_i 处沿 X_i 方向的位移,其值可为正、负或为零。

根据位移互等定理式,副系数 δ_{ij} 与 δ_{ji} 是相等的,即

$$\delta_{ij}=\delta_{ji}$$

典型方程中的各系数和自由项，都是基本结构在已知力作用下的位移，完全可用第 12 章所述方法求得。

将求得的系数与自由项代入力法典型方程，解出各多余未知力 X_1、$X_2\cdots X_n$。然后将已求得的多余未知力和荷载共同作用在基本结构上，利用平衡条件，可求出其余的反力和内力。也可利用基本结构的单位内力图与荷载内力图按叠加原理计算出各截面的内力，然后绘制内力图。按叠加原理计算内力的公式为：

$$\left.\begin{aligned}M&=\overline{M}_1X_1+\overline{M}_2X_2+\cdots+\overline{M}_nX_n+M_P\\F_Q&=\overline{Q}_1X_1+\overline{Q}_2X_2+\cdots+\overline{Q}_nX_n+Q_P\\F_S&=\overline{Q}_1X_1+\overline{Q}_2X_2+\cdots+\overline{Q}_nX_n+Q_P\end{aligned}\right\}\tag{15-7}$$

式中：$\overline{M}_i$、$\overline{Q}_i$、$\overline{Q}_i$——基本结构由于单位力置 $X_i=1$ 单独作用所产生的内力；

M_P、Q_P、Q_P——基本结构由于荷载单独作用所产生的内力。

应用式(15-7)求解超静定结构的内力时，也可先用第一式绘出弯矩图，然后再利用静力平衡条件计算 Q 和 N，从而绘出 Q 图和 N 图。

三、力法的应用举例

用力法解算超静定结构的步骤。

(1)选取基本结构。确定超静定结构的次数，选择合适的静定结构作为基本结构。

(2)建立力法典型方程。根据所去掉多余约束处的变形条件，建立力法典型方程。

(3)计算系数和自由项。根据条件用图乘法或积分法计算系数和自由项。

(4)求多余未知力。将所计算出的系数和自由项代入力法典型方程，然后求出多余未知力。

(5)作内力图。

1. 超静定梁和刚架

【例 15-1】 作图 15-13(a)所示单跨超静定梁的内力图。梁的 EI 为常数。

解：(1)选择基本结构

该结构为一次超静定，与前面的图 15-8 相同，现取另一种基本结构，将固定支座 A 换成铰支座，得到的基本结构如图 15-13(b)所示。

(2)建立力法典型方程

原结构 A 端为固定支座不能转动，故 $\Delta_1=0$，则力法方程为

$$\delta_{11}+\Delta_{1P}=0$$

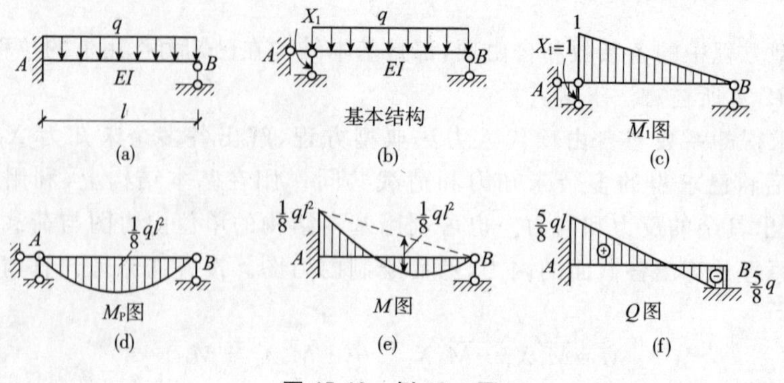

图 15-13　例 15-1 图

(3)计算系数和自由项

分别画出基本结构的荷载弯矩图[图 15-13(d)]和单位弯矩图[图 15-13(c)],由图乘法,得

$$\delta_{11}=\frac{1}{EI}\left(\frac{1}{2}\times l\times 1\times\frac{2}{3}\times 1\right)=\frac{l}{3EI}$$

$$\Delta_{1\mathrm{P}}=-\frac{1}{EI}\left(\frac{2}{3}\times 1\times\frac{ql^2}{8}\times\frac{l}{2}\times 1\right)=-\frac{ql^3}{24EI}$$

(4)求解多余未知力

将上述结果代入力法方程,得

$$X_1=\frac{\Delta_{1\mathrm{P}}}{\delta_{11}}=-\frac{\frac{-ql^3}{24EI}}{\frac{l}{3EI}}=\frac{ql^2}{8}$$

结果为正,说明与实际方向相同。

(5)绘内力图

根据叠加原理计算出杆端弯矩,绘弯矩图[图 15-13(e)];根据杆的荷载求出杆端剪力,绘剪力[图 15-13(f)]。

用力法求解超静定结构,按不同的基本结构所得到的最后内力图完全相同。但计算过程有繁简,应注意选择技巧。

【例 15-2】 作图 15-14(a)所示超静定刚架的内力图。已知刚架各杆 EI 均为常数。

解:(1)选择基本结构

该结构为二次超静定刚架,去掉 C 支座约束,代之以多余未知力 X_1,X_2,得到图 15-14(b)所示基本结构。

(2)建立力法典型方程

原结构 C 支座处无竖向位移和水平位移,则力法方程为

$$\delta_{11}X_1+\delta_{12}X_2+\Delta_{1P}=0$$
$$\delta_{21}X_1+\delta_{22}X_2+\Delta_{2P}=0$$

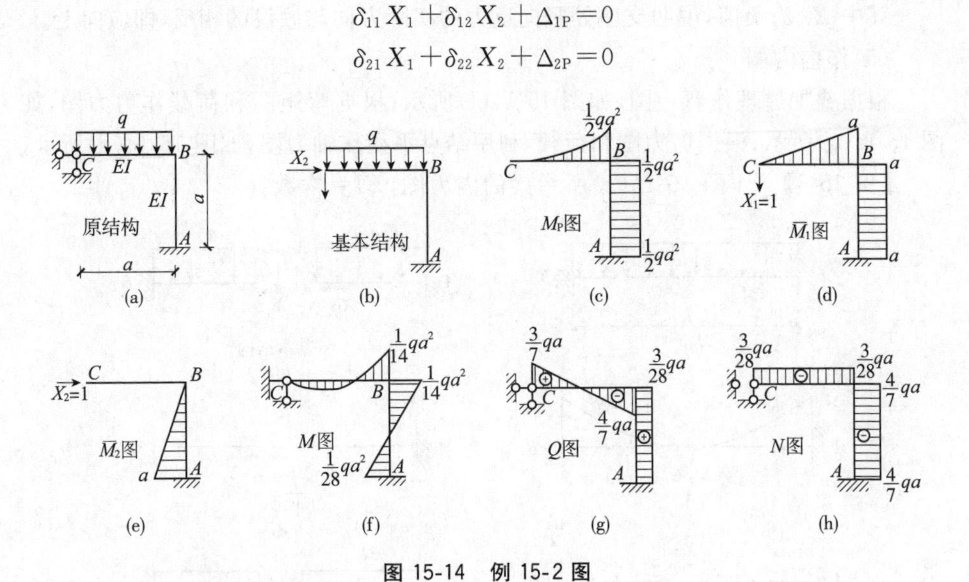

图 15-14　例 15-2 图

(3)计算系数和自由项

分别画出基本结构的荷载弯矩图[图 15-14(c)]和单位弯矩图[图 15-14(d)、(e)],由图乘法,得

$$\delta_{11}=\frac{1}{EI}\left(\frac{1}{2}\cdot a^2\times\frac{2}{3}a+a\cdot a\cdot a\right)=\frac{4a^3}{3EI}$$

$$\delta_{22}=\frac{1}{EI}\left(\frac{1}{2}\cdot a^2\times\frac{2}{3}a\right)=\frac{a^3}{3EI}$$

$$\delta_{12}=\delta_{21}=-\frac{1}{EI}\left(\frac{1}{2}\cdot a^2\times a\right)=-\frac{a^3}{2EI}$$

$$\Delta_{1P}=\frac{1}{EI}\left(\frac{1}{3}\times\frac{qa^2}{2}\cdot a\times\frac{3}{4}a+\frac{qa^2}{2}\cdot a\cdot a\right)=\frac{5qa^4}{8EI}$$

$$\Delta_{2P}=-\frac{1}{EI}\left(\frac{1}{2}a^2\times\frac{qa^2}{2}\right)=-\frac{qa^4}{4EI}$$

(4)求出多余未知力

将以上所求得的结果代入力法方程,得

$$\frac{4a^3}{3EI}X_1-\frac{a^3}{2EI}X_2+\frac{5qa^4}{8EI}=0$$

$$-\frac{a^3}{2EI}X_1-\frac{a^3}{3EI}X_2-\frac{qa^4}{4EI}=0$$

解得

$$X_1=-\frac{3}{7}qa$$

$$X_2=-\frac{3}{28}qa$$

其中 X_1 为负值，说明支座处竖向反力的实际方向与假设的相反，即应向上。

(5)作内力图

根据叠加原理作弯矩图，如图 15-14(f)所示；根据弯矩图和荷载作剪力图，如图 15-14(g)所示；根据剪力图和荷载，利用结点平衡作轴力图，如图 15-14(h)所示。

【例 15-3】 作图 15-15(a)所示梁的内力图，EI=常数。

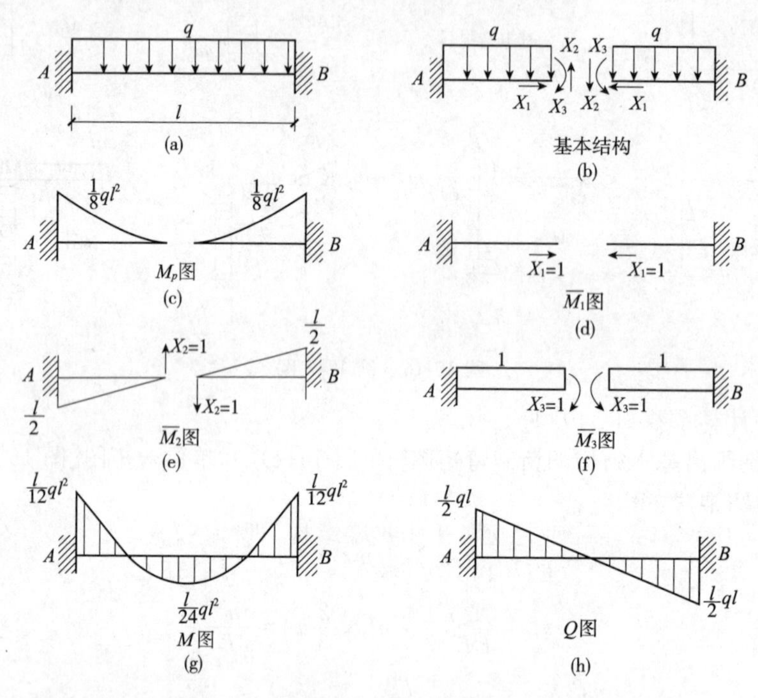

图 15-15　例 15-3 图

解：(1)确定超静定次数，选择基本结构

此梁为三次超静定结构。取基本结构如图 15-15(b)所示。

(2)建立力法方程

根据梁中间切口处两侧截面相对水平位移、相对竖向位移和相对角位移为零的条件，可得

$$\delta_{11}X_1+\delta_{12}X_2+\delta_{13}X_3+\Delta_{1P}=0$$

$$\delta_{21}X_1+\delta_{22}X_2+\delta_{23}X_3+\Delta_{2P}=0$$

$$\delta_{31}X_1+\delta_{32}X_2+\delta_{33}X_3+\Delta_{3P}=0$$

(3)计算系数和自由项

画出相应的 M_P、$\overline{M_1}$、$\overline{M_2}$、$\overline{M_3}$ 图，如图 15-15(c)、(d)、(e)、(f)所示。由图乘法得 $\delta_{11}=0$(该处忽略轴力影响，若考虑轴力影响，则 $\delta_{11}=\dfrac{l}{EI}$)

$$\delta_{22}=\frac{2}{EI}\left(\frac{1}{2}\times\frac{l}{2}\times\frac{l}{2}\times\frac{2}{3}\times\frac{l}{2}\right)=\frac{l^3}{12EI}$$

$$\delta_{33}=\frac{2}{EI}\left(1\times\frac{l}{2}\times1\right)=\frac{l}{EI}$$

注意到$\overline{M_1}$是零弯矩，$\overline{M_3}$图和M_P图的对称性，$\overline{M_2}$图和M_P图的反对称性，可以得到：

$$\delta_{12}=\delta_{21}=0、\delta_{13}=\delta_{31}=0、\delta_{23}=\delta_{32}=0$$

$$\Delta_{3P}=\frac{2}{EI}\left(\frac{1}{3}\times\frac{l}{2}\times\frac{ql^2}{8}\times1\right)=\frac{ql^2}{24EI}$$

(4)求解多余未知力

将上述数据代入力法方程，得

$$X_1=0,X_2=0,X_3=\frac{ql^2}{24}$$

正号说明实际方向与假设一致。

(5)绘制内力图

画M、Q图，如图15-15(g)、(h)所示。

2. 排架

建筑工程中，单层工业厂房常采用排架结构。所谓铰接排架结构是由屋架(或屋面大梁)、柱和基础组成，并且柱与基础为刚结点，柱与屋架为铰结点的一种特定形式的平面结构，如图15-16(a)所示。铰接排架也属于超静定组合结构，可以用力法求解。

由于在计算平面内屋架的刚度很大，可以略去其变形的影响，故用力法计算排架时，可近似地将屋架看成轴向刚度EA为无穷大的链杆，如图15-16(b)所示。因此对排架进行内力分析，实际上就是对排架柱进行分析。

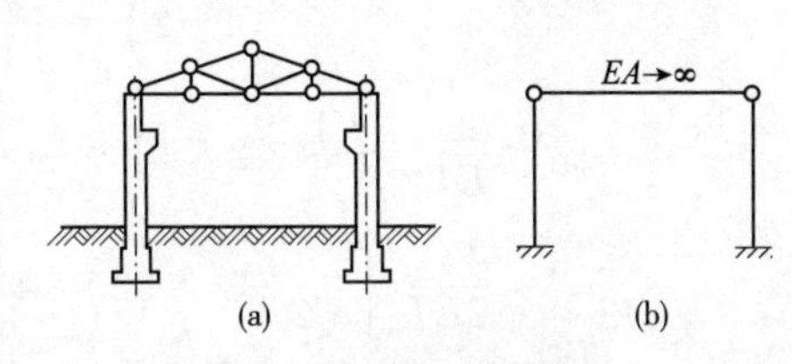

图15-16　铰接排架结构

【例15-4】　如图15-17(a)所示单层单跨厂房排架，$I_1=I$，$I_2=2I$，各杆E均相等，试用力法计算图示风荷载作用下所引起的排架柱弯矩图。

解：(1)选择基本体系

此排架为一次超静定结构。切断链杆并代以多余未知力X_1，得到如图15-17(b)所示的基本体系。

(2)列力法方程

基本体系在荷载和多余未知力共同作用下，应满足的条件是切口处两侧截

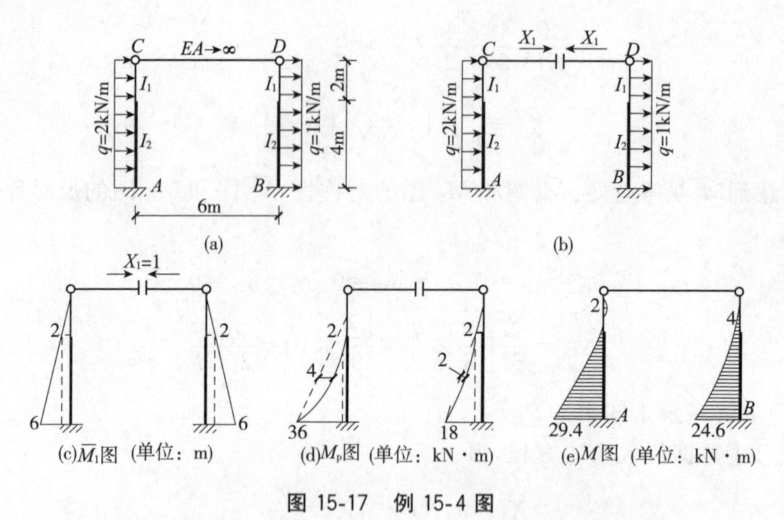

(c)$\overline{M}_1$图 (单位：m)　(d)M_P图 (单位：kN・m)　(e)M图 (单位：kN・m)

图 15-17　例 15-4 图

面沿轴向的相对位移为零,即切口处两侧截面沿轴向应保持连续。故列力法方程如下:

$$\delta_{11}X_1+\Delta_{1P}=0$$

(3)计算系数和自由项

绘制基本结构在 $X_1=1$ 和荷载作用下的$\overline{M_1}$与 M_P 图,如图 15-17(c)、(d)所示。据此可求得系数和自由项

$$\delta_{11}=\frac{2}{EI}\left[\left(\frac{1}{2}\times2\times2\right)\times\frac{2}{3}\times2\right]+\frac{2}{2EI}\left[\left(\frac{1}{2}\times4\times4\right)\times\left(\frac{2}{3}\times4+2\right)+(2\times4)\times\left(\frac{1}{2}\times4+2\right)\right]=\frac{224}{3EI}$$

$$\Delta_{1P}=\frac{1}{EI}\left\{\left[\left(\frac{1}{3}\times2\times4\right)\times\frac{3}{4}\times2\right]-\left[\left(\frac{1}{3}\times2\times2\right)\times\frac{3}{4}\times2\right]\right\}+\frac{1}{2EI}\left\{\left[\left(\frac{1}{2}\times4\times32\right)\times\left(\frac{2}{3}\times4+2\right)\right]+(4\times4)\times\left(\frac{1}{2}\times4+2\right)-\left(\frac{2}{3}\times4\times4\right)\times\left(\frac{1}{2}\times4+2\right)-\left[\left(\frac{1}{2}\times4\times16\right)\times\left(\frac{2}{3}\times4+2\right)+(2\times4)\times\left(\frac{1}{2}\times4+2\right)-\left(\frac{2}{3}\times4\times2\right)\times\left(\frac{1}{2}\times4+2\right)\right]\right\}=\frac{82}{EI}$$

(4)解力法方程,求多余未知力

将系数和自由项代入力法方程,并消去 $1/3EI$,得

$$224X_1+246=0$$

解得

$$X_1=-1.1\text{kN}$$

(5)作弯矩图

利用弯矩叠加公式 $M=\overline{M}_1 X_1+M_P$ 得弯矩图,如图 15-17(e)所示。

四、对称结构的内力计算

用力法计算超静定结构时,结构的超静定次数愈高,多余未知力就愈多,计算工作量也就愈大。但在实际的建筑结构工程中,很多结构是对称的,可以利用结构的对称性,适当地选取基本结构,使力法典型方程中尽可能多的副系数及自由项等于零(主系数是恒为正且不等于零的),从而使计算工作得到简化,对称结构的特点是结构对称、荷载对称。

1. 结构的对称性

结构的对称,是指对结构中某一轴的对称。所以,对称结构必须有对称轴。结构的对称性,包含以下两个方面。

(1)结构的几何形状、尺寸和支承情况对某一轴对称;

(2)杆件截面尺寸和材料弹性模量(杆件截面的刚度 EI、EA、GA)也对此轴对称。

因此,对称结构绕对称轴对折后,对称轴两边的结构图形完全重合。

2. 荷载的对称性

任何的荷载都可以分解为两部分:一部分是对称荷载,另一部分是反对称荷载。

对称荷载。绕对称轴对折后,对称轴两边的荷载彼此重合(作用点相对应、数值相等、方向相同)。

反对称荷载。绕对称轴对折后,对称轴两边的荷载正好相反(作用点相对应、数值相等、方向相反)。

如图 15-18(a)所示刚架为对称结构,可选取图 15-18(b)所示的基本结构。即在对称轴处切开,以多余未知力来代替所去掉的三个多余联系。相应的单位荷载弯矩图和实际荷载弯矩图分别如图 15-18(c)、(d)、(e)、(f)所示,其中,X_1 和 X_2 为对称未知力;X_3 为反对称未知力,显然,$\overline{M}_1$,$\overline{M}_2$ 是对称图形;$\overline{M}_3$ 是反对称图形。

由图形相乘可知:

$$\delta_{13}=\delta_{31}=\sum\int\frac{\overline{M}_1\overline{M}_3}{EI}ds=0$$

$$\delta_{23}=\delta_{32}=\sum\int\frac{\overline{M}_2\overline{M}_3}{EI}ds=0$$

故力法典型方程简化为

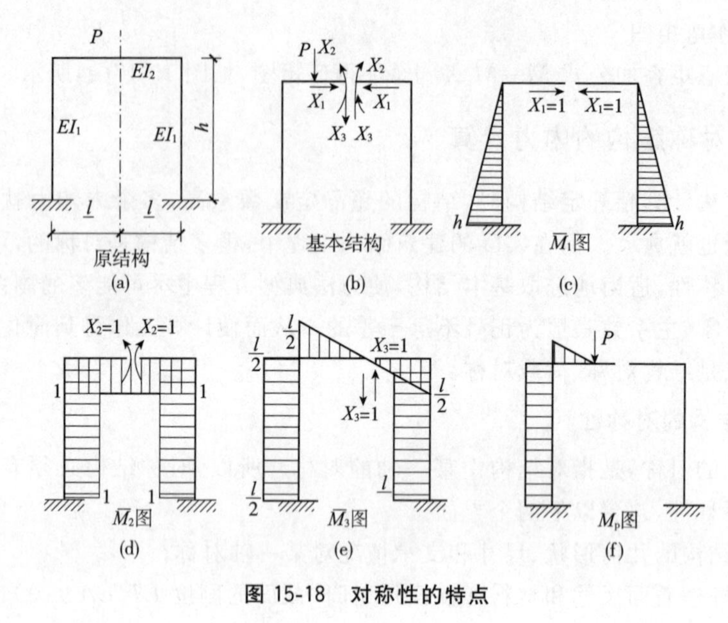

图 15-18 对称性的特点

$$\delta_{11}X_1+\delta_{12}X_2+\Delta_{1P}=0$$
$$\delta_{21}X_1+\delta_{22}X_2+\Delta_{2P}=0$$
$$\delta_{33}X_3+\Delta_{3P}=0$$

由此可见,力法典型方程将分成两组:一组只包含对称的未知力,另一组只包含反对称的未知力。因此,解方程组的工作得到简化。

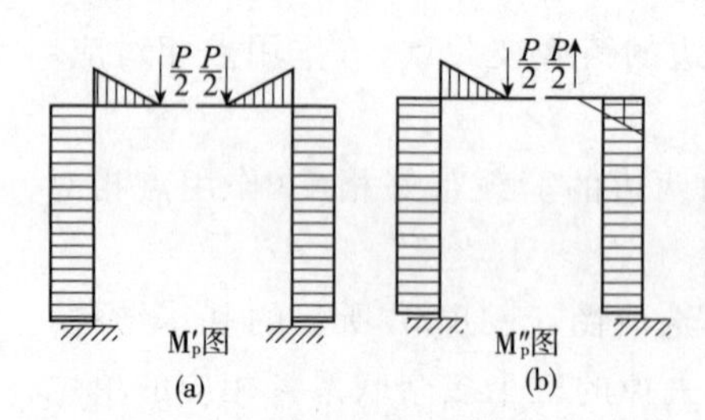

图 15-19 结构对称荷载对称和反对称

现在作用在结构上的外荷载是非对称的[图 15-19(a)],若将此荷载分解为对称的和反对称的两种情况,如图 15-19(a)、(b)所示,则计算还可进一步简化。

(1)外荷载对称时,使基本结构产生的弯矩图 M_P'是对称的,则得

$$\Delta_{3P}=\sum\int\frac{\overline{M}_3M'_P}{EI}ds=0$$

从而得 $X_3=0$。这时只要计算对称的多余未知力 X_1 和 X_2。

(2)外荷载反对称时,使基本结构产生的弯矩图 M_P''是反对称的,则得

$$\Delta_{1P}=\sum\int\frac{\overline{M}_1M''_P}{EI}ds=0$$

$$\Delta_{2P}=\sum\int\frac{\overline{M}_2M''_P}{EI}ds=0$$

从而得 $X_1=X_2=0$。这时只要计算反对称的多余未知力 X_3。

由以上分析可得到如下结论。

(1)对称结构在对称荷载作用下,其内力、变形是对称的,此时,若选取对称的基本结构则在对称轴截面上的反对称未知力为零,只需计算对称未知力。

(2)对称结构在反对称荷载作用下,其内力、变形是反对称的,此时,若选取对称的基本结构,则在对称轴截面上的对称未知力为零,只需计算反对称未知力。

所以,在计算对称结构时,可以直接利用上述结论,使计算得到简化。

既然对称结构在正对称荷载作用下,其内力、变形也是正对称的,其变形曲线如图 15-20(a)的虚线所示,在对称轴截面处不发生转角和水平位移,只有竖向位移;同时截面处只有弯矩和轴力,剪力必为零。因此,可将结构从对称轴截面处切开用双链杆支座来代替。显然,只要求得半边刚架的内力和位移,另半边刚架的内力和位移可以用正对称性求得。这种用半边刚架进行计算的方法称为半刚架法。对于奇数跨的对称结构在正对称荷载作用下的半刚架如图 15-20(b)所示,对于偶数跨的对称结构如图 15-20(c)所示,在正对称荷载作用下的半刚架如图 15-20(d)所示。

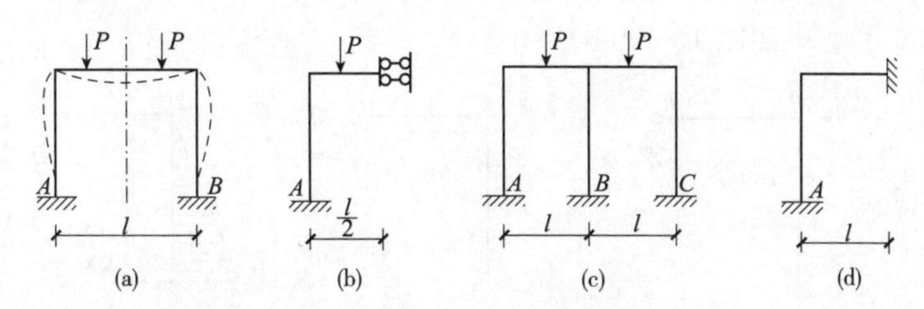

图 15-20　结构对称荷载对称

同样的道理,对称结构在反对称荷载作用下,其内力、变形也是反对称的,也同样可以用半刚架法。图 15-21(a)、(b)所示为奇数跨的对称结构在反对称荷载作用下的半刚架法;图 15-21(c)、(d)所示为偶数跨的对称结构在反对称荷载作用下的半刚架取法。

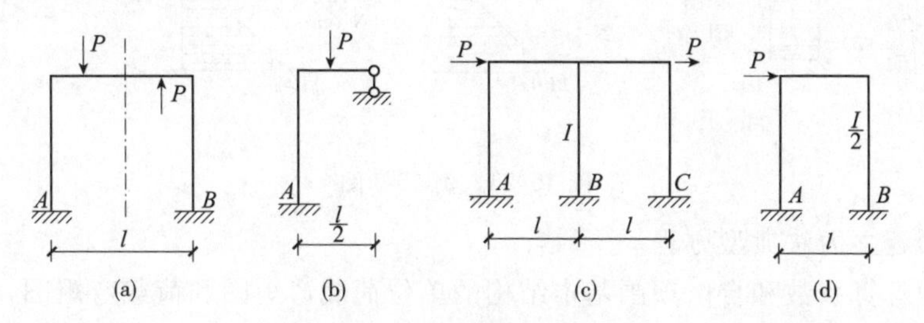

图 15-21　结构对称荷载反对称

【例 15-5】　利用对称性作图 15-22(a)所示三次超静定刚架的弯矩图。已知刚架各杆的 EI 均为常数。

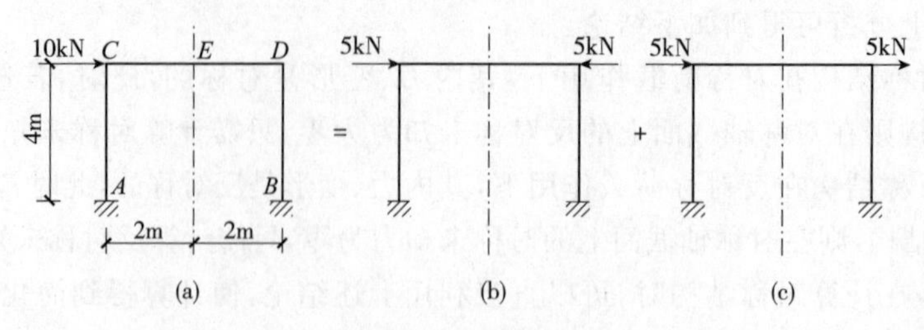

图 15-22　例 15-5 图

解:(1)取半结构及其基本结构

1)分解荷载:为简化计算,首先将图 15-22(a)所示荷载分解为对称荷载和反对称荷载的叠加,分别如图 15-22(b)、(c)所示。其中在对称荷载作用下刚架 CD 杆只有轴力,各杆均无弯矩和剪力。因此,只作反对称荷载作用下的弯矩图即可。

2)取半刚架:如图 15-23(a)所示,在反对称荷载作用下,故可在对称轴截面切开,加可动铰取半结构。该结构为一次超静定结构。

3)取基本结构如图 15-23(b)所示。

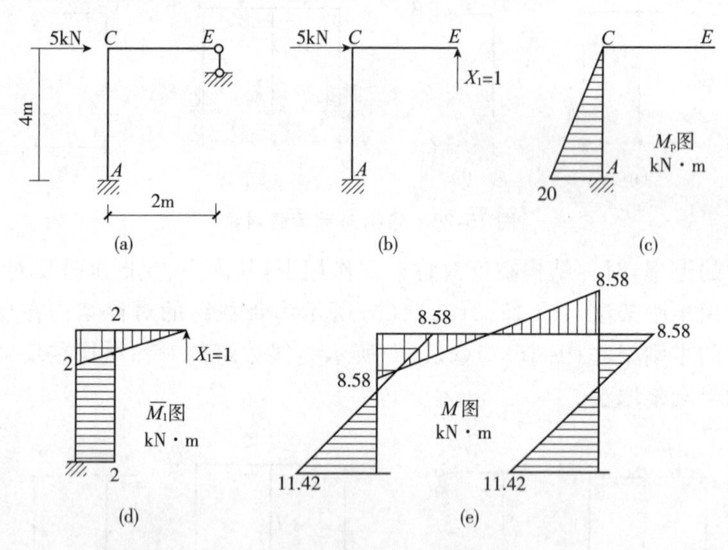

图 15-23　例 15-5 图

(2)建立力法典型方程

(3)计算系数和自由项画基本结构的单位荷载弯矩图和荷载弯矩图,分别如图 15-23(c)、(d)所示。由图乘法得

$$\delta_{11}=\frac{1}{EI}\left(\frac{1}{2}\times 2\times 2\times \frac{4}{3}+2\times 4\times 2\right)=\frac{56}{3EI}$$

$$\Delta_{1P}=\frac{1}{EI}\left(\frac{1}{2}\times4\times20\times2\right)=\frac{80}{EI}$$

(4)求多余未知力

将上述结果代入方程得　　$\frac{56}{3EI}X_1-\frac{80}{EI}=0$

解得　　　　　　　　　　$X_1=4.29\text{kN}$

(5)作弯矩图

根据叠加原理作 ACE 半刚架弯矩图，如图 15-23(e)所示。BDE 半刚架弯矩图根据反对称荷载作用下，弯矩图是反对称的关系画出。

第三节　等截面单跨超静定梁的内力

在超静定结构的计算中，常常用到等截面单跨超静定梁的杆端内力。常用的等截面单跨静定梁有三种类型，也叫做三种类型单元，如图 15-24 所示。

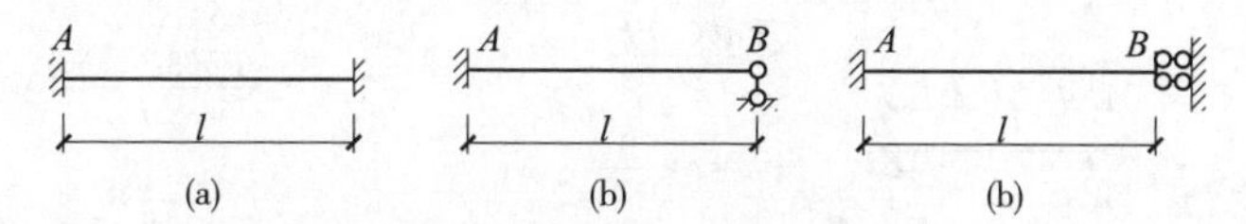

图 15-24　三种类型单元

单跨超静定梁由于荷载、支座移动等作用所产生的杆端弯矩和杆端剪力，通常称为固端弯矩(M_{AB}或M_{BA})和固端剪力(Q_{QAB}或Q_{QBA})。

表 15-1 给出各种等截面单跨超静定梁，在各种不同荷载作用下及支座移动等情况下，所引起的杆端弯矩和杆端剪力值。

表 15-1　单跨超静定梁杆端弯矩和杆端剪力值

编号	梁的简图	弯矩图	杆端弯矩		杆端剪力	
1			$\frac{4EI}{l}=4i$	$2i$ $\left(i=\frac{EI}{l},\text{以下同}\right)$	$-\frac{6i}{l}$	$-\frac{6i}{l}$
2			$-\frac{6i}{l}$	$-\frac{6i}{l}$	$\frac{12i}{l^2}$	$\frac{12i}{l^2}$
3			$-\frac{Pab^2}{l^2}$ 当 $a=b$ 时 $-Pl/8$	$\frac{Pa^2b}{l^2}$ $\frac{Pl}{8}$	$\frac{Pb^2}{l^2}\left(1+\frac{2a}{l}\right)$ $\frac{P}{2}$	$-\frac{Pa^2}{l^2}\left(1+\frac{2b}{l}\right)$ $-\frac{P}{2}$

（续）

编号	梁的简图	弯矩图	杆端弯矩		杆端剪力	
4	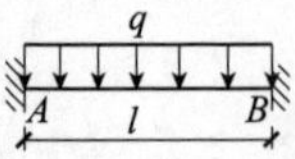 q A l B	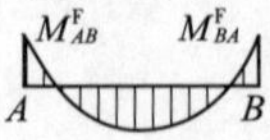 M^F_{AB} M^F_{BA} A B	$-\frac{ql^2}{12}$	$-\frac{ql^2}{12}$	$\frac{ql}{2}$	$-\frac{ql}{2}$
5	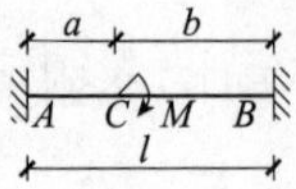 a b A C M B l	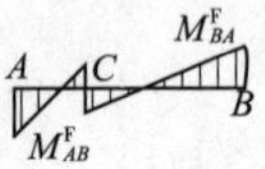 M^F_{BA} A C B M^F_{AB}	$\frac{Mb(3a-l)}{l^2}$	$\frac{Mb(3b-l)}{l^2}$	$-\frac{6ab}{l^3}M$	$-\frac{6ab}{l^3}M$
6	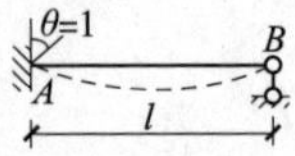 θ=1 B A l	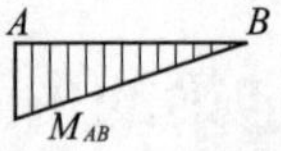 A B M_{AB}	$3i$	0	$-\frac{3i}{l}$	$-\frac{3i}{l}$
7	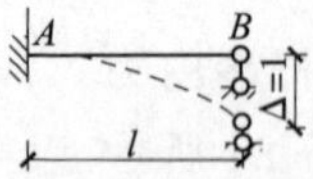 A B Δ=1 l	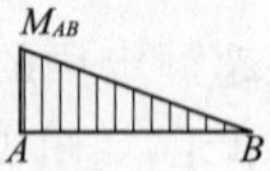 M_{AB} B	$-\frac{3i}{l}$	0	$\frac{3i}{l^2}$	$\frac{3i}{l^2}$
8	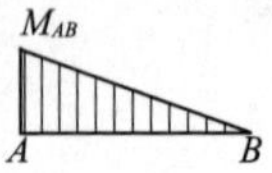 M_{AB} A B	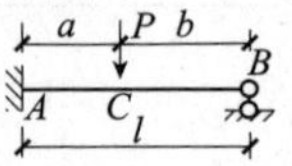 a P b B A C l	$-\frac{Pab(l+b)}{2l^2}$ 当 $a=b=\frac{1}{2}$ 时 $-3Pl/16$	0	$\frac{Pb(3l^2+b^2)}{2l^3}$ $\frac{11}{16}P$	$-\frac{Pa(2l+b)}{2l^3}$ $-\frac{5}{16}P$
9	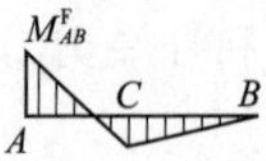 M^F_{AB} C B A	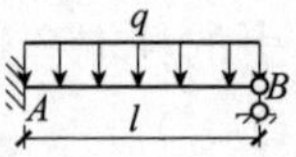 q B A l	$-\frac{ql^2}{8}$	0	$\frac{5}{8}ql$	$-\frac{3}{8}ql$
10	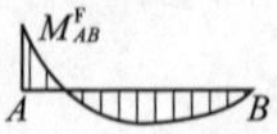 M^F_{AB} A B	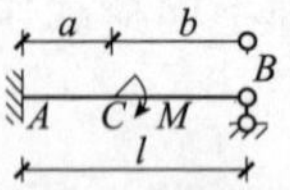 a b B A C M l	$\frac{M(l^2-3b^2)}{2l^2}$	0	$-\frac{3M(l^2-b^2)}{2l^3}$	$-\frac{3M(l^2-3b^2)}{2l^3}$
11	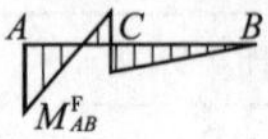 A C B M^F_{AB}	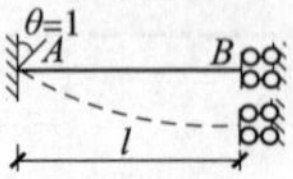 θ=1 A B l	i	$-i$	0	0
12	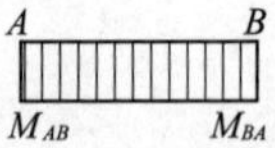 A B M_{AB} M_{BA}	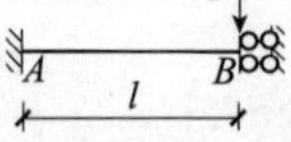 P A B l	$-\frac{Pl}{2}$	$-\frac{Pl}{2}$	P	P
13	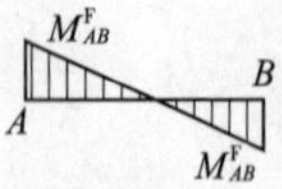 M^F_{AB} B A M^F_{AB}	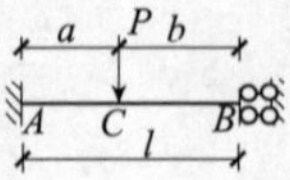 a P b A C B l	$-\frac{Pa(l+b)}{2l}$ 当 $a=b$ 时 $\frac{-3Pl}{8}$	$-\frac{P}{2l}a^2$ $-\frac{Pl}{8}$	P	0
14	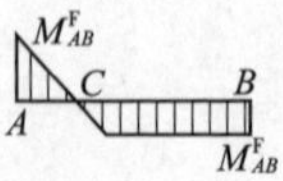 M^F_{AB} C B A M^F_{AB}	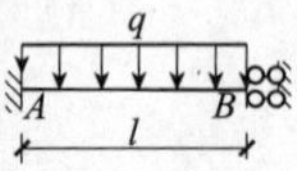 q A B l	$-\frac{ql^2}{3}$	$-\frac{ql^2}{6}$	ql	0

表 15-1 具体说明如下。

(1)杆端弯矩和杆端剪力使用双下标,其中第一个下标表示该杆端弯矩(或杆端剪力)所在杆端的名称;两个下标一起表示该杆端弯矩(或杆端剪力)所属杆件的名称。

(2)表中杆端弯矩以对杆端顺时针转向为正,反之为负;杆端剪力以使杆件产生顺时针转动效果为正,反之为负。

(3)表中杆端弯矩和杆端剪力是按表中图示荷载方向或支座移动情况求得的,当荷载或支座移动方向相反时,其相应的杆端弯矩和杆端剪力亦应相应地改变正、负号。

(4)由于一端固定另一端为铰支座的梁和一端固定另一端为链杆支座的梁,在垂直于梁轴的荷载作用下,两者的内力数值相等,因此,表中所列的一端固定另一端为链杆支座的梁,在垂直于梁轴的荷载作用下的杆端弯矩和杆端剪力值,也适用于另一端为固定铰支座的梁。